教育部高职高专制浆造纸技术专业教学指导分委员会规划教材

造纸技术

（第三版）

郭　纬　主　编
云　娜　副主编
郭　纬　云　娜　李向华　编

中国轻工业出版社

图书在版编目（CIP）数据

造纸技术/郭纬主编．—3 版．—北京：中国轻工业出版社，2024.1
教育部高职高专制浆造纸技术专业教学指导分委员会规划教材
ISBN 978－7－5184－1394－2

Ⅰ.①造…　Ⅱ.①郭…　Ⅲ.①造纸—技术—高等职业教育—教材　Ⅳ.
①TS75

中国版本图书馆 CIP 数据核字（2017）第 101080 号

责任编辑：林　媛
策划编辑：林　媛　　责任终审：滕炎福　　封面设计：锋尚设计
版式设计：王超男　　责任校对：燕　杰　　责任监印：张　可

出版发行：中国轻工业出版社（北京鲁谷东街 5 号，邮编：100040）
印　　刷：北京君升印刷有限公司
经　　销：各地新华书店
版　　次：2024 年 1 月第 3 版第 2 次印刷
开　　本：787×1092　　1/16　　印张：14.5
字　　数：393 千字
书　　号：ISBN 978－7－5184－1394－2　　定价：45.00 元
邮购电话：010-85119873
发行电话：010-85119832　010-85119912
网　　址：http：//www.chlip.com.cn
Email：club@chlip.com.cn
如发现图书残缺请与我社邮购联系调换
232133J2C302ZBW

前言

《造纸技术》（第三版）作为教育部全国高职高专职业教育教材，是根据教育部制浆造纸专业教学指导分委员会审定的编写大纲，结合各高职高专院校本课程的教学实践与经验以及造纸技术的最新发展编写而成的。由广东轻工职业技术学院老师郭纬、李向华、云娜三位老师编写，中国轻工业出版社出版发行。

本教材从造纸过程的第一阶段打浆到造纸湿部化学及应用，然后到纸机前供浆系统与白水系统，直到最后阶段的纸机抄造与完成这样的一个完整的造纸过程进行编写。由绪论、第一章打浆、第二章湿部助剂及其应用、第三章供浆系统与白水系统、第四章长网造纸机以及第五章纸的完成整理这五部分组成。

第一章重点讲述了打浆工艺与打浆设备，第二章主要讲述了现代造纸化学品在纸机湿部的应用，第三章介绍了纸机前的供浆系统、白水系统与白水回收技术，第四章详细介绍了长网造纸机的生产过程，现代新型造纸机及其现代造纸技术与设备等，其中用了一节简单介绍了圆网机的类型与生产，以温故而知新。本教材深入浅出，有大量的应用实例及图表，特别是第二章与第四章编写了较为前沿的现代造纸技术与应用，以飨读者。

本教材的绪论和第四章由郭纬编写，第一章由李向华编写，第二章由云娜编写，第三章由云娜和李向华共同编写，全书由郭纬担任主编，云娜担任副主编。

本教材在编写过程中参阅了大量的有关造纸行业出版的杂志和书籍，特别是德国 Voith 公司、芬兰 Metso 以及奥地利 Andritz 公司的资料，但是疏漏难免，请读者指正，提出宝贵意见。

本教材为教育部全国高职高专职业教育制浆造纸技术专业专用教材，按 80 学时左右的教学时数进行编写，也可作为同等程度的职工或者技术人员参考用书。

编者

2016 年 10 月

目　录

绪　论

一、概　　述

我国古代四大发明之一的造纸术，如今已成为国民经济和社会事业发展关系密切的重要基础原材料产业，它涉及林业、农业、机械制造、化工、电气自动化、交通运输、环保等多个产业。同时，造纸是技术密集型、资金密集型、资源密集型、能源密集型，规模效益显著，连续、高效生产的基础原料工业。

纸及纸板的消费水平是衡量一个国家现代化水平和文明程度的标志。在经济发达国家，纸及纸板消费量增长速度与其国内生产总值增长速度同步。在现代经济中所发挥的作用已越来越多地引起世人瞩目，被国际上公认为“永不衰竭”的工业，在美国、加拿大、日本、芬兰、瑞典等经济发达国家，造纸工业已成为其国民经济十大支柱制造业之一。在产品总量中，80%以上作为生产资料用于新闻、出版、印刷、商品包装和其他工业领域，不足20%用于人们直接消费。造纸产业关联度见表0－1：

（1）感应度系数>1，表明该产业的增长速度高于国民经济平均增长速度。

（2）影响力系数>1，表明该产业对其他产业的带动作用超过平均水平。

表0－1　　　　造纸业的产业关联效应

产　　业	感应度系数	影响力系数	产　　业	感应度系数	影响力系数
造纸和文教用品制造业	1.4536	1.2151	金属制造业	2.2102	1.0839
化学工业	1.1096	1.1519	交通运输设备制造业	2.3783	1.0724
电子及通信设备制造业	1.5756	1.0968			

由表0－1可以看到，造纸行业的增长速度高于国民经济的平均增长速度，并且造纸行业对化学工业、电子及通信设备制造、金属制造、交通运输设备制造等工业均有带动作用。

截至2014年末，我国纸及纸板生产企业约3000家，纸及纸板产量达10470万t，消费量达10071万t，生产量和消费量均居世界第一位，已成为世界造纸工业生产、消费和贸易大国。然而，我国目前的人均耗纸量为76kg/年，比发达国家的人均耗纸量250kg/年来说，还有很大的差距，中国造纸工业在发展产量的同时，更应注重质量的提高。现在正不断调整产业结构，淘汰规模小、污染大、能耗高的小型设备，同时积极投入高车速、大幅宽的新型造纸机。为了适应激烈的市场竞争，实现制浆造纸工业的现代化，在提高经济效益的同时，还要在生产的过程中尽可能地减少污染、降低消耗、保护环境。

二、纸和纸板的分类和规格

（一）纸和纸板的分类

一般把定量小于225g/m^{2}或厚度小于0.1mm的称为纸，定量大于225g/m^{2}或厚度大于0.1mm的称为纸板。

按纸的种类及抄制方法分类，有手工纸和机制纸；按所用原料不同分类，有植物纤维纸、矿物纤维纸、金属纤维纸和合成纤维纸等。

按用途分类：

①纸张大致可分为文化用纸、工农业技术用纸、包装用纸和生活用纸四大类；

②纸板也大体上分为包装用纸板、工业技术用纸板、建筑纸板和印刷与装饰用纸板四大类。

（二）纸和纸板的规格

纸和纸板的规格包括纸张的尺寸和质量。

纸和纸板的尺寸按国际或国家标准均有一定规定，也可以根据用户需求另作安排。对于新闻纸、有光纸、印刷纸、书写纸、打字纸、绘图纸等的印刷纸，尺寸规格分为平板纸和卷筒纸两种。

1. 平板纸幅面尺寸

平板纸的幅面尺寸有：800mm×1230mm，900mm×1280mm，1000mm×1400mm，690mm×960mm。纸张幅面允许的偏差为±3mm，符合上述尺寸规格的纸张均为全张纸或全开纸。常用的纸张规格尺寸见表0－2及常用纸张常规开本尺寸见表0－3。

表0－2　常用纸张规格　单位：mm

A系列	B系列
A0　841×1189	B0　1000×1414
A1　594×841	B1　707×1000
A2　420×594	B2　500×707
A3　297×420	B3　353×500
A4　210×297	B4　250×353
A5　148×210	B5　176×250
A6　105×148	B6　125×176
A7　74×105	B7　88×125
A8　52×74	B8　62×88

表0－3　常用纸张常规开本尺寸

单位：mm

类别 开数	正度	大度
全开	787×1092	889×1194
2开	520×740	570×840
4开	370×520	420×570
8开	260×370	285×420
16开	185×260	210×285
32开	130×185	142×220
64开	92×130	110×142

2. 卷筒纸纸宽尺寸

卷筒纸的宽度尺寸有787mm、850mm、880mm、1092mm、1575mm、1562mm等。卷筒纸宽度允许的偏差为±3mm，长度一般6000m为一卷。

3. 纸张的质量

纸张的质量用定量和令重来表示。

定量是单位面积纸张的质量，单位为g/m^2，即每平方米的克重。

令重是每令纸张的总质量，单位是kg。1令纸为500张，每张的大小为标准规定的尺寸。

根据纸张的定量和幅面尺寸，可以用下面的公式计算令重。

$$令重（kg）=纸张的幅面（m^2）\times 500\times 定量（g/m^2）$$

三、纸和纸板的质量要求

纸和纸板的质量要求大致可归纳为下列7个方面。

①外观质量是指尘埃、孔洞、针眼、透明点、半透明点、皱褶、条痕、网印、毛毯痕、斑点、浆疙瘩、裂口、卷边、色泽不一致等肉眼可以观察到的缺陷。

②物理性能主要包括定量、厚度、紧度、抗张强度、裂断长、耐破度、耐折度、伸长率、环压强度、撕裂度、压断弹性、戳穿强度、弯曲性能、伸缩性、可压缩性、透气度（或称气孔度）、挺度、柔软性能等。

③吸收性能包括施胶度、吸水性能、吸墨性能、吸油性能等。

④光学性能是指亮度、白度、色泽、光泽度、透明度、不透明度等。

⑤表面性能包括平滑度、抗磨性能、耐擦性能、黏合性能、瓦楞性能、粗糙度等。

⑥适印性能主要取决于其平滑度、施胶度、可压缩性、不透明度、尺寸稳定性、机械强度、掉毛、掉粉性能等

⑦特殊性能，如防锈包装纸的耐蚀性能、耐碱性能，茶叶袋纸水不溶性能，电气绝缘纸的绝缘性能等。

四、造纸生产流程

从制浆车间来的成浆或商品浆板需要经过打浆、加填、施胶、调色、净化、筛选等一系列加工程序，再进入到造纸机的流浆箱、网部、压榨部、干燥部、表面施胶、干燥、压光、卷取、分切、打包等工序。图0－1是造纸生产过程的基本流程。

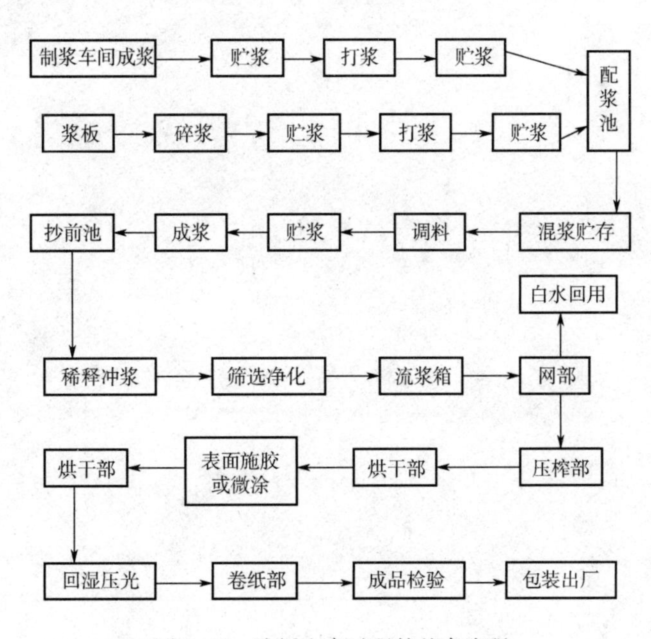

图0－1　造纸生产过程的基本流程

来自制浆车间的成浆是不能直接用来造纸的，需要经过打浆处理使纤维切短和细纤维化，以获得纸或纸板所要求的机械和物理强度。

对于印刷与书写纸来说，纸浆中加入填料，以改善纸张的平滑度；加入施胶剂或表面施胶，使纸张具有抗水性；加入增白剂和调色剂以提高纸张的白度；加入染料，以取得理想的色

泽。提高纸张干湿强度、提高纸浆滤水性能、提高填料和细小纤维在纸张中的留着分别向浆内添加增干强剂、增湿强剂、助滤剂、助留剂；抄制色纸则又必须加入各种染料以取得所需颜色。

纸浆在送入纸机网部前，还必须进行除砂筛选、除气等前处理，去掉混在纸浆中的金属或非金属杂质、纤维束和空气，减少纸张的尘埃度，提高纸张质量。

纸浆然后被送入流浆箱，均匀分布在造纸机网部脱水，形成湿纸页，通过压榨部压榨脱水，再在干燥部利用热能蒸发掉湿纸中的水分，最后经压光、卷取、切纸、选纸或复卷、打包等整理工序成为平板或卷筒的成品纸或纸板。

思考题

1. 我国的造纸工业产量居世界第几位？而人均耗纸量是世界人均耗纸量的多少？由此而说明了什么问题？

2. 纸和纸板如何分类？分类的方法有哪些？

3. 纸和纸板有何质量要求？纸的质量要求根据什么而定的？

4. 造纸的生产流程一般要经过哪些工序？每个工序的作用是什么？

第一章　打　　浆

经过净制和筛选以后的纸浆，还不宜直接用于造纸。利用机械方法处理水中的浆料纤维，使其具有满足造纸机生产上要求的特性，从而生产出的纸张能达到预期的质量指标，这一工艺操作过程就称为打浆。

纸的品种很多，因用途不同质量差别很大，但造纸的纤维原料种类并不多。用同一种纤维原料生产出多种性质不同的纸张，进行合理的打浆操作是最基本的环节。

打浆还有混合纸浆和其他辅料的作用。经过打浆的纸浆一般又称为成浆。

第一节　打 浆 原 理

一、纤维细胞壁的结构

打浆过程是一个复杂的机械和物理过程。打浆设备对纤维主要产生变形、润胀、细纤维化和切断的作用，而这些变化都是发生在纤维细胞壁的。

植物纤维细胞壁的构造可分为胞间层（L）、初生壁（P）、次生壁外层（S_1）、次生壁中层（S_2）和次生壁内层（S_3）等。以木材纤维为例，纤维细胞壁的结构见图1－1。化学浆纤维的胞间层基本上已在蒸煮过程中去掉了。初生壁是细胞壁的外层，厚度为0.1～0.3μm，含有较多的木素，是一层多孔的薄膜，其细纤维成网状的排列，它不吸水而能透水，不容易润胀，并且会限制次生壁中层的润胀和细纤维化，故在打浆中需将此层打碎破除。次生壁外层是介于初生壁与次生壁中层的一个过渡层，厚度约0.1～1μm，在物理结构和化学成分上都比较接近初生壁的性质，也会影响S_2层的润胀和细纤维化，故在打浆时也需将此层打碎破除。次生壁中层是纤维的主要部分，它的厚度为3～10μm，纤维素和半纤维素的含量高，其微细纤维的排列呈螺旋单一取向，与纤维轴向呈一定的角度（缠绕角0°～45°），因而造成纤维的纵向结合强度大，而横向的结合强度弱，所以沿着纤维的横向润胀就较为容易，S_2层是打浆的主要对象。次生壁内层较薄，其木素含量也较低，在打浆中一般不考虑S_3层。

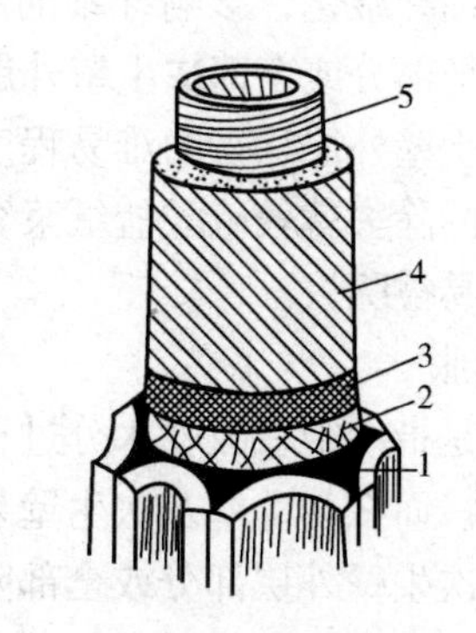

图1－1　纤维细胞壁结构示意图

1—胞间层　2—初生壁　3—次生壁外层

4—次生壁中层　5—次生壁内层

二、纤维在打浆过程中的变化

打浆过程中纤维的变化，主要可分为5个方面：细胞壁的位移和变形，初生壁和次生壁外层的破除，润胀，细纤维化和切断等。实际上这几个变化不是截然分开的，而是交错进行的。现分述如下。

1. 细胞壁的位移和变形

位移一般是在次生壁中层（S_2）的微纤维上发生。用偏光显微镜很容易观察到的纤维上的亮点，就是微纤维的位移点。根据观察，未打浆的纤维已有位移亮点，打浆后亮点增多，随着打浆的进行，亮点逐步扩大并变得更为清晰，纤维的位移可分为 3 种形式，其情况如图 1－2 所示。打浆的机械作用使得次生壁中层（S_2）一定位置的微纤维弯曲，这样微纤维之间的空隙有所增加，以致能够容纳更多的水分。随着打浆的进行，位移点逐步扩大。当初生壁还没有被破除之前，S_2层发生的位移和润胀是有限的。但 S_2层的这种位移和润胀会使纤维更加柔软，并促使初生壁破除。

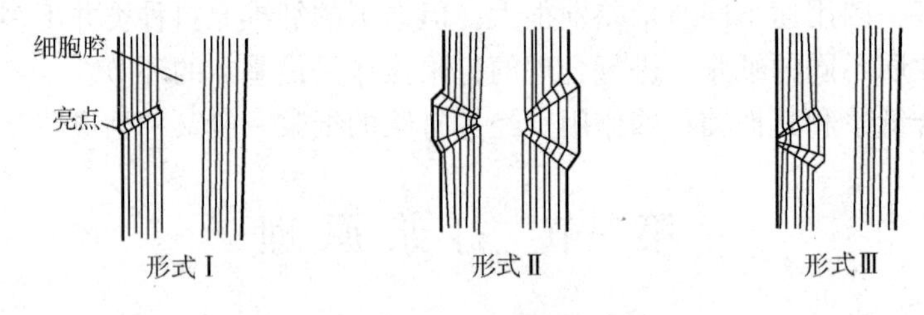

图 1－2　次生壁位移示意图

2. 初生壁和次生壁外层的破除

蒸煮和漂白后的纤维仍有一定量的初生壁影响润胀，同时它和次生壁外层都会妨碍着 S_2层微纤维的细纤维化，影响纤维的结合力。因此，在打浆过程过程中，除了要将初生壁除去之外，还要把部分或全部次生壁外层除去，以利于纤维的润胀和细纤维化。对于不同的纸浆，初生壁和次生壁外层除去的难易程度和除去的情况是不尽相同的。例如亚硫酸盐纸浆初生壁和次生壁外层的除去就较硫酸盐纸浆容易。这可能是因为亚硫酸盐药液使初生壁变得发脆而在打浆过程中容易被除去。

3. 润胀

润胀是指纤维在吸收水分过程中，伴随直径增大的一种物理现象。纤维在极性液体中极易发生润胀。而在初生壁及次生壁外层除去之前，除位移点外，很少润胀。当把妨碍纤维润胀的初生壁和次生壁外层部分或全部除去之后，可加速纤维的润胀作用。据有关资料介绍，在没有破坏初生壁和次生壁外层的情况下，纤维直径由于润胀可能增加 20% ~30%；而当纤维原始结构松弛以后，纤维迅速润胀至其原直径的两倍。

纤维之所以有润胀能力，主要是由于其带有羟基的缘故，使其能在极性液体中发生润胀。随着打浆过程的进行，增加了游离羟基的数量，从而使纤维表面活化。这时由于羟基的作用，吸收水分子到纤维的外表面，形成极性分子的胶体膜，产生了纤维的润胀和水化，从而导致纤维的比体积增加，纤维结构松弛，内聚力下降，提高了纤维的柔软性和可塑性。同时由于内聚力的降低，就更有利于打浆机械作用对纤维的进一步细纤维化。

润胀程度与纤维的组成有关。半纤维素含量高的亚硫酸盐浆容易润胀，硫酸盐浆较亚硫酸盐浆的润胀程度小。木素含量高的纸浆不易润胀，因此漂白能改进纸浆的润胀能力。

4. 细纤维化

纤维的细纤维化是在初生壁和次生壁外层被破除时开始的，并在纤维润胀以后大量产生。细纤维化可分为外部细纤维化和内部细纤维化。外部细纤维化是指在打浆过程中纤维受到打浆设备的机械作用而产生纵向分裂，并分离出细纤维，而且使纤维产生起毛和两端帚化的现象。由于打浆一开始就除去大部分的初生壁，所以可以认为外部细纤维化是指次生壁外层或中层的细纤维化。它使纤维露出细纤维，在纸页成形时提高了纤维间的交织能力。内部细纤维化是指在纤维吸水润胀之后，聚合力减弱，使次生壁中层产生层间滑动，从而使纤维变得柔软可塑。

纤维的细纤维化和纤维的润胀是互相促进的。吸水润胀可为纤维的细纤维化创造有利条件；反之，纤维的细纤维化又能促进纤维进一步吸水润胀。这样反复相互影响着，在整个打浆过程中，这两个作用是互相促进的。

5. 横向切断

横向切断是指纤维受到打浆设备的剪切和摩擦作用而横向断裂的现象。横向切断与纤维的吸水润胀有关，如果纤维吸水润胀较好，纤维变得柔软可塑，就不容易被横向切断，而较容易纵向分丝。反之，纤维吸水润胀不良时，纤维就比较硬而脆，也就容易被横向切断。纤维切断后，有利于水分的渗入，又能促进纤维的润胀作用。在断口处留下许多锯齿形的末端，有利于纤维的分丝帚化和细纤维化。

通常在打浆过程中要适当地切断纤维。但应避免对纤维的过度切短，否则就会使纸的强度显著降低。在某些情况下，切断纤维还是必要的，例如对于棉麻浆，由于其纤维过长，因此必须加强切断，降低纤维平均长度，以利于在造纸过程中能够获得组织均匀的纸张。针叶木浆纤维较长，应根据纸种的要求适当切断。而对于阔叶木浆和草类浆纤维较短，则不希望对其进行切断。

三、纤维在打浆中受力情况

打浆是纤维受到剪切力作用的结果，纤维受到的剪切力可以来自打浆设备的刀（或磨齿）的机械作用，也可以来自纤维与流体之间的速度梯度和加速度所产生的剪切力。打浆过程如图1－3所示。从图中可以看到，在打浆过程中，机械和流体的剪切力同时作用于纤维以改变纤维的特性。剪切应力通过发生于转动飞刀（磨齿）和固定定刀（磨齿）之间的间隙和沟槽的滚动、扭转和拉紧作用施加给纤维。通过弯曲、破碎和拉/推等作用将法向应力（不论是张力或压缩力）强加于刀（磨齿）与刀（磨齿）表面间捕获的纤维束团。

图1－4所示的是磨浆机转动飞刀与静止底刀间纤维束受力状况。刀口将捕获的纤维或纤维束团送到转动的飞刀和固定的定刀之间，纤维或纤维束团受到压缩和剪切作用，从而使纤维发生变化。

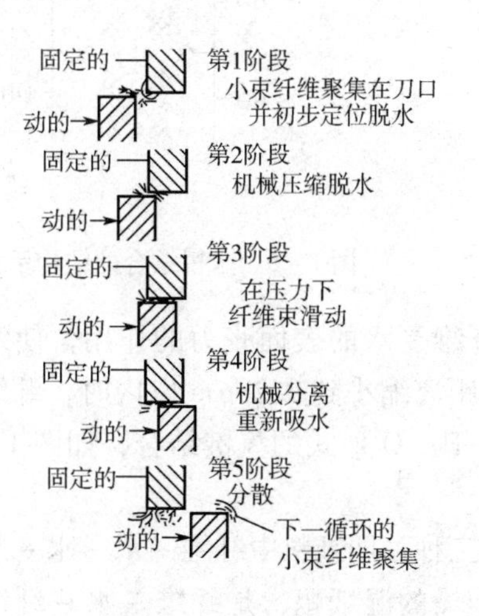

图1－3　打浆示意

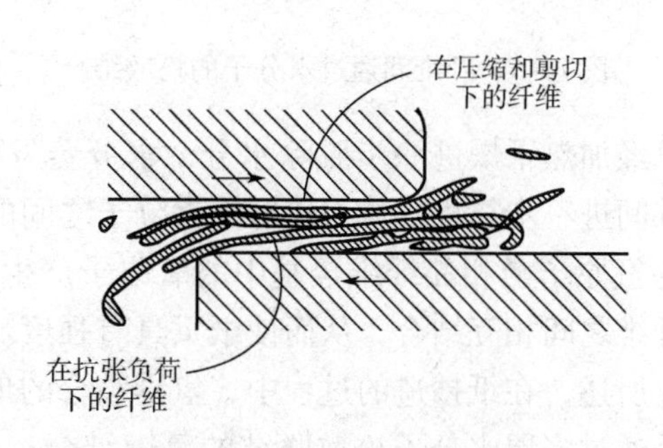

图1－4　磨浆机转动时飞刀和底刀间纤维束受力状况

四、纤维的结合力

一般纸张最大的抗张强度只达到单根纤维强度的10%～15%，这说明单根纤维的强度对纸张强度的影响较小。玻璃纤维、人造纤维、石棉纤维本身强度也较高，但并不能生产出强度高的纸张，其主要原因在于它们的纤维并不互相结合。而经过良好打浆的植物纤维，能够生产出强度高的纸张，主要原因就在于植物纤维之间具有互相结合的能力。

早期说明纤维结合力的机理主要有两种学说：一种是化学学说，认为打浆过程中发生化学作用，纤维表面生成了一种黏胶状物质，干燥时将纤维结合在一起，因而显示出纸张强度的增加；另一种是物理学说，认为纤维间的结合力是由于纤维表面上的细纤维而产生的机械交织力及分子间的极性吸引力，或者是由于部分纤维溶解而来的胶黏状物质的黏结力。但这些学说都不能全面、正确地解释打浆的实质。

近代，能较准确说明纤维结合力机理的理论是氢键理论。它能较准确地说明和解释为什么纤维强度高的纸浆，成纸的强度不一定高，而只有经过打浆的纸浆才能抄出强度高的纸；同时也可说明为什么湿纸页的强度低，而干纸的强度高等实际问题。

纸浆里纤维之间有大量的水存在，纤维间的距离远远大于0.28μm，所以纤维之间是不能直接形成氢键结合的。氢键结合只能在纤维间的水分子与纤维上的极性羟基形成，如图1－5所示。这种通过水分子形成的水桥联结，是一种无规则的，松散的氢键结合。所联结的水是自由水，可以通过真空抽吸或重力过滤而脱除。

纸料在纸机上形成纸页后，经过压榨进一步脱出水分，使两纤维之间的距离靠拢，在纤维之间形成了比较有规则的单层水分子形式的氢键结合，如图1－6所示。这种水桥所联结的水分子是结合水，它与纤维的结合比较牢固，仅仅靠抽吸和过滤作用已不能将其脱出，只有通过加热干燥方可去除。

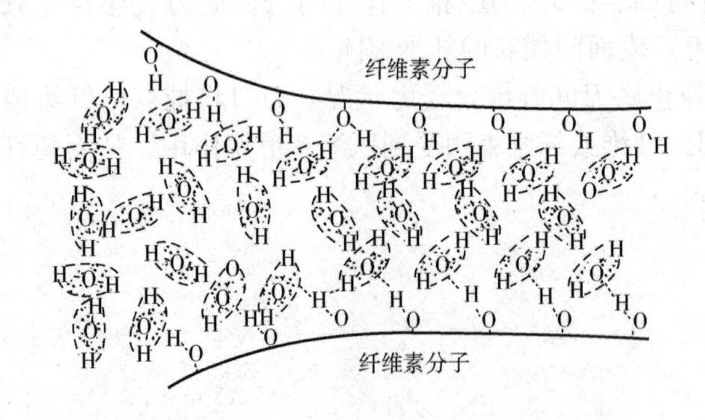

图1－5 纤维间通过水分子的松散结合

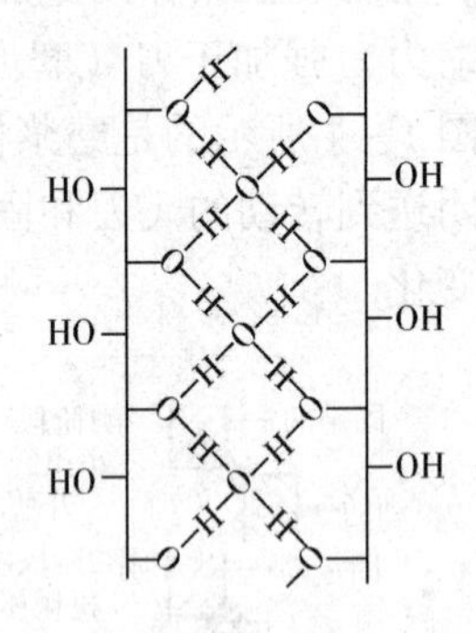

图1－6 水桥结合的结构示意

纸页经加热干燥进一步脱除水分，水分蒸发时，纤维受水的表面张力的作用，使纸页收缩，纤维间进一步靠拢，从而使纤维素分子之间的羟基距离缩小到0.28μm以内时，纤维分子中羟基的氢原子与相邻纤维羟基中的氧原子产生了O—H…O形式的氢键结合，如图1－7所示，使纤维之间相互结合，从而使纸页具有强度。

综上所述，在纸抄造的过程中，氢键结合的形式有三种：即纸料中纤维－水－水－纤维的联结，是通过多层水分子松散联结的氢键结合；未经干燥的湿纸幅，是纤维－水－纤维的联结，这是通过水桥（单层水分子）联结的氢键结合；而干燥后的纸张是纤维－纤维之间直接联结的氢键结合。

氢键理论认为，打浆的机械作用增大了纤维的比表面积，纤维表面游离出大量羟基，从而促进纤维表面的吸水性能。当水分蒸发时，纤维中羟基的氢原子与相邻纤维羟基上的氧原子产生了 O—H…O 形式的氢键结合，从而将两纤维牢固的结合在一起。

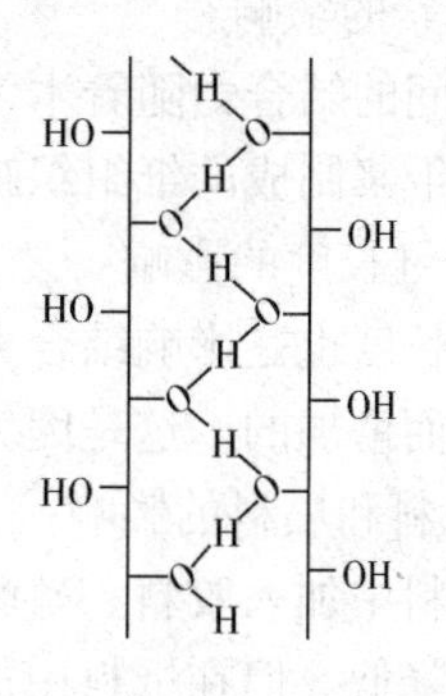

图 1－7　氢键结合的结构示意

相邻两纤维的氢键结合，首先通过水的作用形成水桥，使羟基适当排列。随后在干燥脱水时，水桥联结转化为纤维间氢键。纸张在干燥时，由于水的表面张力将纤维拉拢靠近在一起，最终形成氢键结合，而氢键结合只有在相邻羟基的距离小于 0.28μm 范围内才可形成，因此水的表面张力对氢键形成显得特别重要。表面张力的大小又与纤维直径有着直接关系。纤维的直径越小，其表面张力越大，纤维之间的拉拢靠近就越容易进行。

湿纸强度低于干纸强度的原因，就在于纸张的水分大时，由于纤维表面的羟基受水饱和的作用，致使氢键破裂，纤维间的氢键结合转化为水桥结合，水桥的结合力远远低于干纸的氢键结合力，所以纸张强度降低。

五、影响纤维结合力的因素

影响纸中纤维结合力的主要因素，是纤维的比表面积和氢键数量。除此之外，纸浆中木素、半纤维素、纤维素的含量，纤维的长度和杂细胞含量等，也在一定程度上影响纤维的结合力。

1. 打浆的影响

打浆过程中纤维受到机械处理的作用，可将纤维的初生壁和次生壁外层除去，使纤维产生润胀和细纤维化，增加了纤维的柔软性和可塑性，极大地增加了纤维的比表面积，结果，增强了纤维的结合力，从而提高了纸的强度。

2. 纸浆种类的影响

不同的纸浆，无论物理结构和化学组成都是不同的，这对纤维结合力也会产生影响。一般说来，化学木浆的纤维结合力最大，棉浆次之，机械木浆最差。棉浆纤维结合力虽低于化学木浆，但由于棉浆纤维较长，本身强度又较高，经打浆后仍然保持相当的长度，纤维之间具有较大的表面交织力，因而抄出的纸张强度也较高。

3. 半纤维素的影响

半纤维素含量高的纸浆，打浆时容易吸水润胀，增加了纤维的比表面积，因而提高了纸张的强度。对纸张强度来说，并非纸浆的半纤维素含量越高越好。这是因为半纤维素太多的纸浆，打浆时吸水润胀过快，纸料还未达到应有的强度时，打浆度已经升得很高了，用这种纸料抄成的纸透明发脆，强度反而较低。

4. 纤维素聚合度的影响

纤维素聚合度高的纤维抗张强度大，极不易被切断，因而当纤维被切断到适当长度时，纤维能得到充分的帚化，所制出的纸张强度较高。因此，高聚合度的纸浆适合生产高强度和高紧度的纸，如复合原纸、电容器纸、钞票纸等；低聚合度的纸浆适合生产一般要求的松软的纸张，如印刷纸等。

5. 木素的影响

纤维间的结合力随着木素含量的下降而增加。木素妨碍纤维吸水润胀和细纤维化。用木素含量大的纸浆制成的纸组织疏松而强度低，但有较大的刚度。

6. 纤维长度的影响

纤维长度也是影响结合力的因素之一，尤其对撕裂度的影响最大。通常撕裂度是随纤维长度的增加而增加的。这是因为长纤维抄成的纸，受力作用时，纤维彼此之间不易滑动。

7. 胶料和填料的影响

在纸料中加入胶料、硫酸铝、填料等物质，会妨碍纤维彼此间的接触，减少接触表面积，使结合力降低。但在纸料中加入带有极性羟基的亲水性物质，如淀粉、蛋白质、植物胶等，会增加纤维的结合力。

六、打浆质量的检测

1. 打浆度

打浆度又称叩解度，是表示纸浆滤水（速度）性能的指标。它综合反映了纤维被切断、润胀和细纤维化的程度。纸料的滤水速度低，其打浆度数值则高。根据打浆度就可以掌握纸料将来在纸机网部的滤水速度，同时也可以概括预知成纸的性质。所以打浆度是生产过程中的一项重要的技术控制指标。

打浆度通常是用肖伯尔氏打浆度测定仪测定的，如图1-8所示。测定仪由三部分组成，即具有80目滤网的圆筒、锥形盖和具有排出管的锥形分离室。锥形盖是可以升降的，操作时将锥形盖放下，取含有2g绝干纤维的1000mL浆料（温度保持20℃）倒入圆筒内，再利用手轮提起锥形盖。此时，浆料在铜网上发生滤水作用，过滤出的水进入分离室，再分别通过底排出管和侧排出管流出。由侧排出管流出的水量计算打浆度，以符号°SR表示。

打浆度 = [1000 - 侧管流出的水量（mL）] / 10（°SR）

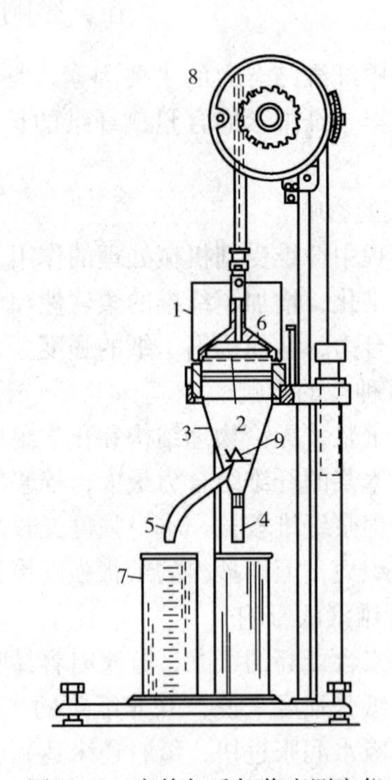

图1-8　肖伯尔氏打浆度测定仪

1—圆筒　2—滤网（80目）　3—锥形分离室　4—底排出管　5—侧排出管　6—锥形盖　7—量筒　8—升降锥形盖的手轮　9—分离锥

2. 纤维长度

测定纤维平均长度的方法主要有显微镜法和湿重法两种。工厂中多用湿重法。它不直接测定纤维的长度，而是将一特制的框架（图1-9）放在肖氏打浆度测定仪的锥形盖上，然后按正常操作方法测定打浆度。由于框架是放在锥形盖上，因此提起锥形盖时，一部分纤维即悬挂在框架上，框架上挂住纤维后增加的质量即为湿重。浆料中纤维平均长度越长，则框架上挂住的纤维越重，也就是湿重越大。

3. 保水值

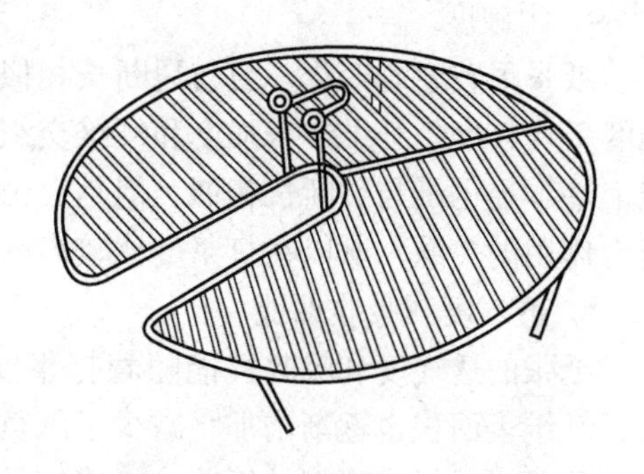

图 1－9 测定纤维长度的框架

保水值的测定，是在规定的条件下，用离心机把纸料中的游离水甩出，使纤维间保持的只有润胀水（当然也含有少量纤维的表面水和纤维间的水），然后测定纤维所保留的水量，以对绝干纤维的质量分数表示。

保水值能够衡量纸料的润胀程度及由此而产生的纤维可塑性，同时也反映细纤维化程度。所以，保水值能比较确切地反映打浆质量。许多试验结果表明，纸张的紧度、裂断长、耐破度、耐折度等物理指标随保水值的增加而呈直线上升。

七、打浆与纸张性质的关系

一般来说，打浆的结果可以增加纸张的抗张强度、耐破度和耐折度，提高纸的平滑度、挺硬度和紧度，但却降低了撕裂度和不透明度，以及增加了纸的收缩性。

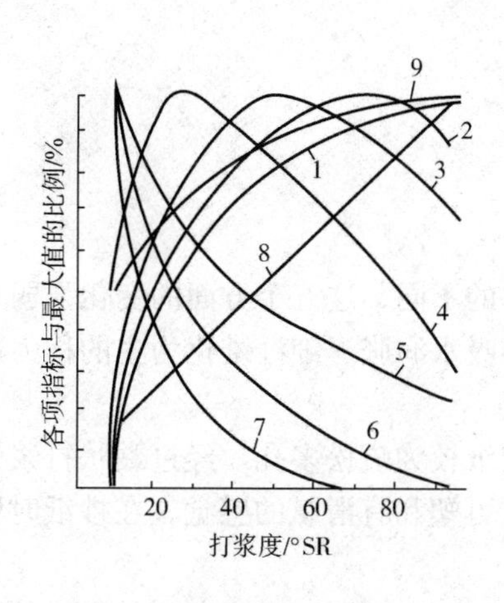

图 1－10 打浆与纸张性质的关系
1—结合力 2—裂断长 3—耐破度
4—撕裂度 5—平均纤维长 6—吸收性
7—透气度 8—收缩率 9—紧度

图 1－10 表示打浆过程与纸张物理性质变化的关系。从图中可以看出，随着打浆的进行，发生着两个基本的变化，即纤维的结合力不断增长，而平均长度却不断下降。在打浆初期，纤维结合力的上升和纤维长度的下降以较快的速度发展，到了后期，两者的速度均逐渐减慢。由于在打浆过程中两者的发展速度不同，因而对纸张性质各自产生不同程度的影响。现就有关指标分别讨论如下。

1. 裂断长

裂断长是表示纸张能承受抗张强度的大小。它主要是由纤维结合力、纤维平均长度和纤维本身强度等几个因素决定。裂断长在打浆初期上升很快，以后上升缓慢下来，到了一定数值之后会产生下降的现象。出现转折的原因，主要是受纤维结合力和纤维平均长度两者变化的影响。在打浆初期主要影响它的是纤维结合力。随着打浆度的提高，纤维结合力虽然也继续有所提高，但纤维平均长度也同时在继续下降，当其产生的影响大于纤维结合力的影响时，就会产生转折点，而转折点出现的早晚和打浆方式有密切的关系。

2. 撕裂度

影响纸张撕裂度的因素主要是纤维平均长度，其次才是纤维结合力、纤维本身强度等。打浆初期，纤维结合力的增加使撕裂度有显著上升，但很快到达转折点，以后则慢慢下降。从图 1－8 可以看到，撕裂度曲线的转折点出现最早。

3. 耐折度

耐折度除了受纤维结合力和纤维平均长度的影响外，还与纤维的弹性有关。而纤维的弹性又与纸张的含水量有密切的关系。当水分含量较多时，耐折度随着弹性的增加而增加；但当含水量达到一定限度后，则因纤维结合力降低过多，耐折度开始下降。

4. 耐破度

纸张耐破度的变化一般与裂断长相似，影响它的主要因素也是纤维的结合力，其次才是纤维的平均长度、纤维本身强度和纤维交织情况等。因为影响因素相同，所以表现在耐破度的曲线上基本上也是与裂断长相似。但是，由于在测定耐破度时，纸张不仅受到拉力，同时也受到撕力作用的关系，所以在打浆度比较高的时候，耐破度下降程度大于纸的裂断长。

5. 透气度和吸收性能

纸张的透气度和吸收性能随着打浆度的增加而降低。在打浆过程中，纤维结合力逐渐增大，纤维表面积也逐渐增加，减少了纸页中气孔的大小和数量，使纸页的透气度和吸收性能下降。凡是含半纤维素多的纸浆，打浆容易润胀水化，抄成的纸透气度小。此外吸收性的大小又与纤维的纯度和半纤维素含量有关。

6. 伸缩率和紧度

纸的伸缩率在很大程度上是由打浆特性和纸浆种类来决定的。纤维较长、经过良好打浆的纸料，抄成纸后一般伸缩率都比较高。

影响纸张紧度的因素很多，最主要的是纸料的打浆度、纸浆种类、半纤维素含量、网上脱水速度以及抄纸湿压和压光等。纸料打浆度越高，纸料中半纤维素含量越高，则紧度越大。

第二节　打浆工艺

一、打浆方式

在打浆过程中，纤维发生了五个方面的变化，打浆条件的不同，这五个方面的变化强弱程度也不同。以横向切断纤维为主的称为游离打浆，而以纤维吸水润胀、细纤维化为主的称为黏状打浆。

经过游离打浆的纸料抄纸时，在网部滤水速度较快，成纸较为疏松多孔。经过黏状打浆的纸料，由于纤维在打浆时细纤维化作用较好，纤维变得柔软可塑和有滑腻的感觉，在抄纸时滤水速度较慢，成纸的紧度较大。

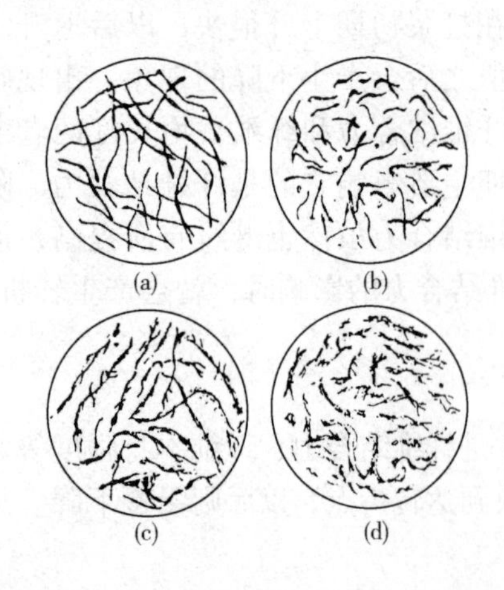

图 1－11　四种打浆方式的纤维形态
（a）长纤维游离打浆　（b）短纤维游离打浆
（c）长纤维黏状打浆　（d）短纤维黏状打浆

在实际打浆过程中，横向切断和纵向分裂是同时存在的，但根据程度上的差别和要求可分为 4 种打浆方式：a. 长纤维游离打浆；b. 短纤维游离打浆；c. 长纤维黏状打浆；d. 短纤维黏状打浆。图 1－11 为这四种打浆方式的浆料纤维形态示意图。

1. 长纤维游离状打浆

这种打浆方式要求把纸料分散成单根纤维，纤维只是经过适当的切断，不要求过多的细纤维化。打浆时间短，纸料在网上容易脱水。成纸的特性是吸收性好，透气度大。因纤维长，成纸的匀度不太好，透明度差，纸面粗糙，但具有一定的机械强度，纸的透气性好。多用于生产包装纸、水泥袋纸和胶版印刷纸等要求强度好、透气度高和变形性小的纸张。

2. 短纤维游离状打浆

这是在分散纤维的基础上，同时高度切断纤维的打浆方式。这种纸料脱水也比较容易，纤维的交织能力很差，但成纸的组织均匀，吸收能力强。这种浆料适于生产滤纸、吸墨纸、钢纸原纸、浸渍绝缘纸等一些要求吸收性强、组织均匀的纸种。

3. 长纤维黏状打浆

这是要求高度细纤维化，良好的润胀水化，而尽量避免切断纤维的打浆方式。这种纸料在网上难于脱水，容易形成纤维束，所以在抄纸时上网纸料浓度要低。成纸的拉力大，耐折度好。这种打浆方式适于生产强度好的纸张，如钞票纸、海图纸、描图纸、卷烟纸、电容器纸、电话纸等。

4. 短纤维黏状打浆

这是一种高度细纤维化，润胀水化，同时又对纤维进行适当切断的打浆方式。这种纸料有滑腻感，在网上更难脱水，但成纸的组织均匀、吸收性小，并有一定的强度。短纤维黏状打浆适于生产一般证券纸、电缆纸、邮票纸、打字纸等。

上述4种打浆方式只代表4种典型，在实际生产中，要根据纸浆类别和产品的要求及纸机情况等来选择打浆方式。几种不同纸张浆料特性和打浆方式如表1-1所示。

表1-1　几种不同纸张浆料特性和打浆方式

纸 种	定量/（g/m^2）	纤维平均长度/mm	打浆度/°SR	磨（打）浆方式
纸袋纸	80	2.0~2.4	20~25	长纤维　黏状
牛皮纸	40~100	1.8~2.4	22~40	长纤维　游离状
滤纸	100	1.2~1.5	25~30	中等长　游离状
吸墨纸	100	0.7~1.0	20~30	短纤维　游离状
描图纸	50	1.2~1.6	85~90	中等长　黏状
防油纸		1.5~2，0	65~75	长纤维　黏状
电容器纸	8~10μm	1.1~1.4	92~96	短纤维　高黏状
卷烟纸	22	0.9~1.4	88~92	短纤维　黏状
书写纸	80	1.5~1.8	48~55	中等长　半黏状
印刷纸	52	1.5~1.8	30~40	中等长　半游离
打字纸	28	0.95~1.1	56~60	短纤维　半黏状

二、影响打浆的因素

不同的打浆方式，需采用不同的打浆工艺条件。影响打浆的工艺参数很多，如打浆比压，刀间距，打浆时间，浆料浓度，浆料性质，刀的特性，打浆温度，纸料pH及添加物等。

（一）打浆比压

单位打浆面积上所受到的压力称为打浆比压。打浆比压是决定打浆效率的主要因素，增加比压有利于纤维的切断，打浆速度加快，切断多、压溃多，整根纤维所占的百分比减少。如表1-2所示。所以打游离状浆应迅速缩小刀距，提高比压，在纤维尚未充分润胀之前，用较高的比压，快速地将纤维切断。反之打黏状浆，应逐步缩小刀距，逐步提高比压，以较长的时间、较低的压力，使纤维获得充分的润胀和细纤维化。在打浆机的操作中，对于需要达到必要切短程度的纤维，必须在打浆开始时就下重刀将纤维切短，否则会造成后来切短难的困难。

表1-2 在不同比压下打浆对浆料质量的影响

打浆比压/MPa	浓度/%	通过量/(kg/h)	打浆度/°SR	纤维形态		
				整根所占比例/%	切断所占比例/%	压溃所占比例/%
0	2.78	817	30.5	58.4	40.7	0.9
0.2	3.22	817	36.6	34.1	61，5	4.4
0.3	3.50	817	38.0	28.7	63.8	7.6
0.4	3.72	817	41.0	20.9	67.6	11.6

在一定范围内增加打浆比压，虽然动力消耗加大，但可以缩短打浆时间（间歇打浆），或增加打浆的通过量（连续打浆），从而增加产量，使单位产量的动力消耗下降。因此生产中在保证打浆质量的前提下，应让设备满负荷运行，充分发挥设备的能力，以降低能耗。打浆比压范围大致如表1-3所示。

表1-3 打浆比压与纸张品种、纤维原料间的关系

纤维原料种类	纸张品种	磨（打）浆比压/MPa
未漂白亚酸盐木浆	2#、3#书写纸，印刷纸	0.3~0.5
	薄型文化纸，有光纸	0.1~0.3
	80~100g/m² 卡片纸，书皮纸	0.5~0.7
漂白及半漂白亚硫酸盐木浆	防油纸	0.2~0.3
漂白亚硫酸盐木浆	卷烟纸，复写纸类薄纸	0.05~0.10
	1#、2#书写纸，印刷纸	0.2~0.4
	绘图纸、地图纸、吸水纸	0.5~1.6
本色硫酸盐木浆	电气绝缘纸	0.4~0.8
	牛皮纸，纸袋纸	0.8~1.0
破布浆（棉）	吸水纸	1.0~1.2
破布浆（棉或麻）	高级书写纸等	0.3~0.6
漂白亚硫酸盐苇浆	印刷纸，有光纸	0.2~0.7
漂白碱法草浆	有光纸，印刷纸	0.2~0.5
麻浆	薄纸	0.05~0.3

生产中，比压可通过加压机构的间隙指示装置，气压、油压或电机电流的大小间接地判断。例如，电机电流大则表示比压大。

（二）打浆浓度

浆料的浓度对打浆的质量有很大的影响。根据近年来打浆工艺的发展，打浆浓度可分为低

浓打浆、中浓打浆和高浓打浆。打浆时，浆料浓度在10%以下的称为低浓打浆，浆料浓度在10%～20%的称为中浓打浆，浆料浓度在20%～30%甚至更高的称为高浓打浆。

1. 低浓打浆

在低浓打浆范围内，提高打浆浓度，进入飞刀与底刀间的浆层加厚，每根纤维所承受的压力相应减少，从而减少了纤维的切断作用，促进了纤维间的挤压和揉搓作用，有助于纤维的分散、润胀和细纤维化。所以提高打浆浓度，适宜于打黏状浆。反之，降低打浆浓度，有利于纤维的切断，适合于打游离状浆。

打浆浓度根据纸种、打浆方式和打浆设备的性能来决定。通常游离状打浆应采用3%～5%的浓度，黏状打浆应采用6%～8%的浓度。提高打浆浓度，可以提高产浆量，降低每吨浆的动力消耗，从而降低生产成本。所以在设备允许和达到纸种质量要求的前提下，应尽量提高打浆浓度。

几种纸种不同的打浆方式与打浆浓度的关系如表1－4所示。

表1－4　不同纸种的打浆浓度

纸 种	打浆方式	打浆度/°SR	打浆浓度/%
滤纸	游离	25～30	2.5～3.5
吸收纸、浸渍纸、钢纸原纸、羊皮纸原纸	游离	17～35	3.0～4.0
定量大的和收缩率小的纸类	中等游离	25～40	4.0～5.0
一般用纸（纯化学浆或加有机木浆的）	中等游离	17～50	6.0
薄纸和耐久性纸（纯化学浆）	黏状	60～85	7.0
防油纸	黏状	70～90	7.0
文件纸（破布浆）	黏状	60～90	5.5～6.5
砂纸	黏状	95～98	5.0～6.0

2. 中浓打浆

中浓打浆（10%～20%），虽有助于提高纸的强度，但效果不显著，且动力消耗高，因此在工业上未获得广泛应用。中浓打浆的原理与高浓打浆相似。

3. 高浓打浆

高浓打浆原理与低浓打浆区别很大。高浓打浆不仅能保留纤维长度，并能有效和均匀地进行打浆，能赋予纸张优良的特性，如有较高的撕裂度、伸长率和耐破度等。因此高浓打浆适用于处理马尾松、落叶松等厚壁纤维和短纤维的阔叶木浆及草浆，为利用短纤维浆料、提高质量、生产高强度的纸开辟了新的途径。

①高浓打浆的原理　低浓打浆时刀片与纤维直接作用，而高浓打浆是靠纤维之间的相互摩擦作用，这是高浓打浆与低浓打浆的主要区别。高浓打浆与低浓打浆相比，纤维长度下降不大，短纤维和细小纤维碎片减少。

②高浓打浆浆料的特性　高浓打浆能更多的保留纤维的长度和强度，因此成纸的撕裂度比低浓打浆高得多。如表1－5所示，高浓打浆的纤维多呈扭曲和卷曲状，具有良好的收缩性能，能大大地提高成纸的收缩率和韧性。这对水泥袋纸、卷烟纸、高速轮转印刷纸等要求韧性大的纸种，具有重要的意义。

表 1 – 5 高低浓打浆、纤维受扭转作用对比

打浆浓度/%	打浆度/°SR	每 100mm 纤维扭转 180°角的次数
18	53	111
4. 25	51. 5	23

对于长纤维来说，如单独采用高浓打浆，纤维不能受到足够的切断，成纸时纤维容易絮聚，不易保证成纸的匀度。因此在生产中多采用两段打浆的方法，即在高浓打浆之后再经低浓打浆处理。这样，除撕裂度稍有降低之外，其他各项指标都比单独的高浓打浆有所提高。

高浓打浆也存在一些问题，如设备较复杂，动力消耗大，成纸紧度大，不透明度大，尺寸的稳定性和挺度较差。因此，对于要求这些指标高的纸种则不适于用高浓打浆处理。

图 1 – 12 示出一种高浓盘磨机打浆流程图，它适用于作为生产水泥袋纸的第一段打浆，而第二段打浆仍用一般的低浓打浆设备。

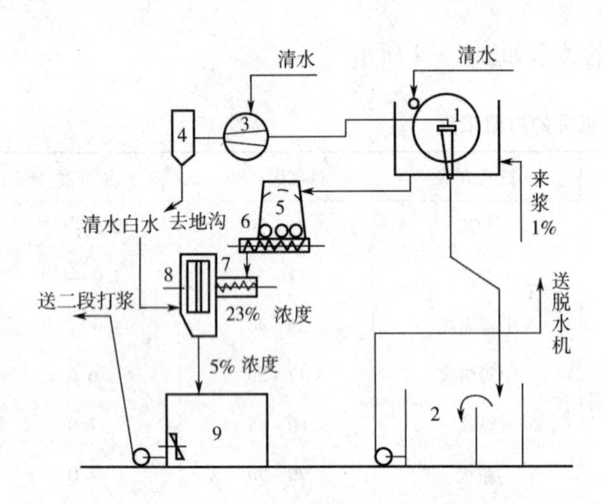

图 1 – 12 高浓盘磨机打浆流程

1—真空过滤机 2—真空过滤机水封池（$80m^3$）
3—真空泵 4—消音器 5—活底料仓 6—送料器
7—喂料器 8—高浓盘磨机（23% 浓度） 9—贮浆池（$220m^3$）

（三）打浆温度

打浆时由于浆料和刀片的摩擦，以及纤维间的摩擦作用而产生热量，引起浆料的温度上升，尤其是打高黏状浆，打浆时间长时浆料温度可达到 60℃ 以上。如浆料的温度过高，会引起纸料脱水，纤维的润胀作用下降，使切断作用加大，分丝作用下降，最终影响到纤维的结合力和纸的强度。打浆温度过高还会影响施胶效果，对亚硫酸盐木浆来说，会引起树脂游离，产生树脂障碍。一般要求打浆温度不超过 45℃，温度过高时应考虑采取降温措施。

（四）通过量

打浆设备串联的台数一定时，控制纸浆的通过量，可以在一定程度上控制打浆的作用。当通过量大时，表示纸浆的流过速度高，纤维停留在磨区的时间短，因而降低了打浆作用，使成浆的打浆度降低。因此，通过量是连续打浆设备控制打浆质量的因素之一。

（五）纤维性质和纸料化学组成

不同种类的纤维原料，经不同制浆方法的处理，其纤维的物理性质、结构形态和化学组成均不相同，打浆的难易和成纸的性质也各有差异。

一般认为，纤维细而长，长宽比值大，打浆后纤维有较大的结合面积，成纸强度高。

纤维细胞的壁腔比是衡量纤维优劣的另一指标。纤维细胞腔大，细胞壁薄者，即壁腔比小者，纤维柔软，打浆时易被压溃，易细纤维化，成纸强度高。反之纤维细胞壁厚，壁腔比大者，则纤维显得僵硬，打浆时难于细纤维化，纤维结合力低，成纸强度差。

纸料组成中长短纤维的配比，也是影响打浆和成纸强度的一个因素。在长纤维纸料中配入一部分短纤维纸料，能提高打浆度，增加纤维间的结合力和纸的匀度及强度。当然短纤维的配

比不应过高。

浆料中α－纤维素含量越高或半纤维素含量越低，木素含量越高，打浆越困难。因为这种浆料不易水化润胀，制成的纸强度低，吸收性强，脆性和硬度较大。

三、各种纸浆的打浆特性

1. 针叶木浆与阔叶木浆的打浆

针叶木浆的纤维平均长度为2～3mm，当用来生产水泥袋纸等一类的纸，并不希望切断纤维。而用来生产某些薄纸，如打字纸、邮封纸一类，为保证抄得的纸组织均匀，必须对纤维切短至0.6～1.5mm。针叶木浆也易于细纤维化，成纸的强度较高。

阔叶木纤维的平均长度仅为0.8～1.1mm。与针叶木纤维相比，如杨木、桦木的次生壁外层比针叶木的厚，为此对机械或化学作用的抵抗力较强，打浆时不容易分丝细纤维化。

对于同一种制浆方法，阔叶木浆比针叶木浆需要打到更高的打浆度，才能取得相近的成纸物理强度。但是由于阔叶木浆的纤维较短，既要提高打浆度，又要尽量避免过多的切短，这是不容易做到的。因此，对于阔叶木浆大多只进行轻度打浆，不应强求太高的物理强度。一般阔叶木浆不宜单独用来抄造较高质量的纸，通常与针叶木浆或棉麻浆配合进行抄纸。

2. 棉麻浆的打浆

棉浆纤维的平均长度为30～40mm，棉浆纤维细胞壁的细纤维与纤维主轴的夹角较大，呈螺旋交叉排列。而麻浆纤维细胞壁中细纤维与纤维轴向近于平行排列，并含有部分半纤维素和果胶。因此，棉浆纤维打浆时发生润胀和纵向分裂细纤维化较困难，麻浆则较为容易。

棉、麻浆纤维都较长，需要将纤维大力切短。它们的打浆分为半浆打浆和成浆打浆两个阶段进行。半浆打浆多采用切断能力强的半浆打浆机，打好的半浆纤维长度为2mm左右。然后再用适于打成浆的打浆设备打成浆，使纤维获得适当的分裂和细纤维化。

3. 草类浆的打浆

草类原料与木材原料在纤维结构形态和化学组成上有很大的区别。反映在打浆上的突出特点是：草类打浆难于细纤维化。只有通过长时间的打浆，打浆度达到80～90°SR时才会有明显的细纤维化发生。产生这种现象的原因，一般认为，这是由于草浆纤维的次生壁外层较厚，其细纤维呈交叉螺旋状排列，就像一个套筒把次生壁中层紧紧地裹住，而且次生壁外层又与次生壁中层黏结较紧，故在打浆过程中难以除去，外部细纤维化就难于实现。

草类纤维较短，在打浆中不宜再受到过多的切断作用。如为了追求草浆的细纤维化而加重打浆处理和延长打浆时间，就必然造成过多切断，影响纸的强度。另一方面草浆含有大量的杂细胞，在打浆过程中很易破碎，引起打浆度的迅速升高，从而造成抄纸时的滤水困难。

综上所述，草类打浆以充分疏解、轻度打浆为宜，使其润胀柔软，纤维表面稍加活化，打浆度以控制在30～40°SR即可。草浆经这样打浆处理后，可以满足生产一般文化用纸的要求。

第三节　打浆设备

打浆设备可分为间歇式和连续式两大类。间歇式打浆设备主要包括荷兰式、改良荷兰式、伏特式等类型的打浆机。它们的特点是：适应性强，能处理各种不同性质的浆料，并可通过改变打浆条件而获得不同质量要求的纸料，特别适合于棉、麻等长纤维原料打半浆。间歇式打浆设备还可进行洗涤、施胶、加填、染色、混合纸料等。但打浆机的占地面积大，间歇生产，产量低、劳动强度大；动力消耗大、成浆纤维均整性差。目前，间歇式打浆机在纸厂中的应用已经非常少见。

连续式打浆设备主要有圆柱磨浆机、锥形磨浆机和盘磨机等。连续式打浆设备与间歇式打浆设备比较起来具有下列优点：结构简单，制造容易，维修方便；占地面积小，生产能力大；动力消耗低，打浆效率高，且质量均匀稳定；容易实现自动控制，因此操作较简便，劳动强度低。

一、打 浆 机

打浆机发明于18世纪，并经不断地改进和完善一直使用到20世纪。虽然经过很多改进，但其基本结构没有变化，即主要由浆槽（包括山形部）、底刀、飞刀辊及升降调压装置、罩盖及洗鼓等部分组成。打浆机的结构原理示意如图1-13所示。

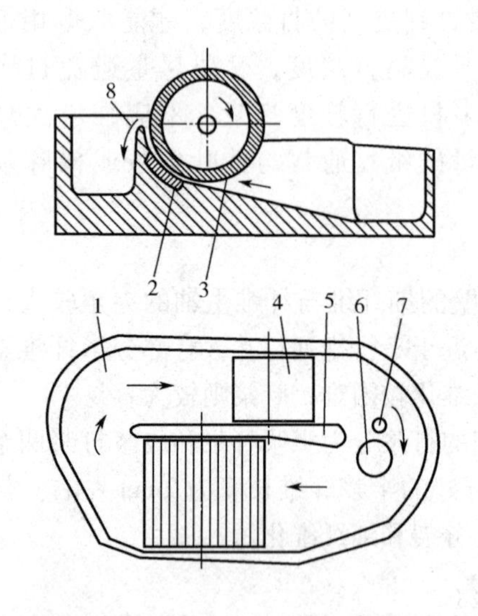

图1-13 槽式打浆机结构原理示意图
1—浆槽 2—底刀 3—飞刀 4—洗刀
5—隔墙 6—放浆口 7—排污口 8—山形部

打浆机工作原理：由于飞刀辊不停地转动及浆槽本身有一定的坡度，使受处理的浆料在图1-13所示的浆槽内沿箭头的方向循环运动。当浆料经过飞刀辊与底刀之间的间隙时，受到飞刀与底刀的机械作用，逐步处理成合乎要求的纸料。在打浆过程中，飞刀辊与底刀之间的间隙及压力可以调节。打好的成浆经池底的放浆阀由浆泵送走。沉积的砂粒等杂质由排污口排出。当浆料需要洗涤时，可放下洗鼓，开启喷水管。

如前所述，打浆机的种类很多，但按其作用来分，基本上有两种类型：一种是主要用于切断纤维的半浆机，另一种是主要用于分丝帚化纤维的成浆机。

各种打浆机的不同之处在于：浆槽的形状及隔墙两边循环沟的宽度；浆槽底部的坡度；山形部的形状及位置；底刀的位置；飞刀辊的调节机构等。打浆机的改进和完善也是从以上几个方面加以考虑，力图达到打浆均匀，质量及产量易控制，节省动力等目的。

二、连续打浆设备

（一）锥形磨浆机和类型

如图1-14所示，锥形磨浆机主要由锥形刀辊和套在外边的定子外壳及间隙调节机构构成。通常浆料从外壳的小端送入，由大端排出。进刀与退刀是借助于间隙调节机构使转辊与外壳做轴向相对移动来实现的。

1. 普通锥形磨浆机（低速锥形磨浆机）

刀辊线速度为8~11m/s，刀辊圆锥角小于22°，刀片厚度一般为6~10mm。这种锥形磨浆机对纤维的切断作用很强，适合于游离状打浆之用，例如书写纸、印刷纸纸料的制备。

2. 高速锥形磨浆机

刀辊线速度为11~20m/s，大端的线速度也有高达30m/s的；圆锥角为22°~24°；刀片的厚度为6~12mm。这种锥形磨浆机对纤维的分丝、帚化、细纤维化能力较强，适于中等黏状纸

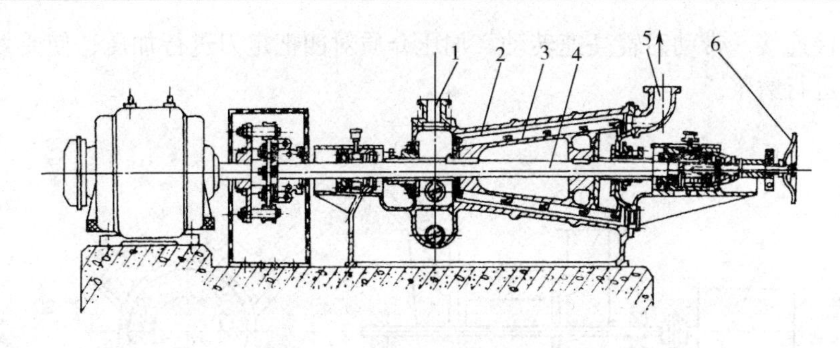

图 1－14　锥形磨浆机结构图

1—浆料进口　2—刀壳（定子）　3—刀辊（转子）　4—主轴　5—浆料出口　6—调节手轮

料的打浆，例如电缆纸纸料的制备。

3. 水化锥形磨浆机

刀辊的线速度高达 18 ~ 30m/s，刀辊的圆锥角为 26°左右，刀片厚度为 8 ~ 12mm。这种锥形磨浆机对纤维细纤维化的作用最强，而对纤维的切断作用最小，适合于黏状打浆，例如卷烟纸纸料的制备（图 1－15）。

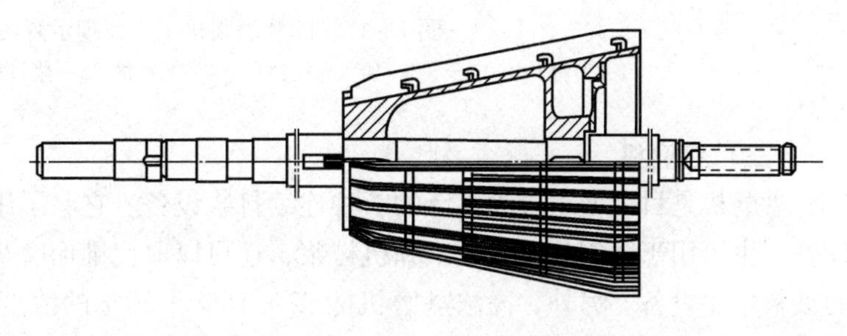

图 1－15　锥形磨浆机刀辊（刀片分两组排列）

4. 大锥度锥形磨浆机

这种锥形磨浆机与其他类型锥形磨浆机比较，转子的锥度较大（60°），因而辊体较短，结构紧凑；刀辊大、小端的直径差很大，因而浆料通过刀辊与底刀的间隙时可获得比较大的加速度。大锥度锥形磨浆机对纤维主要起分丝帚化作用。

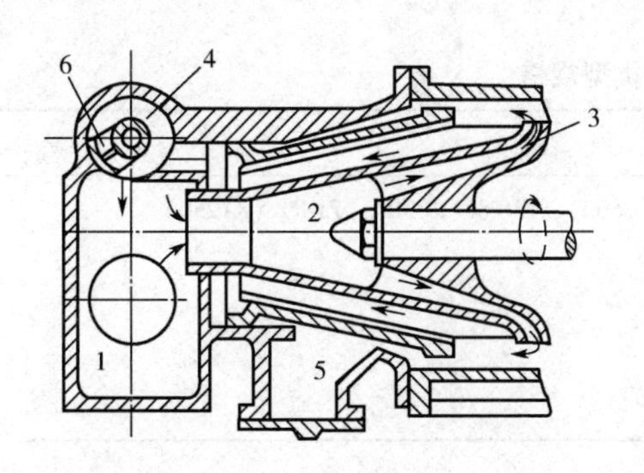

图 1－16　内循环锥形磨浆机工作原理示意图

1—进浆室　2—刀辊空腔的锥形通道

3—刀辊大径端叶轮　4—出浆室

5—收集管　6—循环浆料调节阀

5. 内循环锥形磨浆机

如图 1－16 所示，内循环锥形磨浆机的刀辊具有一个锥形空腔，浆料用泵以大于 170kPa 的压力送入进浆室 1，经刀辊的锥形空腔 2 后由大径端叶轮 3 的作用，使浆料压力升高到 220kPa 左右，然后从刀辊的大径端向小径端反流，从而使浆料受到打浆作用。另一方面从小径端到大径端有离心压力的作用，这种反压力延长了浆料在刀片间的打浆作用时间，故有良好的打浆性能。内循环磨浆机可以使部分浆料在机内循环，使其以最大的通过量和负荷运转。生产能力和打浆度可以通过控制循环量进行调节，故有较大的适应范围。这种磨浆机转速为 750r/min，对纤维的切断作用小，帚化分丝性能好。

(二) 圆柱磨浆机

圆柱磨浆机是由一个圆柱形刀辊和沿刀辊圆柱而分布的四把定子刀组成。它的工作原理如图 1－17 所示。要处理的浆料通过进口 5 到达刀辊与定子之间的间隙，然后从出口 6 排出。电动机与刀辊直接连接，带动刀辊高速转动。加压介质对四把定刀进行加压，使要处理的浆料在一定的压力下进行磨浆。

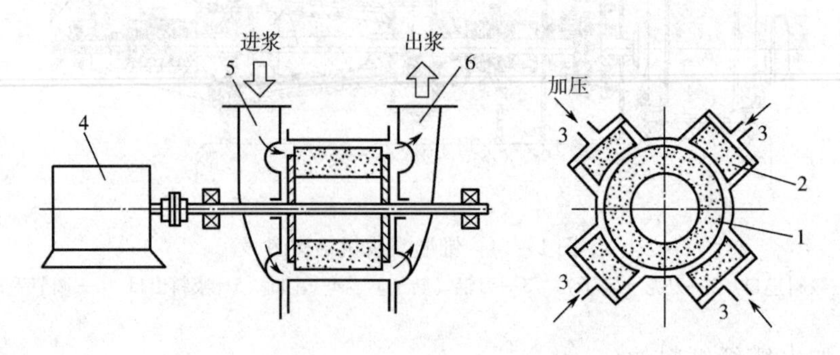

图1－17　圆柱磨浆机工作原理示意图

1—刀辊　2—定子　3—加压介质进口　4—电动机　5—浆料进口　6—浆料出口

（三）盘磨机

盘磨机是目前使用最为广泛的一种连续打浆设备。它除了用于化学浆、半化学浆的打浆处理外，也可用于磨制化学机械浆和机械浆，还可以取代锥形磨浆机和圆柱磨浆机，作为纸机前的纸料精整设备。另外，高浓盘磨机能够在15%～30%的浓度下进行高浓打浆，能有效地提高磨浆质量。用盘磨机打浆能够连续、均一、稳定地保证打浆质量，具有占地小、效率高、电耗低的特点，适于各种规模的纸厂使用。

1. 盘磨机的类型与结构

现在常用的盘磨机，按磨盘装配情况可分为双盘单动盘磨机（一个转盘，一个定盘构成一个磨区）、双盘双动盘磨机（两个转盘，而转向相反，构成一个磨区）和三盘单动盘磨机（中间一个转盘，两侧各一个定盘，构成两个磨区，也称双磨区盘磨机或简称三盘磨机）。我国现有的盘磨机主要类型规格如表1－6所列。

表1－6　我国现有盘磨机主要类型规格

种　类	型　号　规　格
单盘磨机	ZDP1（ϕ400），ZDP2（ϕ500），ZDP3（ϕ600），ZDP8（ϕ330），ZDP9（ϕ1250）
双回转盘磨机	ZDP21（ϕ915）
三盘磨机	ZDP11（ϕ450）
热磨机	ZDP31（ϕ600）

图1－18为ϕ300双盘单动盘磨机（表1－7中ZDP8型）的结构。它是由壳体、磨盘及间隙调节机构等几个部分组成。浆料由定盘中心进入两磨盘之间进行磨浆，然后由出浆口排出。磨盘间隙的调节采用手动的蜗轮机构调节定盘的方式。也有用手动的蜗轮机构调节转盘的方式，还有一些是用油压机构来调节的。

图1－19为ϕ450三盘磨机（ZDP11）的结构。这种三盘磨机有两个固定圆盘，分别装在移动座和机壳上。在两个固定盘的中间有一个可沿轴向移动的转动盘，两个带磨纹的齿盘分别固定在转动盘的两侧，每一转动盘上的齿盘与固定盘上的齿盘形成一个磨浆区。由于在磨室内装有两对齿盘而构成双磨浆区，因此有时也称它为“双盘磨机”。为了避免与传统的双盘磨

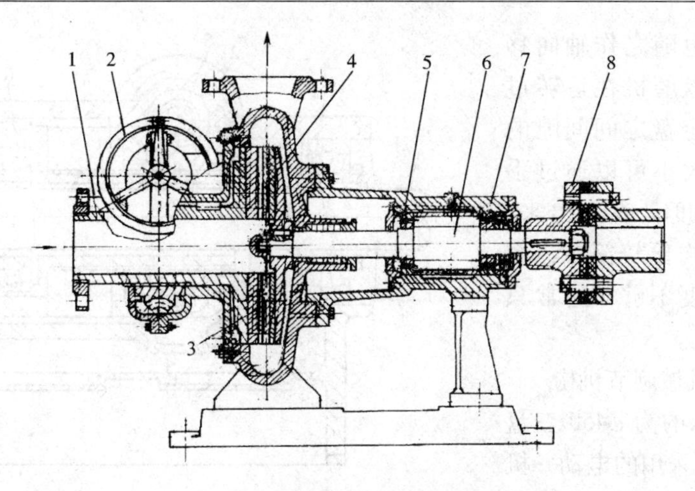

图 1－18 蜗轮机构调节定盘的单盘磨机

1—连接定盘可移动的进料管 2—手轮与蜗轮杆 3—定盘 4—转盘

5—前轴承 6—主轴 7—后轴承 8—联轴器

（双回转盘磨机）相混淆，故把它称为三盘磨机。浆料由设在移动座和机壳上的两个进浆管进入两个磨区，磨浆后汇合由顶部出浆口排出。

由于三盘磨机相当于两台单盘磨机合在一起，生产能力大，单位电耗低，设备费用低，结构紧凑、占地少，因而近年来的使用越来越多。

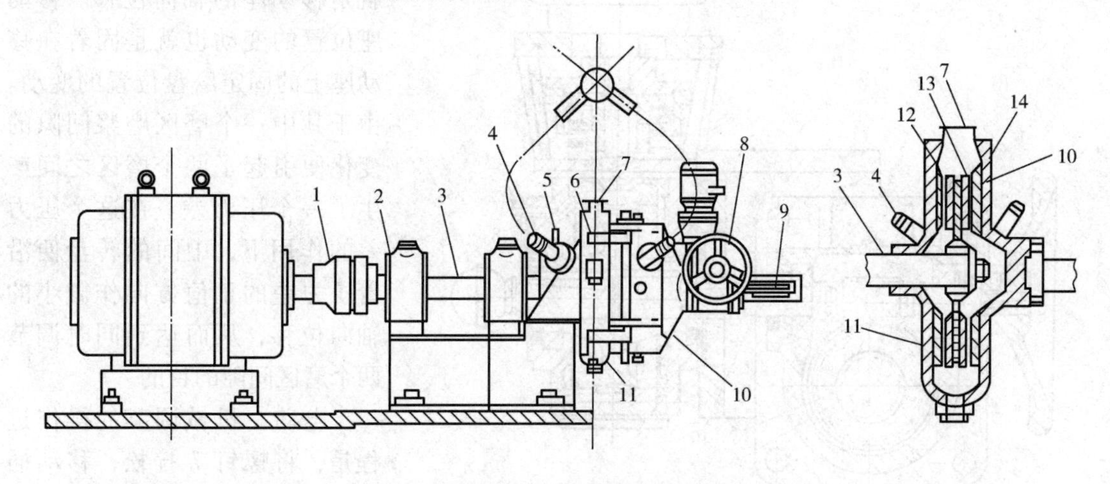

图 1－19 三盘单动磨盘机结构图

1—联轴器 2—滑动轴承 3—转轴 4—进浆浆管 5—水压密封圈 6—磨盘室 7—出浆口 8—手轮

9—限位装置 10—可移动机座 11—机壳 12—机壳固定磨盘 13—转动磨盘 14—机座固定磨盘

2. 磨盘间隙和压力调节机构

目前盘磨机间隙和压力调节机构主要有手动机械调节机构、电动－机械调节机构和油压系统调节机构。

（1）手动机械调节机构

图 1－20 为手动机械调节机构。它的调节原理是，当转动调节手轮 2 时，蜗杆跟着转动，并带动蜗轮 4 转动；蜗轮通过内孔的梯形螺纹与螺旋推力筒 5 连接。由于蜗轮只能在原位置上转动，因此推力螺旋在蜗轮转动时就作轴向移动。推力螺旋没有螺纹部分则作为传动侧后轴承 6 的轴承座，并与机身滑配合；传动侧轴承通过轴套与主轴联接。当螺旋推力筒 5 作轴向移动

时，转动的主轴也随之作轴向移动，因而实现了盘磨机在运转过程中调节转盘与定盘之间间隙的目的。调节量的大小可以通过手轮处的指针和刻度盘表示出来。这种调节机构结构比较简单，容易制作，但精确度不够，通常只适用于小型盘磨机。

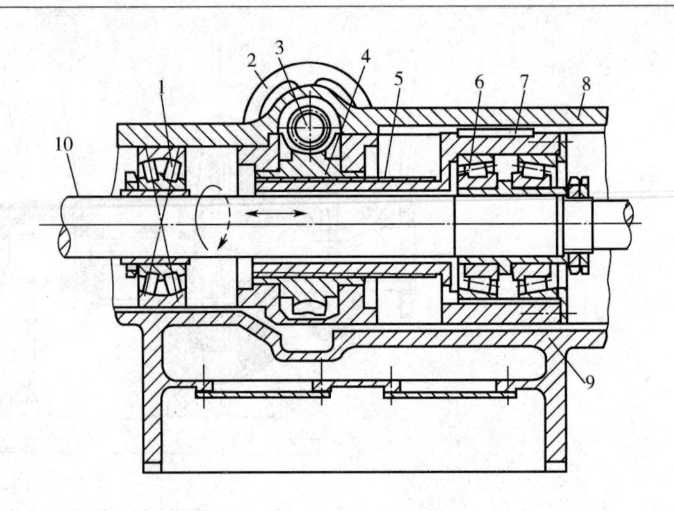

图 1－20 蜗杆蜗轮间隙调节机构

1—前轴承 2—调节手轮 3—蜗杆 4—蜗轮 5—螺旋推力筒 6—后轴承 7—导向平键 8—机盖 9—底座 10—轴端联接转动磨盘

（2）电动－机械调节机构

图 1－21 所示的为 ϕ450 三盘磨机（ZDP11）上采用的电动—机械调节机构。其中 1 是调节手轮，2 是蜗轮箱。它由调节电动机 3 传动蜗轮箱 4 内的蜗杆蜗轮，最后使中心孔为螺孔的蜗轮 5 转动，结果螺杆 6 作轴向移动。螺杆 6 与磨盘移动座（见图 1－21）连接在一起，因而螺杆 6 的轴向移动也就是移动座的轴向位移。移动座位置的变动也就是固着在移动座上的固定磨盘位置的变动。由于其中一个磨区磨浆间隙的变化便引起了两个磨区之间产生了一个压力差。在这个压力差的作用下，中间的转盘便沿着压力差的正值方向作微小的轴向位移，从而达到同时调节两个磨区间隙的目的。

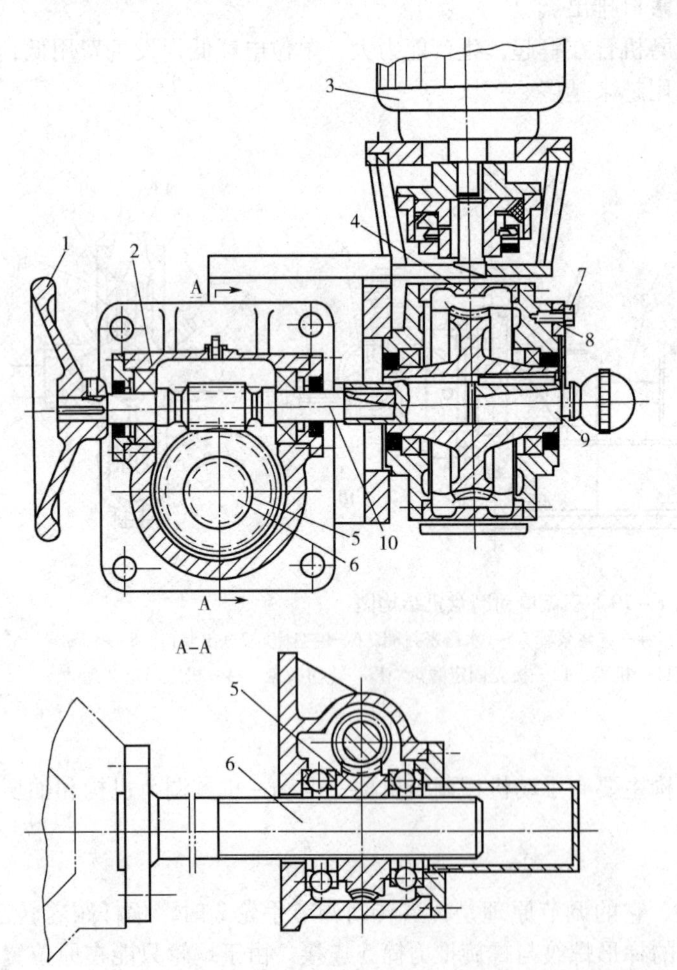

图 1－21 ϕ450 三盘磨机（ZDP11）磨盘间隙调节机构

电动－机械调节的操作过程是，将螺钉 7 拧松，移动插板 8，推进活动轴 9，把插板 8 插入活动轴 9 的环槽内，拧紧螺钉 7，于是形成了如图 1－21 中的位置，便可开动调节电动机 3。当电动机顺时针转动时为进刀，反之为退刀。

有时当调节电动机传动失灵，或者需要手动操作磨盘进退时，则先将螺钉 7 拧松，移动插板 8，拨出活动轴 9，使之与蜗杆 10 脱离。此时，电动传动不起作用，电动蜗杆蜗轮调节就变成手动蜗杆蜗轮调节了。顺时针转动手轮为进刀，反之为退刀。

（3）油压系统调节机构

图1－22是盘磨机的一种简单液压装置，图中表示磨盘合拢时的油路方向。它的工作原理如下：当油泵电动机5开动之后，便有油液从吸油管10进入油泵6，并从压油管11将液压油送往液压系统。当操纵杆1处于图中位置时，油液便进入操纵阀（换向阀）的下部而通过油管12送往油缸9的左腔，推动油缸活塞右移，使磨盘靠拢。这时，油缸右腔及密封处由油管13回油至油箱7中。系统的油压大小由调压阀（安全溢流阀）3调节。

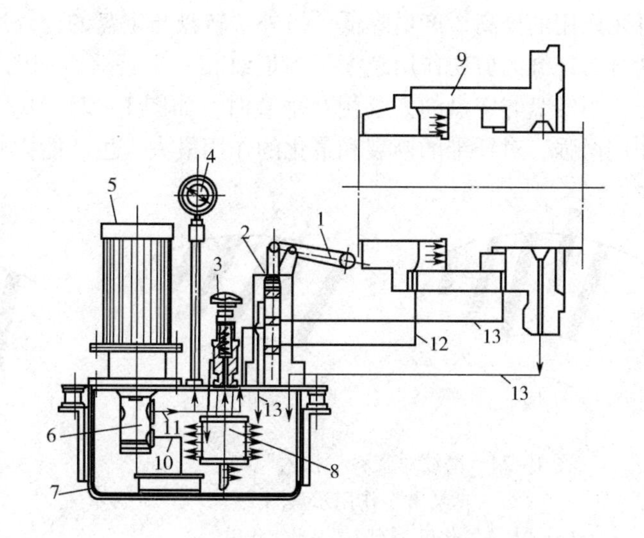

图1－22　盘磨机简单的液压装置

在盘磨机正常操作的情况下，由油管11来的压力油经调压阀到滤油器8，油液得以滤清。而当操纵杆往上摆动至一定位置时，油液则通往油缸的右腔，油缸活塞左移，磨盘分离。

油压系统调节机构的操作方便，调压范围较大，精确度较高，便于实现集中控制和自动调节。它适合于各类盘磨机使用，但造价较高。

3. 磨盘的齿形

磨盘的齿形，关系到盘磨的泵送特性及磨浆的效果。它主要包括齿宽、齿沟宽及深度、磨齿交角、挡坝等。齿形的设计应根据原料的种类、制浆方法、成浆的质量和生产能力等综合进行考虑。

磨盘的齿形分疏解型和帚化型。疏解型常用正锯齿形和斜锯齿形，帚化型常用平齿型和圆弧齿形。如图1－23所示。齿形结构很多，一般认为，主要用于纤维的疏解作用而打浆作用较轻的，采用齿宽、齿沟宽和深度都较小的齿形；以帚化为主的，采用较大的齿宽；以切断作用为主的，采用较小的齿宽。对浓度较高的浆料，采用较小的齿宽和浅的齿沟，以减少浆料在齿沟中沉积和堵塞。

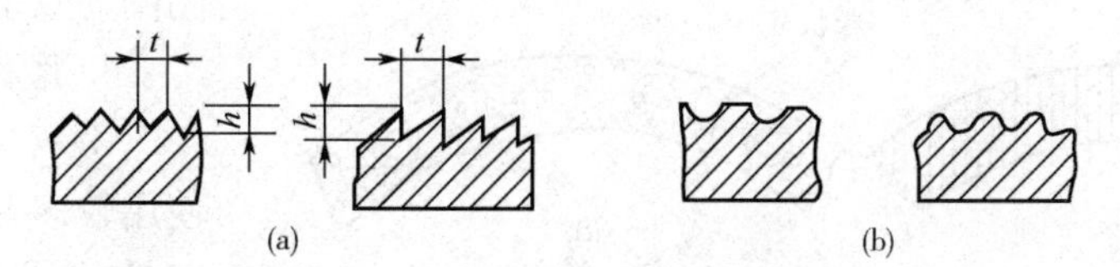

图1－23　金属磨盘的齿形

齿沟深度 h 影响到纸浆的流送。深度小，送浆阻力大，会减少纸浆的通过量。沟宽 t 与齿的大小有关。按产量、质量和齿形的不同要求，h 常在2～8mm之间，t 可取4～10mm。

磨齿与磨盘半径之间的夹角，称磨纹倾角，一般是15°～20°，也有7.5°～30°的。倾角的方向和大小对浆料的泵送作用有较大的影响。当倾角方向与盘磨的转动方向相反时，“泵出”作用增强，如图1－24（a）所示。反之，齿纹倾角方向与磨盘的转动方向相同时，磨齿对浆料起着“拉入”作用，如图1-24（b）所示。“泵出”作用使浆料在磨齿上的停留时间缩短，有利于产量增加，但打浆作用降低。“拉入”作用使浆料在磨齿上的停留时间增加，则有利于打浆作用的提高，产量降低。另外，转盘与定盘的齿纹通常是交叉排列的，交叉角越大，刀口啮合对纤维的剪切作用越大。当齿纹相互平行时，如图1-25（a）所示，切断作用最强。反之，当转盘与定盘的齿纹相互垂直时，如图1-25（b）所示，纤维的切断作用最小，而摩擦作用增强，对纤维的撕裂和帚化的作用最大，生产能力却随之下降。

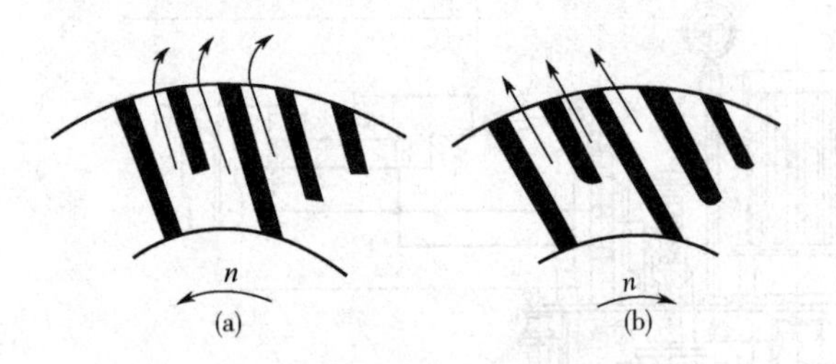

图1-24 磨纹对浆料“拉入”与“泵出”作用示意图
（a）“拉入”作用 （b）“泵出”作用

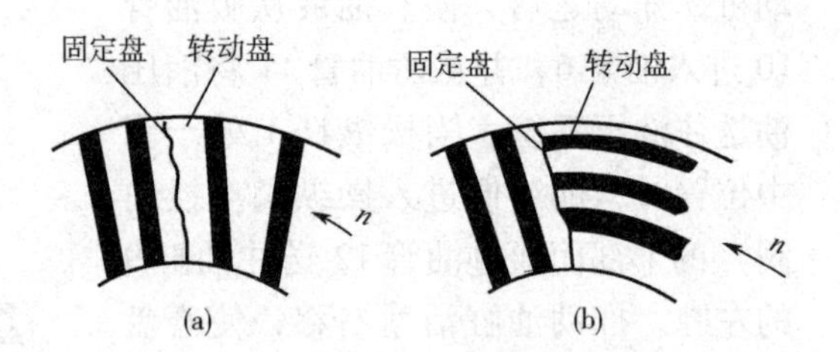

图1-25 转盘与定盘上磨纹的相互位置
（a）磨纹相平行 （b）磨纹相垂直

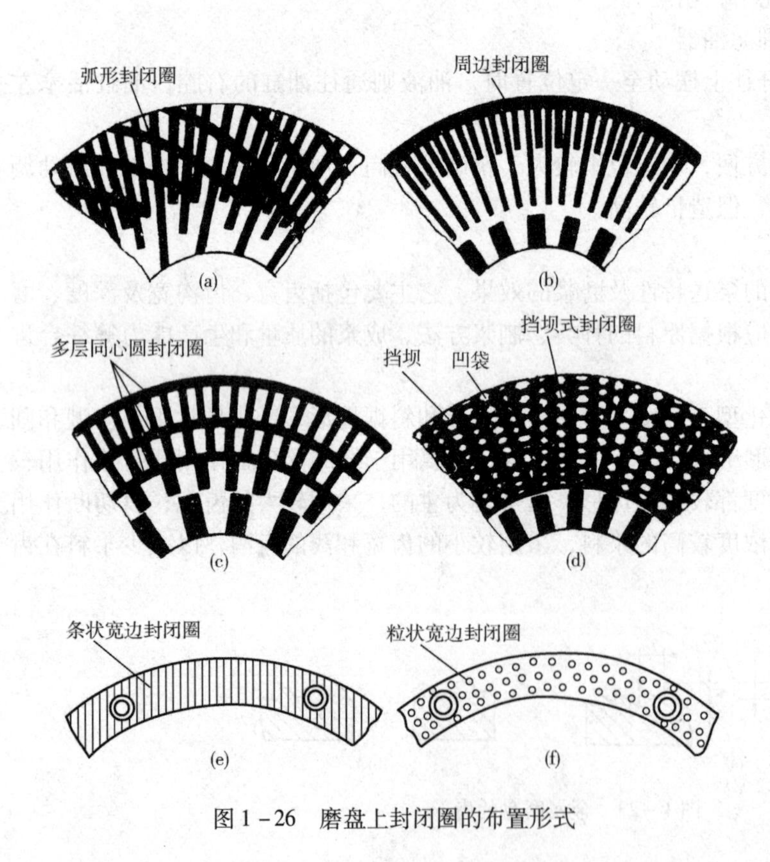

图1-26 磨盘上封闭圈的布置形式

为了延长浆料在磨盘内的停留时间，防止浆料顺齿沟直通周边而排出，在磨盘上设有挡坝（或称封闭圈），它能有效地防止浆料“短路”，消除生浆片或纤维束，提高打浆的均匀性。挡坝有多种形式，如弧形封闭圈，周边封闭圈，多层同心圆封闭圈，凹袋式挡坝，条状宽边封闭圈和粒状宽边封闭圈等，如图1-26（a）~（f）所示。在国产ϕ450以下的中小型盘磨机上，采用弧形封闭圈的效果较好。

4. 磨齿的材质

①灰口铸铁：中小纸厂使用较多。它具有制造加工容易的优点，但耐磨性差，一般使用寿命只有7~20d。

②白口铸铁或冷激铸铁：白口铸铁和冷激铸铁的使用寿命可达到30~60d，冷激铸铁加工容易，目前使用较多。

③齿面堆焊碳化钨：为了进一步提高磨齿的耐磨性，将灰口铸铁磨齿经初步加工之后在齿面上堆焊2~3mm的碳化钨，经自然冷却，然后在磨床上磨削平整。堆焊碳化钨的磨盘可以使用60~90d。

④砂轮磨盘：这是用碳化硅砂轮经人工刻上齿纹，然后用环氧树脂黏固于背盘上，即可使用。它的使用寿命有60d左右。砂轮磨盘对纤维的切断作用小而分丝帚化效果好，适合于草类浆的打浆，在降低电耗方面也有一定的效果。

⑤其他磨齿材质：近年来发展了许多新的磨齿材质，如耐磨不锈钢材料，其使用寿命可高达300多天。另一种是弹性模数接近纤维的塑料磨盘。使用塑料磨盘处理浆料，可减少对纤维的切断，提高成纸的强度和柔韧性，磨浆时噪声较小。

5. 高浓磨浆机

高浓盘磨机是由普通盘磨机发展而来，因高浓磨浆的浆料浓度在20%以上，浆料缺乏流动性，并在高温高压条件下工作，所以高浓盘磨机的结构具有如下一些特点。

（1）高浓磨浆机必须配备有良好的加料器和喂料螺旋

图1－27示出了一种高浓盘磨机结构图。高浓浆料的流动性很差，只有连续、均匀和定量地加料和喂料，才能保证磨浆负荷稳定，最后达到稳定产量和质量的目的。因此，从浓缩设备来的高浓浆料由加料螺旋连续、均匀和定量地把高浓浆料推向磨区磨浆。

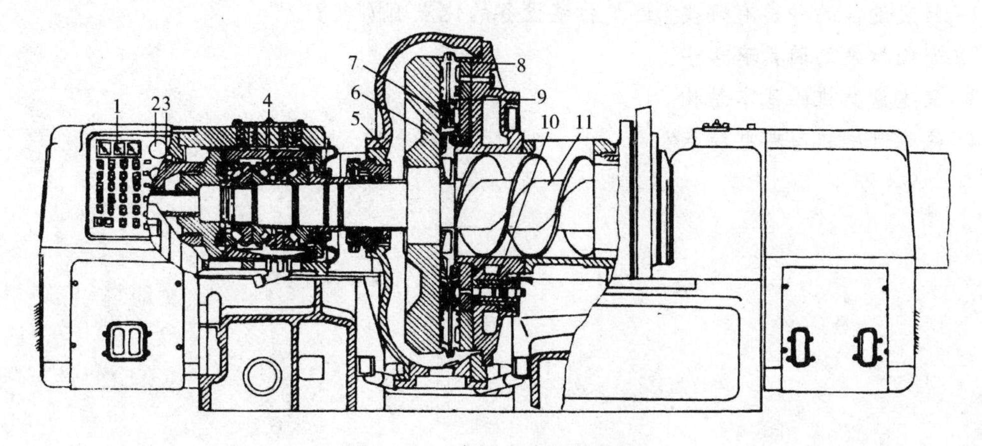

图1－27 高浓盘磨机结构图

1—仪表屏（包括磨盘间隙指示器） 2—调节磨盘间隙的液压缸 3—轴承（有单独的润滑系统）
4—主轴 5—不锈钢壳体 6—转盘 7—磨片 8—磨盘间隙 9—二段磨区间稀释和冷却水进口
10—第一磨区的磨盘间隙控制点 11—喂料螺旋

（2）设置有蒸汽排出通道

在高浓度下磨浆，因浆料含水少，不能充分吸收磨浆时所产生的大量热量，因而产生大量蒸汽，这些蒸汽在磨浆区造成的压力，会使盘磨机负荷波动，一部分蒸汽由进料口反喷，影响正常的加料。因此，螺旋喂料器对着进料口的地方，必须有让蒸汽迅速散逸的排汽通道，有的采用空心旋转轴，让蒸汽从轴孔排出；有的采用高速旋转的带式螺旋，由离心力的作用，纸浆被甩到螺旋叶的边缘而被推入磨盘中，蒸汽则从转轴周围的空隙排出。

（3）磨盘的齿面之间应有较大的配合梯度

设置较大的磨盘梯度是为了使浆料能顺利进入和蒸汽迅速逸出。磨盘的齿纹一般采用窄齿和浅齿槽。由于高浓磨浆磨盘之间有很厚的纤维层，磨盘的间隙较大，对齿型形状精度要求不高。

（4）高浓盘磨机的排料口

排料口设在正下方，磨后的浆料垂直落下而被送走，以解决浆料流动性差排放困难的问题。

思考题

1. 什么叫打浆？打浆过程中，纤维发生了哪些变化？
2. 打浆过程中，纤维发生的变化相互之间有什么关系？
3. 成纸时纤维结合力形成过程是怎样的？
4. 影响纤维结合力的因素有哪些？它们是怎样影响的？
5. 衡量打浆质量的指标有哪些？这些指标反映纤维发生了什么变化？
6. 打浆度的测量步骤是怎样的？
7. 打浆对成纸质量指标的影响是怎样的？
8. 打浆方式有哪些？不同的打浆方式各适合造什么纸？
9. 打浆比压是怎样影响打浆的？生产中是怎样判断比压的大小的？
10. 低浓打浆和高浓打浆的主要区别。高浓打浆特性是怎样的？
11. 打浆设备的种类有哪些？连续打浆设备的优点有哪些？
12. 影响打浆的因素有哪些？
13. 简述盘磨机的基本结构。
14. 高浓盘磨机有哪些特点？

第二章　湿部助剂及其应用

第一节　概　　述

一、湿部助剂的概念

湿部助剂是指在造纸湿部纸浆中加入，能够改善生产操作条件和过程或赋予纸张某些特殊性能的非纤维性物质。通常把在纸料中添加这些非纤维性物质的生产过程称为调料，又称添料。

因为植物纤维原料本身的性能是有局限性的，由植物纤维原料交织而成的纸张的性能也是有限的。随着社会的发展及人民生活水平的提高，纸张的用途也越来越广，对纸张性质的要求也越来越高。为了使纸张具有某种特殊的或更好的性能，以及更好的造纸工艺过程控制，必须在造纸湿部纸浆中加入各种不同的化学助剂，如施胶剂、填料、助留剂、助滤剂、干强剂、湿强剂、消泡剂等。这些湿部助剂一般都具有用量少、附加值大等特点。

二、湿部助剂的种类和作用

湿部助剂的种类很多，根据其使用的目的和作用不同，可分为功能性湿部助剂和过程性湿部助剂两大类，详见图 2－1。常见湿部助剂的种类和主要组成见表 2－1。

功能性湿部助剂是作为纸中的一种成分，以改善纸张性能为目的。如：施胶剂是为了改善纸张的抗液体性能；填料是为了增加纸张的不透明度、白度以改善纸张的印刷适印性；色料是为了消除纸张杂色，提高纸张白度的纯净性或使纸张着色生产有色纸。

过程性湿部助剂是为了改善生产操作条件，防止或消除生产故障。如：助留助滤剂是为了提高纸张中细小纤维或填料的留着，改善纸料的滤水性能，适应高速纸机的需要；消泡剂是为了消除制浆造纸过程中产生的大量泡沫，减少其对制浆造纸操作带来的种种困难；防腐杀菌剂是为了减少微生物的繁殖，控制腐浆的生成；树脂控制剂是为了减少树脂的沉积，达到控制树脂障碍的目的，减少其给生产带来的麻烦。

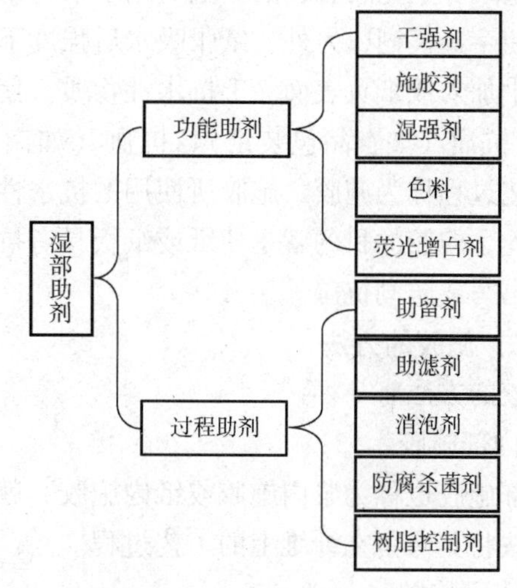

图 2－1　湿部助剂的种类

表2-1 常见湿部助剂的种类和主要组成

种类	主要组成
浆内施胶剂	松香类施胶剂、烷基烯酮二聚体（AKD）、烯基琥珀酸酐（ASA）等
助留剂、助滤剂	明矾、聚丙烯酰胺、聚乙烯亚胺、阳离子淀粉、阳离子瓜尔胶、壳聚糖等
干强剂	淀粉及各种变性淀粉、聚丙烯酰胺、聚酰胺、聚丙烯酰胺接枝淀粉等
湿强剂	三聚氰胺甲醛树脂、双醛淀粉、聚乙烯亚胺、聚酰胺多环氧氯丙烷等
消泡剂	聚醚类、脂肪酸酯类有机硅类等
柔软剂	表面活性剂、高碳醇、改性羊毛脂、高分子蜡、有机硅高分子等
分散剂	聚氧化乙烯、聚丙烯酰胺、海藻酸钠等
色料	颜料（有机和无机）、染料（酸性、碱性、直接染料）等
其他	荧光增白剂、树脂控制剂等

第二节 施胶剂及其应用

一、施胶的目的和方法

（一）施胶的目的

纸张纤维之间存在着大量的毛细管，纤维本身又具有亲水性，使纸张具有较强的吸收液体（特别是水和水溶液）的能力。纸张的这种性质对于要求吸收性高的纸类，如卫生纸、过滤纸、吸墨纸等是比较有利的。但对用于书写纸、绘图纸来说是不利的，这是因为墨水极易渗透扩散而使字迹模糊，另外，纸张吸水后强度下降，也会影响纸张的使用。因此，许多纸种需要在浆料中加入或纸页表面涂上抗水性物质，使纸具有延迟流体渗透的性能，达到抗墨水（如书写纸）、抗油（如食品包装纸）、抗血（如肉类包装纸）、抗水和蒸汽（如纸袋纸）等目的，这一工艺过程称为施胶，施胶所使用的抗水性物质就称为施胶剂（也称胶料）。

因此，施胶的目的就是使纸或纸板具有抗液体（特别是水和水溶液）扩散和渗透的能力，适宜于书写或防潮抗湿。

（二）施胶的方法

施胶的方法有3种：

1. 内部施胶

内部施胶也称为浆内施胶或纸内施胶，就是指把施胶剂加入纸料中且在造纸机湿部采用适当的方法将其保留在纤维上的工艺过程。

2. 表面施胶

表面施胶也称为纸面施胶，就是指湿纸幅经干燥部脱除水分至定值后，在纸页表面均匀涂上胶料的工艺过程。

3. 双重施胶

双重施胶就是既进行浆内施胶，又进行表面施胶的工艺过程。

我国绝大部分要求施胶的纸或纸板一般都采用内部施胶，只是有一些有特殊要求的纸或纸板才用表面施胶或双重施胶。

（三）内部施胶剂的种类

1. 按使用的 pH 条件分

可将内部施胶剂分为酸性施胶剂和中性施胶剂。如下所示：

（1）酸性施胶剂

①皂化松香胶：天然松香与碱反应生成的皂化产物，这是最早使用的松香类施胶剂，称为第一代松香胶。1807 年开始使用。

②强化松香胶：马来酸酐或富马酸改性的松香与碱反应制得的带有三个羧基的皂化产物，从本质上说仍是一种皂化胶，称为第二代松香胶。1951 年投入使用。

③其他改性皂化松香胶：包括阳离子树脂改性皂化胶、石蜡改性松香皂化胶或石蜡改性强化松香皂化胶。

④阴离子分散松香胶：也称阴离子乳液松香胶，通过将松香类施胶剂熔融乳化先制得液体松香乳液，即 O/W（oil in water，水包油）型乳液，经冷却得到稳定的松香胶乳，是一种含有 90% 以上游离松香的高分散体系，pH 在 7.0 以下，固含量为 50% 左右，称为第三代松香胶。1971 年得到应用。

⑤其他酸性施胶剂：如脂肪酸胶料、烯基丁二酸系胶料等。

（2）中性施胶剂

①阴离子分散松香胶的中性施胶：阴离子松香胶乳以干酪素、聚乙烯醇、聚醋酸乙烯酯、羧甲基纤维素等为分散剂或者保护胶体。在实际中性施胶时，必须要加一种能使松香胶沉淀并固定于纤维上的留着剂。聚合氯化铝、阳离子淀粉及两性淀粉、阳离子 PAM 或两性 PAM、阳离子聚酰胺多胺环氧氯丙烷等，都可以作为阴离子松香胶乳的特殊留着剂。

②阳离子分散松香胶：也称阳离子乳液松香胶，是一种带有正电荷的高分散松香胶，其中含有大量松香酸分子，固含量为 35% 左右，可用水任意稀释，保存期可达 1 ~ 2 年，称为第四代松香胶。1984 年出现。

③反应型中性施胶剂：这类施胶剂中含有能够和纤维素上羟基直接发生反应的活性基，主要品种有烷基烯酮二聚体（AKD）、烯基琥珀酸酐（ASA）和其他阳离子树脂。1956 年开发了 AKD 施胶剂，1968 年则出现了 ASA 施胶剂。

④其他中性施胶剂：如脂肪酰胺多胺环氧氯丙烷、聚酰胺多胺环氧氯丙烷（PAE）、双硬酯酰胺等。

2. 按来源来分

可将内部施胶剂分为松香类施胶剂和合成类施胶剂。

①松香类施胶剂包括传统的皂化松香胶、强化松香胶、改性皂化松香胶、阴离子分散松香胶和阳离子分散松香胶等。

②合成类施胶剂包括“反应型”的烷基烯酮二聚体（AKD）、烯基琥珀酸酐（ASA）等和“自行固着型”的阳离子施胶剂（树脂型、聚合型）。

（四）表面施胶剂的种类

主要有淀粉及其改性产品、聚乙烯醇、羧甲基纤维素、动物胶、合成胶乳、干酪素、石蜡乳液、硬脂酸钠等。现在的胶料多为两种表面施胶剂混合复配而成。

（五）施胶程度及检测方法

纸和纸板的施胶程度要根据其用途的具体情况来定。有些纸要求有良好的抗液体性能，应进行重施胶；有些纸要求有适当的吸液体性能，应进行一定程度的施胶；有些纸要求有良好的吸液性，就不需要进行施胶了。因此，根据纸张使用情况的不同，对纸张的施胶程度的要求也不同，可分为重施胶、中等施胶、轻施胶和不施胶四种类型。

检测纸或纸板施胶程度有许多方法，常用的有以下几种。

1. 墨水划线法

墨水划线法是国内使用最普遍的一种测定纸或纸板施胶度的方法，适用于大多数施胶的纸或纸板，尤其适用于文化用纸、书写纸等。

2. 表面吸收重量法（Cobb 法）

Cobb 法也是较常用的一种测定方法，适用于使用过程中要与液体接触的纸或纸板，如包装用纸、胶版纸、涂布原纸等。

3. 表面吸收速度法（液滴法）

液滴法适合于测定纸或纸板的表面吸收速度，如印刷用纸或纸板。

4. 浸没法（吸收质量法）

浸没法适用于经一定程度防水处理的纸或纸板。

5. 毛细管吸收高度法

毛细管吸收高度法适用于要求有较好吸收性的未施胶纸或纸板，如吸墨纸、浸渍纸、生活用纸等。

由于液体在纸或纸板中的扩散与渗透还包含着表面效应、纤维的润涨和化学变化等复杂过程，不同的检测方法常常得出不同的评价结果。因此，不同用途的纸或纸板，需要使用与使用过程相适应的检测方法。

纸或纸板经施胶后其抗水性能的大小用施胶度表示，一些纸种对施胶度的要求如表 2－2 所示。

表 2－2　一些纸种的施胶度要求（划线法）

纸张品种	施胶度不小于/mm	纸张品种	施胶度不小于/mm
水彩画纸	2.0	一号胶版印刷纸	1.0
一号素描画纸	2.0	二号证券纸	1.0
砂纸原纸	2.0	二号制图纸	0.75
导火线纸	2.0	画报印刷纸	0.50
纸袋纸	1.75	邮票纸	0.50~0.75
特号白卡纸	1.5	1~4 号书写纸	0.25
一号证券纸	1.25	凸版印刷纸	0.25
一号制图纸	1.25	有光纸	0.25
特号胶版印刷纸	1.25	打字纸	0.25
特号书写纸	1.25	油封纸	0.25
描图纸	1.2	凹版印刷纸	0.25

不施胶的纸主要有：卫生纸、吸墨纸、卷烟纸、滤纸等。其他的大多数纸是经过施胶的。

（六）施胶及施胶剂的发展

纸张施胶历史悠久，几乎造纸发明伊始就采用了对纸张进行施胶的方法。古时候的施胶是将手工抄成之后的纸浸入装有淀粉胶料的器皿中提起晾干，以满足书写时不渗透墨水的要求，属于一种简易的表面施胶。这种施胶方法一直沿用到1807年才被松香胶内部施胶所取代。1807年至20世纪80年代170多年间的施胶，基本上都是用松香胶作为施胶剂，用硫酸铝作为沉淀剂，施胶使用的pH一般为4～5的酸性条件。由于松香胶具有价廉、易制备，施胶易控制，废纸易处理等优点，长期以来，松香一直作为浆内施胶剂，在造纸工业中得到了广泛的应用。

但是由于松香的特殊结构使乳液中的松香颗粒容易产生絮聚，低pH的酸性施胶条件对设备的腐蚀及对纸张白度、强度及脆性会带来不良影响等，将松香深加工制备出乳液稳定、工艺简单、性能优良又绿色环保的施胶剂是一个十分重要的课题。强化松香胶、高分散松香胶等的出现，少用或不用硫酸铝沉淀剂，而采用部分阳离子树脂与少量硫酸铝作为沉淀剂以提高施胶时的pH，保持在弱酸性或接近于中性的条件下进行施胶，这类中性施胶方法还需要使用沉淀剂，因此，称之为假中性施胶。

近年来，我国施胶技术发展迅速，在松香胶型施胶的基础上，合成胶料等中性施胶技术的应用越来越多，可在中性或碱性条件下进行施胶，这类中性施胶方法为真正的中性施胶。中性施胶对提高施胶效果，改善纸张质量和耐久性，减轻设备腐蚀和废水污染，降低生产成本以及利用碳酸钙填料等方面带来了好处。中性施胶是施胶技术发展的主要方向。

二、内部施胶

目前，最常用的内部施胶剂有三种：松香类施胶剂、烷基烯酮二聚体（AKD）和烯基琥珀酸酐（ASA）。

（一）松香类施胶剂

1. 松香

松香是从活立木松树采集的松脂经过蒸馏去掉松节油以后得到的无定形透明玻璃状固体树脂，外观呈很浅的琥珀色到深红褐色不等。松香主要含树脂酸，其分子式为$C_{19}H_{29}COOH$，是由松香酸型（也叫松脂酸或枞酸）和海松酸型等多种酸性物质的异构体组成的混合物。松香酸型主要包括松香酸、新松香酸和左旋海松酸等（见图2－2），海松酸型主要包括右旋海松酸和异海松酸等（见图2－3）。

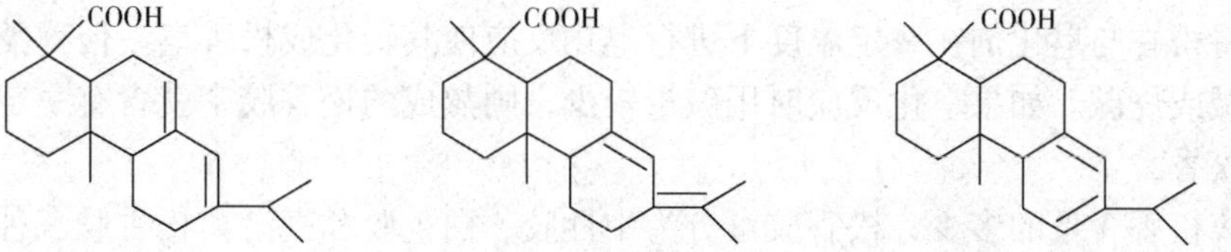

COOH　COOH　COOH

1–松香酸(1–abietic acid)　新松香酸(neoabietic acid)　左旋海松酸(levopimaric acid)

图2－2　松香酸型（abietic－type acids）

松香的相对密度为1.07～1.09，软化点75℃左右，熔点90～135℃，不溶于水，但可溶于甲醇、乙醇、二硫化碳、丙酮和苯等有机溶剂中，能与碳酸钠、氢氧化钠或氢氧化钾等反应，生成能溶于水的松香酸钠或松香酸钾。

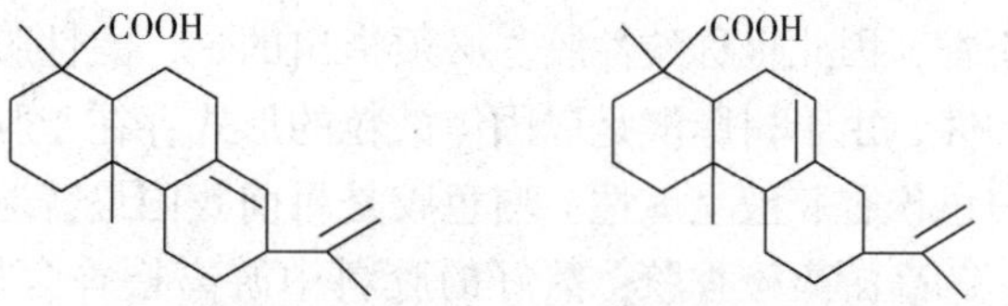

COOH　COOH

右旋海松酸(dextropimaric acid)　异海松酸(isopimaric acid)

图2－3　海松酸型（pimaric－type acids）

国产脂松香分为特级、1级、2级、

3级、4级、5级，共计6个级别。除此以外的松香产品均为等外品。其质量标准如表2－3所示。

表2－3 脂松香的质量标准（GBT 8145—2003）

级别	特级	一级	二级	三级	四级	五级
颜色	微黄	淡黄	黄色	深黄	黄棕	黄红
	符合松香色度标准块的颜色要求					
外观	透明					
软化点（环球法）/℃，不低于	76.0		75.0		74.0	
酸值/（mg/g），不小于	166.0		165.0		164.0	
不皂化物含量/%，不大于	5.0		5.0		6.0	
乙醇不溶物含量/%，不大于	0.030		0.030		0.040	
灰分/%，不大于	0.020		0.030		0.040	

其中，酸值是指中和1g松香所消耗KOH的质量的数值（mg），单位为毫克每克（mg/g）。酸值越高说明松香中含树脂酸量越高。皂化值是指中和并皂化1g松香所消耗KOH的质量的数值（mg），单位为毫克每克（mg/g）。皂化值是酸值与酯值的总和。不皂化物是指松香中不和碱起作用的物质。在造纸工业中，如果松香不皂化物高，皂化后的乳化液不均匀，呈凝聚状态，影响均匀施胶而降低纸的质量。

2. 皂化松香胶

施胶的过程是把松香微粒均匀地分布并固着在纤维或纸面上，使纸页具有抗液体性能。但由于松香不溶于水，难于分散，故使用前需把它变成能溶于水或制成极小微粒的稳定分散体。

将固体松香变成松香水溶液或高度分散于水中的悬浮液的过程称为制胶，包括皂化（熬胶）、乳化分散和稀释贮存等三个基本步骤。其方法是全部或部分变成能溶于水的皂化物再稀释成水溶液或用特殊装置打散成悬浮乳液。目前有国内纸厂自制松香胶，也有专业单位制成松香皂干粉出售，这种胶料只需用冷水溶解稀释就能使用。

皂化是将松香与皂化剂在一定温度下进行皂化反应使其转化成松香皂，俗称熬胶。常用的皂化剂是纯碱或烧碱。如果皂化反应时用碱量较少，则熬成的松香胶中就含有一定数量未参加反应的游离松香。

根据游离松香含量的多少，松香胶可分为中性胶、白色胶和高游离松香胶三种。

①中性胶：熬胶时加入足够量的碱使松香全部皂化，不含游离松香，胶液呈中性或微碱性，颜色为暗褐色，故称中性胶，又称为褐色胶。一般只用于本色浆的生产。

②白色胶：熬胶时用碱量较少，将松香部分皂化，部分树脂酸则以微粒的形式均匀分散在已皂化的树脂酸钠溶液中，胶液呈乳白色，故称白色胶。由于白色胶中含有20%～40%的游离松香，因此也称酸性胶。必须指出的是，酸性胶是指其中含有游离树脂酸，并不是指其溶液呈酸性，由于树脂酸是以固体微粒的形式存在于胶液中，而皂化后的树脂酸钠则溶于水中，因此白色松香胶液呈碱性。白色胶是目前我国最普遍使用的松香类施胶剂。

③高游离松香胶：熬好的胶料中游离松香含量高达70%～80%，游离松香含量越高，胶料越不稳定，易凝聚成大颗粒。在熬制高游离松香胶时，为防止松香颗粒凝聚，必须加入稳定剂（如干酪素或动物胶），并在高速搅拌下制成。

3. 强化松香胶

松香胶起施胶作用的官能团是羧基（—COOH）。天然松香只有一个羧基，如能设法增加松香的羧基数量，则可望提高松香胶的施胶效果，这是制备强化松香胶的理论依据。

强化松香胶是一种改性松香胶，用马来酸酐或马来酸改性的成为马来松香胶，用富马酸改性的称为富马松香胶，目前用的较多的强化松香胶是马来松香胶。

（1）马来松香

马来松香是用松香在160～200℃下熔融，加入马来酸酐（即顺丁烯二酸酐，发生 Diels - Alder 反应）所制得的产物。其反应图2-4所示。

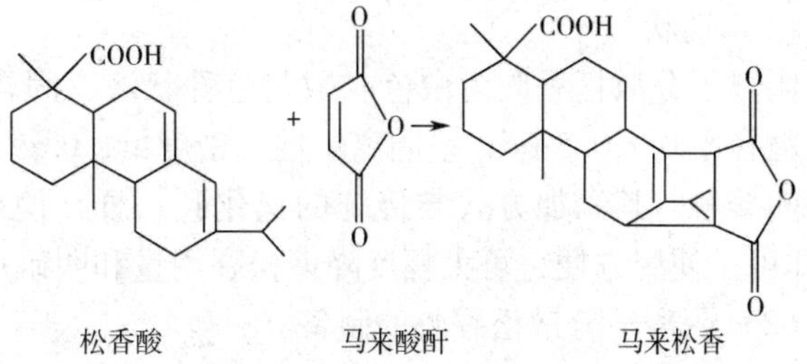

松香酸　马来酸酐　马来松香

图2-4　马来松香的制备反应式

马来松香的定义：以100g松香所加入的马来酐的质量（g）来命名。例如，100g松香中加入15g马来酸酐，则称为15%马来松香。

从分子结构和性能来看，马来松香中有3个羧基，因此增强了羧基数量和活性，能显著提高施胶能力。马来松香的酸值为229mg/g，软化点114.3℃，熔点215～217℃，比天然松香高。马来松香的另一个特点是其胶料悬浮液的颗粒比天然松香胶小，因而在纸面上能更均匀地分布，提高施胶效果。

（2）马来松香胶的熬制与应用

马来松香胶的熬制可以用不同规格的马来松香与碱皂化进行；也可以用马来松香和天然松香一起与碱皂化。如可直接用3%马来松香熬制3%的马来松香胶；也可用15%马来松香配入天然松香制成3%的马来松香胶。

熬制方法与白色胶相似，首先在熬胶锅内加清水加热至沸腾后加碱，待碱溶化后先加马来松香，40min后再加入天然松香（也可以一次投料）。由于马来松香的软化点比天然松香高，皂化时间较长，而且产生的泡沫较多，操作时应注意防止胶料溢出。

用马来松香胶对不同浆种施胶，都可以取得良好的施胶效果。对草浆来说，其施胶效果比天然松香胶高30%以上，如要求达到相同的施胶度时，松香用量可降低15%～20%；对木浆和棉浆，松香用量可降低25%～30%。

4. 石蜡松香胶

石蜡是从石油中析出的一种产品，它是固体饱和烃的一种混合物，具有很强的抗水性。石蜡的熔点在30～63℃之间，它不易受碱皂化。单独使用石蜡难以制成分散细微的悬浮液。白色松香胶可作为石蜡胶的乳化分散剂，故石蜡一般都与白色胶一齐使用，制成石蜡松香胶。

熬制石蜡松香胶的流程、设备和操作与熬制白色松香胶的相似。这种胶料的石蜡用量一般是松香用量的10%～20%，其熬制的操作过程如下：

①加碱：向熬胶锅内先加清水，加热至近于沸腾。随后加入纯碱，开始搅拌，加热至沸腾。

②投料：加入石蜡，继续搅拌和加热，使石蜡完全熔化。缓慢地加入砸成核桃大小的松香块进行皂化。

③熬制：操作要求与熬制白色松香胶的相同。

④终点判断：也与白色松香胶的终点判断相似，即胶料呈透明状，没有粒状或块状物质，也没有气泡夹在其中；若滴一滴胶料于80℃的热水中，能自动化开，即为合乎要求的胶料。

⑤喷射乳化：熬成的胶料通过喷射乳化器进行乳化，喷射后的石蜡松香胶乳液呈乳白色。

石蜡松香胶有较强的施胶能力。使用石蜡松香胶可以降低40%的松香用量和50%以上的硫酸铝用量；纸张的平滑度高，变形小，比较经久耐用。但用石蜡松香胶施胶的纸，裂断长、耐破度及耐折度降低，纸质变得较为柔软。所以石蜡松香胶适于强度要求不太高的书写纸及印刷纸使用。

5. 阴离子分散松香胶

（1）性状

阴离子分散松香胶为白色或微黄色乳状液，固含量38%～50%（可根据用户需要确定）。胶粒粒径平均<0.5μm，呈阴离子性。密度≥1.03g/m^3，可用冷水稀释。注意不宜与铁质容器长时间接触。其添加方式与传统的皂化胶一样，使用前只需将胶料用冷的清水稀释到2%～5%即可。使用方便，可大幅度降低松香用量和明矾用量。

（2）阴离子分散松香胶的制备

阴离子分散松香胶有3种制备方法：高压溶剂法、高温高压法和高温常压法（又称逆转法）。

①高压溶剂法：用甲苯或苯等有机溶剂将松香溶解，然后加入乳化剂使部分羧基皂化，乳化剂用量为2.5%～5.0%，再和水混合制成不稳定的水包油（O/W）型乳液。最后通过高压均化器处理，使其匀质化，并减压除去全部有机溶剂，得到浓度为30%～40%的乳液。

②高温高压法：通过加热方式将松香熔融，并升温到160～190℃，并将表面活性剂的水溶液预热到80～90℃，将两者混合通过高压匀质器（压力18.9～25.9MPa）使之乳化，迅速冷却到40℃以下，制得浓度为35%～40%的乳液。

③高温常压法（又称逆转法）：将松香在高温（120～200℃）下熔化，加入油溶性表面活性剂和水溶性表面活性剂，搅拌均匀后加入少量80～90℃的水，形成油包水（W/O）型乳液。然后在高速搅拌下，快速加入大量热水，使乳液由W/O型转化为O/W型。迅速冷却到40℃以下，得到浓度为50%左右的乳液。

高压溶剂法和高温高压法由于必须采用高压匀质器，设备投资大，工艺条件难控制，在我国基本上没有采用。目前国内外主要以逆转法生产阴离子分散松香胶。

（3）阴离子分散松香胶施胶时的影响因素

①浆的温度：高温会促使铝盐水解，降低铝化物的有效电荷，因此降低施胶效率。

②浆种：分散松香胶受浆种影响小于皂化松香胶。

③水质：要求水质硬度较小。否则会造成松香与硫酸铝用量大大增加。

④泡沫：阴离子分散松香胶在使用时会产生大量泡沫，严重影响施胶效果和纸的匀度，这是其一大缺陷。应加入消泡剂抑制和消除泡沫。

⑤施胶顺序：一般应采用正向施胶，即先加胶后加矾，且加胶后应立即加矾，中间不宜间隔时间太长，填料尽量后加。但在硬度较大的水质中或泡沫较多时，宜采用逆向施胶，即先加硫酸铝，后加胶料。

⑥pH：最佳pH范围是4.7～5.8之间。与皂化胶不同的是，阴离子分散松香胶在配加合适的留着剂时，亦可实现中性施胶。

⑦添加剂：湿强剂、干强剂、助留助滤剂、阳离子淀粉，无论是否是阳离子型，都可提高细小纤维的留着，因而可以提高施胶剂的留着，对施胶产生有利影响。填料的阳离子性会干扰明矾，降低施胶效率。

6. 阳离子分散松香胶

（1）性状

阳离子分散松香胶是一种带有正电荷的高分散松香胶，其外观为白色乳液，固含量为35%左右，基本上是由100%的游离松香胶乳化而成，可用水任意稀释，保存期可达1～2年。

阳离子分散松香胶具有黏度低、稳定性好等优点。另外，施胶时可降低明矾用量约50%；可加入碳酸钙等填料以降低生产成本；可自行留着在带有负电荷的纤维表面；施胶的pH为4.0～6.5，可在接近中性的系统中应用，提高纸张强度及耐久性。

（2）阳离子分散松香胶的制备

阳离子分散松香胶有两种制备方法：一种是用阳离子乳化剂或用阳离子聚合物作为稳定剂来制得阳离子分散松香胶；另一种方法是利用松香酸分子的双键，与阳离子化的单体进行加成制得阳离子化的松香，再经乳化而制成阳离子分散松香胶。

（3）阳离子分散松香胶施胶时的影响因素

①pH：一般在接近中性条件下施胶，最佳pH范围是5.0～6.5之间。

②施胶顺序：最佳的施胶程序是逆向施胶，即先加硫酸铝，后加胶料。

③明矾用量：在阳离子分散松香胶施胶系统中，明矾的作用在于消除或减少阴离子杂质的干扰，加快网部滤水和控制pH。故明矾需求量较低，一般约0.5%～4.0%。在高硬度水质系统中，可考虑明矾添加点尽量接近流浆箱，以减少与硬水中钙、镁离子接触时间，降低明矾的消耗。

（二）烷基烯酮二聚体（AKD）

1. AKD的结构

烷基烯酮二聚体简称AKD（Alkyl Ketene Dimers），是常用的一种合成施胶剂，结构式见图2－5。结构式中的R和R′为烷基，变更不同的烷基可以得到一系列的烷基烯酮二聚体，但适于造纸中性施胶的是14烷和16烷。

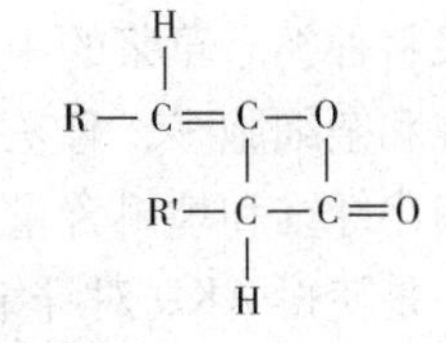

图2－5　AKD的结构式

AKD原粉为淡黄色蜡状固体（块状或片状），熔点约为50℃，不溶于水，能溶于乙醇、苯、三氯甲烷等有机溶剂，具有抗弱酸弱碱或其他渗透剂的能力。AKD乳液胶束粒子尺寸为0.5μm以下，呈阳离子性，pH3～4，固含量为（15±1）%，室温下稳定期为2个月。

2. AKD的施胶机理

AKD分子中含有疏水基团和反应活性基团。施胶时，AKD反应活性基团与纤维的羟基发生酯化反应，生成β－酮酯（见图2－6），产生成共价键结合，在纤维表面形成一层稳定的薄膜，此时，疏水基团（长链烷基）转向纤维表面之外，使纸获得憎液性能。

AKD和纤维相互作用，分为3个阶段（见图2－7）：

①AKD粒子在纤维表面吸附，一般会在湿部加入阳离子淀粉（CS）帮助AKD留着，尚未完成施胶。

②AKD粒子经加热干燥熔融并扩展，以薄层形式覆盖纤维表面，尚未完成施胶。

③经过一段时效，AKD粒子定向排列，形成疏水表面，完成施胶。

3. AKD施胶的影响因素

①AKD乳液贮存条件。AKD乳液在贮存温度超过30℃或受冻时，其用量是正常量的两倍以上；若加水稀释，必须在48h内用完，否则AKD会水解，生成蜡状固体二烷基酮（见图2－8），由于它不能与纤维素牢固结合，因而失去施胶作用。这种蜡状酮的产生不仅增加了施胶的不可靠性，而且还会引起纸机操作上的一些问题。

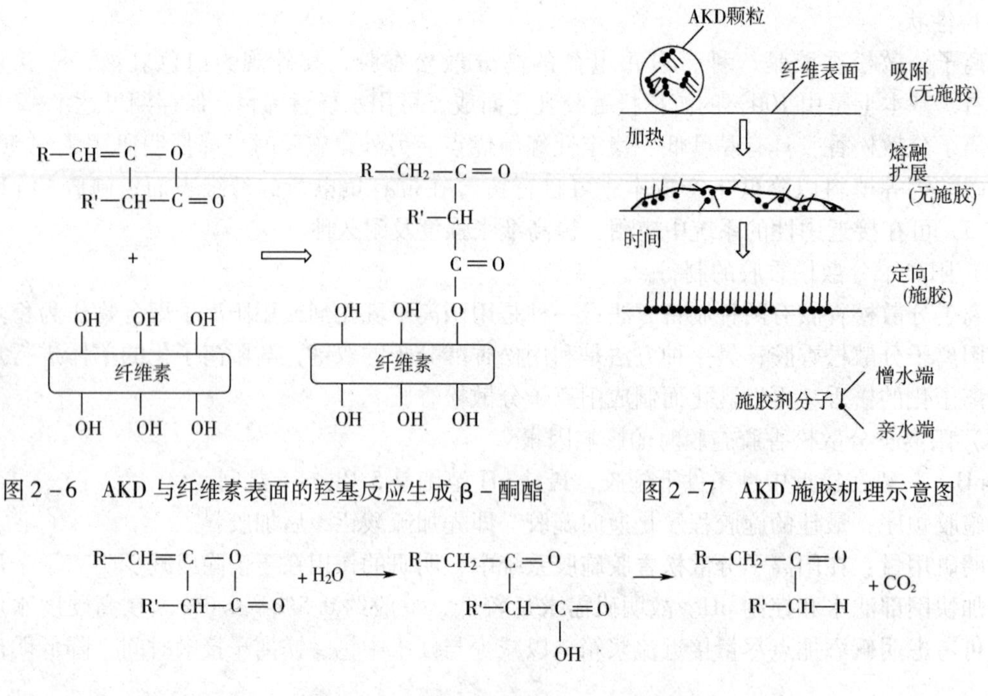

图2－6　AKD与纤维素表面的羟基反应生成β－酮酯

图2－7　AKD施胶机理示意图

图2－8　AKD的水解反应生成二烷基酮

②浆料种类。草浆的中性施胶要比木浆困难得多。一般认为，这是由于草浆的纤维短，含细小纤维和杂细胞多，且灰分含量高，对化学助剂的干扰大。

③细小纤维和填料含量。随细小纤维和填料含量的增加，纤维的比表面积增加，在相同条件下，一是使得AKD对纤维表面的覆盖率下降，二是细小纤维和填料对AKD的吸附能力比纤维大得多，造成纸页施胶度下降。要提高胶料的保留率，就必须采用合适的助留系统，以提高细小纤维和填料的留着率，否则AKD会随着细小纤维和填料大量流失。

④助留剂。为了使AKD有较高的留着率，通常需选用阳离子助留剂或双元留着系统。阳离子助留剂通常使用阳离子淀粉；双元留着系统可采用阳离子淀粉（CS）、阴离子聚丙烯酰胺（APAM）或阳离子聚丙烯酰胺（CPAM）等。

⑤pH。提高施胶时的pH，AKD与纤维的反应速度加快。实验证明，当pH<6时，AKD几乎不产生施胶作用；随pH的增加，AKD的施胶效率逐渐提高，尤其是在pH为6.5～7.5时，纸页的施胶度上升最快；当pH>8.5时，施胶度的上升速度开始减慢。因此，实际生产中一般把AKD施胶pH控制在7.5～8.5之间，必要时可加入$NaHCO_3$调节pH。

⑥纸页干燥温度。干燥温度高，反应速度快，施胶效果好。干燥时，尽可能比较快地使纸页中的水分蒸发。

⑦加入点。为了减少AKD发生水解，其加入点应靠近纸机上网处。

⑧硫酸铝。加入硫酸铝会阻碍AKD与纤维素的反应。

⑨湿纸页水分。湿纸页水分越大，施胶效果越差。

⑩AKD的熟化。熟化是指加热时或在一段时期内纸页施胶度的发展。AKD的施胶作用在纸页干燥以后尚未完成，卷取后存放24h仅完成80%，若干天后施胶反应还在继续进行。

（三）烯基琥珀酸酐（ASA）

1. ASA的结构

烯基琥珀酸酐简称ASA（Alkenyl Succinic Anhydride），结构式见图2－9。ASA为高纯度、

非挥发性的黄色琥珀状油性液体，密度小于 $1g/cm^3$，熔点为 $-7℃\sim-4℃$，在干燥条件下非常稳定，溶于有机溶剂，不溶于水，无毒。乳液在数小时内便会失去活性，使用之前必须在纸厂现场乳化。

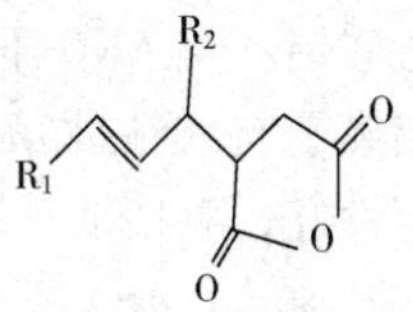

图 2－9　ASA 的结构式

ASA 烯烃的碳链长度一般在 C15～C20 之间，当碳原子数小于 14 时，施胶活性较差。若碳原子数多于 20，则室温下为固体，不易乳化。

ASA 一般在弱碱条件下使用，也可在较低 pH（5.0）下使用，或有硫酸铝存在的环境中使用，但在碱性条件下 ASA 的熟化速度要快得多。

2. ASA 的施胶机理

ASA 分子结构中的酸酐是反应型施胶剂的活性基团，长碳链烯基是良好的憎水基团。施胶时，ASA 分子中的酸酐与纤维上的羟基反应形成酯键，使得分子定向排列，分子中的长碳链烯基指向纸页外面，达到抗水的目的。ASA 施胶反应式见图 2－10。

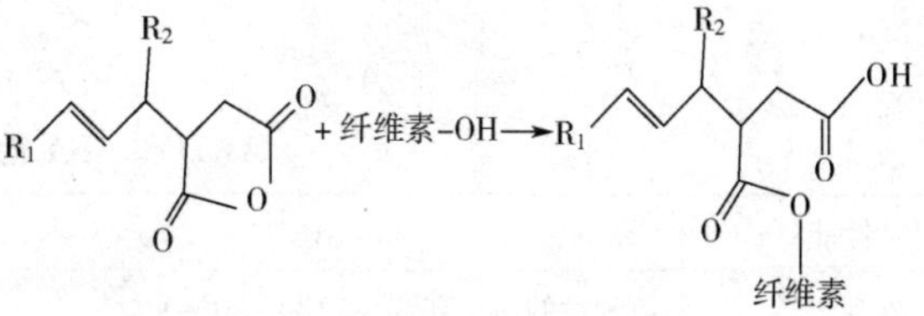

图 2－10　ASA 施胶反应式

ASA 的反应性很强，在纸机运行中，留着的 ASA 胶料就有大部分与纤维发生了比较快的反应，完成施胶所需施胶很短，纸页干燥过程已完成 90% 的施胶。

3. ASA 施胶的影响因素

①ASA 贮存条件。ASA 由于其化学反应活性较高，保存性能差，易水解生成二元酸（见图 2－11），且水解反应比较快。ASA 的水解不但影响施胶效率，而且水解物二元酸与水中的钙、镁离子形成的盐黏性很大，会造成黏辊等问题，影响纸机的正常运转。为了控制 ASA 的水解，必须配备连续乳化设备，乳化之后应立即加入硫酸铝使乳液的 pH 降低，保持低温贮存，使从制备到使用的时间尽可能短。

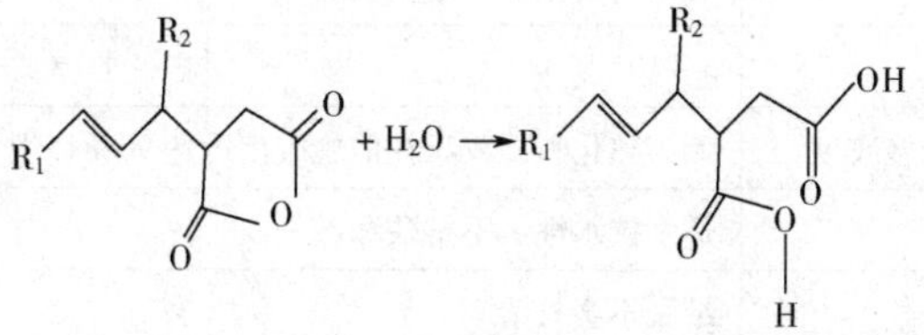

图 2－11　ASA 的水解反应生成二元酸

②浆料种类。不同的浆种对 ASA 施胶的影响与对 AKD 施胶的影响基本一致，木浆优于草浆，阔叶木浆优于针叶木浆，化学浆优于机械浆。

③细小纤维和填料含量。细小纤维和填料由于比表面积大、难留着，其含量增加会提高对 ASA 的需求量，与对 AKD 施胶的影响基本一致。碳酸钙填料可作为浆料的 pH 缓冲剂，并能与 ASA 的水解产物形成憎水性钙盐，有利于 ASA 施胶，但有可能形成黏状沉淀物，影响纸机正常运转。

④pH。ASA 的有效施胶 pH 范围是 5～10，比 AKD 施胶 pH 范围宽。碱度对 ASA 的与纤维反应的影响比 AKD 小，但 pH 过高会加速 ASA 的水解，不利于施胶。

⑤纸页干燥温度。由于 ASA 是空气干燥型的，如果要在施胶压榨之前获得施胶，纸页被干燥到所需程度很重要。但是，如果干燥温度过高，可能使 ASA 蒸发脱离纸幅，黏附于烘缸上，产生抄造障碍。

⑥加入点。由于填料（通常是碳酸钙）具有比较大的表面积，更容易吸附 ASA 乳液颗粒，

而起不到施胶作用，因此要求 ASA 的加入点在填料加入点之前。

⑦硫酸铝。与 AKD 不同，ASA 使用时可添加硫酸铝。在 ASA 施胶体系中，加入少量的硫酸铝，铝离子与 ASA 水解的二元酸形成铝盐，可降低水解物黏性，提高施胶效率。ASA 与硫酸铝相容性好，对抄纸系统从酸性转到中碱性也比较有利。

⑧施胶逆转。ASA 不易发生施胶逆转，因为其反应活性高，纸页中只有少量未反应胶料存在。但如果纸页中有较多未反应的 ASA，则会水解成二元酸，降低纸页的抗水性。

⑨ASA 的熟化。ASA 的反应性很强，在纸机运行中，留着的 ASA 胶料就有大部分与纤维发生了比较快的反应，完成施胶所需施胶很短，纸页干燥过程已完成 90% 的施胶。

（四）AKD 和 ASA 性能比较

AKD 和 ASA 是常用的两种合成施胶剂，应用越来越广泛，现对两者的性能进行比较，见表 2-4。

表 2-4 AKD 和 ASA 性能比较

性能	AKD	ASA
产品外观	流动性的白色乳液（10% ~20%）	橙黄色黏稠油状液体（100%）
物理状态	AKD 原粉和水解产物均为固体	ASA 和水解产物均为液体
使用形式	用计量泵直接添加，操作方便	使用时需现场乳化，工艺要求高
反应速率	与纤维和水的反应速率均为中等	与纤维和水的反应速率均为极快
乳液稳定性	数月内水解	数天内水解
水解物反应性	无反应性	可继续与阳离子物质反应
适用 pH	6 ~9	5 ~10
熟化速率	需熟化，下机后需较长时间才获得完全施胶度	无需熟化，施胶压榨前施胶度可达 90% 以上
施胶效率	中高度抗水性，抗乳酸和碱	适度抗水性，不抗酸和碱
对成纸影响	纸张可能打滑	纸张不会打滑
施胶成本	较高	较低
其他	需助留剂 酸/中性施胶系统转换困难	需乳化剂/助留剂 酸/中性施胶系统转换容易，可以兼容

三、表面施胶

（一）表面施胶概述

纸页表面施胶是指湿纸幅经干燥部脱除水分至定值后，在纸页表面均匀地涂覆适当胶料的工艺过程。

纸面施胶的方法有机内施胶和机外施胶两种。机内施胶一般在纸机的干燥部进行，即把施胶设备装在造纸机的干燥部；由于该方法设备简单、操作方便，因此得到广泛应用。机外施胶则是在造纸机上抄成纸后，再送到一套单独的施胶设备上进行施胶；由于机外施胶设备较贵，操作复杂，因此多用于某些施胶量较高或者需要浸渍的特种纸。

纸页表面施胶是纸页表面处理的主要方法之一，它具有以下一些特点：

①提高纸和纸板的抗液性能。经过纸面施胶的纸，可以在表面上生成光滑而具有抗液性的覆膜，提高纸页表面的憎液性，改进纸的书写性能。

②提高纸和纸板的物理强度。纸面施胶可以提高纸的平滑度、强度和挺度，使纸面紧密细腻、手感性能好，降低纸的透气度，使纸具有良好的耐久性和耐磨性能。

③提高纸和纸板的适印性能。在表面涂覆一层胶料，在印刷时减少掉粉掉毛，使印刷清晰，颜色均匀。

④与浆内施胶相比，表面施胶时胶料的流失减少，也不受其他加入浆中物质的影响。

由于表面施胶的设备较复杂，表面施胶剂的价格较贵，使纸的成本有所提高，所以表面施胶多用于质量要求高和用途特殊的纸种，如：钞票纸、纸牌纸、海图纸、证券纸、地图纸、胶版印刷纸、白纸板、条纹牛皮纸等。然而随着人们对纸页质量要求的提高，一些原来不需要表面处理的纸种（如新闻纸等），也开始采用表面施胶处理技术。

（二）表面施胶剂

常用的表面施胶剂主要有淀粉及其改性产品（氧化淀粉、阳离子淀粉、酶转化淀粉、羟烷基淀粉、阴离子淀粉等）、纤维素衍生物（羧甲基纤维素等）、聚乙烯醇、动物胶等。

1. 淀粉及其改性产品

（1）淀粉

淀粉是一种天然的高分子化合物，主要存在于谷物、薯类和其他植物的块茎和果实中。淀粉资源丰富，价格低廉，种类很多。根据加工原料的不同，将淀粉命名为玉米淀粉、木薯淀粉、马铃薯淀粉、小麦淀粉、红薯淀粉、大麦淀粉、稻米淀粉等。淀粉不仅是人类重要的食物来源，也在工农业生产中有着广泛的应用。在造纸工业中，淀粉是一种重要且常用的表面施胶剂、增强剂、助留剂和涂布胶黏剂，是除纤维和填料之外第三个最重要的造纸原料。

淀粉是由葡萄糖基通过α－1，4 苷键连接而成的一种天然高分子碳水化合物，可用通式$(C_6H_{10}O_5)_n$表示。淀粉颗粒的大小和形状（见表2－5 和图2－12），随着来源的不同而有一定的差异，但都是由直链淀粉和支链淀粉两种异构体组成，直链淀粉的含量占10%～30%，支链淀粉的含量占70%～90%。直链淀粉的长链有规律地卷曲盘旋成螺旋状，支链淀粉呈树枝状，其结构示意图如图2－13 所示。

表2－5　几种淀粉的颗粒及性能比较

淀粉	颗粒形状	颗粒大小/μm	直链淀粉质量分数/%	糊化温度/℃
玉米	圆、多角	4～26（平均15）	28	64～72
马铃薯	椭圆	15～100（平均33）	23	56～67
木薯	圆、椭圆	5～36（平均20）	17	59～70
小麦	圆、椭圆	2～38（平均20）	25	64～70

(a)玉米淀粉

(b)马铃薯淀粉

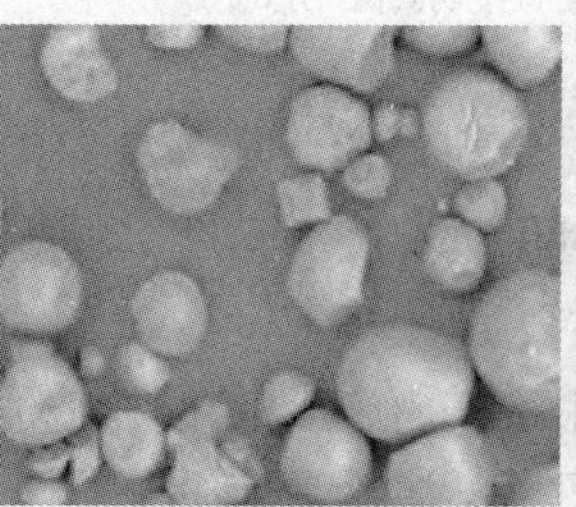
(c)木薯淀粉

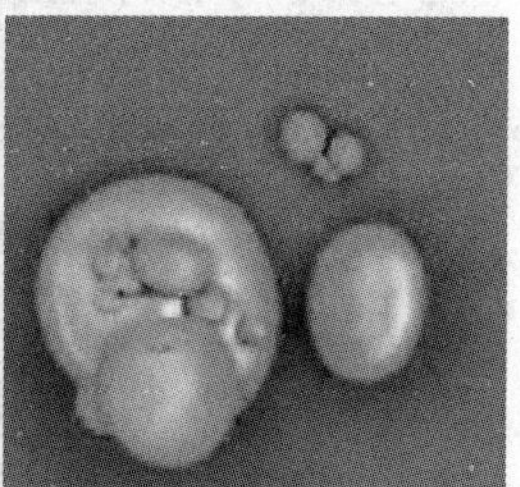
(d)小麦淀粉

图2－12　几种淀粉的电子扫描显微镜图片

直链淀粉分子约由1000个以上的D－吡喃葡萄糖通过α－1，4苷键连接而成，相对分子量为150000～600000。支链淀粉相对分子量更高，一般为1000000～6000000，葡萄糖单元也是通过α－1，4苷键连接，但是每隔20～25个葡萄糖单元，就有一个以α－1，6苷键连接的支链基团。直链淀粉和支链淀粉的分子结构示意图如图2－14所示。

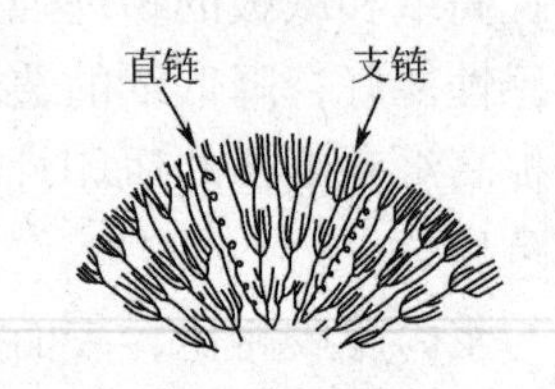

图2－13 淀粉结构示意图

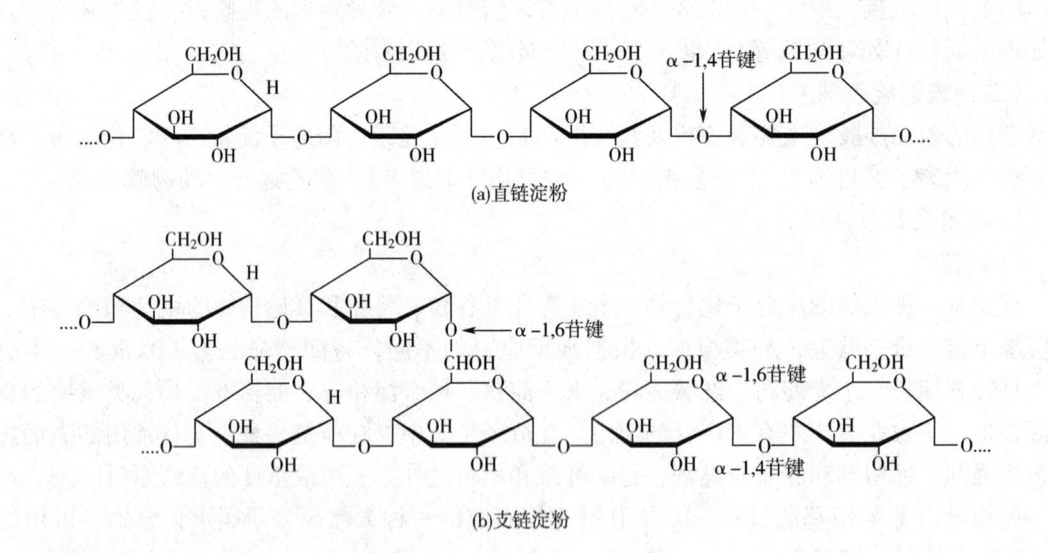

图2－14 淀粉分子结构示意图

由原料直接加工而成，没有经过特殊处理的淀粉叫做原淀粉。使用时，将质量分数为3%～5%的淀粉悬浮液在搅拌下直接通蒸汽加热至87～95℃，制成凝胶状的糊状物，冷却后使用。

淀粉容易在冷水中分散，形成悬浮液（淀粉乳）。为了制备造纸用淀粉，需要对这种悬浮液进行加热蒸煮。在蒸煮过程中，随着温度的升高，淀粉颗粒的无定形区开始吸水膨胀，当达到某一温度时，高度膨胀的颗粒互相接触，在整个介质中形成连续体（半透明的黏稠糊状，称为淀粉糊），导致淀粉乳的黏度急剧增大。由淀粉乳转变成淀粉糊的过程称为糊化，发生这一转变时的温度称为胶化温度或糊化温度。糊化温度随淀粉的品种不同而有差异，较大的颗粒一般较易糊化，玉米和小麦淀粉的糊化温度比马铃薯和木素淀粉高。大多数改性淀粉由于引进了亲水基团，其糊化温度比天然淀粉低。

（2）改性淀粉

因原淀粉黏度高，流动性差，易凝聚，用水稀释后会发生沉淀，因此需要对淀粉进行改性，使其在较高浓度时仍具有低的黏度，以便用于纸面的施胶。淀粉改性的方法很多，表2－6列出了淀粉改性的主要方法。

以下是几种最常用于表面施胶的改性淀粉。

①阳离子淀粉。阳离子淀粉是淀粉在碱性催化条件下，用带有叔胺基（2－氯乙基二乙基胺）或季铵基（2，3－环氧丙烷三甲基氯化铵）的醚化剂进行醚化处理而得的产品。由于引进了胺基基团，因此淀粉分子带有正电荷，能与带负电荷的纤维紧密结合。

表 2－6 淀粉改性的主要方法

<table>
<tr><td rowspan="14">天然淀粉</td><td rowspan="7">化学改性</td><td rowspan="3">醚化</td><td>阳离子化</td><td>阳离子淀粉（阳离子型）</td></tr>
<tr><td>羟烷基化</td><td>羟烷基淀粉（非离子型）</td></tr>
<tr><td>羧甲基化</td><td>羧甲基淀粉（阴离子型）</td></tr>
<tr><td rowspan="2">酯化</td><td>乙酰化</td><td></td></tr>
<tr><td>磷酸盐化</td><td>磷酸酯淀粉（阴离子型）</td></tr>
<tr><td>交联</td><td></td><td></td></tr>
<tr><td>接枝共聚</td><td></td><td></td></tr>
<tr><td rowspan="7">解聚合作用
（流变学改性）</td><td rowspan="3">转化</td><td>酶</td><td>酶转化淀粉</td></tr>
<tr><td>热机械</td><td></td></tr>
<tr><td>热化学</td><td></td></tr>
<tr><td rowspan="2">氧化</td><td>次氯酸钠</td><td rowspan="2">氧化淀粉（阴离子型）</td></tr>
<tr><td>过氧化氢</td></tr>
<tr><td>水解</td><td>稀酸</td><td>酸解淀粉</td></tr>
<tr><td>高温转化</td><td>糊精化</td><td></td></tr>
</table>

②氧化淀粉。氧化淀粉是淀粉用次氯酸盐、过氧化物、过硫酸铵、高碘酸等氧化剂氧化而成的产品。目前通常采用次氯酸盐生产氧化淀粉。

③酶转化淀粉。酶转化淀粉是在适宜的条件下，使淀粉酶作用于淀粉大分子使之发生断链、聚合度降低等作用而制得的产品。造纸工业通常使用 α－淀粉酶。

2. 羧甲基纤维素

羧甲基纤维素简称 CMC，是纤维素衍生物的一种。它既可以作为浆内施胶剂，也可作为表面施胶剂。用它作浆内施胶剂时，在保证成纸施胶度的同时，还可增加纸的某些物理强度，提高填料留着率。

羧甲基纤维素是用漂白木浆加烧碱和氯乙酸经醚化生成的一种水溶性钠盐。CMC 是一种白色的粉末状、粒状或纤维状物质，无臭、无味、无毒。它的基本性质决定于取代度，也就是在醚化反应中，在纤维素上羟基（—OH）被羧甲基（$—CH_2COOH$）取代的比例。取代度不同，CMC 的溶解性能也不同。一般认为，取代度在 1.2 以上溶于有机溶剂中，在 0.4～1.2 溶于水中，在 0.4 以下溶于碱中。用于纸面施胶的羧甲基纤维素的取代度通常为 0.75。

聚合度是 CMC 的另外一个重要指标，它表示纤维链的长度，常用黏度来间接表示。CMC 作为表面施胶剂时，质量分数为 0.25%，pH 为 7～8。

羧甲基纤维素的结构式见图 2－15。把羧甲基纤维素干粉缓慢地加入 60～70℃的水中，并急剧地搅拌，即可制成透明的乳液。它能产生柔软的覆膜。乳液可单独或和淀粉、植物胶、干酪素混合使用，加尿素甲醛树脂可改善其抗水性。使用羧甲基纤维素，可以代替氧化淀粉对制图纸、胶版纸及晒图纸等进行纸面施胶，能够节约粮食，并具有在室温下不会变质、发酵和腐败等优点。

3. 聚乙烯醇

聚乙烯醇简称 PVA，从水解醋酸乙烯醇所得到的聚乙烯醇是水溶性乙烯树脂的一种，结构式见图 2－16。

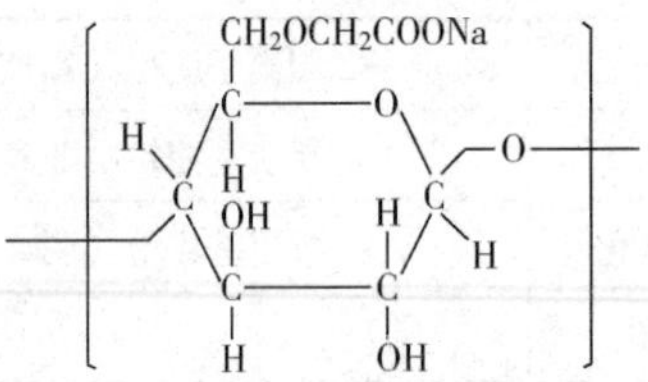

图 2－15　羧甲基纤维素的结构式

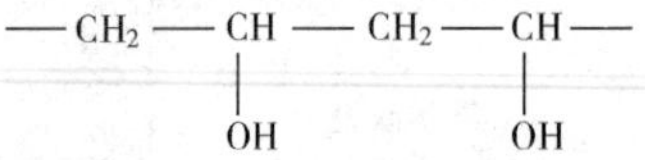

$-CH_2-CH(OH)-CH_2-CH(OH)-$

图 2－16　聚乙烯醇的结构式

聚乙烯醇具有优良的黏胶强度和成膜性，用于表面施胶所形成的覆膜强度大，并且透明、柔软，具有较强的抗油性，但它的抗水性较差。通常使用尿素甲醛树脂或用铬的化合物（醋酸铬、重铬酸铜或重铬酸钠）为添加剂，改善其防水性能。

聚乙烯醇溶液具有容易渗入纸张内部的特性，为此必须使用过量的聚乙烯醇才能取得应有的施胶效果。为了解决这一问题，通常是与淀粉、羧甲基纤维素、聚丙烯酰胺等配合制成表面施胶液使用。在混合时，聚乙烯醇的用量为 20% ~40%，可以获得较好的施胶效果。此外，还可以使用硼砂作为聚乙烯醇的胶凝剂，方法是先在纸面上涂上一层硼砂溶液，然后再用聚乙烯醇施胶。硼砂可与聚乙烯醇结合生成一种胶凝体，防止了聚乙烯醇过多地渗入纸张内部。

4. 动物胶

动物胶是从动物的骨头、皮、筋等提炼出来的一种蛋白质。皮胶和骨胶都可用于表面施胶，其中以皮胶（工业上称明胶）为好。

用于纸面施胶的动物胶，应先将干胶放在水中浸泡数小时，待胶软后置于锅中加水加热，控制温度在 77℃左右，缓和搅拌，直至产生胶状液为止。要注意防止过热，否则将发生水解作用而降低胶的黏度和黏结强度。有时在胶中加入少量明矾可使黏度增加，又可起防腐剂的作用。因此可以利用明矾调节胶液的流动性，间接控制胶料的渗透能力，从而控制纸张对胶料的吸收量。

（三）表面施胶的方法

纸页表面施胶的方法有多种，常用的有辊式表面施胶、槽式表面施胶、烘缸表面施胶和压光机表面施胶等几种。

1. 辊式表面施胶

辊式表面施胶是目前使用最多的一类施胶方式。辊式施胶设备分为垂直式、水平式、倾斜式几种。

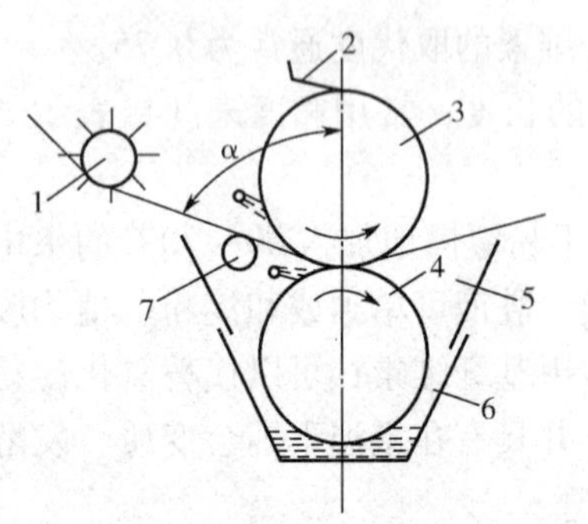

图 2－17　垂直辊式表面施胶

1—弹簧辊　2—刮刀　3—上压辊　4—下压辊　5—防溅板　6—胶液槽　7—引纸辊

（1）垂直辊式施胶

垂直辊式施胶装置由一对垂直的上下压辊组成（图 2－17）。上压辊是主动辊，由硬质材料制成，多为不锈钢辊、胶辊或花岗岩石辊，下压辊是从动辊，多为胶辊（硬度为勃氏 25°~30°），纸在 8%~12% 水分时，与上压辊中心线成 60°引入两辊间，并以同样的角度离开上辊，进入纸机的上排烘缸进行干燥。施胶剂用喷胶管喷到上辊及下辊面上，在上下辊的入口形成了少量的胶液堆积层，使原纸与胶液有一段接触区间，胶液的组成及浓度必须按使用要求来选择。供给胶料的体积必须与纸的通过量相适应，要保证有一定的循环量，以防止胶液间断和分布不均匀。施胶辊的压力也必须均匀，否则会在纸上产生湿条纹。

垂直辊式施胶会使纸页受到入口胶液堆积层的压力而容易产生断头，而且存在着顶面先于底面与胶液接触的缺点。采用水平辊式施胶，可以消除这些缺点。

（2）水平辊式施胶

水平辊式施胶装置如图2－18所示，由水平排列的一对施胶辊组成，其中一个硬质辊是主动辊，辊面一般是镀铬或镀铜制成，由变速电机带动；另一辊为胶辊，是从动辊（橡胶硬度为勃氏30°），辊面应有中高，由从动辊向主动辊加压。纸页垂直向下进入辊间区。纸页所承受的张力仅是本身的重力，很少发生断头。纸两面堆积的胶液液面是可以调节的，而且都在同一水平面上，可以保证纸页的两侧获得同等程度的施胶。水平辊式施胶通常把硬质辊放在出纸边，因此，在断纸时，纸是粘在硬面辊上的，硬质辊上设有刮刀装置，这样就便于引纸。安装的位置一般位于烘缸1/2～2/3之间，如干燥部有3组烘缸，一般安装在2～3组之间；如有4组烘缸，常安装在3～4组之间。

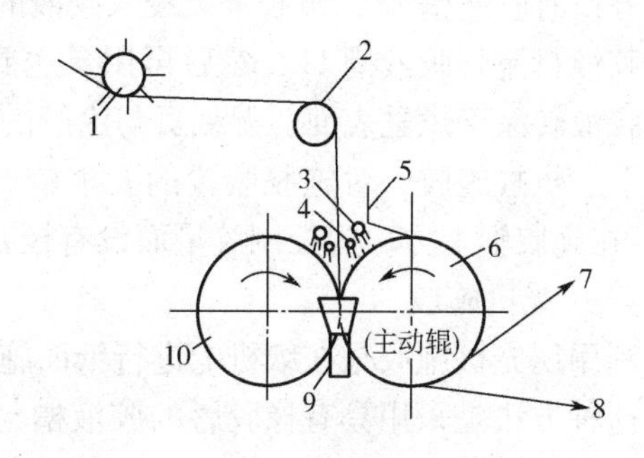

图2－18　水平辊式表面施胶

1—弹簧辊　2—引纸辊　3—胶液喷管　4—喷水管　5—刮刀　6—硬面辊　7—到上烘缸　8—到下烘缸　9—胶液溢流槽　10—软面辊

（3）倾斜辊式施胶

倾斜辊式施胶装置如图2－19所示。两个施胶辊安装的倾斜度较大，两个辊的中心线与水平面之间的夹角约为60°，引纸操作较方便；施胶前纸页水分最好控制在10%～20%；施胶后纸面产生皱褶，可用伸展辊展开。水平辊式施胶多用于一般文化用纸的表面施胶，操作车速可达200m/min。

2. 槽式表面施胶

槽式表面施胶是在施胶槽内盛放胶液，纸页经弹簧辊进入施胶槽，通过浸胶辊使纸幅在槽内浸入胶液以达到纸面施胶的目的，其设备如图2－20所示。

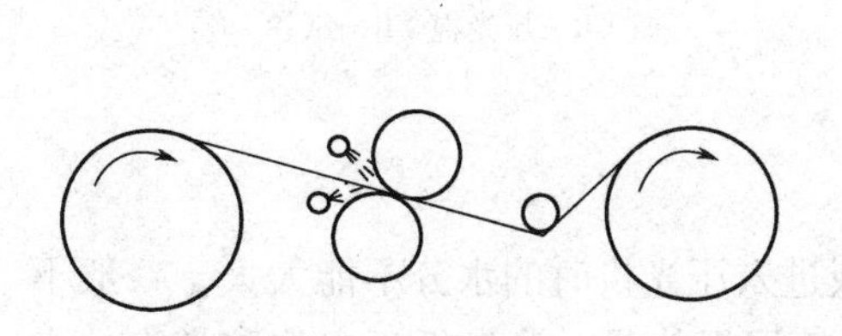

图2－19　倾斜辊式表面施胶

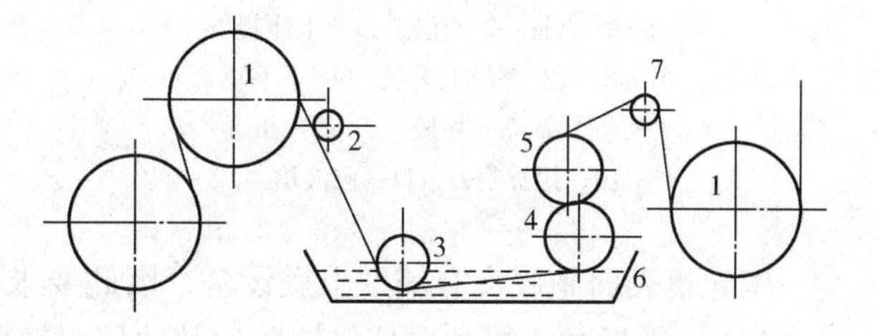

图2－20　槽式表面施胶装置示意图

1—烘缸　2—导辊　3—浸胶辊　4—下压辊　5—上压辊　6—施胶槽　7—导辊

施胶槽设有夹套，可以通蒸汽加热胶液，并保持胶液所需的温度。浸胶辊外包硬橡胶，装在机架上，可以通过滑道前后移动，来调节纸页浸胶的时间，以达到所需要的施胶要求。纸页浸胶后通过施胶压榨挤出多余的胶液，然后经伸展辊保持纸面平整再进入后部烘缸进行干燥。槽式施胶如用于机内施胶时常装设在干燥部2/3烘缸的位置。

3. 烘缸施胶

对于单烘缸造纸机，可在烘缸上直接进行表面施胶，在取得施胶效果的同时，又能提高纸的光泽度。烘缸施胶如图2-21所示。

施胶辊7设在烘缸刮刀10下侧，辊的中心与烘缸1垂直中心线成49°的夹角。在施胶辊7的下方设有胶液槽11，施胶辊7浸入胶液的深度为10mm。胶液槽中的胶液由高位槽供给，溢流的胶液自流到胶液槽11，然后再用泵送到高位槽回用。施胶辊由烘缸带动回转，并将辊面上的胶液转涂于烘缸表面。湿纸页与涂胶的缸面接触，经托辊挤压后，将缸面上的胶液转移到纸面上。烘缸施胶，对施胶装置的要求较严，施胶辊的直径约为120mm，包胶层硬度为勃氏43°。在施胶辊上方，为控制胶量而设有橡胶刮刀8，以刮除多余的胶料。

4. 压光机施胶

利用压光机施胶是在纸机上进行纸面施胶的一个重要方法，一般用于厚纸或纸板的表面施胶。这种方法是采用具有橡胶唇的胶液槽与压光辊面接触（图2-22）。胶液槽中的胶液先黏附到压光辊上，再传递到纸面上，采用两个施胶槽可以进行两面施胶处理。

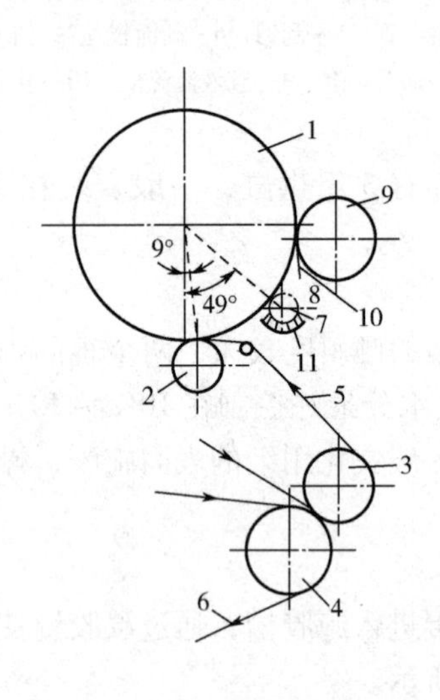

图2-21 单烘缸造纸机的表面施胶
1—大烘缸 2—托辊 3—上压辊
4—下压辊 5—上毛毯 6—下毛毯
7—施胶辊 8—橡胶刮刀 9—纸卷
10—烘缸刮刀 11—胶液槽

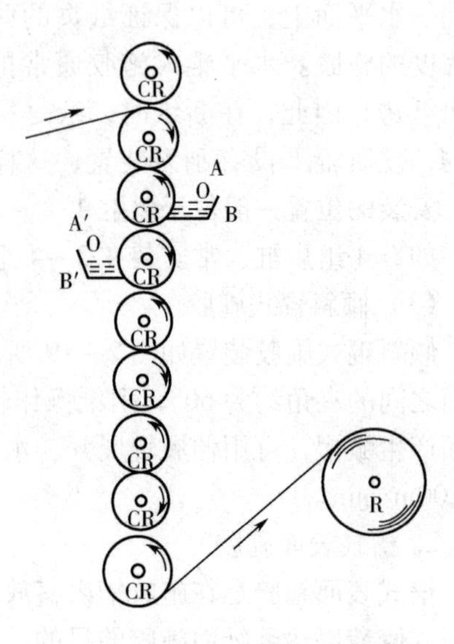

图2-22 压光机表面施胶
A/A′—胶液管 B/B′—胶液槽
CR—压光辊 R—纸卷

压光机表面施胶没有辅助干燥设备，因此要求纸板进入压光机时的水分不能太大，一般不超过8%。纸板的干燥主要依靠施胶后其他压光辊的摩擦取得热量，蒸发纸板中施胶带来的水分，使成品的水分达到11%左右，满足生产的要求。压光机表面施胶剂大多选用聚乙烯醇或石蜡硬脂酸以提高纸板的施胶度和表面平滑度。

至于薄纸采用压光机施胶，必须利用压光机辊子通汽干燥，或者是采用单独的干燥辊干燥。

第三节　加　填

一、加填的目的和作用

加填就是向纸料悬浮液中加入不溶于水或不易溶于水的矿物性粉末物质或合成粉末物质填料，使制成的纸获得不加填时难以具备的某些性质。加填的目的和作用主要有：

1. 改变纸的光学性能

加填能提高纸的不透明度和白度，改善纸的外观，解决纸的透印问题。

2. 改善纸的物理性能和印刷性能

加填可以改善纸的平滑度和匀度，增加纸的柔软性，提高纸的吸墨性能，使纸张具有更好的适印性能，降低了纸张的变形性。

3. 满足纸张某些特殊性要求

例如：卷烟纸加入碳酸钙填料，不仅可以提高不透明度和白度，而且改进了纸的透气性，调节燃烧速度，使纸与烟草的燃烧速度相适应；导电纸加用碳黑是为了取得导电性；字型纸板加入硅藻土是为了提高纸板的可塑性和耐热性，有利于压型和浇铸铅板。

4. 节省纸浆，降低成本

填料的相对密度大，价格较低，适当加填可以减少成纸的纸浆用量。另外加填能改善纸张的干燥性能，有利于提高车速，减少蒸汽消耗，降低生产成本。

5. 填料具有大的比表面积

能吸附树脂，使纸浆中的树脂不致凝聚成大粒子，因而有助于克服树脂障碍。

6. 加填具有一定的不利影响

加填的纸张，由于填料分散于纤维之间，使纸的结构疏松多孔，减少了纤维间相互的接触和氢键结合，使纸页的物理强度下降；加填使纸张印刷时掉粉掉毛现象增加；加填会降低纸张的施胶度，尤其是碱性填料对酸性施胶的危害更大。

二、填料的选用、种类和性质

（一）填料的选用

生产一种纸是否需要加填，选用何种填料，用量多少，要根据纸的质量要求与用途而定，同时要考虑生产成本与经济效益。抄制物理强度较高或重施胶的纸种，如水泥袋纸、电缆纸等一般都不加填。抄制具有良好吸收性能，供进一步化学处理的原纸，如钢纸原纸、羊皮纸原纸等也不加填。但对大多数纸种来讲则是需要加填的，加填量应适当，要尽量减少对纸的物理强度和施胶度的影响，选用填料时应从技术和经济两方面来考虑。如生产印刷纸、书写纸等一般纸种，用价廉的填料也能满足其质量要求；$40g/m^2$以下的薄型字典纸，要求有较高的光学性质，可选用价格较贵而质量良好的二氧化钛填料。不同纸种的加填量相差很大，少的在2%以下，高的达到40%，多数纸种为10%～20%，几种纸张加填量示例见表2－7。

对填料的选择应注意如下的一些条件：

①填料应具有较高的白度和光泽度，使其在加填之后有助于提高纸的白度和光泽度。

②填料的颗粒应细致均匀（要求能通过180～200目筛），折射率要大，以增强覆盖能力，提高纸张的不透明度。

③要求填料有较高的纯度，不含砂粒和其他杂质，以免影响纸面平滑度和在抄纸过程中造

成堵塞成形网和毛毯的不良后果。

④填料的溶解度要小，以减小制备过程中被溶解而造成的损失。

⑤要有较高的化学稳定性，不易受酸或碱、氧化或还原等作用而变质。

⑥填料的供应量应充足，价格低廉，运输方便。

表 2－7 几种纸张加填量示例

纸种	填料种类	加填量/%
书写纸	滑石粉、高岭土	4～10
凸版印刷纸	滑石粉、高岭土、碳酸钙、二氧化钛	5～40
胶版印刷纸	滑石粉、高岭土、二氧化钛	10～25
字典纸	滑石粉、碳酸钙、二氧化钛	20～30
有光纸	滑石粉、高岭土	10～20
打字纸	滑石粉、高岭土	20～25
新闻纸	滑石粉、高岭土、碳酸钙	2～6
卷烟纸	碳酸钙	35～40

（二）填料的种类和性质

造纸工业所用的填料种类很多，可分为天然填料和人造填料两大类。天然填料有滑石粉、高岭土、石膏等，人造填料有碳酸钙、硫酸钡、二氧化钛等。最常用的填料有高岭土、滑石粉、碳酸钙和钛白粉。常用填料的种类和性能如表 2－8 所示，形状如图 2－23 所示。

表 2－8 常用填料的性能

填料种类	高岭土	滑石粉	研磨碳酸钙	沉淀碳酸钙	锐钛钛白粉	金红石钛白粉
分子式	$Al_4Si_4O_{10}(OH)_8$	$Mg_3Si_4O_{10}(OH)_2$	$CaCO_3$	$CaCO_3$	TiO_2	TiO_2
晶体结构	三斜晶系，六边形，片状	单斜晶系，薄片	三角形体，菱形六面体	偏三角面体，菱形六面体，针状体	四方晶系，圆形	四方晶系，圆形
密度/（g/cm^3）	2.7	2.8	2.7	2.7	3.8	4.2
折射率	1.56	1.57	1.6	—	2.55	2.76
硬度/莫氏	2～2.5	1～1.5	3	—		
亮度/%ISO	>81	>82	白垩 80～90 大理石 85～95	>93	97－99	97－99
粒子尺寸分布/%						
<10μm	94	84	98	100		
<5μm	75	45	90	100		
<2μm	48	16	40	70		
比表面积（BET）/（m^2/g）	10	6	3	10	8－12	8－12

续表

填料种类	高岭土	滑石粉	研磨碳酸钙	沉淀碳酸钙	锐钛钛白粉	金红石钛白粉
分子式	$Al_4Si_4O_{10}(OH)_8$	$Mg_3Si_4O_{10}(OH)_2$	$CaCO_3$	$CaCO_3$	TiO_2	TiO_2
Z电位/mV	-24（pH7）	-19（pH9）	-26（pH9）	+5（pH9）		
磨损量（AT1000）/（g/m^2）						
铜网	45	31	24	20		
塑料网	3	13	27	6		
灼烧损失/%						
600℃	11	5.5	0-2	0		
925℃	12	6.3	42	42		
pH	5	9	9	9		

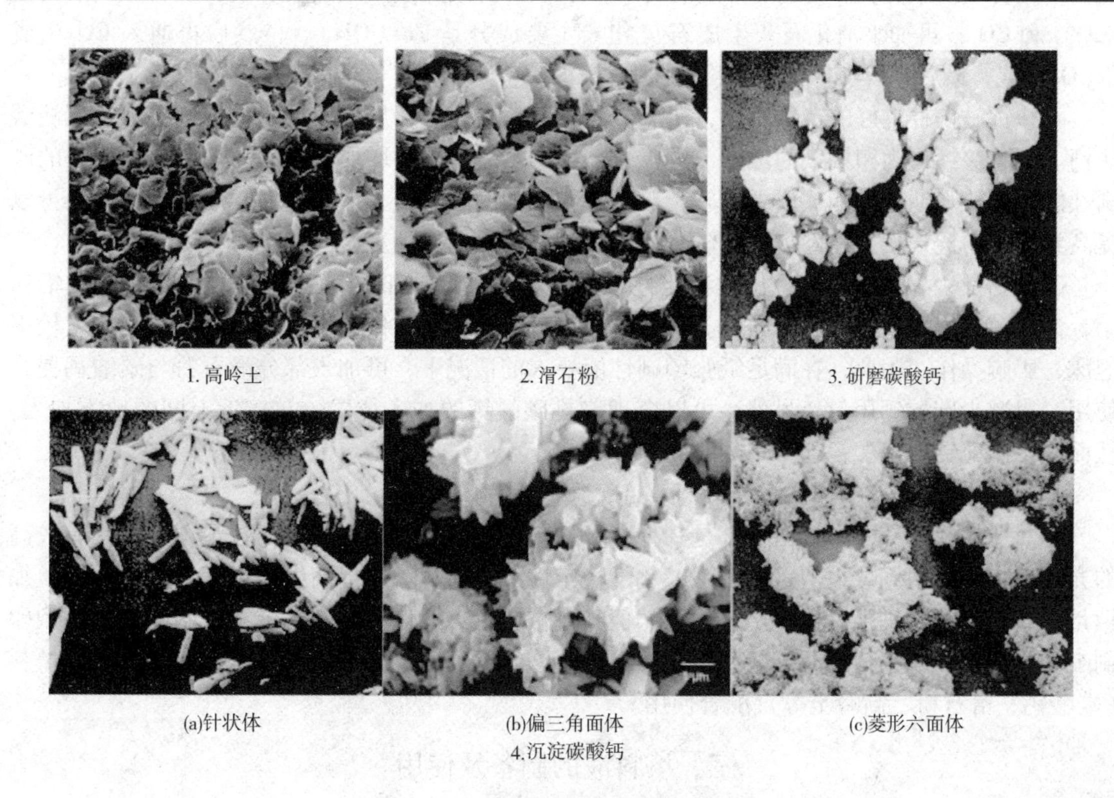

1. 高岭土　2. 滑石粉　3. 研磨碳酸钙

(a)针状体　(b)偏三角面体　(c)菱形六面体

4. 沉淀碳酸钙

图2-23　几种常用填料的扫描电镜图

1. 高岭土

高岭土又称白土、瓷土，由长石或云母风化而成，通常称高岭石，分子式为 $Al_2O_3 \cdot 2SiO_2 \cdot 2H_2O$，化学组成 $Al_2O_3$39%，$SiO_2$46%，H_2O13%，剩余部分是杂质，如钛和铁的氧化物。

高岭土具有高度的分散性和可塑性，高的电阻和耐火度，良好的吸附性和化学惰性，能提高纸页的印刷性和书写性，是一种较常用的造纸填料，但品种较好、颗粒较细的高岭土多用于纸张的表面涂布。

高岭石中一般含有较多的石英或云母杂质，开采及使用时要特别注重净化。作为造纸填料的白土，可用干法和湿法选矿，通常是在干燥和粉碎后用风选法进行分级净化，但水洗净化的方法生产的高岭土产品更均一，杂质含量较少，具有较高的亮度。

2. 滑石粉

滑石粉是一种良好的造纸填料，能满足一般纸张的加填要求。我国滑石粉矿藏丰富，价格较低，是目前国内使用最广泛的一种填料。

滑石粉是由天然矿石滑石磨碎而成，是一种水合硅酸镁矿，分子式为 $3MgO \cdot 4SiO_2 \cdot H_2O$。滑石粉粒子呈鳞片状，有滑腻感，极软，化学性质不活泼。能提高纸页的匀度、平滑度、光泽度和吸油墨性，改善纸的印刷性能，能使纸张变得较为柔软，并且由于它本身柔软、滑腻，故能使纸张有良好的光泽度，降低成本。它多用于印刷纸、书写纸、打字纸等文化用纸的加填。

3. 碳酸钙

用做造纸填料的碳酸钙主要有研磨碳酸钙（GCC）和沉淀碳酸钙（PCC）两种，它们在物理性质方面存在较大差别。研磨碳酸钙，又称天然碳酸钙，是将天然的方解石、石灰石、白垩、贝壳等通过球磨、辊碾、压碾等机械方法进行粉碎后，再用风选或水洗进行分类。沉淀碳酸钙，又称轻质碳酸钙，是将石灰石等原料在石灰炉内用无烟煤或焦炭烧成石灰（主要成分是 CaO）和 CO_2，再加水消化石灰生成石灰乳［主要成分是 $Ca(OH)_2$］，然后再通入 CO_2 生成 $CaCO_3$ 沉淀，最后经脱水、干燥和粉碎而制得。

碳酸钙是一种良好的造纸填料，研磨碳酸钙的粒度较大，加填效果不如粒度较小的沉淀碳酸钙。用碳酸钙作为印刷纸的填料，可以提高纸的不透明度，增加纸张的白度，改善纸张的印刷性能和纸的吸油墨性能，成纸柔软，对纸的物理强度影响较小。如作为卷烟纸的填料，可以提高卷烟纸的透气度，使卷烟纸的燃烧速度得到调节，能使烟灰发白。

碳酸钙是一种碱性填料，化学稳定性较差。如用做印刷纸的填料，碳酸钙能与硫酸铝作用，消耗硫酸铝用量，并影响施胶。碳酸钙能与硫酸铝或酸起作用生成二氧化碳，而产生较多泡沫，影响操作。为此，在满足纸张印刷性能要求的情况下，可加入部分滑石粉与碳酸钙混合使用，以减少碳酸钙用量。另外，可以合理安排碳酸钙的加入位置，在接近上网的地方加入，从而减少碳酸钙与硫酸铝起作用的时间。

4. 二氧化钛

二氧化钛又称钛白或钛白粉，是一种高级填料。二氧化钛的白度高，粒子细小，具有较高的光泽度和光折射系数，覆盖能力强，化学稳定性好，能显著地提高纸的白度和不透明度，加填量少，对纸的物理强度影响小等优点。但其价格较贵，一般仅用于要求不透明度高的薄型印刷纸、字典纸、航空信纸及某些高级证券纸、装饰纸等。为了降低生产成本，有时和其他填料（碳酸钙、滑石粉、高岭土等）配合使用。

三、填料液的制备及使用

（一）填料液的制备

随着造纸工业的发展，填料用量增加且填料的粒径变小，要求在填料加入浆料之前，必须在水中分散均匀。为保持填料的细度，结块的颗粒必须分散开，并除去可能存在的杂质或结团。为了输送和添加方便，需把填料制成悬浮液再添加到纸料中去。填料悬浮液的质量分数通常为10%~20%。填料悬浮液的制备包括搅拌、筛除杂质、储存和计量，较为通用的制备流程如图2-24所示。

（二）填料的加入方法和加入地点

填料的加入方法分间歇式和连续式两种，加入方法不同，加入地点也各不相同。

1. 间歇式加填

间歇式加填一般用于间歇式打浆或间歇式配浆与调浆的场合。使用槽式打浆机时，在打浆结束后加入打浆机中；使用连续打浆设备时，多在配浆池或配浆机中加入。

间歇式加填最简易的方法是将填料干粉直接加入，利用配浆池或配浆机的搅拌使填料粉与浆料混合均匀，无需设立填料液制备装置，但填料中的杂质得不到隔除，一定程度上会影响加填效果，只在一些小型纸厂中采用。通常的方法是制成悬浮液后再加入。

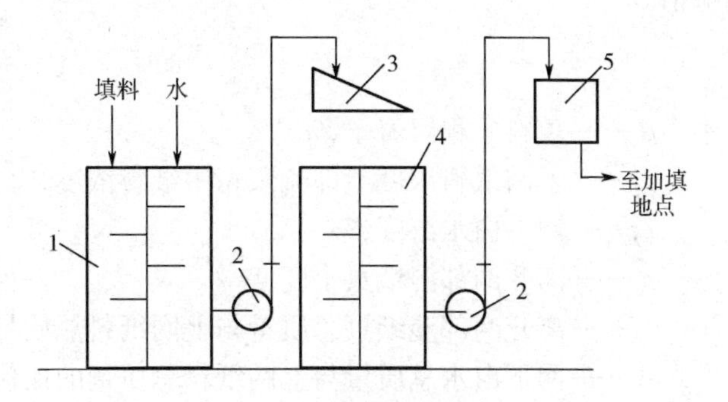

图2-24　通用的填料液制备流程

1—搅拌槽　2—输送泵　3—振动平筛　4—储存槽　5—计量箱

间歇式加填的优点是：系统简单，计量准确，混合均匀。间歇式加填的缺点是：操作频繁、填料在浆料中停留时间长，容易造成沉积，对化学稳定性较差的碱性填料，会因填料的酸性分解而生成许多泡沫，给生产带来困难，经过供浆系统的净化会造成填料损失，填料留着率较低。

2. 连续式加填

连续式加填是在供浆系统中连续加入填料液，加入地点有的是加在调量稀释箱的出口，更多的是加在筛选净化后纸料上网前如高位箱或流浆箱中。加入调量稀释箱的加填方法，填料与纤维可以得到充分的混合，但经筛选净化后还会造成填料的流失。加入流浆箱的加填方法，填料与浆料接触时间短，可防止碱性填料的分解，但混合不充分容易造成加填不均匀。较好的加入地点是在高位稳浆箱出口处加入，既能保证混合均匀，又可防止填料分解。

四、填料的留着率

随着造纸过程纸页的脱水和成形，纸料中的细小纤维和填料等，有部分留在纸页中，部分随脱出的白水而流失。由于白水的循环利用，通过成形网进入白水中的细小纤维和填料等细小物质能得到进一步回用。

对于纸料系统中的固形物而言，单程留着率是指纸页中固体物质的质量与从流浆箱堰口喷出纸料中固体物质质量的比；总留着率是指纸页中固体物质的质量与用白水稀释前从调浆箱中流出纸浆中固体物质质量的比。单程留着率与总留着率之间的关系是白水循环回用程度的函数，它反映了白水系统封闭循环的程度。

对造纸化学品而言，单程留着率是指留在纸页中该化学品的质量与流浆箱纸料中含有该化学品质量的比；总留着率是指留在纸页中该添加剂质量与加入浆料中该添加剂质量的比。

对造纸填料而言，填料留着率是指保留纸页中的填料质量与浆料中填料质量的比。填料单程留着率，也叫一次留着率，是指保留在纸页中的填料质量与流浆箱喷浆上网纸料中填料质量的比；填料总留着率是指保留在纸页中的填料质量与加入纸浆中填料质量的比。流浆箱喷浆上网纸料中填料量为加入纸浆中填料量与循环白水中填料量之和，因此，填料单程留着率总比总留着率低。

1. 单程留着率浓度近似计算法

此方法只需测量上网纸料浓度、白水浓度和离开网部纸页干度，便可计算出填料留着率的近似值。

$$R_t = \frac{c_3 X}{c_1} \times 100\% = (1 - \frac{c_2 Y}{c_1}) \times 100\%$$

式中 R_t——填料单程留着率,%

c_1——上网纸料浓度，即流浆箱中纸料浓度,%

c_2——网下白水浓度,%

c_3——离开网部湿纸页干度,%

X——离开网部湿纸页总质量与上网纸料总质量的比值

Y——网下白水总质量与上网纸料总质量的比值

2. 单程留着率灰分近似计算法

此方法通过测量纸页总灰分和加填后纸浆的灰分来近似计算填料留着率。

$$R_t = \frac{w_A}{w_B} \times 100\%$$

式中 R_t——填料单程留着率,%

w_A——绝干纸页的灰分含量,%

w_B——绝干纸料的灰分含量,%

注：本公式未考虑填料灼烧损失、纸浆纤维本身灰分及抄纸过程的纤维流失等。

3. 总留着率的精确测量法

$$R = \frac{w_A}{w_B} \times 100\% = \frac{K(w_2 - w_3)(100 - w_1 - D)}{(w_1 - w_3)(100 - w_2 - D)} \times 100\%$$

式中 R——填料总留着率,%

w_A——绝干纸页中绝干填料的含量,%

w_B——绝干纸料中绝干填料的含量,%

w_1——绝干纸料的灰分含量,%

w_2——绝干纸页的灰分含量,%

w_3——纤维本身的灰分含量,%

D——绝干填料的灼烧损失,%

K——纸页抄造过程纤维流失矫正系数，与系统中白水回用程度有关，一般可近似取 0. 94

五、填料的留着机理

填料的留着受纸料脱水过程中吸附、过滤、沉积以及絮凝等综合影响。填料的留着是机械截留和胶体吸附综合作用的结果，以胶体吸附作用为主。颗粒较大的填料靠机械截留作用而留着，颗粒较小的填料靠胶体吸附作用而留着。

机械截留学说认为，填料主要是由于机械过滤作用而把填料保留在纸内。这个学说可以说明填料的粒子越大留着率越高的原因。例如，滑石粉和白土的粒子都比较粗大，由于纤维层过滤截留作用而容易留着，所以具有较高的留着率。机械学说虽然在一定程度上说明粗粒填料的留着机理，但却难以解释细粒填料（如二氧化钛）留着率高的原因。所以对于颗粒细小的填料，适合用胶体吸附学说来说明填料的留着机理。

胶体吸附学说认为，有的填料在水中带负电荷，当加入硫酸铝之后，因有水合铝离子存在，填料粒子吸附铝离子而转变成带正电荷，并与带负电荷的纤维相吸引而沉积到纤维表面上，产生了填料的留着作用。这就是有些细小颗粒填料在加入硫酸铝之后提高了留着率的原因。

综上所述，填料的留着是机械截留和胶体吸附双重作用的结果。大颗粒的填料几乎是完全依靠过滤作用留着的，而细颗粒的填料，则很大程度上是依靠吸附作用留着的。

六、影响填料留着的因素

填料的留着率波动范围很大，有的高达90%以上；有的则只有50%～60%。甚至同一台纸机在生产过程中也有波动。如何提高填料留着率以减少填料的流失，这是加填过程中必须注意的问题。现将影响填料留着率的因素列举如下。

1. 填料的特性

一般认为密度小和溶解度低的填料能增加留着率。例如，硫酸钡的相对密度很大（4.2～4.5），因此不易留着；而可溶性大的硫酸钙，留着率也较低。

颗粒的形状也是一个影响因素，非球形粒子容易留着在纸内。例如，白垩就没有针状结晶体的石棉和鳞片状的滑石粉留着率高。

2. 浆料的打浆度

提高浆料的打浆度可以增加填料的留着率，这是因为打浆度增高，纤维表面积和细小纤维增加，容易形成紧密的纤维层，使填料粒子不易滤过，从而提高了填料的留着率。

3. 纸浆的种类

在具有相同打浆度的各种浆料中，填料留着率的情况也不相同，较高吸收能力和较小尺寸的纤维具有较高的填料留着率。这样，在所有其他条件相同的情况下，含有磨木浆的纸有较高的填料留着率，而具有较低吸收能力的棉浆所抄成的纸，其填料留着率较低。填料留着率的增加顺序大致为：棉浆——硫酸盐浆——亚硫酸盐浆——麻浆——磨木浆。

4. 生产条件

生产过程中白水回收利用得好，白水流失小，填料的留着率会有显著提高。由于白水回用程度不同而引起的填料留着率的波动范围在65%～90%之间。由此可见，白水的利用和回收是影响填料留着率的一个重要因素。除此之外，纸的定量提高，在施胶时矾土用量的适当增加，在纸料中加入助留剂等都有利于填料留着率的提高。而纸机车速提高，浆料上网浓度低，真空箱、真空伏辊的真空度提高，网目大等都会增大填料的流失，从而使填料的留着率降低。

第四节　染色和调色

一、染色和调色的目的

为了生产有颜色的纸，需要对纸浆进行染色。例如彩色包装纸、彩色皱纹纸、广告宣传用纸等都要进行染色。生产白纸也常常需要进行调色和增白，因漂白的纸浆含有木素或其他发色基团而仍带有暗淡的浅黄色或灰白色，为了消除这些杂色，可以加入与该色相相适应的染料进行调色，使白色纸张变得更为纯净。对于某些白度要求高的纸种，可用增白剂进行增白处理，起到显白的作用。

二、染料的种类和性质

日光通过棱镜得到红、橙、黄、绿、青、蓝、紫七种单色光的光谱。各种颜色的光线具有不同的波长，肉眼可见光的波长在0.4～0.7μm之间。当物体表面能反射全部光线则呈现白色，全部吸收则呈黑色。如果只反射一定波长的光线，或以不同程度反射不同波长的光线，其余波长的光线被吸收，则物体就显示出与反射光相同的颜色。由此可见，染料实际上是一种有选择性地反射一定波长光线的物质。

用于色纸生产的着色剂，可分为颜料和染料两大类。

颜料不溶于水，实际上是一种有色的填料，有天然无机颜料和人造颜料两种。天然颜料如赭石（黄褐色，由氧化铁及氢氧化铁的硅酸盐构成），多用于抄造裱糊壁纸及包装纸。人造颜料如群青（硫化钠、硅酸钠、硅酸铝复盐），可用于纸的调色。

染料中以人造染料用途最广，这是由于这类染料颜色多种，可根据不同的用途随意选用，易溶于水，着色力强，染色操作比较简单。在造纸工业中常用的染料有碱性染料、酸性染料、直接染料和荧光增白剂。

（一）碱性染料

碱性染料是具有氨基碱性基团的有机化合物，可溶于水，水溶液呈碱性；在水中能离解成阳离子，正电荷离域效应遍布整个分子。阳离子是染料部分，通常是二芳基甲烷或三芳基甲烷结构；阴离子是盐酸根、硫酸根、醋酸根等。

碱性染料色谱齐全，着色力极强，容易使纤维上色，色彩鲜艳，价格低廉，在造纸工业中使用得最为广泛。但碱性染料耐光、耐热性较差，对酸、碱、氯根的抵抗力也弱。溶解碱性染料不宜用硬水和带碱性的水，否则会产生色斑，通常加入1%的稀醋酸，用70℃以下的热水溶解后使用。碱性染料对木素的亲和力极大，所以对未漂浆和机木浆容易染色。但对纤维和漂白浆的亲和力弱，必须加媒染剂才能染色，单宁酸或单宁复盐和酒石酸锑钾是常用的媒染剂。

如对混合浆料使用碱性染料时，必须特别小心防止产生各种条花纹。在此情况下，则应先将染料加到漂白浆中，待着色后再加入磨木浆，增加漂白浆的染色时间，可以减少色斑。另一个方法是将混合浆料加胶加矾之后，再加入染料，这样能减少染料对磨木浆的亲和力，使染色均匀。

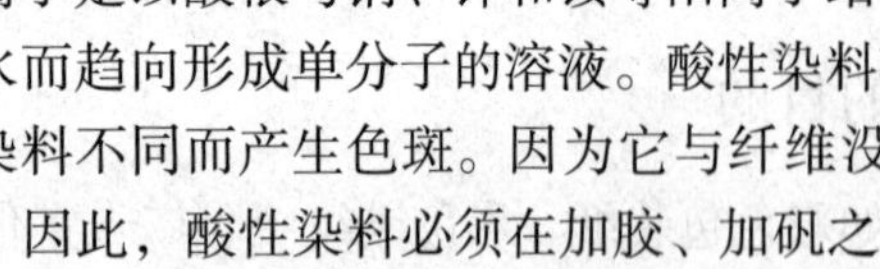

常用的碱性染料有盐基槐黄（图2－25）、盐基金黄、盐基玫瑰红、盐基品蓝、盐基亮绿等。

$(CH_3)_2N$—C$_6$H$_4$—C(=NH·HCl)—C$_6$H$_4$—$N(CH_3)_2$

图2－25 盐基槐黄

（二）酸性染料

酸性染料为盐类，一般都含有磺酸基、羧基和羟基等可溶性基团，易溶于水，溶液呈酸性，且多在酸性介质中染色，故称酸性染料。它的染色离子是以酸根与钠、钾和铵等阳离子结合而存在。酸性染料比其他任何一类染料都较易溶解于水而趋向形成单分子的溶液。酸性染料有一个优点，就是在混合浆料染色时，纤维不致因吸收染料不同而产生色斑。因为它与纤维没有亲和力，需要借助于矾土作媒染剂而留着于纤维上。因此，酸性染料必须在加胶、加矾之前加入浆内，使染料与纤维均匀混合后加入松香、明矾，pH在4.5～4.7时染色效果最好。不施胶的纸不能使用酸性染料。

酸性染料的着色能力和色度的鲜明性较碱性染料差一些，而耐光、耐热性比碱性染料强，但耐酸、耐碱和抗氯性能极差。

常用的酸性染料有酸性皂黄（图2－26）、酸性薯红、酸性品蓝、酸性绿等。

（三）直接染料

直接染料是造纸染料中较重要的一种染料。主要用于浆内染色，为含有磺酸基团的偶氮化合物，溶解度差，不能溶于冷水中，而能在热水中溶解。染料分子中存在的胺基和羟基与纤维素纤维上的羟基产生氢键和范德华力的作用，对纤维有较强的亲和力，可以直接进行染色，但色泽较暗。

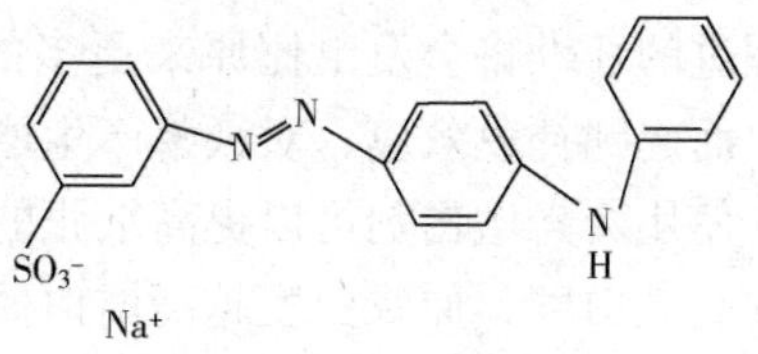

直接染料用于施胶纸的染色，会在铝离子及硫酸根离子的影响下产生凝聚而降低染色强度，所以应在加矾之前加直接染料。直接染料对最初遇到的纤维有优先着色的倾向，而产生花纹。为此，应在加胶之后、加矾之前加入染料，利用松香胶延缓纤维对染料的吸收。

SO_3^- Na^+ N N H

图 2－26　酸性皂黄

直接染料在染色能力、染色纯度和染色鲜明性方面，都远不如碱性染料。为了加强染色效果，建议使用直接染料时，应配合使用适当的碱性染料。同时，应该在加直接染料之后加碱性染料。直接染料的耐热性、耐光性较碱性染料好。直接染料适于非施胶纸的染色。

直接染料按化学结构可分为偶氮型、二苯乙烯型、酞菁型等，但以偶氮型的双偶氮和三偶氮染料为主。造纸工业常用的直接染料有直接品蓝、直接湖蓝（图 2－27）、直接黄（图 2－28）、直接大红（图 2－29）等。

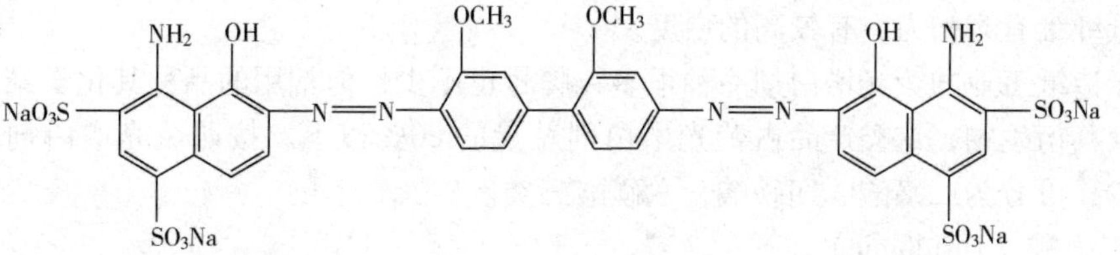

NH_2 OH OCH_3 OCH_3 OH NH_2 NaO_3S N＝N N＝N SO_3Na SO_3Na SO_3Na

图 2－27　直接湖蓝 6B

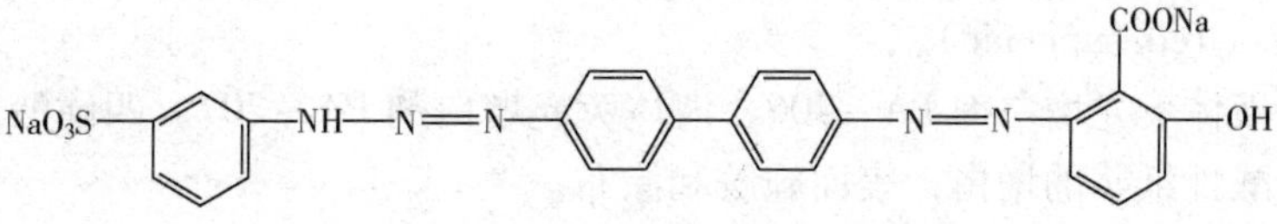

COONa NaO_3S NH—N＝N N＝N OH

图 2－28　直接黄 GR

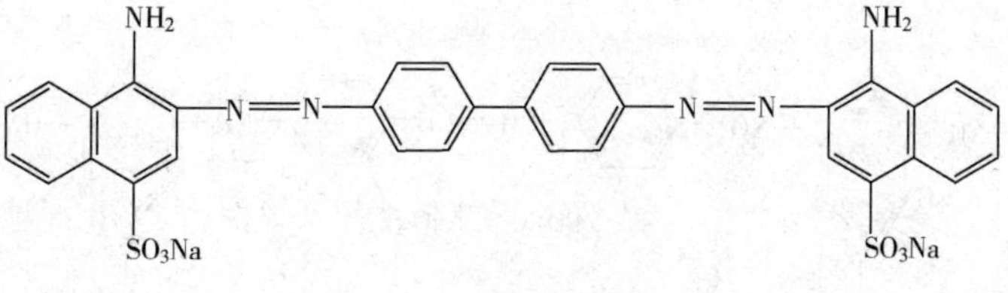

NH_2 NH_2 N＝N N＝N SO_3Na SO_3Na

图 2－29　直接大红 4B

（四）荧光增白剂

荧光增白剂又称荧光染料或白色染料，发现于 20 世纪 20 年代，在 1939 年正式供应市场至今已有 80 多年的历史。其化学组成为二氨基二苯乙烯的衍生物或盐类，是含有共轭双键结构的有机化合物。在其结构中含有激发荧光的胺基磺酸类基团，能吸收紫外光的芳香胺和脂肪胺及其衍生物的基团，还有能增强牢固性能的三聚氰氨基团。它的特性是能将紫外光转变成蓝、蓝紫或红色的可见光，使所染物质在紫外线激发后产生紫蓝色荧光。因此，被荧光增白剂处理过的纤维将会发出比原来更多的可见光线，并且由于增添的反射光能够抵消纤维中的黄色，而起到补色效应，对纸浆产生增白效果。

使用荧光增白剂可以提高纸张的白度，但并不是代替漂白，而是使具有相当白度的纸张继续提高其白度，原浆白度越高增白效果越明显，因而荧光增白剂主要用于白度要求高的纸张，如胶版印刷纸、画报纸、高级书写纸、打字纸等。对白度低于65%ISO 的未漂浆，增白效果不明显。

荧光增白剂在造纸工业中使用有三种方式：

①纸浆的增白——直接添加到纸浆中增白；

②表面施胶——添加到表面施胶的胶液中；

③表面涂布——添加到对纸张进行涂布加工的涂料中。常用量为0.06% ~0.12%，用量高于0.12%时增白效果不再增加。

用于造纸工业的荧光增白剂需要满足以下要求：

①与各种造纸填料、造纸化学品和胶黏剂有良好的相容性；

②能耐一定的酸碱度，能适应造纸工艺过程的需要；

③对纸纤维有亲和力，有较高的白度。

可用于造纸工业的荧光增白剂品种很多，牌号也不少，但常用的品种其化学结构是二苯乙烯三嗪型及其衍生物，这类产品占荧光增白剂总量的60%以上。按照荧光增白剂分子中磺酸基团的多少，可分为二磺酸，四磺酸，六磺酸三类。

（1）二磺酸（Disulfonic）

主要产品有荧光增白剂 VBL（粉）（图2－30）、荧光增白剂 BSL（粉）、荧光增白剂 PA－201（粉）、液体荧光增白剂 PA－205、液体荧光增白剂 PA－208。二磺酸对纤维具有相当高的亲和力，染着力强，适用于碱性纸浆的增白和表面施胶，以及含酪蛋白的涂布颜料。

（2）四磺酸（Tetrasuphonic）

主要产品有液体荧光增白剂 PA－206、液体荧光增白剂 PA－207。四磺酸水溶性较强，白度较高，适用于酸性纸浆的增白，表面施胶和涂布。

（3）六磺酸（Hexasulfonic）

主要产品有荧光增白剂 PA－202（粉）。六磺酸水溶性很强，耐酸性很强，可达白度较高，适用于表面施胶和涂布。

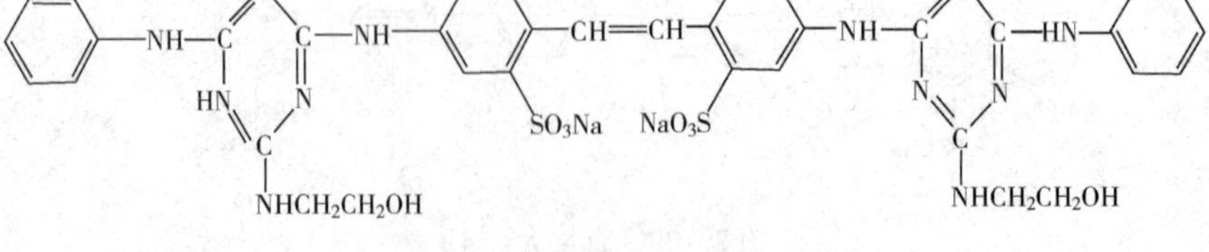

图2－30 荧光增白剂 VBL

对于直接添加到纸浆中的增白方式，荧光增白剂可以用间隙方式直接加入碎浆机或混合槽中使用，也可以用计量泵连续加入，粉状增白剂需预先加水溶解均匀，而液体增白剂如果能在纸浆中完全混合，那么可以直接使用。增白剂溶液要随用随配，避免放置，因它对紫外线敏感，受日光照射后，日光中紫外线能破坏其显白效果。

影响纸浆白度的因素：

（1）加料顺序

配浆时加入造纸化学品的顺序：荧光增白剂、松香、滑石粉、硫酸铝，间隔时间要大于10min。顺序不对或者时间间隔太短，都会影响增白效果。

（2）pH

各种不同牌号的荧光增白剂有不同的最佳白度的 pH 适用范围，使用时要根据纸浆的 pH 选择不同牌号的荧光增白剂，或者将纸浆的 pH 调节到合适的范围。

（3）游离度

游离度的变化对抄造一般印刷用纸，添加同量荧光增白剂后的纸张白度影响并不大。但对于抄造游离度特别低的纸张，由于纤维表面积增加及水化现象显著，因此荧光增白剂的增白效果会减少很多。

近年来发现荧光增白剂有致癌作用，因此绝对禁止用于食品包装用纸，最好也不要用于生活用纸。

三、色相的调配和校正

红、黄、蓝是三原色。由这三种原色按不同比例调配，可以获得不同色彩的间色或复色。间色是两种原色的混合，如红与黄混合为橙色，红与蓝混合便成为紫色。而复色是由两种间色混合而成，如橙色与绿色混合便成橙黄和嫩绿色。图 2－31 表示色相调配图。内圆为三原色，第二圆表示间色，第三圆为复色。欲要得到所希望的色相，必须进行配色。两种原色即可合成一种新色相，因配合的比例不同，可以得到无数的色相等级。例如蓝色与红色合成紫色，如红多于蓝，可成为樱红色，相反可以合成茄紫色。总之，改变不同的比例可以得到各种不同的色相。

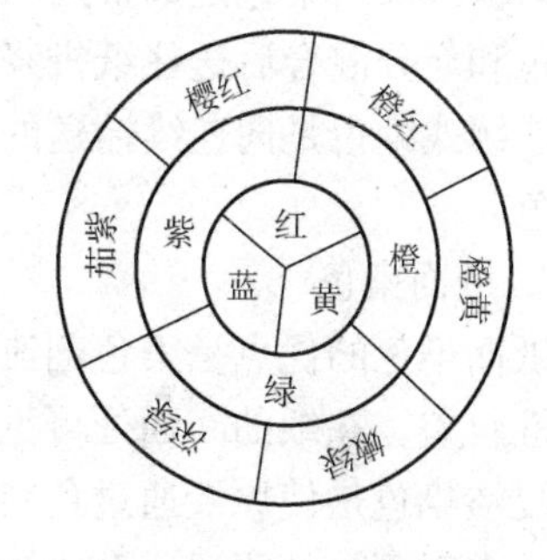

图 2－31　色相调配图

利用上述的调色原理，也可以对色相进行调节和补救。如调色过深可用相对的间色使原色减淡。例如在图 2－31 中，红色所对为绿色，如染红色过深，则酌加绿色调和。橙色所对为蓝色，若所染橙色过深，则酌加蓝色就可以减淡。

如染色过淡或色相中带有杂色，可用相邻并相反的间色或原色进行校正。如表 2－9 所示。

表 2－9　矫正杂色所用的色料

欲染色相	所带不要的色相	酌加补救的色相	欲染色相	所带不要的色相	酌加补救的色相
红	紫 橙	橙 紫	紫	蓝 红	红 蓝
黄	橙 绿	绿 橙	橙	红 黄	黄 红
蓝	绿 紫	紫 绿	绿	黄 蓝	蓝 黄

四、染色方法及影响染色的因素

（一）染色方法

生产色纸首先要确定色料配方，选单一染料或将几种染料混合使用，以取得满意的色调。然后取少量纸浆进行染色和调色实验。再根据小型试验结果在生产上予以实施并做必要的调整。

纸张染色的方法分浆内染色和纸面染色两类。浆内染色又分间歇染色和连续染色；纸面染色则有浸渍染色、压光染色和涂布染色等。

1. 浆内染色

纸张的染色大多采用浆内染色，即将溶解的染料液在打浆机、水力碎浆机、配料箱或其他适当的位置加入浆中。根据染料加入位置不同，染料可间歇加入或连续加入。一般先用少量水将染料调成糊状，在充分搅拌下用热水进行稀释或采用间接加热的方法来加速染料的溶解，经过滤后使用。对染料加热不能直接通蒸汽加热，否则会产生局部高温，导致染料分解，生成不溶性色淀，在纸面上产生色斑。不同染料的溶解条件和染料加入程序应根据产品的规定执行。

浆内染色的方法应用简单，能使染色达到纸内，纸张染色均匀。缺点是白水中有部分染料流失，循环白水色度不稳定，对于某些染色剂还会产生染色的两面差。

间歇式浆内染色是最常用的染色方法，即将计量好的染料液加入调料浆池，按一定程序进行着色和充分混合后送往纸机浆池。

连续式染色是向连续输送的浆料中连续注入染料液，浆料与染料在流动过程中得到充分混合着色。

2. 纸面染色

纸面染色的优点是染色剂流失少，改变染色剂种类可很容易地改变纸张的颜色；但染色的均匀性较差，在纸的断面处可见到原纸的本色，但对包装纸等普通纸张完全可以满足要求。

浸渍染色是使原纸通过色料槽而着色，然后在烘缸上干燥。有时色液可与表面施胶剂混合使用；有时可另外配置一套染色装备，可称涂布上色，属于加工纸范畴。浸渍染色常用于皱纹色纸及其他薄型色纸的生产。

压光机染色与压光机纸面施胶相似，在压光辊上使纸张与燃料接触，这种方法多用于纸板和厚纸的染色。有时由于受压光操作的影响，色料局部受磨损脱落，在纸面上出现露底白斑的纸病。

（二）影响染色的因素

染料的性质、使用要求与方法、溶解、分散等影响染色效果。除此之外，很多因素对染色效果都有影响，若控制不当，产品易产生色泽不匀、夹花、色筋和色斑等纸病。

1. 打浆

在同样染料用量的情况下，增加打浆度有利于纸浆的染色，使染色加深。打浆度高有利于染料与纤维的结合，成纸的紧度和透光性增加，减少了光线的反射，使染料能吸收更多的光线，增加有色光的比例和成纸的颜色。

2. 纸浆性质

不同纸浆对染料有不同的亲和力，这与纸浆的性质和木素的含量有关。木素对碱性染料与直接染料有较大的亲和力。纤维素对直接染料有较强的亲和力。草浆比木浆容易着色，所以染混合浆和染蒸煮不匀的夹生浆时易产生色斑。应根据不同浆料的化学组成，采用不同的染色条件。染混合浆应先染不易着色的浆料，然后加入易着色的浆料，染料加入纸浆后应尽快混合均匀才能使染色一致。

3. 填料

由于许多填料与染料有较强的亲和力，造成填料与纤维争夺染料而阻碍纤维的着色，加之填料的流失较大，而增大了染料的损耗，故加填的纸比不加填的纸颜色浅些，并易导致染色的两面性。为了克服这种缺陷，染料可以在加填之前加入，用矾土先将染料固着在纤维上，然后再加填料。

4. pH

每种染料都有适宜的pH，因此染色时应控制和调节pH至其应有的范围内，以免pH的变化而造成每次染的纸浆颜色不够一致。

5. 其他化学药剂

纸浆中如残留氧化剂和还原剂，如氯化物和次氯酸盐等对染色的影响很大。为此染漂白浆时，漂白后的纸浆必须洗涤干净。

钙盐对多数染料有不良影响，如生产用水硬度过高，可加矾土处理，再进行染色。

6. 染色两面性

纸机的车速高，案辊和真空箱脱水强烈，会降低染料的留着率，从而造成染色的两面差。此外，烘缸温度过高或纸页两面受热不均匀，会使某些染料褪色或染料从黏缸的纸面转移到另一面，也造成染色的两面差。生产时应注意控制。

第五节　干　强　剂

不同用途的纸张有不同的特性要求，其中干纸强度是最主要的特性指标。所谓干强度是指风干的纸的强度性质。影响纸张干强度的因素有纤维间的结合力、纤维形态与性质、纸张中应力分布和添加物质等，而纤维间结合力是决定因素。

对同一种纸浆，提高纸页干强度一般依赖于打浆来实现，强度要求越高，往往所需打浆程度也有所提高，不但动力消耗大，在纸机网部脱水及干燥也困难，而且在各种强度性能指标中，有些是相互矛盾相互制约的，不能兼而得之。为了达到既能提高干纸抗张强度，又不影响其他性能，就得借助于化学助剂。使用助剂来提高干纸强度的方法就称之为增干强作用，所使用的助剂称为增干强剂或干强剂。

一、使用干强剂的目的

干强剂是在纸页成形之前加入浆内，以提高纤维之间的结合力，从而提高成纸的干强度。纸张干强度的提高可达到以下的目的：

①可以配用阔叶木、枝桠材、草类原料等短纤维原料甚至配用废纸原料来生产对强度要求较高的高档纸张。

②可以在保持原有使用质量要求的前提下，降低纸页定量节约原料。

③可以提高产品档次。

④在取得相同纸张强度的情况下，可缩短打浆时间，节约电耗和干燥用蒸汽；降低了纸料打浆度，滤水性能改善，可提高车速，增加产量。

二、干强剂的种类和性质

干强剂可分为天然动植物胶、合成树脂、水溶性纤维素衍生物等3大类。

①天然动植物胶：包括淀粉衍生物、明胶、桃胶等。

②合成树脂：包括聚丙烯酰胺、丙烯酰胺与丙烯酸共聚物、聚乙烯醇、脲醛树脂、酚醛树脂、醋酸乙烯等。

③水溶性纤维素衍生物：包括甲基纤维素、羧甲基纤维素、羟乙基纤维素等。

很多水溶性的能形成氢键的聚合物可用作干强剂。事实上，植物纤维本身就含有天然干强剂半纤维素。目前，工厂最常用的商品型干强剂主要是淀粉及其衍生物、聚丙烯酰胺和羧甲基纤维素。

（一）淀粉及其衍生物

1. 原淀粉

①结构：详见本章第二节一中（二），“表面施胶剂”部分。

②应用：可将淀粉加入成浆池中，或稀释成质量分数为0.5%～1%的溶液加入稳浆箱或流浆箱，也有在长网纸机网部水线附近喷入，多圆网纸机也可在伏辊处喷入湿纸层间。使用原淀粉时，淀粉用量为0.5%～5%。糊化淀粉的黏度高，流动性差，稀释后有时会产生沉淀和分层的现象，使用起来不方便。

2. 改性淀粉

淀粉改性的主要方法见“表面施胶剂”部分表2-9。

几种常用改性淀粉的应用：

①阳离子淀粉：干强剂、助留助滤剂、表面施胶剂。

②氧化淀粉：表面施胶剂。

③阴离子淀粉：浆内施加时松香胶的增效剂、涂布用胶黏剂。

④两性淀粉：既含阳离子基团，又含阴离子基团。

⑤接枝共聚淀粉：增强剂、助留助滤剂。

（二）聚丙烯酰胺（PAM）

聚丙烯酰胺是造纸过程中使用最多、最普遍的一种多功能添加剂，分为阳离子型、阴离子型和非离子型3种形式，根据分子质量、水解度和电荷性的不同，其性能也不同，既可用作干强剂、湿强剂，又可用作助留助滤剂、絮凝剂，也可用作分散剂、表面施胶剂和黏合剂等。

聚丙烯酰胺是由丙烯酰胺单体通过游离基聚合形成的线性非离子聚合物。根据不同的聚合方法和条件，其平均相对分子质量可从几千到上千万。其产品可为粉状、水溶液或油乳液。聚丙烯酰胺是非离子型，其性质较活泼，但在纸浆中的留着率很低，很少直接加入浆中使用，而是改性成阴离子型或阳离子型聚丙烯酰胺后使用。

以一定比例的丙烯酰胺和丙烯酸为原料，在一定条件下，通过共聚反应得到阴离子聚丙烯酰胺（APAM）。控制二者的比例及其他条件，可以得到不同分子质量和电荷密度的阴离子聚丙烯酰胺。用作干强剂的APAM相对分子质量为40万～60万，羧基含量为4%～10%。APAM不能直接被纤维吸附，需要在明矾作用下才能发挥其最大效益。高分子质量低水解度而带强阴电荷的APAM能对纤维起分散剂的作用。

阳离子聚丙烯酰胺（CPAM）可直接定着于纤维上，不需要专门的助剂。具有较宽的pH适用范围，在酸性、中性或碱性条件下，加不加硫酸铝均能提高纸张干强度。CPAM的相对分子质量为1万以下用作分散剂，50万～100万用作干强剂，200万～1500万用作絮凝剂。一般用作干强剂的聚丙烯酰胺多用阳离子型，便于与带阴电荷的纤维结合。

聚丙烯酰胺的分子质量过高，黏度高，絮凝作用大，过强的电荷密度也会引起局部絮凝，均对增强作用和纸页匀度不利。高分子质量而低电荷密度的CPAM和APAM有助留和絮凝的作用，而低分子质量带强阳电荷的 CPAM 也有助留助滤作用。用 PAM 作为增强剂，常用量为 0.1% ~0.5%，最高用量为 1%。

PAM 对所有的化学浆、半化学浆都有增强作用，但对机械浆作用较差，当浆料中机械浆配比超过 50% 时，增强作用几乎丧失。

两性 PAM 可有粉状、水溶液胶体和乳液等不同形式，平均相对分子量可从几千到上千万，其显著特征是既有阴离子基又有阳离子基。阴离子基为羧基，阳离子基为季铵基、叔胺基或伯胺基。通常阳离子基的含量高于阴离子基，因此其净电荷呈阳性。

（三）羧甲基纤维素（CMC）

羧甲基纤维素（CMC）是纤维素的衍生物，通常是用其钠盐的形式。羧甲基纤维素中的羧甲基能在纤维之间起着交联结合的作用以及增强纤维之间的结合力。羧甲基纤维素可单独使用，也可与淀粉混合使用，此外还可用作湿强剂和表面施胶剂。羧甲基纤维素在水中的溶解度较大，易于随同白水流失，因此使用时应加硫酸铝作为助留剂以提高使用效率。

第六节　湿　强　剂

一、湿强度的概念

纤维具有亲水性、易被水润胀。纸的强度来自纤维之间的相互作用，这种作用在纸的成形、固化和干燥过程中形成。在纸页成形过程中润胀了的纤维互相交织，表面紧密接触，干燥脱水后，纤维相邻表面之间产生氢键结合力，纸张获得干强度。当纸页再被润湿时，纤维间结合力减弱或破坏，纸张失去或部分失去强度。

湿纸强度是指纸页抄造过程未经干燥的湿纸页的强度，一般是指进入烘缸前干度为20% ~50% 的湿纸页强度，或称初始湿强度。

纸页的湿强度是指经干燥后的纸张再被水润湿完全饱和后所具有的强度，或称再湿强度。一般纸张被水完全湿润后只保留原来强度的 3% ~8%，湿强纸可保留 15% ~40% 或更高，因此，湿强度多指湿强纸的湿强度。湿强度高有利于纸页使用过程。

纸页之所以具有强度是由于组成纸页的纤维之间存在摩擦力和结合力。构成湿纸强度的基础是纤维之间的摩擦力，摩擦力越大，湿纸强度越大。构成干纸强度的基础除了纤维之间的摩擦力外，主要决定于纤维之间的结合力，结合力越大，干纸强度也越大。由于纤维之间的结合力比摩擦力大得多，因此纸页的干强度比湿强度大得多。湿纸页纤维之间的羟基以水桥形式存在，干纸页纤维之间的羟基以氢键形式存在，由于氢键的结合力比水桥的结合力大得多，所以干纸强度比湿纸强度大得多。

许多特种纸张在使用时要求具有一定的湿强度。如照相感光原纸要经受水的浸泡而不松弛；军用地图纸和海图纸以及钞票纸等，在受到雨淋或在潮湿的环境中使用，要不易破裂。此外如广告招贴纸、高级包装纸、药棉纸、手巾纸、手帕纸、工业滤纸、膏药纸等，都要具有一定的湿强度。这种较高湿强度的获得仅靠一般抄造、施胶等方法难以达到，必须依靠某些特殊的化学助剂，这些化学助剂的加入能使纸张干燥后即使长期在水或水溶液的浸泡下也能保持原有干纸强度的 20% ~50%。这种加入特殊化学助剂增加纸张湿强度的过程就称之为是增强作用，所加的化学助剂称为湿强剂。

湿强纸可以根据它们的湿强特性来分类，某些湿强处理仅仅使强度损失的速度变慢，这类纸被称为具有暂时湿强度的纸，使用的湿强剂称为暂时湿强剂。另外一些湿强树脂能赋予纸较持久的湿强度，这类纸的湿强度在长时期内保持不变。应当指出，并非各种纸的湿强度越高越持久就越好，因为大多数种类的纸需要能够再制浆，因此所需要的湿强度取决于纸的用途。

二、常用的湿强剂

用于造纸工业的湿强剂通常分为两大类：甲醛树脂（如脲醛树脂、三聚氰胺甲醛树脂）和聚酰胺环氧氯丙烷树脂。前一类为酸熟化热固性湿强树脂（在酸性条件下缩合或使用的湿强树脂），后一类为碱熟化热固性湿强树脂（在中碱性条件下缩合或使用的湿强树脂）。而聚乙烯亚胺（PEI）、二醛淀粉等，在特殊情况下也被应用。

（一）脲醛树脂（UF）

脲醛树脂（Urea Formaldehyde Resin，简称 UF）是一种无色或草黄色透明、均匀、糖浆状的液体，与水能以任意比例混合而不发生沉淀。它是以尿素与甲醛聚合而成的，其分子结构见图 2－32。

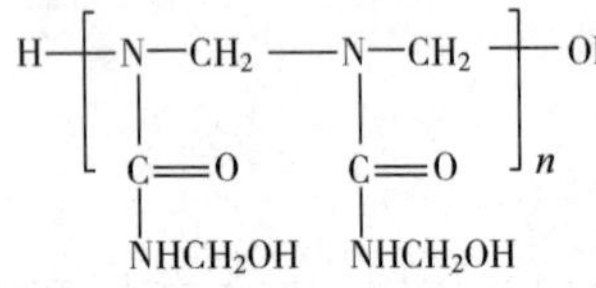

$$H-\left[\begin{array}{cc} N-CH_2- & N-CH_2 \\ | & | \\ C=O & C=O \\ | & | \\ NHCH_2OH & NHCH_2OH \end{array}\right]_n-OH$$

图 2－32 脲醛树脂的分子结构

脲醛树脂为非离子型树脂，故不能与带有负电荷的纸浆纤维较好地吸附，用作湿强剂时，不能在浆内直接添加，而只能用于表面处理，一般在施胶辊或施胶槽中进行。树脂用量为纸张质量的 1.5% ～2.0%，施加时树脂液的质量分数为1% ～5%，也可将 UF 与氧化淀粉混合在表面施胶时一起施加，并能获得比单独使用时还要高的湿强度。如用于定量为 $80g/m^2$ 的晒图原纸时，用 75% 质量分数的氧化淀粉和 25% 质量分数的 UF 混合胶液作为表面施胶剂进行表面施胶。

用于浆内施加的脲醛树脂一般需进行改性处理制成离子型 UF，可直接加入打浆机或纸料制备系统的其他设备中。根据在这些树脂中含有添加的基团的类型，可分为阴离子型、阳离子型及非离子型 3 种。

阴离子型的树脂使用的改性剂是亚硫酸钠，形成磺酸基，溶于水时磺酸基的电离在 UF 聚合物上产生阴电荷，使用时需要加入硫酸铝才能吸附在纤维上。在加入浆中之前先用 50℃ 水将其稀释成 5% ～10% 的溶液，必须加入一定量的明矾作为媒介质，控制 pH 在 4.0～4.5 的条件下才能有效地留着在纤维上。经这种树脂处理的纸，在干燥温度下已发生改性，完全的湿强度要在 41℃ 以上的温度放置一两个星期才能实现。

阳离子型树脂是将树脂分子用极性基（如氨基及亚氨基）改性制成的。使用阳离子型树脂，无需明矾的帮助就可以很容易地吸着在纤维上。阳离子 UF 的熟化也是用酸来催化的，因此 pH 也必须为 4.5～5.0 才能获得最佳效果。较高的干燥温度能使刚下纸机的纸湿强度增加，增加贮存温度可以加速熟化过程。

UF 由于游离甲醛的危害，近年来国外已开始禁用。有人已经提出用乙二醛部分或全部代替甲醛合成 UF，既能降低成本又能避免甲醛的危害。

（二）三聚氰胺甲醛树脂（MF）

三聚氰胺甲醛树脂（Melamine Formaldehyde Resin，简称 MF）是一种酸性熟化树脂，由三聚氰胺与甲醛缩聚而成，是一种广泛使用和有效的湿强剂、黏结剂。用于证券纸、海图纸、照相原纸、水磨砂纸原纸等。其分子结构式如图 2－33 所示。

商品阳离子 MF 以冲稀的水溶液、浓缩液和干粉形式供应。使用时先将其溶解于 1% ～2%

的盐酸溶液中，制成浓度为12%的酸性胶液。胶液在加入到纸浆之前，应放置12~24h，使其成熟变成胶体状态，成熟的树脂其增强作用比未存放的有很大的提高，但也不能放置太久，超过78h后则失去增强作用。

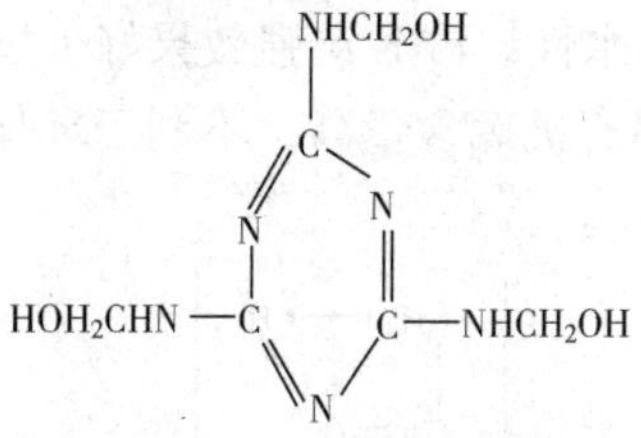

阳离子MF只用于浆内增强，不用于纸面处理，使用量随纸张湿强要求不同而有所区别，一般用量为1%~3%。三聚氰胺树脂的用量在6%以内时，其留着率随用量的增加几乎成直线上升。但用量高于6%时，留着率增长速度减慢。当树脂加入量超过10%后，成纸中树脂含量不再增加。

图2-33　三聚氰胺甲醛树脂的分子结构

加树脂以前纸料的pH控制在5~5.5，施加树脂以后，pH控制在4~5为宜，pH的高低会影响到树脂的留着率。经烘缸加热后，纸中的树脂会迅速聚合成链状的高分子聚合体，树脂的聚合与干燥温度有关，抄纸机最后一组烘缸的温度不应低于100℃，纸张抄成后最好贮存12h，使树脂充分成熟。如纸料的pH太高，树脂的留着率低，纸中树脂的聚合作用缓慢，虽经烘缸干燥，纸页中的树脂也难以成熟，将会影响成纸的湿强度。

MF热固化效率较高，能取得永久性的湿强度，增湿效果较好，但使用前需先用盐酸溶解与老化，操作比较繁琐，有甲醛析出对环境有一定的污染。

（三）聚酰胺环氧氯丙烷树脂（PAE）

聚酰胺环氧氯丙烷树脂（PAE），又称聚酰胺聚胺环氧氯丙烷树脂或聚酰胺聚胺表氯醇树脂（PPE），是一种非甲醛类聚合物，是水溶性、阳离子型、热固性树脂，无毒无味，对环境无污染，pH适用范围较广。PAE不仅可以在中碱性条件下施加使用，而且本身带有阳电荷，能很好地与纤维结合，在取得湿强度的同时，又不会丧失纸张的柔软性和吸收性，多用于要求有一定湿强度的生活用纸如餐巾纸、尿布纸和妇女卫生用纸等，也可用于液体包装纸、箱用包装纸、纸袋纸、照相原纸等要求有一定湿强度的纸张。PAE的分子结构式见图2-34。

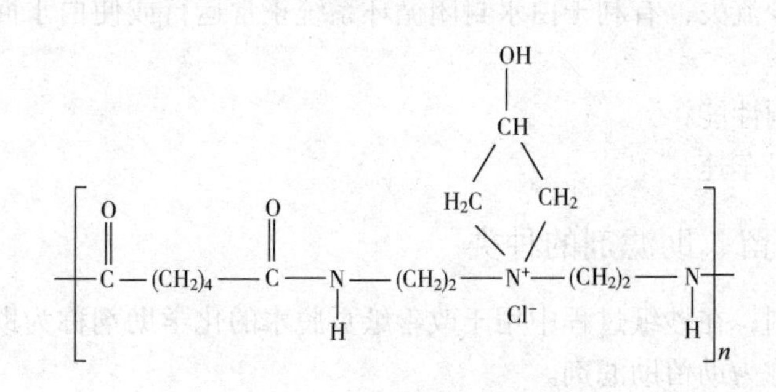

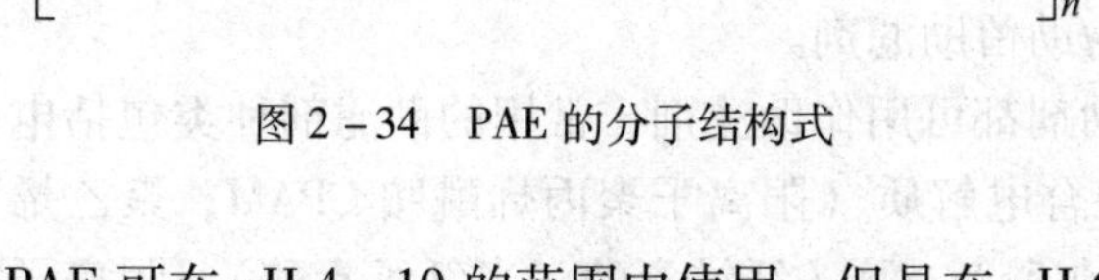

图2-34　PAE的分子结构式

PAE通常以质量分数为10%~20%的水溶液形式供应，在贮存中可能会发生交联导致溶液的黏度增加、树脂溶解性和效力下降。为了防止发生此问题，树脂生产的最后阶段多将产品的pH调至3~4。产品的贮存期一般为3个月（20℃），贮存时间越长，温度越高，产品效力逐渐下降。对树脂产品的保存和输送必须采用耐酸管线、泵和贮罐。

PAE可在pH 4~10的范围内使用，但是在pH 6~8时最有效。一般PAE对白度没有影响或影响很小。

PAE多进行浆内施加，加入地点在打浆之后，添加之前应先用质量分数为10%的NaOH溶液中和，并适当加以稀释，控制树脂溶液的pH为6~8，由于PAE为阳离子型，添加到浆料中后会很快被纤维吸附，因此应特别注意搅拌均匀，且施加后即可上网抄纸。PAE的用量一般为0.05%~1.0%，必须将PAE的加入点与阴离子助剂的加入点分开。

理论上用于擦手纸可达35%～40%湿强度，一般20%～30%满足要求，过高增加成本，影响吸水性。PAE湿强效果好，国内纸厂普遍使用。但固化后不易降解，损纸回用困难，而且PAE中有机氯含量高，不利于环保，所以人们试图开发它的替代品。

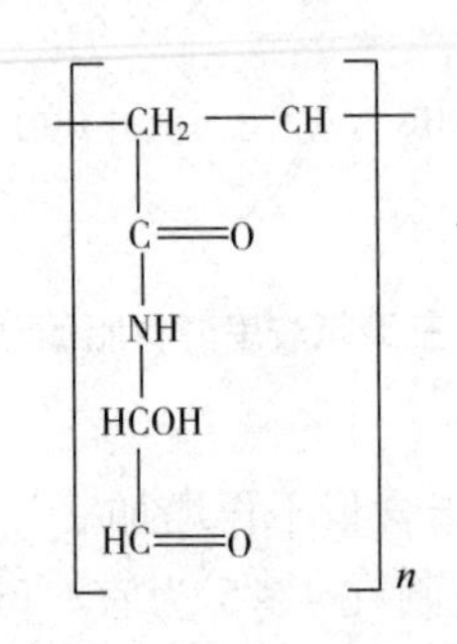

图2－35　PAMG的分子结构式

（四）聚丙烯酰胺－乙二醛树脂（PAMG）

随着生活水平的提高，日常生活中大量使用卫生纸、餐巾纸、面巾纸等各种类型的生活用纸。这些纸张既要求有一定的湿强度，又要求能够在水中降解。聚丙烯酰胺－乙二醛树脂（PAMG）用作造纸湿强剂，在保持湿强效果的同时损纸易回收，且具有生产成本较低、不含有机氯（AOX）等优点，对于湿强要求不高的生活用纸优势明显，对于湿强要求较高的纸种，该产品与PAE配合使用可取得比单独使用PAE更好的效果，应用前景广阔。PAMG的分子结构式见图2－35。

PAMG可与纤维素发生化学反应，生成缩醛结构产物，包覆成纸中的纤维素分子间的氢键结合领域，增强成纸强度。与水较长时间接触后，该缩醛结构又会与水作用、分解，从而失去了增湿强效果，所以PAMG只能获得暂时性增湿强效果。湿强效果好，损纸易回用，不含有机氯，熟化时间短，稳定性好，用于湿强度要求不高的生活用纸（如擦手纸）优势明显。

第七节　助留助滤剂

一、助留助滤作用

助留是提高纸张中填料和细小纤维的留着率；助滤是改善滤水性能，提高脱水速度。多数情况下，助滤与助留是同时进行的，称为助留助滤作用。

助留助滤的作用在于：

①提高填料和细小纤维的留着、减少流失，有利于白水封闭循环系统正常运行或使白水回收设备发挥最大效率，减少污染；

②改善纸页两面性，提高纸张的印刷性能；

③提高网部脱水能力，从而提高纸机车速。

二、助留、助滤剂的种类

仅起助留作用的化学助剂称为助留剂；在抄纸过程中用于改善纸页脱水的化学助剂称为助滤剂。兼有助留、助滤作用的化学助剂称为助留助滤剂。

一般用作助留剂和电荷中和剂的所有助剂都可用作助滤剂，常用的助滤剂种类包括电荷中和剂（明矾、聚合氯化铝PAC），阳离子聚合电解质（阳离子聚丙烯酰胺CPAM、聚乙烯亚胺PEI、阳离子淀粉、聚酰胺多胺、阳离子瓜尔胶）、酶（纤维素酶、半纤维素酶）、阴离子微粒（胶体硅、钠基膨润土）等。

助留、助滤剂一般可分为三大类：

1. 无机产品类

这一类是早期使用的，只起助留作用，为助留剂，其效果不明显。这一类无机化合物主要有：硫酸铝、铝酸钠、聚合氯化铝和聚合氧化铝络合物等。

2. 改性天然产品类

主要有阳离子淀粉、羧甲基纤维素、改性植物胶等，虽有一定的助留效果，但用量较大。主要起到助留作用，为助留剂。

3. 高分子聚合物类

这类高分子聚合物主要是聚胺类，兼有助留和助滤作用，称为助留助滤剂。用得较多的为阳电荷的高分子聚合物，主要有阳离子型聚丙烯酰胺（CPAM）、聚乙烯亚胺（PEI）、聚胺（PA）、聚酰胺（PP）等。它们的特点是用量少，效率高。

也有采用阴离子型聚丙烯酰胺（APAM）作为助留剂，但需与硫酸铝配合使用。以机械浆为主的纸张可采用非离子型的聚氧化乙烯（PEO）。

造纸工业中使用的一些助留、助滤剂如表2-10所示。

表2-10　造纸工业中常用的助留、助滤剂

种类	作用
阳离子淀粉	用叔胺型、季铵型醚化剂处理淀粉使具有阳离子电荷，经糊化后加入浆内，除提高强度外，还有助留作用，且可减少废水污染
羧甲基纤维素	在纸浆中添加羧甲基纤维素能有效提高细小纤维和填料粒子的留着率，但用量较大
聚丙烯酰胺	聚丙烯酰胺为良好的助留剂，可显著提高填料和细小纤维留着率；阳离子聚丙烯酰胺可有效提高纸料的滤水性能
聚乙烯亚胺	除用于湿强剂外，也可用作助留剂；阳离子型聚乙烯亚胺也是良好的助滤剂
聚乙烯亚胺-环氧氯丙烷	可作为填料的助留剂、纤维的絮凝剂等，这些性质和应用可通过改变聚乙烯亚胺与环氧氯丙烷的比例而得到不同的产品来达到
聚氨基酰胺	微黄色液体，主要用做填料和细小纤维的助留剂，也可作为加快纸浆滤水的助滤剂
聚胺	液体，可作为填料和细小纤维的助留、助滤剂
聚乙烯胺	棕黄色液体，适用于纸板、废纸回用和不施胶或轻施胶的印刷纸的助留剂，也可用作废纸回用或打浆度较高的亚硫酸盐木浆的助滤剂
聚酰胺-环氧树脂	添加在纸浆内可有效提高其滤水性能

三、几种高分子聚合物的助留、助滤效果

在抄纸的生产过程中，添加分子量较高的聚丙烯酰胺可显著提高填料留着率。对100%漂白亚硫酸盐木浆（40°SR，硫酸铝1.5%，滑石粉20%，聚丙烯酰胺加入量0.02%），不同分子量的阴离子型聚丙烯酰胺对填料留着率的影响如表2-11所示。用于草浆对节约浆料和填料的效果可以从白水浓度的降低来判断，使用聚酰胺环氧化树脂和聚丙烯酰胺后白水浓度的降低情况如表2-12所示。

在浆料中加入助滤剂，提高其滤水性的效果可以从加入后浆料的打浆度下降率大小来判断，打浆度下降率越大，浆料滤水性则越好。用阳离子聚丙烯酰胺和聚酰胺环氧树脂提高滤水的效果分别如表2-13和表2-14所示。

表 2－11 阴离子型聚丙烯酰胺对填料留着率的影响

聚丙烯酰胺相对分子质量	水解度/%	成浆灰分/%	成纸灰分/%	留着率/%
—	—	15.29	10.17	66.51
92 万	8.18	15.29	11.37	76.36
262.7 万	7.03	15.29	12.83	83.91
525 万	10.93	15.29	14.21	92.94

表 2－12 使用助剂后白水浓度的降低情况

助剂的种类	使用量/%	原来白水浓度/（g/L）	使用助剂后白水浓度/（g/L）
聚酰胺环氧树脂	0.20	3.6	2.58
聚丙烯酰胺	0.13	3.4～3.9	2.13～2.58

表 2－13 阳离子聚丙烯酰胺的助滤效果

纸种	浆种	聚丙烯酰胺用量/%	打浆度/°SR	打浆度下降率/%
凸版纸	漂白草浆 70%，漂白棉浆 30%	—	70	—
		0.1	48	31.4
		0.2	38	45.7
		0.4	29	58.5
防油纸	未漂木浆 100%	—	85	—
		0.1	67	21.1
		0.2	55	35.3
		0.4	45	47.1
打字纸	漂白木浆 100%	—	70.5	—
		0.1	56	25.6
		0.2	50	29.0
		0.4	46	34.7
打字纸	漂白云香竹浆 100%	—	60	—
		0.1	35	41.6
		0.2	31	48.3
		0.4	24	60.0
单面胶版纸	漂白木浆 25%，漂白竹浆 25%，漂白草浆 10%，漂白棉浆 10%，漂白芒秆浆 10%	—	57	—
		0.05	37	35.1
		0.1	30	47.3
		0.2	22	63.1

表 2-14　**聚酰胺环氧树脂的助滤效果**

浆　　种	聚酰胺环氧树脂用量/%	打浆度下降率/%
漂白稻麦草混合浆 70%，漂白棉浆 30%	0.2	24
漂白稻草浆 100%	0.2	31
漂白云香竹浆 100%	0.2	30
未漂亚硫酸盐木浆 100%	0.3	21
漂白棉浆 100%	0.3	20

四、高分子聚合物作为助留、助滤剂添加时的注意事项

①由于高分子聚合物兼有留着、滤水和絮凝三种作用，而前两者作用随着时间的延长而递减，后者则随着时间的增加而递增。为得到最大的留着和滤水效率，尽量减少絮凝现象，助留助滤剂加入位置在与纸料均匀混合前提下，应尽可能接近纸机网前箱，使湿纸页成形区能形成微絮凝物，而不使纸料絮凝，影响纸的匀度。

②由于助留助滤剂对离心泵的高剪切力影响很敏感，因此应采用柱塞式泵等输送装置，避免分子链长度的降解。

五、助留、助滤机理

1. 助留机理

（1）电荷中和机理（charge neutralization）

纸浆和大多数填料具有负电荷表面，加入阳离子助留剂后，可将其电荷逐步中和，当系统中 Zeta 电位逐渐趋向等电点时，减少了纤维与填料之间的排斥力，从而得到了较好的吸附和留着。电荷中和助留机理示意图见图 2-36。

（2）镶嵌机理（补丁机理 Patching）

阳离子型聚合物的强阳电荷会抢先吸附部分细小组分，形成局部区域阳电荷性，这些区域再吸附带阴电荷的细小组分，从而产生镶嵌留着。镶嵌助留机理示意图见图 2-37。

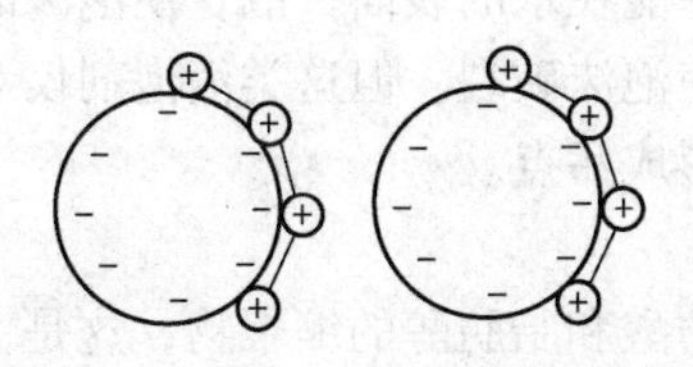

图 2-36　电荷中和助留机理示意图

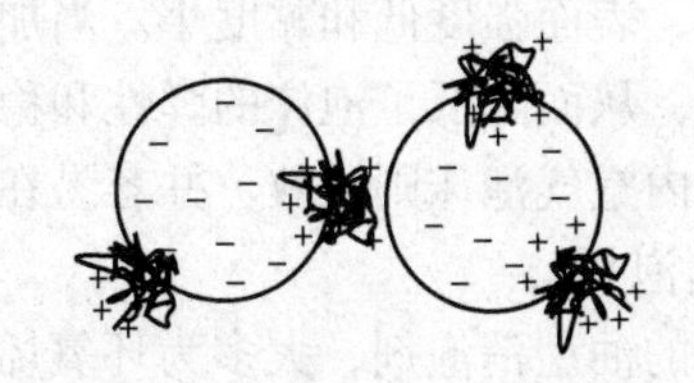

图 2-37　镶嵌助留机理示意图

（3）桥联机理（Bridging Flocculation）

具有足够链长的高分子聚合物，可在纤维、填料粒子等空隙间架桥，并形成凝聚。不仅长链阳离子型高聚物具有这种效应，阴离子型高聚物在少量正电介质（如硫酸铝）存在下，也有类似形态的桥联形成。桥联助留机理示意图见图 2-38。

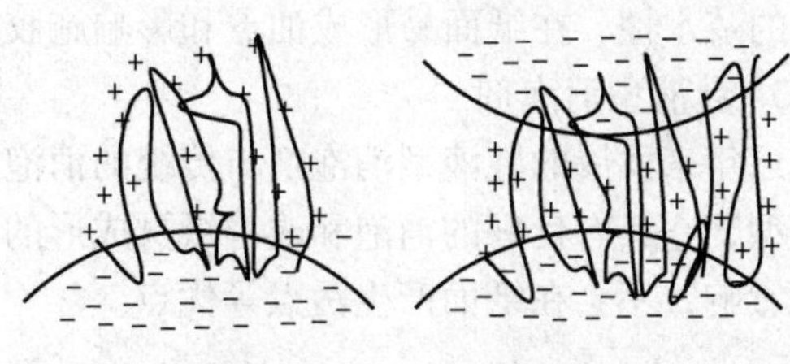

图 2-38　桥联助留机理示意图

2. 助滤机理

（1）电荷中和

阳离子型助留助滤剂能降低纤维、填料等的表面电荷，致使纤维和填料中充满水的结构受到破坏，使其表面定向排列的水分子被扰乱而容易释放出来。

（2）凝结与絮聚

阳离子型助留助滤剂能促进纤维和填料凝聚，使纤维和填料的比表面积降低而加速了脱水作用。

第八节　消　泡　剂

一、泡沫及其稳定性

泡沫是分散在液体中的气体。纯净单一的液体因为不能形成稳定的泡沫，因此很少起泡沫；一般无机化合物的水溶液不大起泡沫；醇、有机酸、碱、脂的水溶液有较强起泡倾向；最稳定的泡沫由胶体物质（如肥皂等）水溶液产生。

二、泡沫的产生和危害

造纸原料在蒸煮、漂白等生产过程中分解出大量助泡性的有机物质，当纸浆接触气体和受到搅动或冲击时，或当使用洗涤不良的纸浆或不合理的施胶、在酸性系统中使用碱性填料时，很容易产生大量的气泡。这些泡沫既会给制浆造纸的操作带来种种困难，也会影响纸页成形、降低纸张的质量。因此消除制浆造纸过程中的泡沫是一个很重要的课题。消除或控制泡沫有两种方法，一种是化学法，即添加化学消泡剂；另一种是机械法，其中包括真空、离心分离或水喷射等。

三、消泡剂的种类

1. 溶剂型消泡剂

早期的消泡剂为煤油、柴油、汽油及烃类油等石油产品，由单一的溶剂组成。其质量比水轻，不溶于水，表面强度低和黏度小。当加入浆料中能在水的表面扩散，使泡沫的表面强度降低和黏度下降，从而降低了泡沫的弹性和稳定性，使泡沫破裂。但这类消泡剂仅对表面泡沫有效，而对于浆内空气泡沫则无效。并容易在纸面上形成污点。

2. 油型消泡剂

后来发展的油型消泡剂，大多为环氧烯烃、脂肪酸和脂肪醇的缩聚物，这是一类亲油性的表面活性剂，有良好的消泡和抑制泡沫的性能。其消泡能力为柴油的 10 倍以上，但由于具有较大的疏水性，在纸面易形成油点和影响施胶度，从而不能用于白纸和优质纸中。

3. 乳液型消泡剂

近年来发展的乳液型消泡剂与传统的消泡剂不同，不含任何矿物油或油型组分，为一种聚醇醚型，它具有良好的消泡和改善纸页成形的功能，适应 pH（4.0～10.0）范围较广，对施胶度无影响，不会在纸面产生污点等优点。

四、消泡剂的使用

为了取得最佳的消泡效果，应正确选择加入地点，一般在发生泡沫的位置或稍稍靠前处加入消泡剂。对纸机系统可在网下白水盘加入，应距流浆箱有一定距离，以使纸料在消泡后再上网，确保纸页成形和成纸的质量。

第九节 防 腐 剂

一、腐浆的形成

由于浆料中含有丰富的碳水化合物，易使细菌（图 2 - 39）繁殖，造成腐浆。腐浆太多时，会降低纸的质量，而腐浆又是造成糊网、纸页黏毛毯、黏烘缸的主要因素，引起抄造断头，需要经常停机清洗，因而降低了产量。

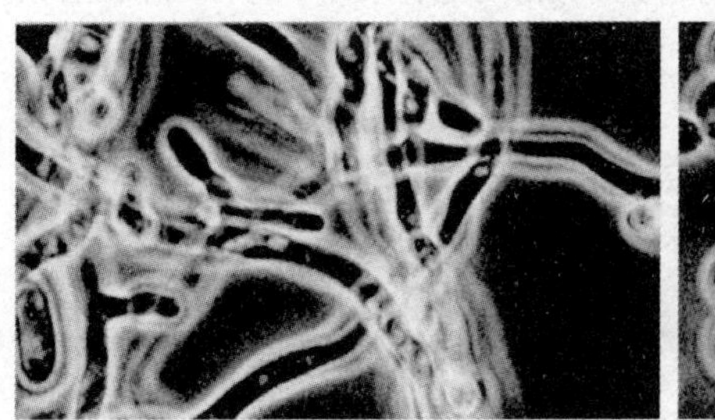

(a) 尖孢真菌的丝状结构　(b) 酵母菌的球状结构

图 2 - 39 纸浆中的细菌

腐浆的多少取决于许多因素，包括被细菌或真菌感染的程度，系统中养分的数量，pH 和温度等。特别是在封闭循环系统中，水一直循环使用，腐浆更易生成。要消除腐浆，首先要做好清洁工作。如还有腐浆生成，就应在系统中加入合适的防腐剂以控制微生物的发展。

二、防腐剂的类型

造纸工业早期多采用氯、氯胺等作为防腐剂，但其灭菌效率不高。后改用重金属盐（如汞盐、锡盐）和氯酚类的化合物，虽有显著的杀菌效果，但毒性高，对环境污染很大，现已不能使用。当前使用的防腐剂大都为有机溴型，有机硫型或含有氰硫基、氢硫基以及咪唑型、噻唑型的有机化合物，这类防腐剂一般具有高效、低毒性、杀菌较广、生物降解性好等特点，在国外已广泛使用，在国内尚待开发和推广。

三、对防腐剂的要求

对防腐剂要求如下：

①高效，有较高的杀菌能力和较低的抑菌浓度，一般抑菌浓度为 15 ~ 30 mg/L，杀菌浓度为 50 ~ 100 mg/L。

②低毒，易分解，排放后经一段时间或在某一特定的 pH 范围内会自行分解。

③有一定的水溶性，最好是液体，能直接稀释使用。

四、防腐剂的选用

在选用防腐剂时应考虑以下三点：

①如用于食品包装用纸时，应重点考虑其毒性和最大容许使用量。

②注意 pH 对杀菌的影响，一般细菌嗜碱（pH6.5～7.5），要选用酸性防腐剂；真菌嗜酸（pH5.5～6.5），要选用碱性防腐剂。

③如长期使用应考虑两种或几种防腐剂交替使用，避免微生物产生耐药性。

五、防腐剂的使用

防腐剂的加入方法有：连续加入、一次加入和间歇加入 3 种，以定时间歇加入为最好。防腐剂的抑菌浓度一般为 15～30mg/L，杀菌浓度为 50～100mg/L，这是指对总纸料量而言，因此如在较高纸浆浓度处加入防腐剂，可减少其用量。一般在纸机贮浆池（浆浓 3%）或调浆箱处加入较为适宜。此外，白水池和流浆箱壁处极易积聚附着腐浆，因此也可将药剂直接加入白水池，使其迅速见效。因废纸含菌量高，也有将药剂加入废纸浆中，以抑制细菌繁殖，减少腐浆形成的可能性。

第十节 树脂控制剂

一、植物原料中的树脂

植物纤维原料中，除了含有纤维素、半纤维素和木素等主要化学成分外，还含有能溶于有机溶剂的抽出物，树脂是其中的代表。植物原料中的树脂包含多种化学成分，不同植物原料中树脂的化学组成和含量均不相同。针叶木中树脂含量较高，主要成分是萜烯和萜烯类化合物、脂肪酸和不皂化物，主要存在于树脂道中；阔叶木中树脂的主要成分是脂肪酸和脂肪酸酯，其他成分较少，主要存在于薄壁细胞中；草类原料中的树脂主要是脂肪和蜡。

二、纸浆中树脂的存在形式

植物纤维原料经过蒸煮、洗选和漂白等制浆过程后，残留在纸浆中的树脂含量、化学成分及其物理状态都发生了变化。树脂在纸浆中的存在形式有以下 4 种：

①表面树脂：在制浆过程中游离出来，又吸附在纤维和薄壁细胞外表面的树脂。

②内部树脂：在制浆过程中未游离出来，仍存在于薄壁细胞内部的树脂。

③胶状树脂：以胶体状态游离分散在纸浆悬浮液或纸浆滤出液中，呈小液滴状态。

④溶解树脂：仅存在于碱法纸浆系统中，主要是树脂酸和脂肪酸的可溶性皂化物。

在树脂的这四种存在形式中，除内部树脂外，其他 3 种树脂都有可能以各种方式或多或少地沉积在制浆造纸设备的表面。当这种沉积发展到一定的程度，就会发生树脂障碍，给生产带来麻烦。

三、树脂障碍的危害及其控制

树脂障碍的危害主要有：

①生产过程会析出聚集成树脂大颗粒黏附于设备或池、槽表面，造成糊网、黏毛毯或黏附于压辊、烘缸表面造成设备工作效率下降，影响纸浆质量，纸张匀度或强度下降、产生斑点和孔洞等不良影响。

②存在于废水中的树脂会增加水处理的负荷，一些含树脂的废水的回用还容易造成纸浆中树脂累积，给生产带来危害。

四、树脂控制剂的类型

能防止树脂障碍产生的助剂称为树脂控制剂。通过在浆中加入树脂控制剂的方法来减少树脂给制浆造纸生产带来的危害是工业中常用而有效的方法。

①加入淀粉或明胶作保护胶体可防止树脂凝集。

②用氢氧化钠或硫酸铝调节酸值可避免树脂析出。

③添加滑石粉、白土、硅藻土等填料来包围或吸附树脂颗粒，可降低树脂黏附性。

④表面活性剂（尤其是阴离子型和非离子型）已广泛应用于纸浆造纸厂的树脂控制。非离子型表面活性剂是最有效的一种树脂控制剂，阴离子型表面活性剂比非离子型要差一些。常用的非离子型表面活性剂有壬基酚聚氧乙烯醚、辛基酚聚氧乙烯醚、脂肪醇酚聚氧乙烯醚等。可单独使用，也可与阴离子表面活性剂等复配使用。

⑤可通过加入螯合剂螯合金属离子来间接控制树脂的沉积。造纸系统用水中的 Ca^{2+} 等会诱发树脂的沉积，加入螯合剂，可以螯合水中的钙、镁、铜、铁、锰等离子，防止它们与系统中溶解树脂结合成不溶性的皂化物。常用的螯合剂有 EDTA、DTPA 和磷酸盐等。螯合剂一般不单独用来控制树脂沉积，而是经常与其他控制剂（如表面活性剂）配合使用，达到最好的效果。

⑥生物酶树脂控制技术是日本最早在 20 世纪 80 年代开发出来的，目前已广泛应用在日本的纸浆厂，并在欧美等国家的一些纸浆厂得到推广。用作树脂控制剂的生物酶主要是脂肪酶，由于树脂中的甘油三酸酯是制浆造纸生产过程中产生树脂障碍的有害组分之一，在浆料中加入脂肪酶，可通过将甘油三酸酯水解成低黏性的脂肪酸和水溶性的甘油，从而抑制树脂的沉积，达到控制树脂障碍的目的。

思考题

1. 湿部助剂的种类和作用？
2. 为什么要进行施胶？
3. 松香胶的种类有哪些？性质怎样？
4. 什么是中性施胶和中－碱性施胶？查阅资料，了解其发展情况。
5. AKD 和 ASA 施胶剂的比较？
6. 纸内施胶和纸面施胶的区别？
7. 加填的目的，填料的种类和性质是怎样的？
8. 加填为何能提高纸的不透明度？填料的留着机理是怎样的？
9. 染色的目的，染料的种类？
10. 颜色的调节和校正原理是怎样的？
11. 干强剂的种类有哪些？它们有什么性质和特性？
12. 什么是湿强剂、湿强度？主要的湿强剂有哪些？
13. 助留助滤剂有哪些种类？如何正确使用？

第三章　供浆系统与白水系统

第一节　概　　述

一、供浆系统概述

经过打浆和调料的浆料，还不能直接用来抄纸，主要原因有两点：一是要保证生产出匀度良好的纸张，在当前的生产条件下，一般都需要把纸料稀释成很稀的纤维悬浮液，以保证良好的分散，经网部滤水后才能形成均匀的纸页；二是纸料中还会有一些杂质，这些杂质会影响成纸的质量，影响抄纸机的正常操作。因此要求在上网以前，必须做相应的处理。造纸机网前的供浆系统的基本流程如图 3－1 所示。

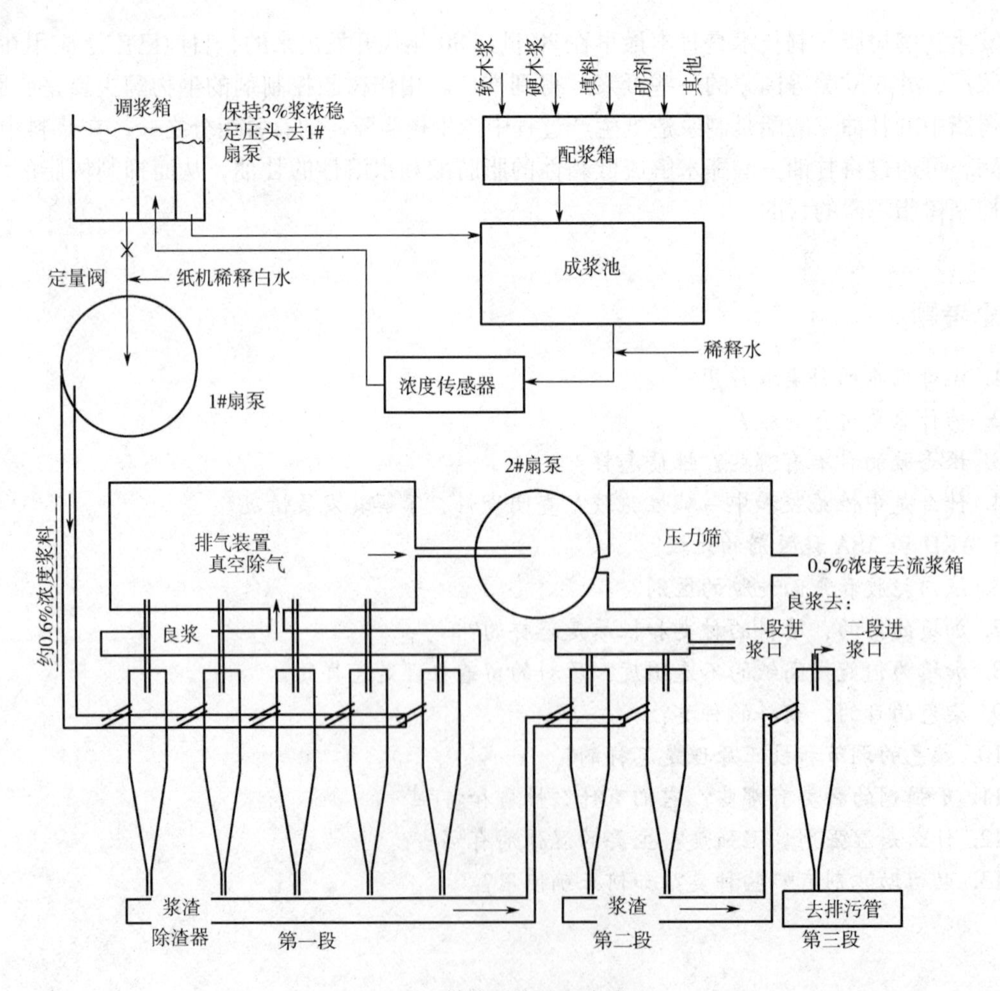

图 3－1　供浆系统的基本流程

以上各环节，是供浆系统中的最基本环节。除了某些低级的纸种以外，对于一般纸种是不可缺少的。有的在净化与筛选环节之间增加一个除气装置。由于所用原料及生产纸种不同，其各环节中所用的设备及具体流程有所不同。

二、白水系统概述

在造纸机湿部，纸幅成形时脱除的水，以及真空箱和压榨进一步脱除的水，统称为白水。在网部成形区排出的白水，浓度较高，称为浓白水；在真空吸水箱及压榨部排出的白水，浓度较低，称为稀白水。由于白水中含有纤维、填料和可溶性造纸化学品，因此，纸厂内最有效的方法就是采用纸机白水循环系统来处理纸机白水，即：通过再循环，将白水应用于前面的生产工序以回收这些物质，降低废水排放量和固形物流失量；或使用各种方法处理纸机白水，降低其悬浮固形物含量，代替清水再回用于制浆造纸过程，从而减少清水用量。造纸厂白水的处理，不仅在节约纤维、填料等方面具有经济意义，而且对于废水的利用、防止污染及节约热能等方面也有重要意义。

从网部脱除的部分白水，又回用于稀释进入流浆箱的浆料，称之为“短循环”。细小纤维和填料特别容易通过成形网进入白水中，短循环的作用就是增加通过流浆箱的干固形物流量，以使纸幅的干固形物流量等于从打浆工段送到纸机的干固形物流量。

在网上脱除的不用于稀释流浆箱浆料的另一部分白水，经处理后，则引送去更前面的生产工序，称之为“长循环”。经处理后的纸机白水，不仅可以用于稀释纸浆、处理损纸，而且可以用作打浆用水、贮浆池用水、辅料制备的用水，还可以进一步用来代替清水用作喷水管水、密封水等。这样可以显著减少清水用量，并且改善系统物料和热量的利用。

从节水的角度出发，造纸车间内凡能使用白水的部位，应尽量不使用清水，最大限度地回用白水，以尽量减少物料流失和清水用量，实现系统的封闭。

第二节　供浆系统

一、配　　浆

（一）配浆目的

将两种或两种以上的纸料，以及纸机干、湿损纸经疏解稀释后的回浆，按照工艺要求的比例混合起来的过程就称为配浆。各种纸浆的配比应根据纸的质量要求、设备的条件及纸浆的性质来确定。

如以化学草浆为主，加入10%～20%的机械木浆生产凸版纸，可以提高纸的不透明度和印刷性能，这是为了改善纸张的性能要求的配浆。如以机械浆为主生产新闻纸，加入10%～20%的化学木浆，可以提高纸的强度（湿强度和干强度），有利于纸机的抄造。当纸机的车速越高（在开式递纸的情况下），要求化学浆的比例越大；另一方面为了稳定纸机的操作条件，要求控制回浆的比例，这些都是为了满足纸机的抄造性能要求的配浆。在某些需要使用长纤维的纸种中，如纸袋纸、卷烟纸等，加入部分草类短纤维浆，不仅可以达到改善产品性能的目的，同时还可以节约长纤维的用量，这是以节约长纤维为目的而进行的配浆。

（二）配浆方法

配浆方法有间歇式和连续式两种。间歇式配浆就是先计量各浆池内纸浆的体积和浓度，然后按要求的比例分别送往混合池的配浆方法。该方法一般在品质经常改变的中小型纸厂内使用。而连续配浆是各种纸浆首先经浓度调节器稳定浓度后，再连续通过一种流量控制设备而进行的配浆方法。连续配浆时，各种辅料也是连续加入。该法管理方便，配比稳定，便于实现自动控制，适合品质稳定的大中型纸厂使用。

配浆设备是一种能控制多种物料流量的装置，中小型纸厂主要采用压力式配浆箱，而大型现代化纸厂则使用流量计配浆系统。

1. 压力式配浆箱

图3－2是压力式配浆箱的示意图。箱体可用不锈钢板或塑料板制成。纵向分为三格，各供一种浆料使用。横向分成四个间隔，纸料进入间隔2，由可以上下移动的溢流板A（为相邻三个纸料间格所公用）保持浆位的稳定。越过溢流板A的纸料由间隔1回至浆池。越过B板的纸料进入间隔3，通过C板上的一个可变面积的开孔D流入混合间隔4，经底部的管子流到成浆池。通过控制开孔D的面积而达到控制配比的目的。开孔D是由一固定方形孔与一块活动的V形板所构成。V形板上下移动可以改变开孔的面积，但开孔的形状始终保持正方形，可使流量系数保持不变。开孔的流量可用下式表示：

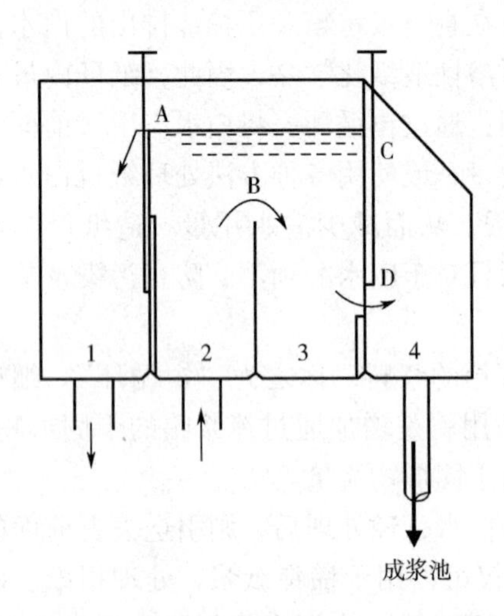

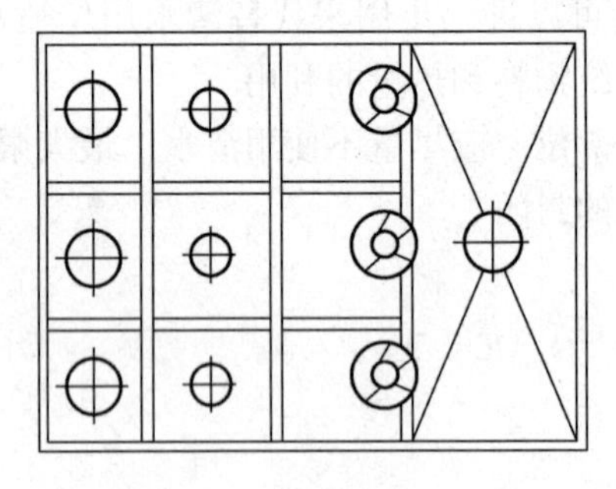

图3－2 压力式配浆箱示意图

$$q = CA\sqrt{2gh}$$

式中 q——纸料流量，m^3/s

C——流量系数

A——开孔面积，m^2

g——重力加速度，m/s^2

h——浆位高度，m

由上式可见，在C、H不变时，流量q与开孔面积A成正比，根据开孔的大小可以计算流过的浆量。如果面积A不变，利用溢流板A升降改变浆位H，可以改变纸浆的总流量。

2. 流量计配浆系统

图3－3所示是流量计配浆系统的调节方案。A、B、C 3种纸浆和X、Y两种添加物料的浓度在送到配料系统前已调节稳定，配比的问题主要是流量调节问题。这个调节系统可分为纸浆配比和添加物料配比二段。每种物料都设有由电磁流量计、调节器、比值器和调节阀等仪表组成的比值调节系统。在纸浆配比中，以混合池液位调节器（H_1－T）的输出信号作为主信号，主信号经比值器后，作为流量调节器（G_1－JT、G_2－JT、G_3－JT）的给定值。当纸机用浆量变化时，混合池的液位将变化，即主信号变化。主信号的变化引起各种浆料调节器给定值变化，流量调节阀发出的控制信号也随之变化，因而纸机用多少浆，系统就补充多少浆，而各浆种之间的比例是不变的。

混合浆池中已配好的纸浆送到纸机浆池。由于各种添加物料对纸浆的比例很小，故此添加物料比值调节系统的主信号采用混合浆池输出的总纸浆流量调节器（G_4－T）的输出信号。主

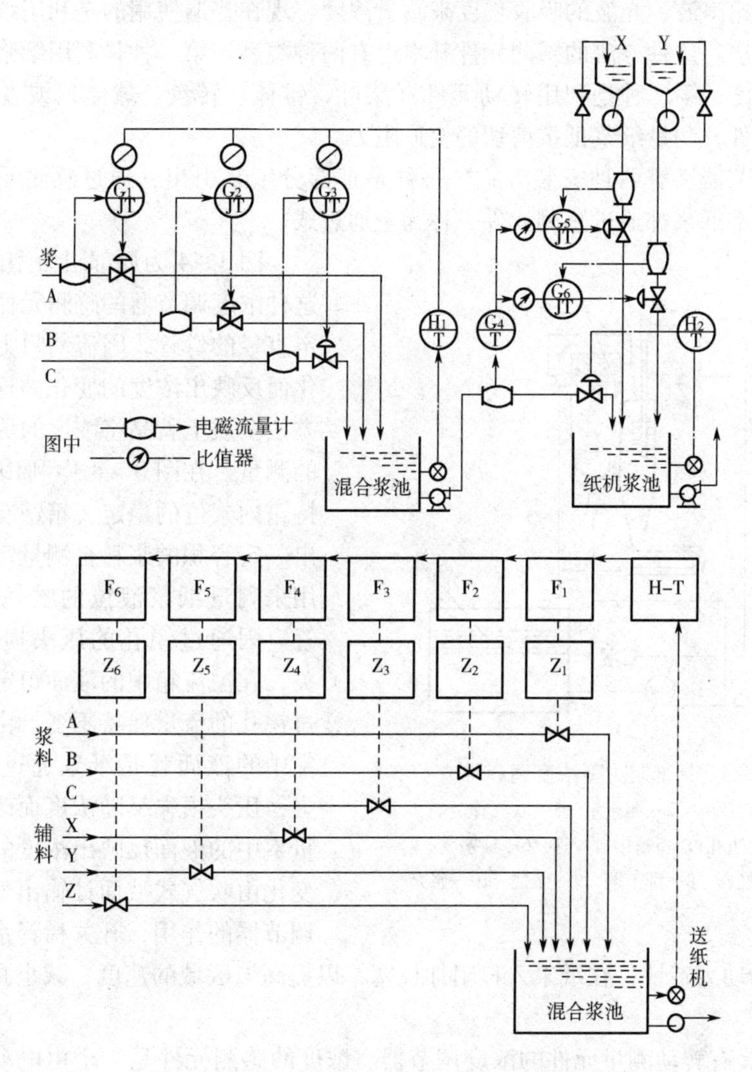

图 3－3　连续配浆系统自动调节方案

H－T—液位调节系统　F—分流器　Z—执行机构

信号通过各种添加物流量调节系统中的比值器，作为各调节器（G_5－JT、G_6－JT）的给定值。因此，总纸浆量变化时，各添加物调节系统中的给定值也相应变化，即添加物料的流量相应变化，保持添加物料流量与总浆流量的固定比例。从混合浆池到纸机浆池的纸浆总量受纸机浆池液位（H_2－T）控制。

二、浓度调节器

稳定纸料的浓度是保证造纸机正常操作，防止纸页定量波动的必要条件。在纸机前的供浆系统中，使用浓度调节器的地方有：配浆箱之前，稳定各种纸浆的浓度；成浆池后纸浆的稀释之前，稳定进入调浆箱的纸浆浓度；还有在进纸机流浆箱之前，设置低浓度的浓度调节器（如光电式浓度变送器）。

构成纸浆浓度调节器的主要组成部分，除了感测元件之外，其他组成部分（如调节器、执行机构等）与一般的自动调节器相同。

感测纸浆浓度的方法主要有两种，一种是根据纸浆的水力学性质测量浓度；另一种是利用纸浆对电磁波、超声波、光波的吸收程度来测量浓度。现在普遍使用的是利用纸浆流体力学性质的浓度感测办法。这种方法的感测元件基本上有两种类型，第一种是利用纸浆流动所产生的局部阻力测量浓度；第二种是利用转动元件（桨叶、锥体、转盘、球体）或者是在流动浆管内插入静止的元件，测量纸浆抵抗剪切的变形阻力。

纸浆浓度调节器又有两种安装方式，一种是把部分纸浆引出，通过感测元件，称为分流式；另一种是全部纸浆都通过感测元件，称为全通过式。

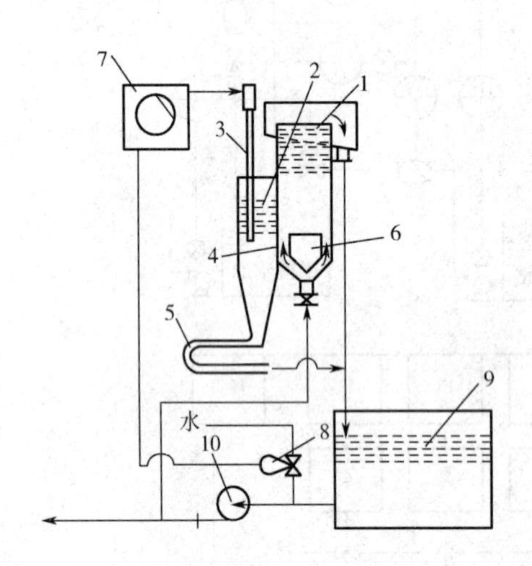

图3－4 局部阻力型浓度调节器

1—稳压室 2—测量室 3—吹气管
4—锐边孔口 5—排料弯管 6—柱塞
7—信号转换器 8—调节阀 9—浆池 10—浆泵

图3－4为局部阻力型的浓度调节器。这种浓度调节器的感测元件是纸浆通过一定直径的弯管，因流动阻力引起的浆位变化而反映出浓度的变化。这种感测浓度的方法实质上就是将浓度的测量转变成浆位的测量。在图3－4中利用一个溢流箱保持箱内浆位的稳定，箱壁有锐边的孔口分出一定容积的浆料至测量室，测量室内有用来测量纸浆液位的吹气管及排料的弯管。因通过锐孔的压头损失仅与速度有关，在溢流箱中的液面恒定的情况下，通过锐孔的流量保持不变。由此可见，测量室中的液面就是纸浆通过弯管的压头损失，压头损失又随浓度而改变。因此，测量室中的液面反映出浓度的高低。液面的变化由吹气式液面计输出气压信号，通过调节器的作用，开关稀释水的控制阀。为了改善调节器的动力特性，在纸浆入口附加柱塞，以提高该区域的速度，减小测量系统的过渡时间滞后。

图3－5为具有转动测量元件的浓度调节器。浓度的感测元件是一个由电动机带动旋转的桨叶，电动机的定子又可以绕本身的轴而转动。当纸浆的浓度发生变化时，抵抗桨叶剪切的阻力也跟着变化，使电动机的定子向与叶片相反方向扭转，定子的扭转量通过弹簧元件控制气动执行机构而产生调节作用。

图3－6为刀式浓度调节器。它的浓度感测元件是一个装在管道内的静止弯刀，在正常条件下，弯刀上同时作用两种力：第一种力 F，是由于纸浆在刀身的侧平面上流过而产生的形变阻力；第二种力 F_1 及 F'_1，分别是由于刀身迎向浆流的前端和后尾边缘上，浆料冲击和剪切的结果。这两个力各自垂直于自身的表面，是引起压力降的基本作用力，但因刀身的几何形状对称，力 F_1 和 F'_1 的力矩各自抵消。剩下的力 F 作用于封闭中心轴线上而产生测量力矩。纸浆浓度的改变使这一力矩也跟着变化，通过力臂和摇臂的移动，控制挡板－喷嘴输出的气压信号，使气动调节器系统产生调节作用。

以上的流体力学式的浓度测量元件，测量浓度的范围比较狭窄。局部阻力型可靠测量范围为1.5%～4%，超出这一范围其误差可达±10%～15%；切变阻力型的测量范围为0.6%～6%，在此范围之外也不能获得满意的结果。这是因为这两类测量元件在测量范围之外阻力与浓度不呈线性关系。

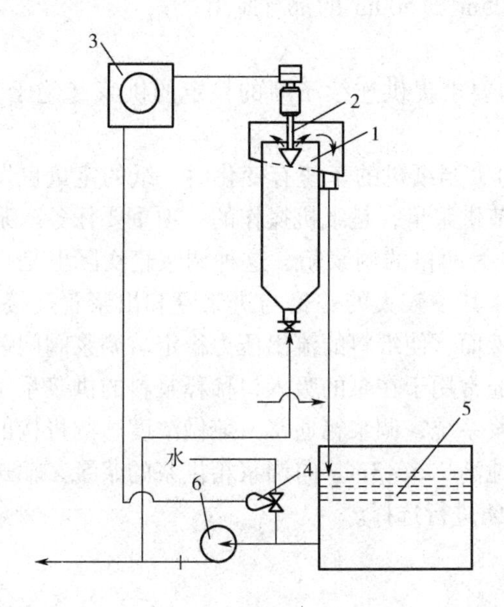

图3-5　转子式浓度调节器

1—浆液槽　2—转子感测元件　3—检测变送器
4—白水调节阀　5—浆池　6—浆泵

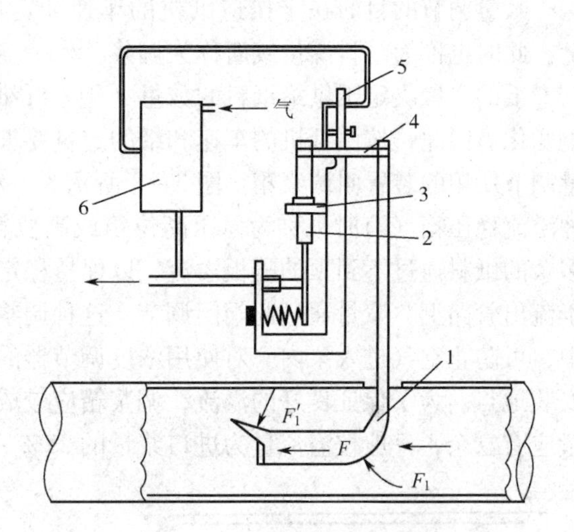

图3-6　刀式浓度调节器

1—弯刀感测元件　2—摇臂　3—摇臂转轮
4—挠性连接器　5—喷嘴挡板　6—气动调节系统

三、纸料的贮存与浆量的调节

在纸机前贮存一定的浆量，并按纸机的定量要求稳定地调节供给纸机所需要的浆量，这是保证纸机均匀、连续、稳定生产的必要措施之一。成浆池和调浆箱就是为此目的而使用的设备。

（一）贮浆池

在纸机网前的供浆系统中，应设有足够数量的贮浆池，其主要目的是保证造纸机均衡和连续生产，保证打浆所提供的纸料的浓度和打浆度均匀和稳定。贮浆池按其在流程中的位置和所起的作用不同，有不同的叫法，如打浆前的贮浆池叫叩前池，打浆后称之为叩后池，将几种浆按比例混合作用的叫配浆池，起调节和稳定浓度或辅料混合作用的叫调浆池，调节后能供纸机使用起缓冲和保证稳定连续提供纸机用浆的贮浆池称之为成浆池或纸机抄前池。

贮浆池的个数和体积，取决于所生产纸张的种类、打浆方式、纸料配比与纸机生产能力等。就个数来讲，如果使用单一浆种，又是连续打浆，一般要设置2~3个浆池，分别为已打浆纸料浆池、损纸浆池和抄前成浆池；如果是间歇打浆，在成浆池前应另设一个缓冲浆池；在多种浆分别打浆然后混合抄纸时，则除损纸浆池和成浆池外，每种浆都应设一个已打浆浆池。

成浆池的贮浆浓度一般为2.5%~3%，其位置应接近于造纸机。成浆池必须有足够大的容积，能够保证纸机在一定时间内不间断地工作，减少纸料性质的波动。这对稳定纸机的工作，克服纸的定量波动有很大的意义。对打浆部分为间歇操作的纸厂，成浆池贮存的浆量必须能保证纸机工作1.5~2h；对连续的打浆系统和有自动检查设备的纸机供浆系统，贮存的浆量以能保证纸机工作20~30min即可；当生产高级纸和薄型纸时，纸机的产量很小，成浆池的贮浆量应保证纸机工作4~6h。

成浆池的体积按贮浆时间、纸料浓度及纸机的抄造量计算。目前所用的成浆池多为卧式浆池，池内的搅拌装置有螺旋桨式、蜗轮式和外流循环泵式等多种。图3-7所示为蜗轮式的双联浆池，这类浆池的体积可在很大范围内变动，从 $25m^3$ 到 $500m^3$ 的都有应用。

（二）调浆箱

浆量调节的目的在于按造纸机的车速和定量的要求提供连续不断的稳定的供浆（绝干）量。此时也称为纸料调量或简称为调浆。

纸的定量决定于供给纸料的数量（绝干纤维量），当纸机的车速有变化时，纸的定量也发生变化。因此，按照纸机的车速和纸的定量要求调节供浆量，是纸机操作的一项重要任务。浆量调节所用的装置叫调浆箱。图 3-8 所示为一种分为两格的调浆箱，这种调浆箱实际上是一种溢流稳压箱（有时也称为稳压高位箱或高位箱），其中较大的一格与进浆管和出浆管连接，多余的纸料通过不到顶的隔板溢流，以保持稳定的液面，使纸料的流出压力稳定。调浆阀门装于流出管路上，浆量通过此阀门调节。这种调浆箱通常用于在泵的吸入口稀释浆料的供浆系统中，可防止空气进入泵内。对使用浓度调节器的供浆系统，调浆箱通常又兼做浓度感测机构的安装地点。为了保证良好的溢流，调浆箱应较成浆池高 2.5 ~3m。向调浆箱供浆的浆泵，输送量应有富余，一般按溢流量为进口浆量的 25% ~30% 进行选择。

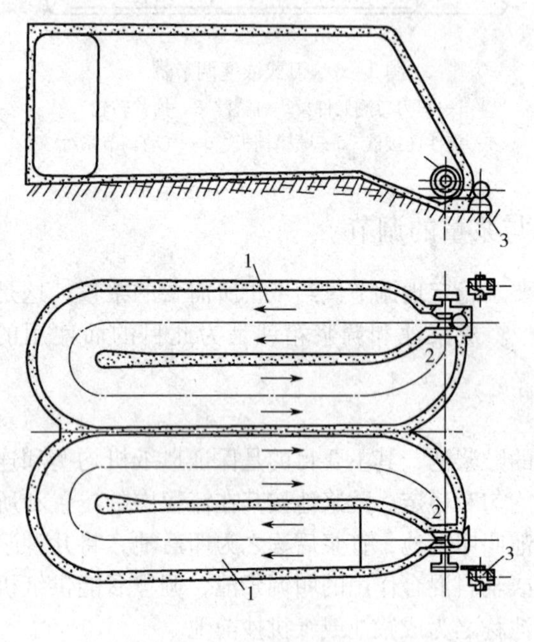

图 3-7　蜗轮式双联浆池

1—浆池　2—蜗轮式推进器　3—电动机

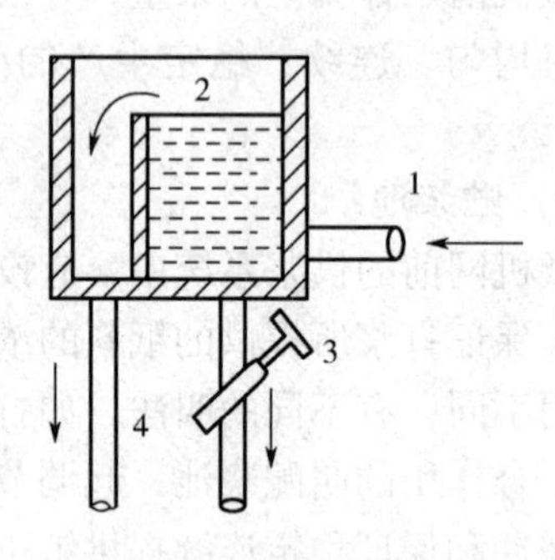

图 3-8　调浆箱

1—进浆管　2—恒液面浆室　3—调浆闸门　4—溢流浆管

四、纸料的稀释

（一）纸料稀释的目的和作用

纸料稀释的目的则是按照造纸机抄造的要求，将纸料稀释到适合的浓度，以便在抄纸过程中形成均匀的湿纸页。成浆池的纸料浓度一般为 2.5% ~3%，这样高的浓度，既不能使纤维均匀分散，也难以除掉其中的杂质，因此需要用水稀释，使纸料在低浓状态下形成良好的分散液，同时有利于净化和筛选。对于长网造纸机，上网纸料的浓度为 0.3% ~1.0%，与净化筛选要求的浓度一致。而对于圆网纸机，上网浓度为 0.1% ~0.3%，如果以这样的浓度进行净化筛选，将使净化筛选系统过于庞大。因此，圆网纸机纸料的稀释，一般采用两级稀释法，即先将纸料浓度稀释到 0.5% ~0.6%，进行净化筛选，然后在上网前的稳浆箱中进一步稀释到上网浓度。

纸料的稀释一般采用纸机网部白水，以节约用水、回收白水中的物料及能量，并减少对环境的污染。稀释纸料的操作也称为冲浆。

（二）纸料稀释的方法

1. 冲浆箱稀释法

调浆箱的作用是调节纸料量。而采用冲浆箱内稀释法时，是将经调节的一定量的纸料在箱内与一定量的白水混合稀释到规定的浓度。所以又把这种调浆箱称为冲浆箱，调量和稀释是在冲浆箱里同时进行的。图3－9是一种常见的冲浆箱。纸料和白水分别被泵送到箱中的第二和第四格中，并通过闸门手柄6和8分别调节开口7和9的开口面积，从而控制来料量和白水量，以调节稀释后纸料的浓度。

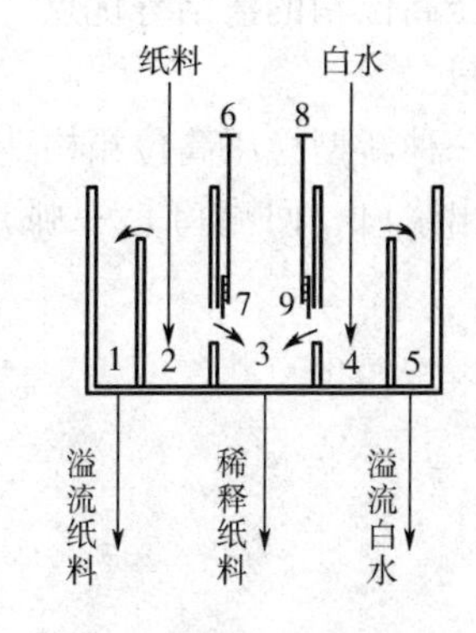

图3－9　冲浆箱
1～5—冲浆箱间隔　6，8—闸门手柄
7，9—开口

这种冲浆箱可用木板、塑料板或不锈钢板制成，放在造纸机前较高的位置（高出上网浆位2～5m），体积不宜过大，多用于小型造纸机的纸料稀释。

2. 冲浆池稀释法

这是在圆网造纸机上使用较多的稀释方法，图3－10为利用地下冲浆池稀释的流程。地下冲浆池接受调浆箱来的调后浆及网槽溢流的浓白水，冲浆用的白水自相邻白水池底部的孔口自动流入，稀释后的纸料由浆泵送入一段除渣器，经除渣后的良浆进入一个稳浆箱内进一步稀释到上网所要求的浓度。稳浆箱同时还有稳定上网浆流和逸散空气的作用。利用地下冲浆池的稀释方法，可自动供给冲浆白水，稀释所要求的浓度由浆泵的流量控制，省去了冲浆白水的输送。

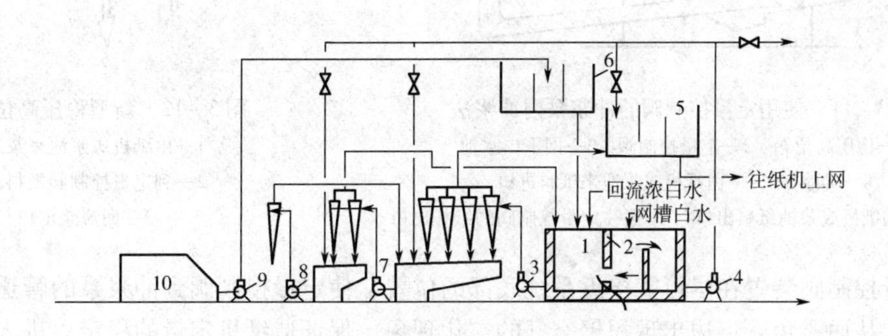

图3－10　冲浆池的稀释流程
1—冲浆池　2—白水池　3—一段除渣器泵　4—白水泵　5—稳浆箱　6—调浆箱
7—二段除渣器泵　8—三段除渣器泵　9—成浆泵　10—成浆池

3. 冲浆泵内稀释法

冲浆泵内稀释法是目前使用得较普遍的一种方法，有多种方案和流程。本节主要介绍目前国内外使用得较多又较先进的两种方案和流程。

（1）使用定量控制阀的冲浆泵内冲浆法

使用定量控制阀的冲浆泵内冲浆法的流程如图3－11所示。这个流程具有下列的特点：

①由纸机成浆池输送来的纸料从稳压高位箱前端底部的5处进入稳压高位箱，翻过隔板后

由出浆口7通过垂直直管输送到定量控制阀2，而多余的纸料由稳压高位箱末端的回流口6回流到纸机成浆池。这种处理方法具有易于排除由纸料带来的游离状空气、减少进入上升浆流带来的脉冲。为定量控制阀提供稳定的压头。在箱的末端回流。能够把纸料中的泡沫带走、从而保证稳压高位箱的清洁等优点。在使用时应注意控制稳压高位箱液面的稳定。并尽可能减少回流纸料量。

②一种新型稳压高位箱构造示意图如图3-12所示。这种稳压高位箱的特点是从纸料的进浆口到出浆口、回流口是一弧形斜坡流道。箱体不挂浆，无死角、不夹带空气、出浆均匀稳定。

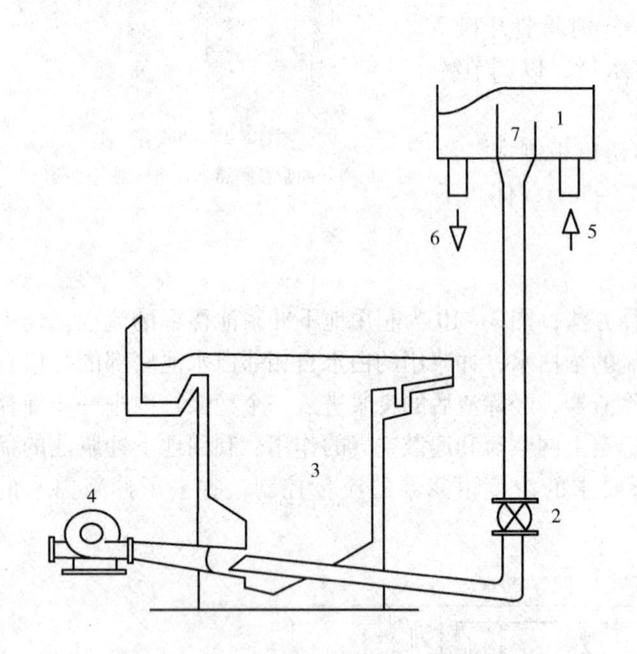

图3-11 使用定量控制阀的冲浆泵内冲浆法
1—稳压高位箱 2—定量控制阀 3—网下白水池
4—冲浆泵 5—由纸机成浆池来纸料进口
6—回流到纸机成浆池纸料出口 7—通往定量控制阀的纸料出口

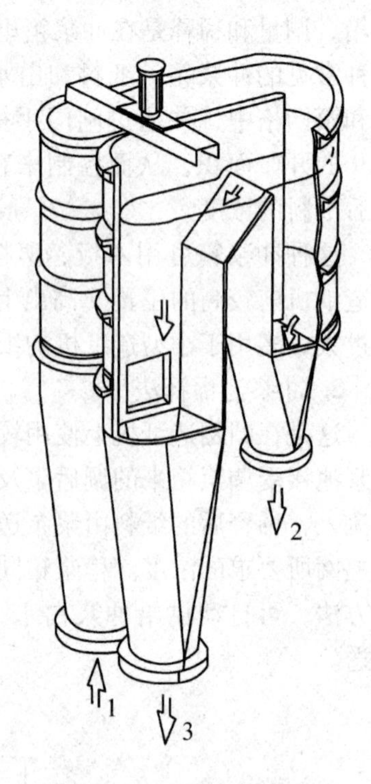

图3-12 新型稳压高位箱构造
1—由纸机成浆池来浆入口
2—到定量控制阀纸料出口
3—回流浆出口

③定量控制阀装置在尽可能接近系统底部的位置，使定量控制阀到冲浆泵的管道能够完全充满纸料，从而避免管道边出现积聚空气的空化现象，保证造纸机定量的稳定；进入造纸机纸料量由造纸机定量控制系统通过定量阀控制。

④使用低脉冲冲浆泵，尽可能减少供浆系统的压力脉冲。

（2）使用可控速度成浆泵的冲浆泵内冲浆法

这个方法的特点是使用可控制速度的成浆泵取代稳压高位箱和定量控制阀起到调量的作用，可控制速度成浆泵由造纸机定量控制系统控制。通过变更和控制成浆泵的转速达到控制输送往冲浆泵的纸料流量，从而达到准确调量和稳定纸张定量的目的。与使用定量控制阀的方法相比较，这个方法具有反应更快和控制更准确的优点。

五、纸料的净化和筛选

纸料的净化和筛选设备，基本上与制浆部分所用的净化筛选设备相同。纸机前所用的净化设备主要是锥形除渣器，而筛选设备使用最多的是旋翼筛。

净化设备是利用纤维和杂质的密度不同来选分杂质，除去纸料中相对密度大的砂粒、金属屑、煤渣等。

筛选设备是利用纤维和杂质几何形状的不同来选分杂质，除去纸料中相对密度小而体积大的粗纤维、节子、纤维束等。

（一）锥形除渣器

1. 锥形除渣器的工作原理

锥形除渣器如图 3－13 所示。它的上部有进浆口和良浆出口，粗渣出口位于圆锥体下部收缩部分。锥形除渣器的工作原理是利用浆流旋转运动所产生的离心力除去砂粒和杂质。当一定压力的纸浆沿切线方向进入除渣器内以后，便沿内壁产生强力旋转。由于旋转运动所产生的离心力，使纸浆中的砂粒等杂质抛向内壁，并在重力作用下沿锥体内壁下沉至排渣口排出。浆流向下转至锥体末端之后，改变运动方向，在下降浆流的中心里层向上旋升，把更细小的砂粒抛向外层的下降浆流中去。除渣器做成锥形可使旋转半径逐渐减小，从而避免浆流在旋转过程中的速度降低，以保证离心力得到加强。

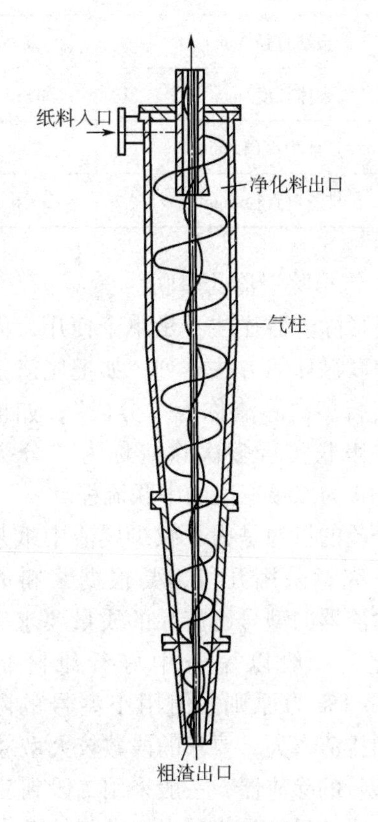

图 3－13　锥形除渣器

从流体力学的观点来看，锥形除渣器中的浆流运动现象称为自由旋涡运动，当不计摩擦力时，自由旋涡运动的切线速度 v 与旋转半径 r 的关系为：

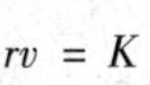
$$rv = K$$

式中　K——常数

上式说明在锥形除渣器中浆流的运动速度随半径的增加而降低。将上式与杂质所受的离心力结合起来，则对质量为 m 的颗粒在除渣器中所受的离心力 F 为：

$$F = mv^2/r = mK^2/r^3$$

上式说明在锥形除渣器中，质点所受的离心力随旋转半径的减小而剧烈地增加。所以除渣器做成锥形有利于离心力的增强，小直径的除渣器较大直径的除渣器有较高的除渣效果。

2. 锥形除渣器的选型

锥形除渣器的规格型号较多，常用型号的技术特征如表 3－1 所示。大型号的除渣器生产能力大，排渣率小（如 606 型一般排渣率为 5%～10%），动力消耗小，但净化效果差。小型号除渣器的净化效果好，但排渣率高（如 600 型一般为 10%～15%），动力消耗大。因此实际选用时，必须根据浆料要求的净化质量与生产操作的经济性来综合考虑。如生产一般纸种，不要求纸料有很高的净化程度，选择 606 型就可以满足产品的质量要求，又有较好的经济性。而生产纸板和较低级的纸时，对产品的尘埃度要求不严格，可以选用622型以上的大型号除渣器，以除去较大的杂质。只有生产对尘埃度要求特别严格的高级纸时，才有必要选择600型除渣器。

表3-1　几种锥形除渣器的型号与规格

项目	600型	600EX型	606型	623型	640型
进浆口直径/mm	13	18	24	102	355
出浆口直径/mm	16	19.5	40	76	457
顶端直径/mm	78	75	150	300	1170
锥体长度/mm	835	825	1263	1794	3300
生产能力/（L/min）	75	120	340	1800	16800
排渣口直径/mm	3~6	3~6	4~8	19	—

3. 锥形除渣器的串联

锥形除渣器往往不是单个使用，而是采取串联循环的方法排列。如把尾渣依次串联实行多次除渣称为“分段”；如把良浆依次串联实行多次除渣称为“分级”。图3-14为二级三段的串联流程。

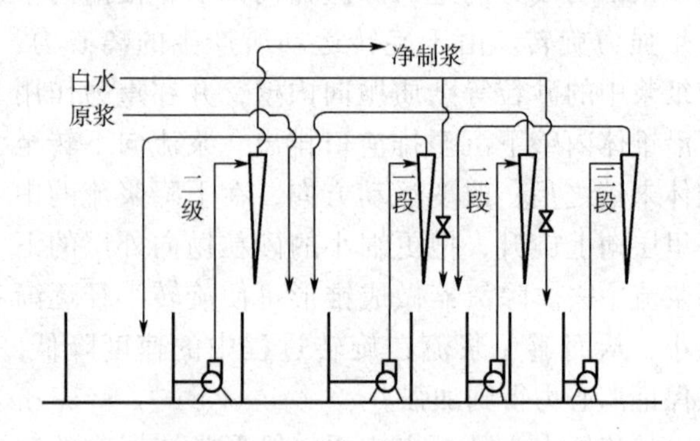

图3-14　二级三段的净化流程

分段的目的是为了减少尾渣中纸浆的损失。究竟采用几段，要根据浆料的质量、除渣器的型号、产品的质量要求等条件决定，一般以尾渣中好纤维降低至0.5%~1%为原则。使用小型号的除渣器，因排渣率大，要求的段数较大型号的多，如600型一般采用三段以上的净化流程，而606等大型号的除渣器，一般采用二段到三段。

分级的目的是为了提高良浆的净化质量，但多一级处理动力消耗成倍地增大。只有在合理使用一级而质量还达不到要求时，才考虑采用二级，绝大多数的情况都是采用一级净化的流程。

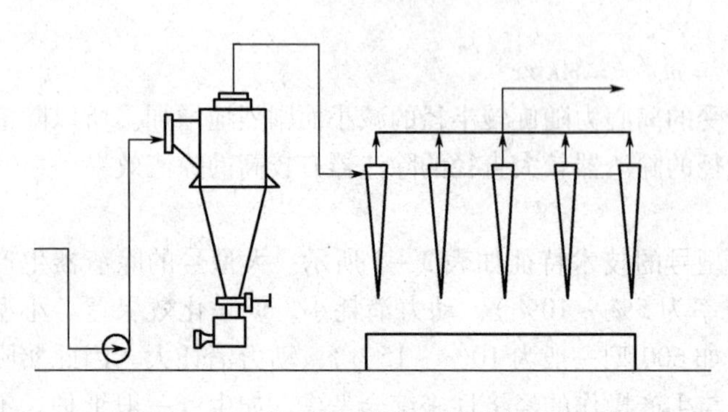
图3-15　小型除渣器前串联的大型除渣器

在除渣器的使用中，除渣器的排渣口会经常被管路剥落的铁锈等粗大杂质堵塞，严重地影响纸机供浆的稳定，故有的系统在小型除渣器之前增加一个定期排渣的大除渣器（如624型），如图3-15所示，使大部分较大的杂质先在这个大型除渣器内排除，这样可以防止以后的小型除渣器被堵塞和磨损。采用这种大型除渣器，压力降为0.059~

0.098MPa，故应适当提高浆料泵入大型除渣器的压力，以补偿大除渣器的压力损失。

除渣器必须注意安装位置合理，使纸浆的浓度适合前后设备的工艺技术条件的需要，避免排渣口的堵塞，除渣器一般装于筛选设备之前，使操作较为稳定，以延长筛板的寿命，也有利于纸料的稀释和流送。

4. 工艺技术条件的制定

（1）进浆口和出浆口的压力

提高进浆压力，除渣器的生产能力及分离能力增加，但过高的压力又增大了动力的消耗。一般要求进口压力为 0.28 ~ 0.32 MPa。考虑到后面的筛浆机及稳浆箱或流浆箱的工作需要，除渣器的良浆出口压力一般可取 0.02 ~ 0.05 MPa。对于圆网纸机，由于流浆箱或稳浆箱的位置不高，经过筛浆机后，不需要很高的压头流送，出口压力可取低些。而对于长网纸机，由于车速较高，流浆箱或稳浆箱位置较高，则应取较高的出口压力，以保证在筛浆机后有足够的压头，将纸料流送上网。

（2）进浆浓度

进浆浓度影响除渣效果和动力消耗。进浆浓度高除渣效果差，而进浆浓度低可提高除渣效果，但动力消耗增大。一般以 0.5% ~1% 为经济合理的浓度范围，最适宜的浓度为 0.5%。对于多段除渣流程，每段排出的尾渣必须注意稀释，使其浓度按段减小，一般最后一段排渣浓度控制到 0.2% ~0.5%，这样可提高净化效果和减少纤维流失。

（3）排渣口直径

排渣口直径大些，对浆料的净化效果好，但尾渣量大，尾渣中的好纤维增加，也使下一段除渣器的负荷增大。排渣口直径小，净化效果差而且易堵塞。所以排渣口直径要按具体情况适当调整，通常大型号除渣器排渣口直径大些，小型号的小些。如 606 型一般采用 6 ~12mm，而 600EX 采用 4.5 ~ 6mm。在多段除砂流程中，尾渣中的杂质逐段增加，为了避免排渣口的堵塞，应考虑逐段增大排渣口直径。

（二）筛选设备

目前，在造纸机前使用的纸浆筛选设备主要是压力筛，初期的压力筛由于其转子叶片的断面类似飞机的机翼，所以又称旋翼筛。其主要特征是在密闭条件下浆料以较高的压力切线进入压力筛，合格纤维在压力差的作用下通过筛板得到筛选。粗渣由轴向推力推向下方排出，转子旋翼旋转时产生的瞬间压力脉冲起到清洁净化筛板的作用。

旋翼筛是压力筛的最基本的形式，有立式和卧式，但生产上普遍使用的是立式旋翼筛。此外，还有其他形式转子、圆筒式压力筛及旋鼓式压力筛（筛鼓旋转而叶片静止）。

按良浆流向、转子形状与安装位置及运动部件（转子或筛鼓）等特征，压力筛可如表 3-2 所示的类型。

表 3-2　压力筛类型

良浆流向	转子或筛鼓形式	结构特征
单鼓外流	旋翼式	旋翼在鼓内
		空心旋翼在鼓内，旋翼下端与锥形转盘连通
	旋筒式	圆柱形旋筒，筒面有螺旋形排列的半球形叶片
		圆锥形旋筒，筒面有叶片
		圆柱形旋筒，有板状叶片

续表

良浆流向	转子或筛鼓形式	结构特征
单鼓内流	旋翼在鼓内	机翼型旋翼
		板状旋叶
		钩状旋叶
	旋翼在鼓外	机翼型旋翼
		空心旋翼，旋翼下端与旋转圆环连通
	旋鼓式	静止的叶片装在旋鼓之内
内外双鼓	旋翼式	进浆与旋翼在双鼓之间
		进浆与旋翼在内鼓之内与外鼓之外
		旋翼在双鼓之间，双鼓串联两级筛选，良浆内流
		旋翼在内鼓之内及双鼓之间，双鼓串联两级筛选，良浆内流
上下双鼓	混合式	上鼓旋鼓内流，静止的叶片装在鼓内；下鼓外流，旋翼在鼓内。双鼓串联两级筛选
		上鼓内流，旋翼在鼓内；下鼓外流，转子上有夹板型翼。双鼓串联两级筛选
	旋翼式	进浆与旋翼在两鼓之间

国际上销售的新式压力筛形式多样，目前较多见的有 PH 型（孔筛）与 PS 型（缝筛）高浓压力筛（Black - Clawson 公司），Modus 压力筛（Ahlstrom 公司），PSV 压力筛（Andritz 公司），TAS、TAP 压力筛（Valmet 公司），Delta 压力筛（Sunds 公司）；我国山东济宁轻机厂也生产高浓压力筛。

下面主要介绍旋翼筛的结构、工作原理及技术进展。

1. 旋翼筛的结构

旋翼筛是现在用得最广泛和最为成功的纸机前纸浆的筛选设备。旋翼筛主要由机体、筛鼓、转子、传动装置及排渣阀门等组成。

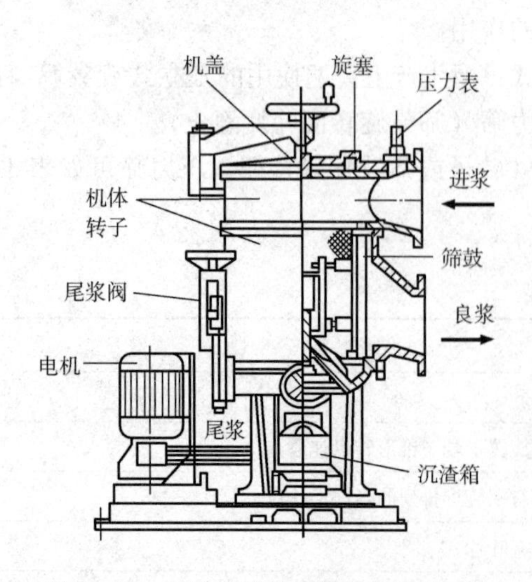

图 3 - 16　外流式单鼓旋翼筛机体的结构

（1）机体

机体的外壳为一直立圆筒体，机体用不锈钢制成，也可用青铜或铸铁制成。铸铁制成的机体，其内表面应涂刷酚醛树脂或环氧树脂或贴挂硬质橡胶，以保证浆料洁净。机体的结构见图 3 - 16。

机体上部设有浆料进口，进浆口处装有压力表，指示机体内进浆压力，还安装有排空气的旋塞，用于排除机体内的空气。机体下部设有良浆出口，并装有压力表，指示出浆压力。在流动过程中，良浆通过筛鼓由排浆管排出。机体底部设有尾浆出口，粗浆、浆团及其他杂质落入机件下部的环状槽，经尾浆口排出。机体底部最低处设有重物杂质排出口，装有排渣阀，比纤维重的杂质由此处的排渣口由人工定期排出。

（2）筛鼓

筛鼓是旋翼筛的重要部件之一，我国旋翼筛的筛板用1.6～2mm厚的不锈钢板制造，再焊接。为了增大筛鼓的刚性，筛板外周用3～4个青铜环紧固。

筛鼓直接坐于机体内，其孔眼的形状有两种：圆筛孔、长筛缝。大多老式旋翼筛采用圆筛孔，由于缝筛加工技术的进步，许多新式压力筛大多采用长筛缝，见图3－17。

图3－17　筛鼓

（3）转子

旋翼筛的净化作用与转子的结构有很大的关系，转子旋翼数一般为2～4个，如图3－18和图3－19所示。

旋翼可用不锈钢或青铜制成，框架和转轴则均由不锈钢制成。为使浆料能自上而下移动，每个旋翼均沿浆料运行方向向前倾斜10°安装。调节螺母可使旋翼沿径向移动，以调节旋翼外侧与筛鼓表面之间的间隙。

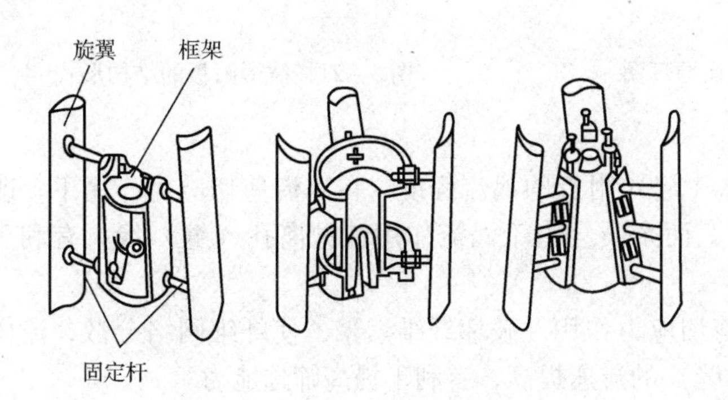

图3－18　外流式单鼓旋翼筛转子

2. 旋翼筛的工作原理

浆料以一定压力沿切线方向进入筛鼓内部，作自上而下的旋转运动。在筛鼓内外压力差的作用下，纤维通过筛孔。旋翼沿筛鼓表面运动时，其头部附近浆的压差增大，促使纤维通过筛孔。旋翼继续运动，随着其尾部与筛鼓的间隙逐渐增大而在这一区域出现局部负压。产生的负压使筛鼓内外浆料压力绝对值相等时，浆料停止通过筛孔，当负压继续增加，筛鼓外的部分良浆则在负压的作用下通过筛孔返回筛鼓内，反冲筛鼓内表面筛孔上形成的纤维滤层，起到净化筛孔的作用。旋翼经过后，浆料又在压力差的作用下继续得到筛选，并在下一个旋翼作用下继续重复这一过程。未能通过筛孔的尾浆从机体底部出口排出。旋翼筛的工作过程如图3－20所示。

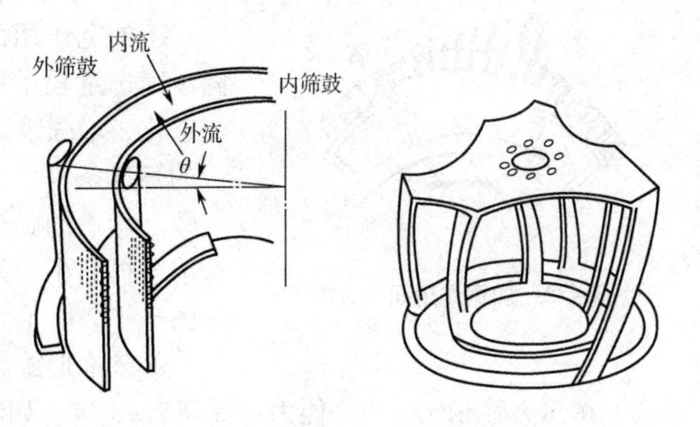

图3－19　内外流式双鼓旋翼筛转子

3. 旋翼筛的技术进展

近年来，用于纸机供浆系统的旋

翼筛在技术上的进展主要表现在筛板和旋翼结构的改进。

（1）筛板结构

①平滑面筛板：在筛选过程中，平滑面筛板边界层较薄，表面无涡流，由于切线速度高，运动中纤维要拐弯进入孔（缝）的能量消耗大，时间短，所以筛选能力较低。

②波形筛板：表面加工成起伏不平的几何形状，如锯齿形、阶梯形、负曲面形等。筛板的波形面对着进浆侧，利用筛板起伏不平的表面，可以分散边界浆层的纤维和杂质的絮团，对纤维和杂质进行有选择性的分离。如图3－21所示。

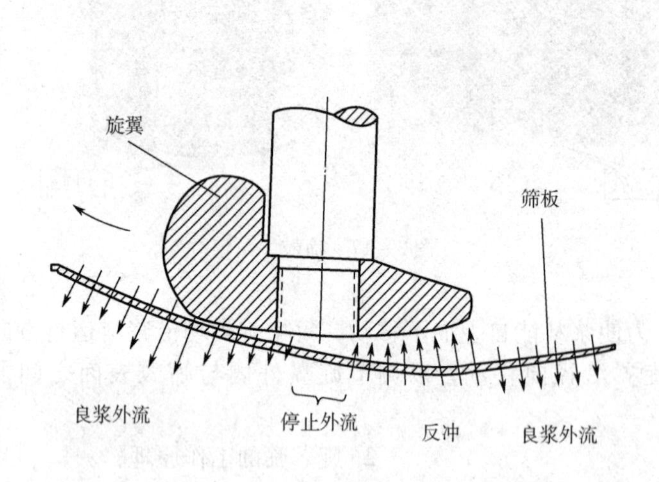

图3－20 外流式单鼓压力筛工作原理图

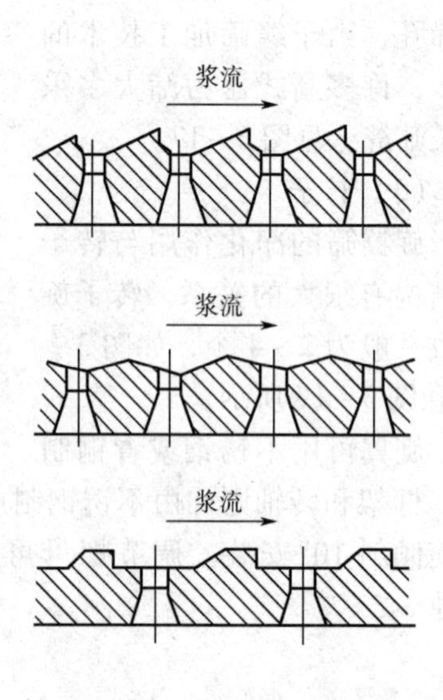

图3－21 波形筛板的结构形式

波形筛板的工作原理：

a. 改变浆料流线，提高浆料在筛孔（缝）附近的涡流程度。在涡流剪切应力作用下，改善了纤维的取向，使合格纤维易于通过，而杂质会由于涡流作用被抛离孔（缝）缘，有利于筛选效率的提高。

b. 浆料在筛孔（缝）处受到涡流剪切应力作用，破坏纤维絮聚，使纤维网络分散，流体化的纸浆更容易被筛选，使通过筛孔（缝）的流速提高，有利于提高筛选能力。

c. 波形筛板产生的涡流剪应力可以协助脉动局部应力拉出堵塞孔（缝）的杂质或纤维絮凝团，起到冲刷孔（缝）的作用，从而减少筛板堵塞。

（2）旋翼结构

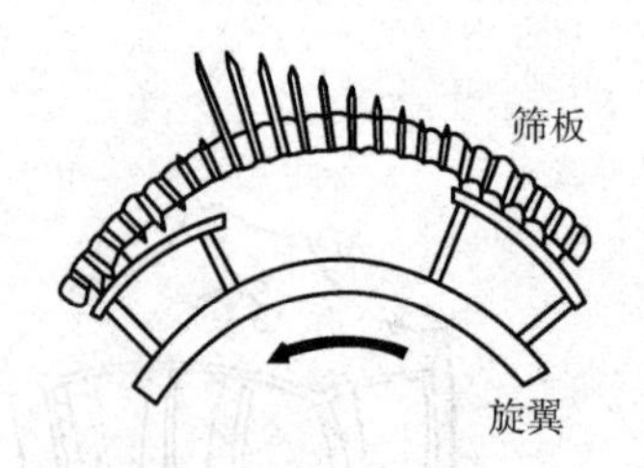

图3－22 加宽作用面的旋翼

①加宽作用面的旋翼：使用加宽作用面的旋翼，排除了筛选过程中的增浓现象，使浆料在筛选区域内充分流态化，增强吸力/脉冲作用，保证沿着整个筛板表面均一的筛选条件，良浆的浓度几乎与进浆浓度、渣浆浓度一致。均一的筛选条件，使筛选浓度提高成为可能。筛选浓度提高了，筛选质量及筛选能力也随之相应提高。如图3－22所示。

②鼓泡形旋翼：脉动均匀，使整个区域纸浆流体化。与普通低浓压力筛相比，生产能力可提高2～3倍。如图3－23所示。

③多叶片旋翼：这种旋翼叶片较多且互相错开，使筛板全周产生许多均匀的局部小脉冲，

使纸浆在高浓条件下筛选成为可能。如图 3 – 24 所示。

④齿形旋翼：这种旋翼的叶片为齿条形，旋翼宽度小，在整个筛浆过程中具有破碎浆团、分离絮聚的作用，适用于各种纸浆的粗浆筛选，特别是比较脏的粗浆。如图 3 – 25 所示。

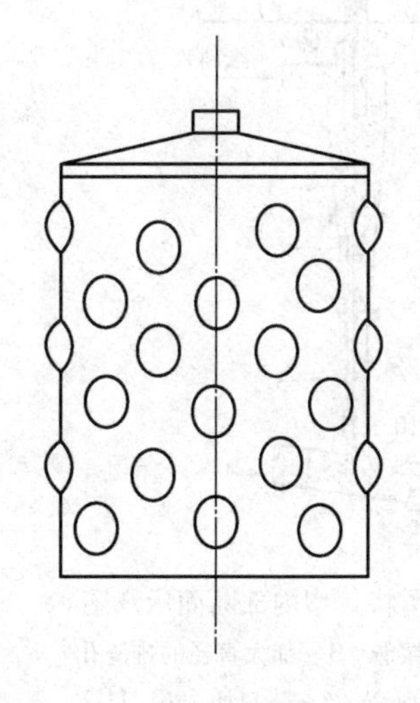

图 3 – 23　螺旋状分布的半球状鼓泡型旋翼

图 3 – 24　多叶片旋翼

图 3 – 25　齿形旋翼

六、纸料的除气

（一）纸料除气的作用

空气和泡沫对造纸机抄纸过程以至纸张的质量均有重大的影响，空气不但是生成泡沫的前提条件，而且还能导致纸浆流送和纸页成形过程的不稳定，造成纸页定量的波动，还能够降低纸页成形过程中的脱水能力，并使纤维和未分散的添料易于凝聚，从而降低纸页的匀度；气泡和泡沫还能导致泡沫点和针眼等纸病，影响纸张的质量。纸料除气有下列的作用：

①避免在造纸机流浆箱产生泡沫，并把不含气泡的纸料喷射到成形部，从而改进纸页的成形，解决纸页中出现的泡沫点，针眼等纸病；

②由于没有气泡与纤维结合在一起，从而使到流浆箱中纸料的絮聚易于分散，有助于改进纸页的匀度；

③导致管道系统脉动的幅度较低，使纸页的定量更加稳定；

④加快成形部的脱水，增加成形部的脱水能力。

（二）除气的方法

1. 除气方法的分类和特点

除气方法可以分为化学除气法和机械除气法两大类。

化学除气法是把化学品（如各种除气消泡剂）加入到纸料中，以消除纸料中的空气和泡沫，这类方法能够降低纸料中的游离状态和结合状态的气体的含量和消除泡沫，其除气效果与使用的化学品种类、用量、纸料的性质和温度等因素有关。

2. 机械除气法

当前较广泛使用的机械除气法是特克雷特除气法，此法在 20 世纪 50 年代初就开始在生产中使用，至今已有 60 多年，60 多年来这个方法做了很多的改进，除气效果比较好，因而到目前为止在生产过程中，仍在广泛使用。

（1）特克雷特除气法除气原理

特克雷特除气法是基于高真空下纸料受到喷射、冲击、沸腾等三重作用而把纸料中的空气和其他气体除去。由于在高真空下，气泡的体积增大，且气泡在纸料中的膨胀速率也同样加快，而泡沫稳定性则是随气泡体积的增加而降低，因此连续增加的气泡体积就能够有效地除气和消泡。这个方法能够除去游离状态的空气和结合状态的空气，也能够除去溶解于水中的空气和气体的大部分。

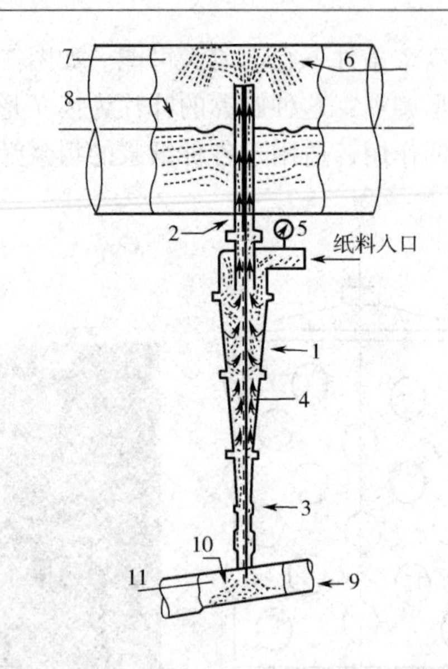

图 3-26 特克雷特管型内部断面示意图

1—除渣器 2—良浆管 3—加大直径的排渣孔 4—气芯真空度 90.16kPa 5—进口压力 61.74kPa 6—自由喷溅 7—真空度 90.16kPa 8—恒定的液位 9—排渣收集总管 10—自由排出 11—真空度 90.16kPa

特克雷特除气系统在接受器（中心罐）进行除气，如图 3-26 所示。含有空气的纸料通过锥形除渣器后喷射到接收器中，在喷射过程中有一部分纸料与容器的内壁碰撞，接收器内部的真空度应维持在比泵送到接收器的纸料的沸点高 9.81Pa（100mm 水柱），以保证纸料在接收器内沸腾，达到充分除气的目的。为了保持接受器液面稳定，应有一定的溢流量，接受器内的浆位可用闸板控制，一般控制在接收器中心线附近。

（2）特克雷特除气法除气系统

除气系统流程的复杂程度及其布置情况随用途的不同而异，有的系统把纸料的除气和净化结合起来，而有的系统只有除气作用。图 3-27 所示的为装有多段离心除渣器的飞翅型布置的净化-除气系统。

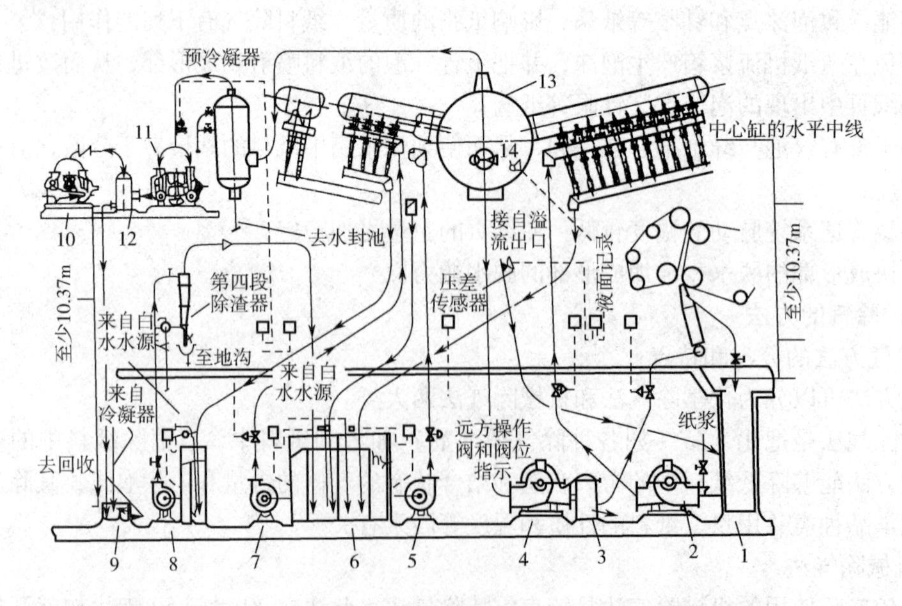

图 3-27 装有多段离心除渣器的飞翅型布置的净化-除气系统

1—网下白水坑 2—1 号泵 3—旋翼筛 4—2 号泵 5—3 号泵 6—除渣器尾浆槽 7—4 号泵 8—5 号泵 9—水封池 10—真空泵 11—真空泵 12—气水分离器 13—中心罐 14—压差传感器

这个系统的特点是在大直径的中心罐（中心接收器）伸出几支直径相对较小的管型罐，管型罐与中心罐相同，第一、第二、第三段除渣器分别装在管型罐上，中心罐内装有溢流堰板，以控制罐内液面的稳定，罐体应高位布置，以提供足够的压头来克服高真空，使溢流的和来自除渣器的纸料从接受罐底的气腿排出。从网下冲浆池液面至中心罐中心线的典型高度为10.5m，为了处理第三段除渣器排出的尾浆，还设有第四段锥形除渣器，第四段锥形除渣器与前三段锥形除渣器分离，直接装在造纸机的楼面上。

保持中心罐的高真空度是保证纸料中空气和其他气体能够充分去除的关键，因此真空系统的设计非常重要。有的研究指出，如果进入中心罐（或接受罐）的纸料温度达到或超过38℃时，它的真空系统必须由一台大气压冷凝器和两台串联的真空泵组成。如果进入中心罐（或接受器）的纸料温度低于38℃时，所使用的真空系统的流程可以简单些，可由一台蒸汽喷射器，一台预冷凝器和一台真空泵组成真空系统。为了保证由除气系统送出的纸料浓度稳定和有较佳的除气效果，进入中心罐（接受器）的纸料必须在罐中有适当的停留时间，使进入中心罐的各股浆流能够充分混合，以保证浓度的稳定和充分除气，有的研究认为，停留时间以30s为宜，另外还要控制中心罐的溢流量，要保持溢流量的稳定，过大或过小的溢流量都能够导致纸页定量的波动。

七、供浆系统压力脉动的抑制

（一）供浆系统压力脉动对纸页定量的影响

为了防止进入流浆箱的浆流带有压力或速度脉动，在高速造纸机的流送系统必须考虑消除浆流中的脉动。浆流脉动对配用开启式或气垫式流浆箱的低速或中速造纸机的工作影响不明显，因流浆箱内浆面上的空气层有抑制脉动的作用。但在配备全封闭的满流式或水力式流浆箱的高速造纸机上，浆流脉动则会导致纸页纵向定量的波动。

纸页纵向定量波动对造纸机生产和产品质量有较大的影响，例如纸页纵向定量波动会造成在干燥过程中纸页收缩不均而起皱；还会造成在涂布过程中涂布量发生变化而影响涂布的质量；较严重的纸页纵向定量波动还会导致纸页出现横向条纹并影响印刷的质量。

造成流送系统中浆流脉动的原因很多。其中冲浆泵和旋翼筛产生的脉动最大，设计不良的管道中的积气振动，水击及管体振动等，也是造成浆流中脉动的重要原因。在流送系统中采用无脉冲或低脉冲冲浆泵和旋翼筛；合理设计和操作供浆系统纸料的输送和白水循环系统，尽量减少系统产生的压力脉动等，都是减少浆流脉动的有效措施。但要完全消除脉动是困难的，为此在流浆箱前还要设置脉动抑制设备，以进一步减少浆流中的脉动。

（二）消除压力脉动的装置

消除压力脉动装置通常使用反射、吸收等阻尼方法，比较常用的消除压力脉动装置有缓冲管、缓冲罐、脉冲衰减器、稳压罐等几类。图3－28所示的是缓冲管、缓冲罐示意图。此类装置的特点是结构简单，但只能够消除单频率的压力脉动。

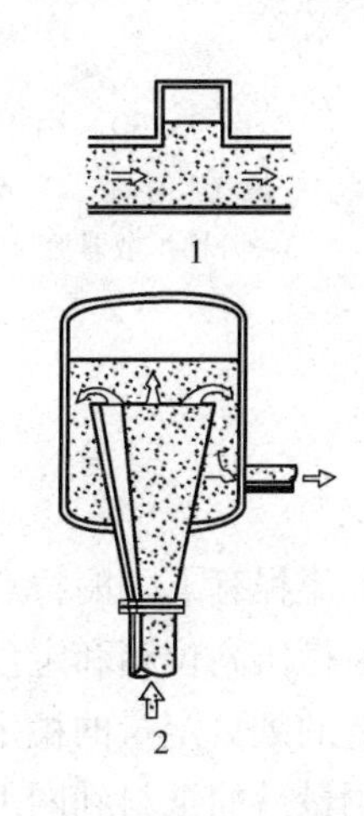

图3－28　缓冲管与缓冲罐

1—缓冲管　2—缓冲罐

图3－29所示的是一种典型的脉冲衰减器。脉冲衰减器主体由3个部分组成，下面是管道和底座，上面是一个圆形气室，中间部分是隔膜，由膜片、粘有大小塑料泡沫垫、粘

有小泡沫塑块的缓冲板等组成。当管道中浆流压力升高时，膜片上顶，压向垫块，起到吸收脉动的作用。插在气室中间的放气系统，由放气阀、放气管及相应的密封件组成，放气管上有振动标志。通过调整气室内空气的容积和压力，起到衰减管道中浆流脉动的作用，脉冲衰减器能够消除5～40Hz的压力脉冲。

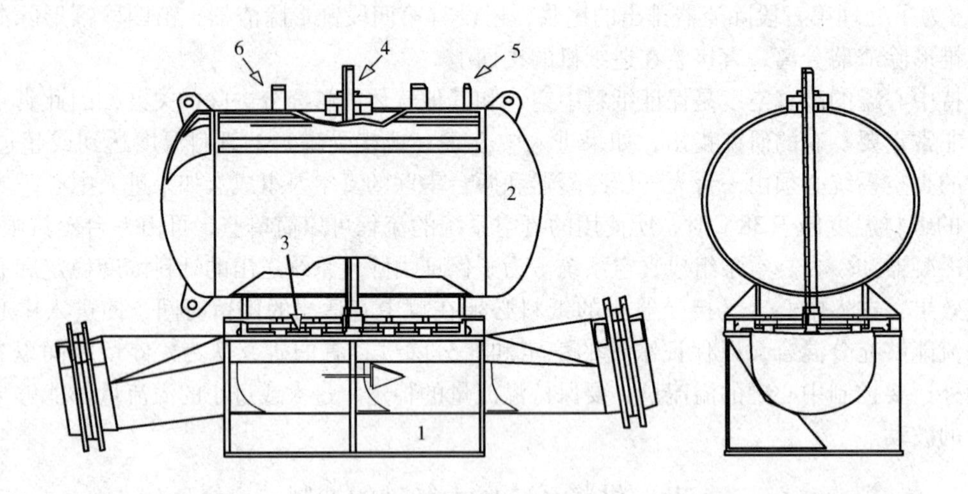

图3－29 脉冲衰减器

1—管道和底座 2—圆形气室 3—隔膜脉冲衰减器 4—放气系统 5—空气进口 6—空气出口

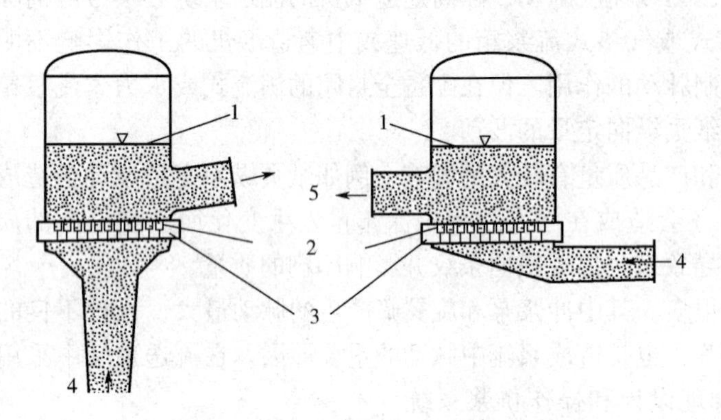

图3－30 用于气垫流浆箱的稳压罐

1—液气贮存罐 2—产生能够吸收压力脉冲的湍流 3—阶梯扩散器板 4—纸料进口 5—纸料出口

图3－30所示的是一种用于气垫流浆箱的稳压罐。结构主体由阶梯扩散器板和上面的液－气储存罐组成，由于阶梯扩散器在改变横截面积和接触表面处产生脉动反射，加之阶梯扩散器元件产生的湍流能够吸收脉动，而在纸料悬浮液和空气垫之间的接触界面能够将脉动的能量转化为压缩功，从而达到消除压力脉动的目的。为了排出泡沫，有的稳压罐还设有溢流泡沫的装置。这种装置有较显著的消除脉动的效果。

（三）供浆系统流程及特点

供浆系统流程的实例如图3－31所示。

这个流程有下列的特点：

①由稳压高位箱和定量控制阀组成的调量系统为造纸机提供可控稳定上网浆量，以保持造纸机抄造的纸页定量的稳定。

②调量后的纸料到网下白水池通过冲浆泵与网下白水混合稀释，完成纸料稀释的过程，冲浆泵使用低脉冲冲浆泵。

③使用4段锥形除渣器组成的净化系统和3段筛选浆机组成的筛选系统不但可以保证上网

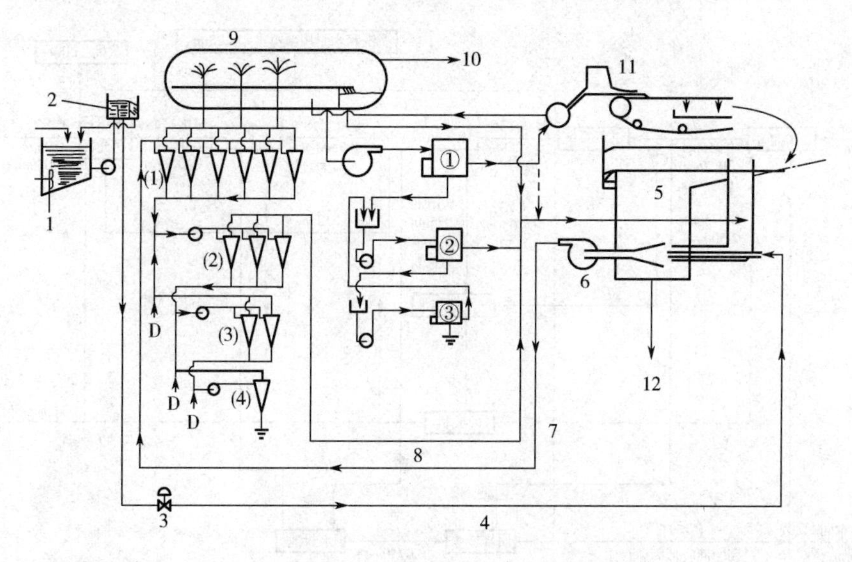

图3-31　供浆系统流程图

1—贮存浓纸料成浆池　2—稳压高位箱　3—定量控制阀　4—送去稀释的浓纸料　5—网下白水池
6—冲浆泵　7—短循环　8—稀释后纸料　9—除气器　10—到真空和分离系统　11—流浆箱　12—长循环
(1)，(2)，(3)，(4)—由4段组成的纸料净化系统
①，②，③—由3段组成的纸料筛选系统

浆流的净化筛选质量而且可以减少净化筛选损失。

④使用除气器可以有效的除去纸料中的空气和泡沫。

⑤这个流程包括白水的短循环系统和白水的长循环系统。由于成浆池贮存的纸料的浓度一般为2.5%~3.5%，而造纸机抄造的成纸的干度达到93%~97%，加上在造纸过程中还使用一定数量的清水。因此在抄纸过程中脱出的白水（包括网下浓白水和真空系统的稀白水）在短循环过程中是不可能用完的。往往抄1t纸有几十吨多余的白水。这些白水必须送到纸料制备系统、白水回收系统以至制浆车间使用。这个过程就是白水的长循环过程。

第三节　白水系统

一、白水的循环与使用

造纸过程中浆料和水循环状况示意图见图3-32，从中可以清楚地看到白水的循环与使用情况。

（一）短循环

短循环就是将网下白水池收集的富含纤维的浓白水通过冲浆泵与调量系统送来的浓纸料混合稀释，然后经过净化，除气，筛选系统处理，再送到流浆箱和网部，在网部形成纸页并脱水，脱出的白水到网下白水池后又进入下一次循环。抄纸过程中脱出的白水在短循环过程中是不可能用完的，这些白水必须送到纸料制备系统、白水回收系统以至制浆车间使用，即白水的长循环。

短循环的流量、干固形物含量、细小纤维含量或温度，即使只有很微小的变化，也会干扰生产过程，使纸产品发生变化，甚至使纸机断纸。因此，必须始终保持短循环的稳定性。流浆

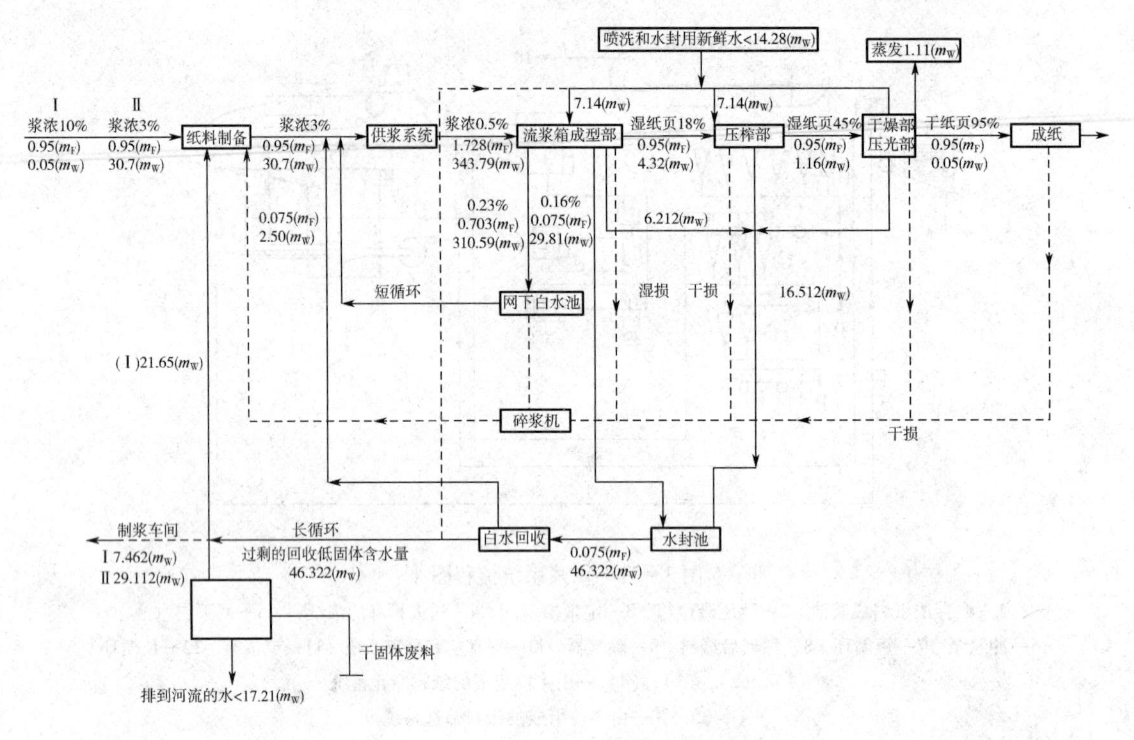

图3-32 造纸过程中浆料和水循环状况示意图

箱出口不稳定，浓度或流动发生波动，将使定量或纸张其他性质发生波动。

（二）长循环

长循环就是将在网上脱除的不用于稀释流浆箱浆料的另一部分白水，经处理后，则引送去更前面的生产工序，如稀释纸浆、处理损纸，用作打浆用水、贮浆池用水、辅料制备用水，还可以进一步用来代替清水用作喷水管水、密封水等。这样可以显著减少清水用量，并且改善系统物料和热量的利用。

（三）白水的分级处理

除了按短循环和长循环来划分白水系统外，还可以根据白水浓度的高低划分为三级循环来回收利用。第一级循环是网部的白水，用于冲浆稀释系统；第二级循环是网部剩余的白水和喷水管的水经白水回收设备处理，回收其中物料，并将处理后的水分配到使用的系统；第三级循环是纸机废水和第二级循环多余的水，汇合起来经厂内废水处理系统处理，并将部分处理水分配到使用的系统。造纸车间白水循环分级示意图见图3-33。

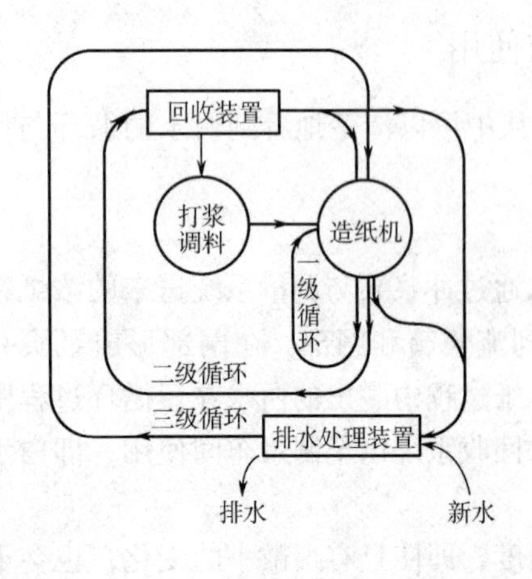

图3-33 造纸车间白水循环分级示意图

1. 第一级循环

浓白水水量及内含的物料量，占网部排水的60%~85%，这部分白水应全部用于纸料的稀释，不足的部分用真空箱白水补充。但是如果流浆箱中消泡水、网上定边板的拦浆水以及洗网的清水大量混入，浓白水将会用不完，造成二级循环浓度升高、白水回收设备负荷增高，因此，应尽量减少清水混入浓白水中。

第一级循环系统中还包括锥形除渣器各段渣槽的稀释用水，这部分水也应采用第一级循环的白水，最好是用其中的稀白水。

2. 第二级循环

第二级循环的白水要经过白水回收装置回收其中的纤维，再回用处理后的水。网部剩余的白水将全部投入第二级循环。经过白水回收装置回收的纸料，细小组分和填料多，气浮法回收的还含有较多的气泡，质量降低，一般返回损纸系统使用。对于成纸质量要求较高的纸种，可送往成纸质量要求较低的纸机使用。对于处理效果较好的白水，可用作喷水管用水，一般的则可送往打浆调料部分作为稀释用水或送往纸浆车间使用。

3. 第三级循环

一般不进入第二级循环系统的水，一律排入第三级循环系统。该系统的水，有许多是含有树脂、油污等被污染的废水，所以，其中含有的纤维、填料等不能再回收利用。这个系统的水处理，不属于造纸车间的水处理，二是工厂内处理系统，处理的目的是减轻污染，处理后的水排放而不是回用。但有的也将其经过沉淀、砂滤等处理，部分或全部返回生产系统，以节约用水。

（四）白水循环工艺与装置

白水池是白水循环系统的重要装置，其作用是接收成形部脱出的浓白水和各股回流的纸料流（如流浆箱回流纸料、除气系统接收器溢流纸料、第二段除渣器良浆等）均匀的混合后送到冲击泵稀释由调量系统送来的纸料。白水池可分为网下白水池和机外白水池（塔）两大类，传统的造纸系统主要使用前者，新设计的大型纸机以及一些新设计的中小型长网纸机主要使用后者，分别见图 3－34 和图 3－35。

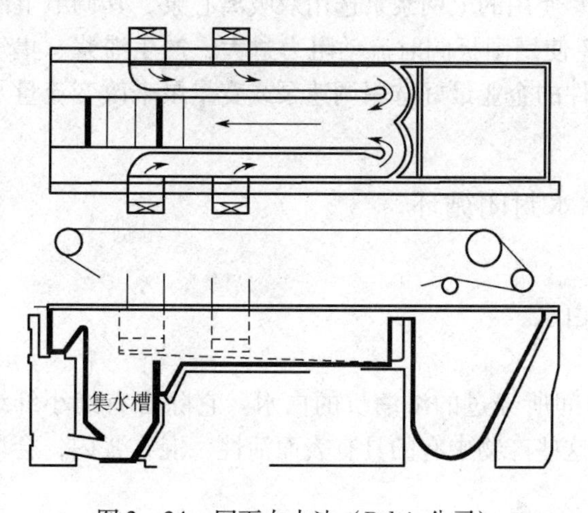

图 3－34　网下白水池（Beloit 公司）

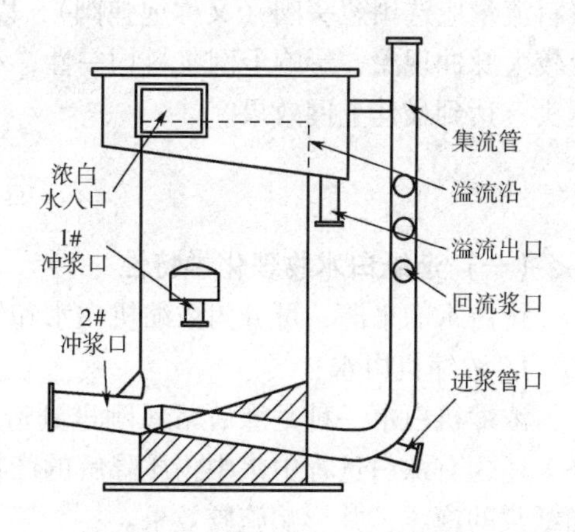

图 3－35　机外白水池（塔）

1. 网下白水池

从纸机成形部来的自由排水，落入集水盘中，再汇集到成形网下面或纸机后部的白水池中（图 3－34）。设计和使用白水池要注意下列问题：

①在白水由白水池送到冲浆泵之前必须把进入白水池的各股浓度不同的纸料流和白水混合均匀，以保证上网纸料流浓度的稳定。

②白水池的容积必须满足浓白水在白水池中有适当的停留时间。一般情况下，浓白水在白水池的停留时间以 30～60s 为宜，与抄造的纸张品种与工艺技术条件有关。如抄造填料含量高

的纸种，其停留时间以30s左右为宜，因为停留时间过长会导致填料在白水池中沉淀，从而影响输送的浓白水浓度的均匀和稳定；而对于抄造填料含量低的纸种，其停留时间可达60s左右，以利于浓白水中空气的排除。

2. 机外白水池（塔）

将白水井设计成纸机传动侧底轨以外的白水池，通常由不锈钢材料加工而成，称为机外白水池（塔）。与传统网下混凝土制白水池相比，机外白水池（塔）具有结构简单、占地面积小、操作简单、使用效果好等优点。适用于夹网纸机或中小型长网纸机的机外白水池（塔）见图3－35。

机外白水池（塔）似一个圆柱体结构，大致可分为塔体、进浆管、出浆管、进白水管、溢流管等几个构件。纸机浓白水水平经过白水塔上部带有一定坡度的螺旋通道进入塔内，减少了白水直接进入塔内的冲击力，且使白水在进入塔前有一个气体释放的过程。当机外白水塔用于单次冲浆系统时，高位箱来浆料直接从进浆管进入塔内与浓白水混合，经#2冲浆泵冲浆至除渣、净化系统；当其用于二次冲浆系统时，高位箱来浆料与从#1冲浆管来浓白水混合，经过#1冲浆泵去锥形除渣器除砂，良浆进口直对#2冲浆泵的入口，使浆料与白水再次混合均匀，浓度一致。同时塔体设置溢流出口，以恒定塔内白水液位，避免在冲浆泵吸入口产生压力波动。

机外白水池（塔）的设计要点：

①机外白水塔引入白水主流道呈螺旋形状，应与纸机白水盘的白水流出斗以一定的坡度相连接，将此时白水流速控制在0.4m/s以内，以减少白水入塔的冲击力，减少气泡的产生。

②机外白水塔的容积应满足白水约有1min左右的停留时间，塔内白水流速（即液面下降速度）应不大于0.15m/s，以容许塔内白水中的空气有足够的时间上浮逸出。

③为取得好的上网效果，一般与白水塔配套使用的上网浆泵选用双吸离心泵，其调节上网浆料流量应选用葱头阀（又称炮弹阀），以避免使用闸板阀时流动阻力过大，产生滞浆、集气及较大脉冲现象，影响上网浆料均一性，有条件的企业最好选用调速泵或变量泵来改变流量及压头，达到最佳上网效果。

二、造纸白水封闭循环

（一）造纸白水物理化学特性

按白水的来源，可分为浓缩机白水和纸机白水。

1. 浓缩机白水

浓缩机白水一种是漂后浆料刚进到造纸车间所经过的浓缩机的白水。它除含有细小纤维外，还含有漂白过程中浆中物质降解的产物。这些产物中有的具有表面活性，混在浆内，会增加纸浆的泡沫，并影响施胶效果。

另一种是损纸浓缩机的白水。由于此处多采用圆网浓缩机，所以白水浓度仅为0.05%左右，除细小纤维外，还含有损纸中的填料及其他助剂。

2. 纸机白水

纸机白水是造纸车间白水的主体。纸机上网浓度一般为0.1%～1.0%，即1t绝干纸料需要100～1000t水，除干燥蒸发少量水外，绝大部分由纸机湿部排出；而且，网部的喷水，部分也混入纸机白水中。另外，上网纸料的30%～45%随白水滤下，所以纸机白水含有大量的细小纤维。

网部白水占纸料中总水量的96%～98%，其中浓白水占60%～85%，这部分白水含有大量的细小纤维、填料及各种助剂。对于要求纸料具有较高温度的纸机，还含有大量的热能。压榨部也排出少量的白水，这部分白水量少，一般都含有压榨毛毯脱落的毛。

3. 造纸白水的组成

造纸白水的组成比较复杂。一般使用总有机物含量（TOC）、总溶解固体含量（TDS）、总悬浮固体含量（TSS）和总固体含量（TS）等来表示造纸白水的主要组分。

总有机物含量是指造纸系统白水中碳有机物的含量，主要来自木素、纤维素、半纤维素等的水解产物。分别以溶解、溶胶和悬浮物等三种状态存在。总溶解固体含量是指造纸系统白水中溶解物质的含量，主要是盐类。总悬浮固体含量是指造纸系统白水中悬浮固体物的含量。总固体含量是总溶解固体含量和总悬浮固体含量之和。如今，也将造纸系统白水中全部的溶解物质与胶体物质归为一类，称为溶解与胶体物质（DCS）。

造纸白水的主要组成也可按有机物、无机物、非溶解物、溶解与胶体物质来表示：

①有机物：短小纤维类、来源于浆料的溶剂抽出物、溶解性木素、过程添加化学助剂；

②无机物：填料、瓷土、无机盐金属离子和酸根离子等；

③非溶解性物质：纤维、填料、瓷土等；

④溶解与胶体物质：DCS，来源于浆料的溶剂抽出物、溶解性木素、过程添加化学助剂、无机盐金属离子和酸根离子等。

（二）造纸白水封闭循环和“零排放”

将纸机排出的白水直接或经过白水回收设备回收其中的固体物料后再返回纸机系统加以利用的方法，称为白水的封闭循环。其循环利用的基本原则是：在不影响纸机操作和成纸质量的前提下，尽量对白水加以处理和利用，尤其是优先利用浓白水，以尽量减少物料流失和清水用量。

若过程用水完全不排出，则可以称为白水全封闭循环，即“零排放”。因为系统本身水分的蒸发（主要在干燥部），洗涤和净化筛选工段排出的废渣均含有水分，所以肯定还要加一定量的清水。因此，“零排放”并不是完全不排放，而是系统补充的清水与原料中的水分之和等于蒸发的水量以及成纸水分与浆渣水分的总和。

（三）提高造纸白水封闭循环使用的途径

1. 造纸用水封闭循环对生产的影响

①影响成形部的脱水。

②化学助剂失效，留着率下降（俗称阴离子垃圾）。

③设备和管道的腐蚀增加。

④影响纸机抄造：胶黏物黏网黏毛毯。

2. 减少封闭循环对生产影响的方法

①降低白水中溶解和胶体物质的量：微滤和反渗透膜技术、微浮选等。

②采用高效的湿部化学品：PEO（聚环氧乙烯）/辅助剂、膨润土微粒助留体系。

③使用化学药剂消除沉积物：表面活性剂、膨润土等。

④白水中腐浆的控制：防腐剂、采用新的防腐技术，控制生物膜的形成。

三、白水回收的方法和设备

白水回收的方法有过滤法、气浮法和沉淀法。对应的设备分别为多圆盘真空过滤机、气浮白水回收机、沉淀塔、沉淀池等。

（一）过滤法

过滤法是采用各种形式的过滤介质处理白水和废水的一种方法。目前广泛使用的设备是多圆盘真空过滤机，它在造纸工业中主要用于白水回收和各类纸浆的浓缩。

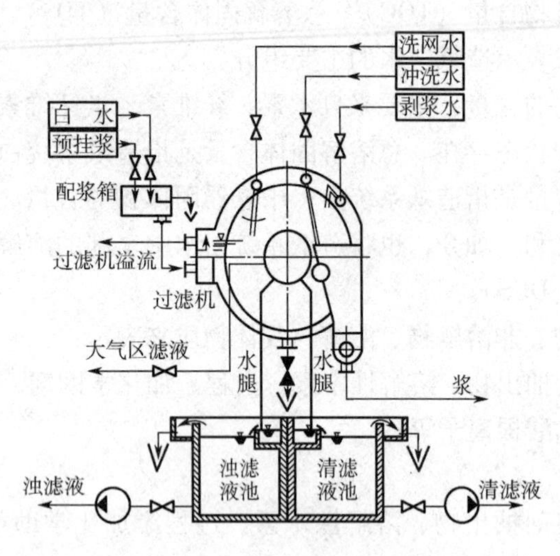

图3-36 多圆盘真空过滤机过滤白水流程图

1. 多圆盘真空过滤机过滤白水的流程

多圆盘真空过滤机过滤白水的流程如图3-36所示。

由纸机水封池送来的白水（浓度0.1%左右）与多圆盘真空过滤机过滤后的过滤液及预挂浆混合并调节到一定的浓度（0.3%~0.5%）后进入多圆盘真空过滤机。浊滤液和清滤液流过水腿后产生真空，在真空的作用下，纤维和填料在扇片上形成滤饼（浓度一般为10%~15%，最高可达到20%）而得到回收，浊滤液（浓度一般为0.01%~0.04%）返回流程重新过滤，清滤液（浓度一般为0.002%~0.009%）一部分用于制浆和洗网，多余部分可返回造纸系统使用或排放（真空排放或送废水处理系统处理），有的多圆盘真空过滤机还可将清滤液分为清滤液和超清滤液（20~50mg/kg），超清滤液可用于纸机网部喷水等用途。

2. 多圆盘真空过滤机的结构

多圆盘真空过滤机结构如图3-37所示。多圆盘真空过滤机主要由机槽及气罩、中空轴、分配头及水腿接口、滤盘及扇片、剥浆喷水装置、摆动洗网装置、接浆斗、出浆螺旋、传动装置等部分组成。圆盘直径2.5~5.2m，盘间距一般为280~360mm，每个盘通常由不锈钢或工程塑料制成，外敷可快速卸装的滤网套。常用的多圆盘真空过滤机过滤面积85~300m^2，处理白水能力100~650m^3/h。

3. 多圆盘真空过滤机的工作原理

多圆盘真空过滤机的工作原理如图3-38所示。

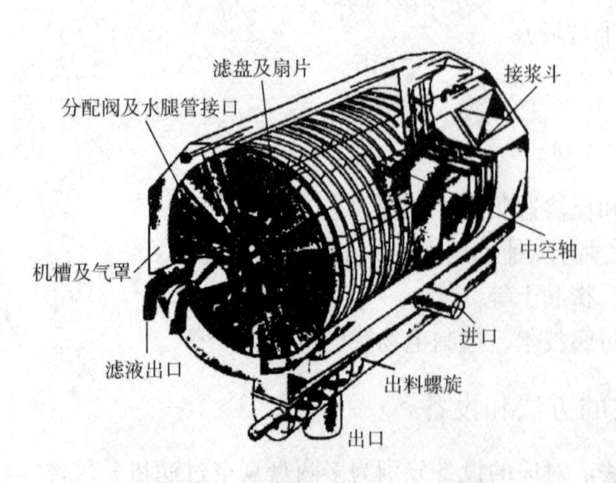

图3-37 多圆盘真空过滤机结构图

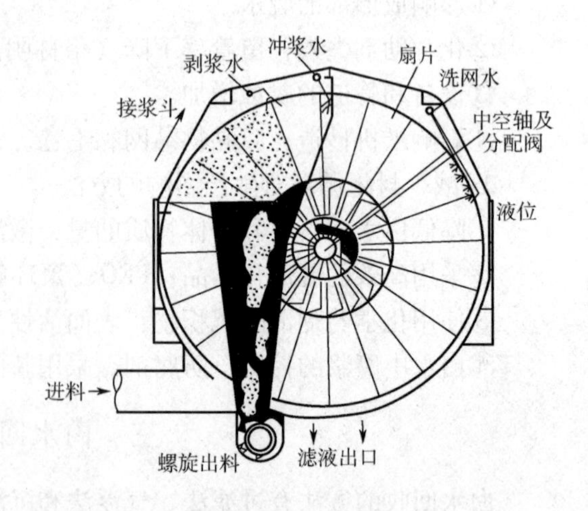

图3-38 多圆盘真空过滤机工作原理图

多圆盘真空过滤机大多利用滤液水腿管产生真空作为过滤推动力，水腿高一般5~7m。多圆盘真空过滤机运转时，机槽内的液位高于主轴中心线100~200mm。圆盘上各扇片在运转中处于不同的工作状态，多圆盘真空过滤机工作的四个区域有大气过滤区、真空过滤区、转出液面吸干区和剥浆区。当某扇片被带入液面，先进入大气过滤区，槽内液体在静压差作用下过滤，通过主轴和分配阀大气滤液出口排出浊滤液，此时扇片开始挂浆，随后转入真空过滤区，大量滤液穿过已挂浆的滤网经主轴和分配阀的真空区滤液出口排出清滤液并在扇片上形成滤饼。当扇片转出液面时，在真空抽吸下，滤饼进一步脱水，干度提高到10%~15%。当扇片离开真空区进入剥浆区，压力水将扇片上浆层剥落入接浆斗中，并继续冲水稀释后（浓度3%~4%），用螺旋输送机输送至或直接落入浆池。

（二）气浮法

造纸白水中的固形物，根据其在水中上浮的难易程度，可分为相对密度大的固形物，不适于上浮分离；微细浮游物质、微细絮聚物，浮力对其难以起作用；相对密度小的物质或易在浮起转台絮聚的浮游固形物，浮力大。传统的气浮回收装置只适宜于从水中分离回收易气浮的固形物，而新型白水回收设备Poseidon加压气浮机则可将上述三种类型的固形物有效除去。

1. 射流气浮法

传统的气浮白水回收装置的原理是：在白水中通入空气使之饱和，附着在固体物上的空气泡，使固体物表观密度降低，从而飘浮聚集于液面而与水分离。典型的气浮白水回收装置的流程如图3-39所示。

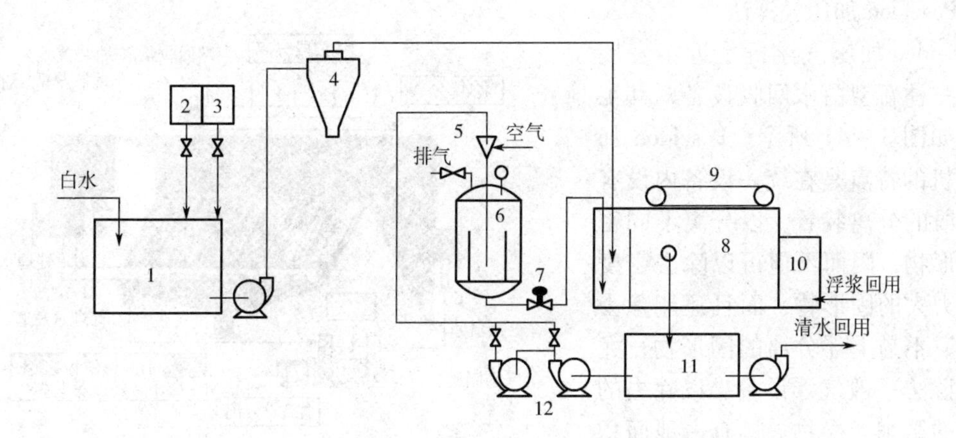

图3-39　射流气浮法处理造纸白水流程

1—反应池　2—碱液槽　3—絮凝剂槽　4—除渣器　5—射流器　6—溶气罐
7—减压阀　8—气浮池　9—刮浆机　10—浮浆池　11—清水池　12—加压泵

白水首先进入反应池，加入碱液（如NaOH）调节pH为6.5~7.0，并与絮凝剂（如矾土）反应，发生凝聚，形成较大的纤维絮团，然后进入气浮池。而清水池中部分处理后的水被泵往溶气罐，在其经过射流器时，吸入空气，然后在溶气罐中于一定压力下溶解空气。当溶气水在气浮池中减压释放，并与来自反应池的白水混合时，减压析出的空气便形成气泡，吸附在固体物表面，使固体物上浮，并被刮板刮入回收浆池。澄清水通过下方溢流管进入清水池。

通常溶气罐内压力为0.25~0.30MPa，气浮池深1.5~2.5m，固体物上升速度为0.04~0.1m/min，为保证气浮效果，白水在气浮池内需停留15~30min。

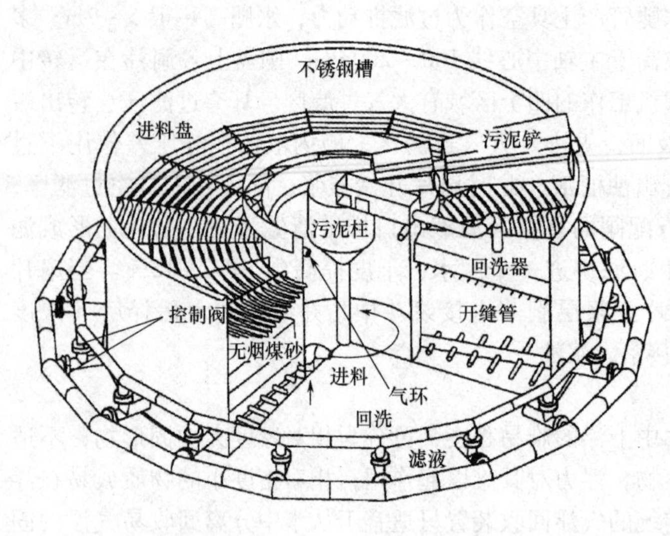

图 3－40 Krofta Sandfloat 溶气浮选装置

2. Krofta Sandfloat 溶气浮选法

传统的溶气浮选设备都是使用矩形的气浮池，新出现的 Krofta Sandfloat 溶气浮选装置使用的是圆形气浮槽，具有较高的回收效率，如图 3－40 所示。

其运行原理是建立在零速度原理的基础上，它给予白水以短暂的停留时间和浅层（400mm）的运行条件。白水通过一个转动的多管进料器进入净化池中，这个进料器是围绕中心而旋转的，其旋转方向与进料的方向相反，由于两者运动方向相反使白水运动的速度降到最小，从而在气浮槽中就实际存在一个相对不动的水柱，而气泡就按垂直的方向将固形物（纤维、填料等）上浮升至液体的表面，然后用污泥铲排除。回收的固形物浓度达 12%，澄清水在重力作用下通过气浮槽底部的收集管排出，净化水的质量可达到喷水管用水的质量要求。

3. Poseidon 加压气浮法

Poseidon 加压气浮机是近年发展起来的一种新型白水回收设备，其工作原理如图 3－41 所示。Poseidon 加压气浮机的特点是在统一设备内设有三个阶段的分离装置，以分离不同密度的固形物，因而不但可以除去密度小、浮力大的固形物，而且还能除去密度大、不易上浮分离的固形物，尤其能够除去一般气浮设备难以除去的浮力小的微细絮凝物。具有占地面积小、回收效率高（可除去 95% 以上的固体悬浮物）、运行成本低等优点。

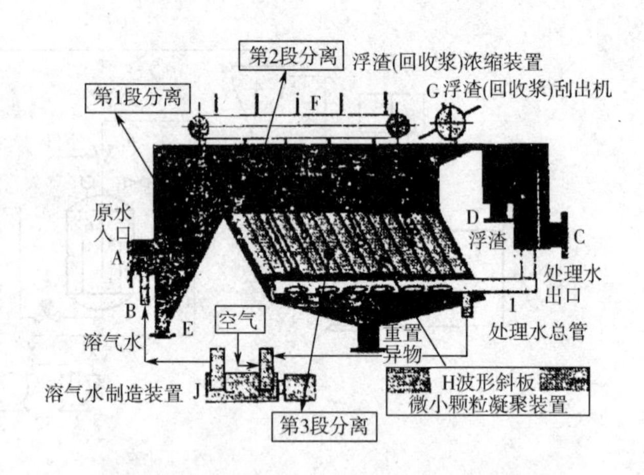

图 3－41 Poseidon 加压气浮机工作原理图

Poseidon 加压气浮机内设的 3 个分离段分别是：

第一段分离：相对密度大的固形物——沉降分离，浮力大的固形物——上浮分离；

第二段分离：易上浮的固形物——上浮分离；

第三段分离：浮力小的固形物——再凝聚上浮分离，残存的细砂等——沉降分离。

（三）沉淀法

沉淀法的特点是用沉降的方法分离白水中的细小纤维和填料，达到回收纤维和填料，并澄清白水的目的。沉淀法常用设备是白水塔（图 3－42）和斜板沉淀池（图 3－43）。

1. 白水塔

白水塔是一种老式的白水回收设备，白水由顶部进入，先在倒锥体内下行，然后缓慢返上，而固体物絮聚下降，由锥底排出，澄清水则由塔顶溢流排出。

一般白水，要使其99%的固体物沉淀分离，需要1h左右；若白水中含胶体物质，时间必须更长。这种白水塔适用于含填料多的白水，体积一般为30～500m³，占据空间大。但结构简单、工作连续、易于管理、维持费用低，国内一些中小型纸厂常用这种设备。

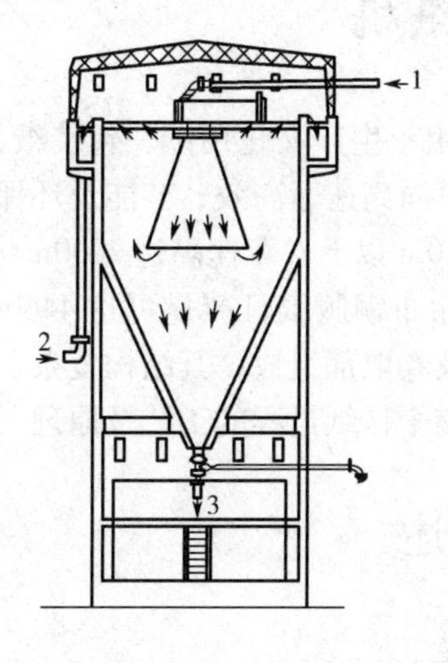

图3－42　白水塔

1—白水　2—澄清水　3—回收纸料

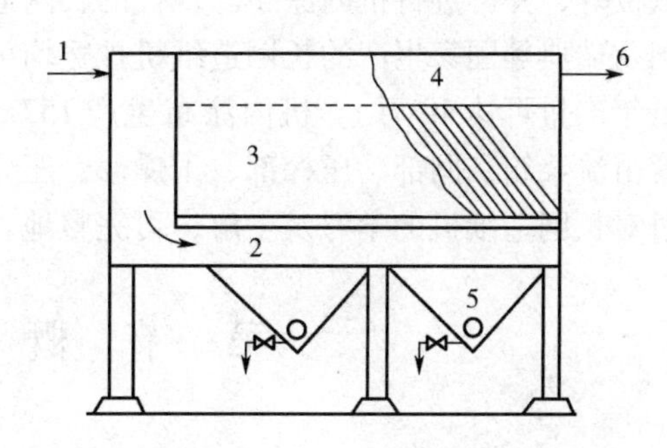

图3－43　斜板沉淀池

1—白水入口　2—白水分布区　3—斜板区
4—清水积层　5—沉积斗　6—清水出口

2. 斜板沉淀池

与白水塔相比，斜板沉淀池具有更高的效率。它是由一组平行板或一组方形管道互相平行重叠在一起。白水从平行板或管道的一端流到另一端。每两块斜板间相当于一个很浅的沉淀池，许多池累加，大大增加了沉淀面积。另一方面，由于板间截面积小而浸润周边大，即水力半径小，降低了雷诺数，有利于保持白水的滞留状态，所以具有较高的沉淀效能。形成的沉淀物，可借助重力自动滑落到下方的沉积斗中排出。

板的倾角（与水平面夹角）一般为45°～60°，板间距一般取50～100mm，斜板长度一般以1m左右为宜。与白水塔相比，斜板沉淀池占地小、投资省、效果好、能力大。

思考题

1. 供浆系统包括哪些生产过程？各起什么作用？
2. 试写出一个供浆系统的生产流程。
3. 配浆的目的，连续配浆的流程有哪些装置？
4. 调浆箱的作用，怎样进行调节？结构怎样？
5. 冲浆的作用，冲浆的方法有哪些？各有什么特点？
6. 精选的目的，有哪些精选设备？锥形除渣器的连接方式和作用。
7. 纸料为什么要除气？除气的方式有哪些？
8. 常用的造纸白水处理的方式有哪些？白水循环利用的基本原则是什么？
9. 提高造纸白水封闭循环程度的主要途径有哪些？

第四章　长网造纸机

长网造纸机由于其生产效率高、产品质量好，广泛用于生产文化用纸、包装纸、新闻纸、薄页纸及纸板等，并可进行机内涂布。现代的长网造纸机向高速、高效、节能及环保等方面发展；由德国及瑞典等国家生产的长网造纸机抄宽均可达 10m 以上，车速高达 2000m/min。用于生产新闻纸年产量可达 40 万 t。机内涂布生产 157g/m^2 涂布铜版纸日产量可达 4460t/d。长网造纸机通常由流浆箱、网部、压榨部、干燥部、压光部及卷取部组成，其结构复杂、自动化程度高，通过对长网造纸机的学习及了解，可完整地掌握整个抄纸过程的工艺及原理。

第一节　概　　述

一、长网造纸机的生产过程

图 4－1 为长网造纸机结构示意图。

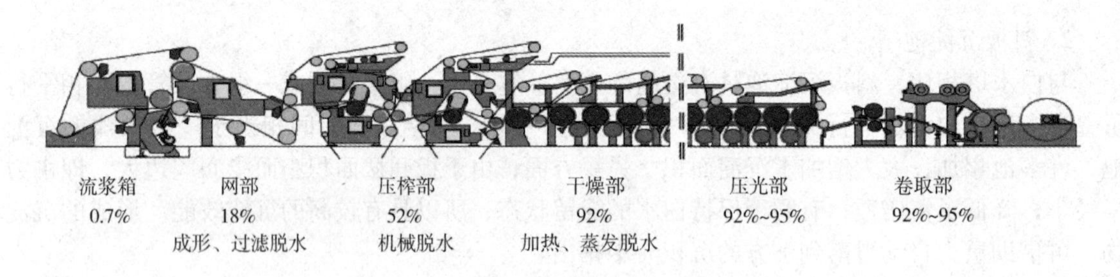

图 4－1　长网造纸机结构示意图

抄纸过程主要包括以下的几方面：

①成形：纤维悬浮液在一张成形网上或在两张成形网间成形。

②脱水：通过脱水板、真空吸水箱或真空辊等脱水元件所产生的重力或压力脱水。

③压榨：进一步脱水及压紧已成形的纸页。

④干燥：通过蒸汽加热烘缸表面干燥纸页。

从浓度为 0.1%～1% 的浆料进入到纸机到干度为 95% 左右的成纸出纸机，其整个纸机的运行过程不失为一个脱水的过程。

二、长网造纸机的类型

目前长网造纸机通常根据生产纸的种类进行分类，如新闻纸机，低定量纸机，复印纸机，白纸板机，瓦楞纸机等，其抄宽与车速可根据用户需求而设计。如图 4－1 德国 Voith 生产的新闻纸机抄宽为 8.2m，车速为 1800m/min。图 4－2 芬兰 Metso 的抄宽 6m，车速 700m/min ，四层长网带机内涂布及软压光的白纸板机。图 4－3 芬兰 Mesto 的抄宽 4.9m，车速 1100m/min 复印纸机。

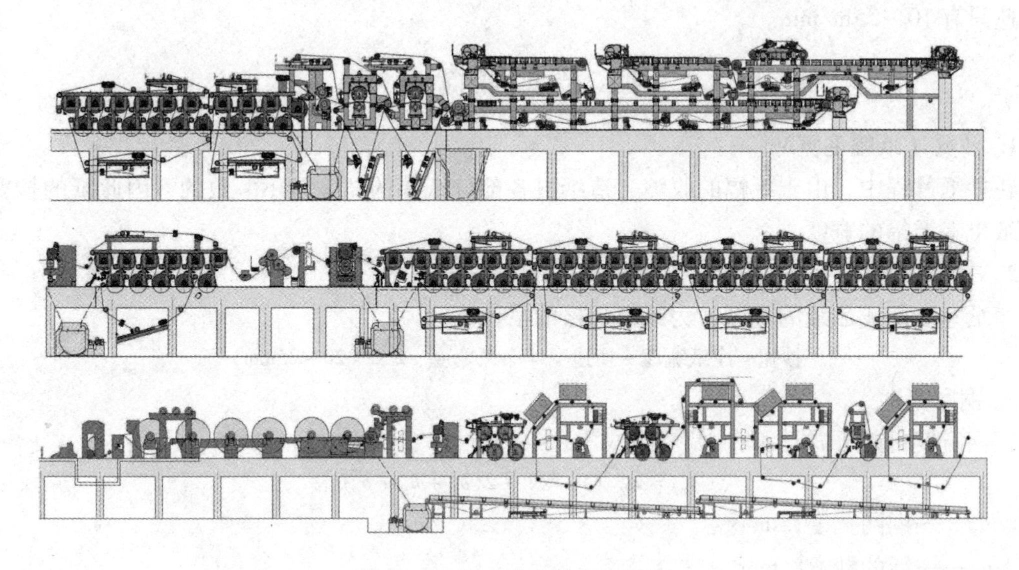

图 4－2　机内涂布的白纸板机

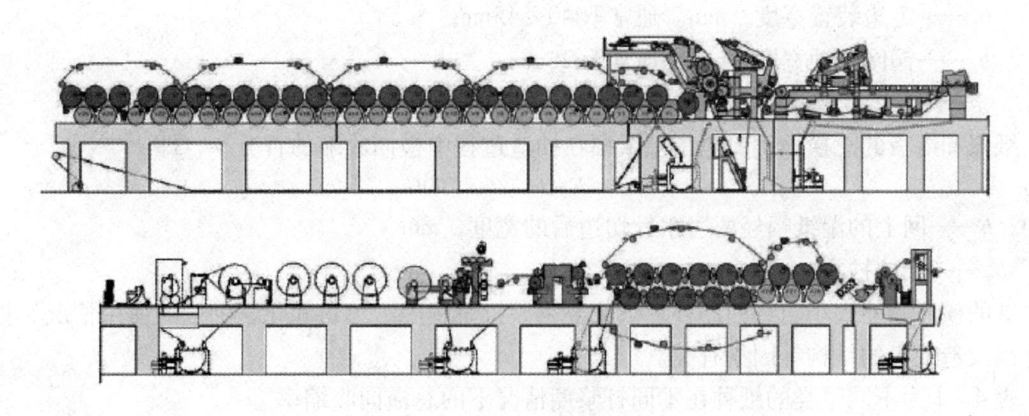

图 4－3　复印纸造纸机

三、造纸机车速

1. 抄纸车速

简称抄速，由于造纸机的网部、压榨部、干燥部的速度是不相同的，因此抄速是指卷纸机上卷纸的线速度（m/min）。

2. 工作车速

工作车速指造纸机在生产不同纸种时生产操作速度的范围。

3. 抄纸最高车速

指在各项优化条件下，造纸机所能达到的最高车速，它比工作车速高约 20%。

4. 设计车速

指造纸机的极限速度，一般比最高工作车速提高 20% ~40%，用以设计和计算零部件的强度和选用传动所需的功率。

5. 爬行车速

指为检查和清洗造纸机网子，压榨毛毯和造纸机各部分运转情况所使用的慢车速，一般爬行车速只有 10 ~ 25m/min。

四、造纸机的宽度

1. 抄宽（纸幅毛宽）

在抄纸过程中，由于纸幅的收缩，造纸机各部分纸幅的宽度是不一致的，因此纸的抄宽是指卷纸机上纸幅的宽度。

2. 净纸宽度

净纸宽度即成品纸的宽度，为纸幅规格的倍数。

抄宽 = 净纸宽度 + 切边宽 = 净纸宽度 + 2 × （20 ~ 25mm）

3. 铜网宽度

铜网宽度可按下式计算：

$$b_W = b_M/(1-\varepsilon) + 2(b_a + b_b + b_c)$$

式中 b_w——铜网宽度，mm

b_M——纸的抄宽，mm

b_a——网上水针切边宽度，mm。通常为 10 ~ 15mm

b_b——定边装置宽度，mm。通常取 40 ~ 45mm

b_c——铜网窜动宽度，mm。通常为 25mm

ε——纸的总横缩率，%

纸张和纸板的总横缩率，是指湿纸幅在抄造过程中横向收缩的百分率，即

$$\varepsilon = (b - b_M)/b \times 100\%$$

式中 b——网上的湿纸幅经两边水针切边后的宽度，mm

b_M——纸的抄宽，mm

纸的横向收缩大小与纸的品种、纸浆类别、打浆程度、填料和化学助剂的使用情况、抄造条件以及造纸机的结构等因素有关。

表 4 - 1 为不同浆类的纸种在不同打浆度情况下的总横向收缩率。

表 4 - 1 各种纸的总横向收缩率

纸 种	定量/（g/m²）	打浆度/°SR	总横向收缩率/%
（1）含机械浆的纸类			
新闻纸	50	60 ~ 65	1.5 ~ 2.75
三号书写、印刷纸	60 ~ 65	50 ~ 55	2.0 ~ 3.0
二号书写、印刷纸	65	50 ~ 55	2.5 ~ 3.5
壁纸	80	45 ~ 50	2.5 ~ 3.5
烟嘴纸	100	40 ~ 45	2.5 ~ 3.5
纱管纸	300 ~ 1600	35 ~ 40	2.5 ~ 3.5
（2）亚硫酸盐浆纸类			
一号书写、印刷纸	70	35 ~ 40	3.5 ~ 5.0
石版印刷纸	120 ~ 180	32 ~ 40	3.5 ~ 4.5
胶版印刷纸	120	32 ~ 35	3.5 ~ 4.5

续表

纸　　种	定量/（g/m^2）	打浆度/°SR	总横向收缩率/%
凸版印刷纸	120	40	3.5～4.5
绘图纸	130	32～35	3.5～4.5
制图纸	160～200	35～40	4.0～5.0
照相原纸	130	35～40	4.0～5.0
打孔卡纸	175	22～25	3.0～3.5
（3）含破布浆的吸水纸类			
过滤纸	70	24～28	1.5～2.0
工业用过滤原纸	70	35～40	2.0～2.5
羊皮原纸	57	26～32	3.0～3.5
耐油纸类：			
描图用羊皮纸	40	65～70	5.5～6.6
仿羊皮纸	55	70～75	6.0～8.0
描图纸	50	90～93	8.0～10.0
（4）薄纸类			
电容器纸（硫酸盐浆）	8～15	94～98	8.0～12.0
卷烟纸（包括掺麻浆）	16	85～90	4.5～6.0
复写纸	16	85～90	4.5～6.0
蜡纸原纸（亚硫酸盐浆）	22～28	75～78	5.0～6.0
蜡纸原纸（韧皮纤维浆）	22～28	75～78	7.0～8.0
薄浸渍纸	20	32～35	3.5～4.5
电气绝缘纸类：			
电话纸	40	50～55	7.0～8.0
0.12mm 电缆纸	100	35～40	5.5～6.5
0.12mm 浸渍绝缘纸	—	18～20	2.5～3.0
（5）包装纸及其他纸类			
薄牛皮包装纸	40	35	5.0～6.0
纸袋纸	70～80	25～27	3.0～5.0
瓦楞原纸	160	18	2.5～3.0
破布半料浆高级纸类：			
高级制图纸	200	65～70	5.0～6.0
图表纸	90～110	40～45	4.0～5.0
高级书写纸	80	50～55	4.0～5.0

续表

纸　种	定量/（g/m^2）	打浆度/°SR	总横向收缩率/%
（6）单面光纸类（含机木浆和化学浆）			
广告纸、车票纸、招贴纸	20～25	24～28	2.0～2.5
餐巾纸及其他纸类：			
包装纸	40～70	—	2.0～2.5

4. 轨距

造纸机的轨距指造纸机基础上底轨的中心线的距离。

5. 纸机传动方位

纸机按它传动装置的方位分为左手纸机（Z型纸机）和右手纸机（Y型纸机）。观察者站在卷纸机后，面向网部，传动装置在右称为右手纸机，传动在左称为左手纸机。如果造纸车间要装两台纸机，应当选用Z型，Y型各一台，两台纸机的传动装置分别在车间的左右两边，而操作边则在车间中间。这种选型布局可以减少造纸车间的厂房跨度，也便于生产和维修操作。若车间只装一台纸机，则以操作边向南为原则来决定采用Z型机或Y型机。

6. 造纸机的生产能力

造纸机的生产能力可按下式计算：

$$Q = 0.06 v b_M q K_1 K_2 K_3$$

式中　Q——造纸机的生产能力，t/d

v——造纸机的车速，m/min

b_M——纸的抄宽，m

q——纸的定量，g/m^2

K_1——抄造率，%

K_2——成品率，%

K_3——每天平均生产时间（一般可按22～22.5h计算）

如果计算年产量，则每年的生产天数一般以330～340d计算。

五、造纸车间的“三率”

造纸车间的“三率”（抄造率、成品率和合格率）是造纸车间的主要技术经济指标。

1. 抄造率

抄造率是指在卷纸机处成纸的完成率。

抄造率＝抄造量/（抄造量＋抄造损纸量）×100%

抄造量指实际纸卷质量。抄造损纸量包括纸机断头损纸、纸轴换轴损纸，各道压榨损纸。但湿纸边（水针纸边）不是抄造损纸。所有抄造损纸均应折合与抄造量相同的水分来计算。

2. 成品率

成品率是指合格成品量的百分率。

成品率＝合格成品量/抄造量×100%

3. 合格率

合格率指全部产品中合格成品的百分率。

合格率＝合格成品量/全部产品量×100%

合格成品量指符合质量标准的合格品产量，全部产品量包括合格成品、等外品和小裁纸。

抄造率、成品率、合格率是造纸车间的主要技术经济指标。三率越高，说明生产越正常，产品的产量的质量越高。现将几种纸的“三率”列于表4-2中。

表4-2　几种纸的“三率”

品种	抄造率/%	成品率/%	合格率/%
新闻纸	97	92~94	97
书写纸	97	91~93	96
纸袋纸	95~98	92~94	97
电容器纸	—	70~80	—
卷烟纸	90~96	85~90	—
描图纸	90~96	85~90	—
有光纸	97	92~94	97
白纸板	98	93	—
草纸板	98	97	—

第二节　网　　部

一、概　　述

（一）网部的组成

网部是造纸机的心脏，上网纸料中98%的水在网部脱除并形成纸页。网部主要由流浆箱和网案组成。如图4-4长网纸机网部的组成、图4-5夹网纸机的网部组成、图4-6叠网纸机网部组成。

成形网实际上是一条无端的运输带，分别套在胸辊和伏辊上，组成网案。通常网案长度是指由胸辊中心线至伏辊中心线的距离。

纸料经流浆箱上网形成湿纸层，运至伏辊处，然后再转移到压榨部。在向压榨部引纸时，水针切下20~50mm的纸边随成形网在回程中被冲入伏辊损纸池回用。

在成形网的回程上，有导辊、张紧辊和校正辊支承、引导和调整成形网的正常运行。还有若干喷水管沿网的全宽清洗，以清除网上黏附的纤维。

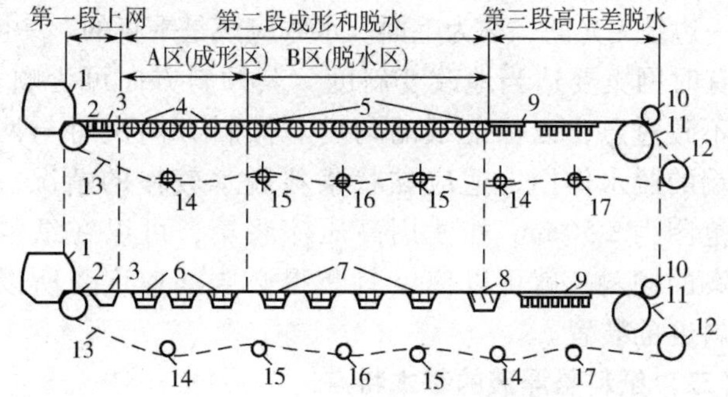

图4-4　长网纸机网部的组成

1—流浆箱　2—胸辊　3—成形板　4—沟纹案辊　5—案辊　6—低、中等脱水量的案板组　7—高脱水量的案板　8—低真空案板组　9—真空箱　10—上伏辊　11—真空伏辊　12—驱动辊　13—网子　14—校正辊　15—紧网辊　16—导网辊　17—第一导网辊

纸料在网上发生过滤作用，透过网孔的水流到白水池，供冲浆泵循环稀释纸料使用，多余的

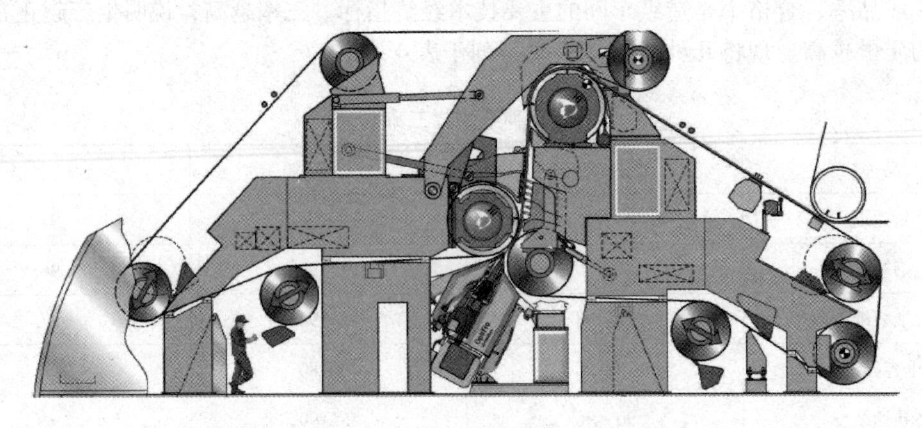

图4-5 夹网纸机的网部组成

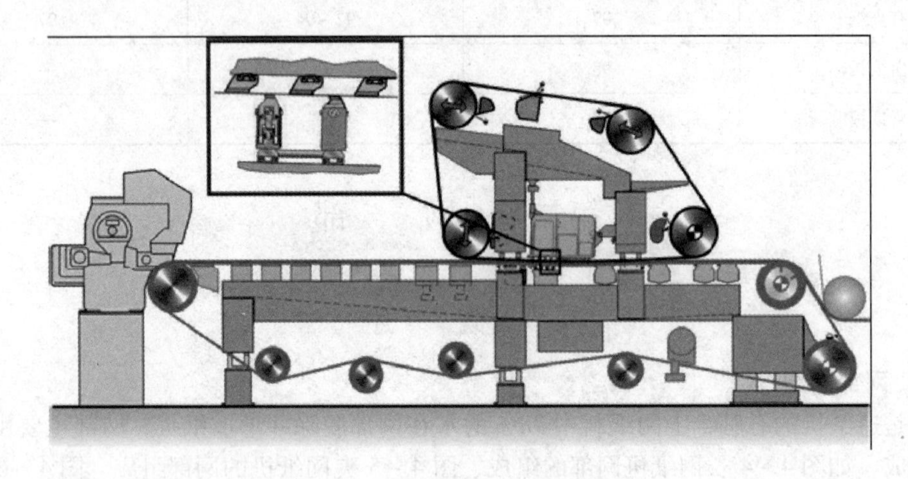

图4-6 叠网纸机网部组成

白水送到白水回收系统。在真空吸水箱处，纸页进一步脱水使湿纸幅干度达到10%～15%。这时可在成形网上观察到一条平直的线称为水线。靠案辊的一边是反光的，称为镜面，而靠伏辊的一边是无光的，称为毛面。水线应该是平直的。一般位于第三或第四个吸水箱之前。

有时网案要适当地改变斜度，其倾斜方向可为顺着网的运转方向，使纸料在网案前端脱水不致过急，以保证纸的匀度。倾斜方向又可与网的运转方向相反，以加强纸料在网案前端的脱水作用，适应黏状浆料脱水较慢的情况。所以网案一般是可调节的，胸辊升降的范围为±50mm。如使用高压流浆箱，可以在纸料上网之前产生适当的压力。无需依靠网案的倾斜，就可以使纸料获得必要的速度。所以新式的高速造纸机大多没有调节网案倾斜度的装置。

（二）纸料悬浮液的基本特点

1. 纸料悬浮液的三相共存体系

纸料悬浮液是由固相的纤维、液相的水和气相的空气组成，纤维是一种细长、弯曲性的粒子，有很不规则的表面，使纤维悬浮液具有网状物性质，除了纤维、水和空气之外，还含填料、胶粒，硫酸铝和二氧化碳等，因此纸料是比纸浆更为复杂的一种分散体系。

2. 纸料悬浮液的固有特性

当纸料的浓度很低时，纸料中纤维之间的相互作用很小，彼此互不干扰，纸料液呈现与水相同的特性，但随纸料浓度增加，纤维互相交缠成为絮聚物和纤维网状物，纸料流体呈现与水性质不同，这时的浓度就称之为临界浓度。纸料流体的临界浓度为0.05%～0.1%。

3. 纸料悬浮液流动过程的三种基本流动状态

在临界浓度以上的纸料悬浮液随着纸料流速的不同，可有栓流（塞流）、混合物和湍流三种基本流动状态。如图4－7所示。

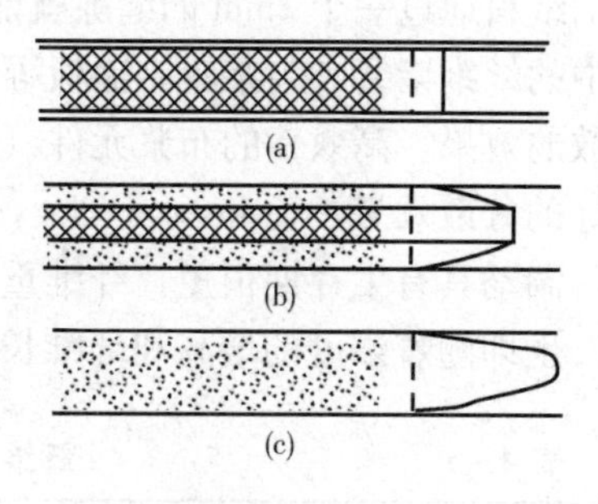

图4－7　纸料悬浮液的基本流态
（a）塞流　（b）混流　（c）湍流

通常把从塞流过渡到混流的最低速度称为第一临界速度，把完全变成湍流时的速度称之为第二临界速度。纸料流体的临界速度与纸料的浓度，纸浆的种类、性质，输送管道的直径和管壁表面情况有关，一般认为纸料在流送管道中由栓流变为混流的第一临界速度为0.4～0.5m/s，由混流变为湍流的第二临界速度为1.5～2m/s。

（三）纸料悬浮液流送过程中的湍动

1. 湍动与湍流，微湍动与微湍流

湍动是指流动作杂乱无章不规则的运动，是微观而言。湍流是指流道内每个流动质点都作不规则的杂乱无章的湍动流动，是宏观而言。微湍动是指纤维规模的湍动，湍动流团的作用力可作用于单根纤维上，以分散纤维的絮聚，而微湍流则是指湍动规模很小的湍动流动。

2. 湍动的特点、湍动强度和高强微湍流的概念

特点是：a. 有脉冲存在；b. 空间点上的速度围绕着某个平均值变动。但对于任何一种湍动流动，总还是有一个主流动方向。

湍动强度是指脉冲速度与主流动速度的比值。

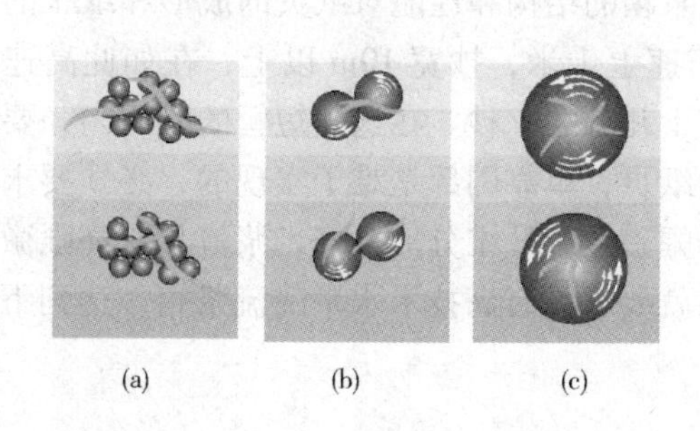

图4－8　不同湍流尺度对纤维的作用

高强微湍流是流浆箱中的浆流具有高强度和小尺度的湍动。高强度指湍动具有足够的能量来分散纸料中的纤维絮聚团，小尺度指湍动尺度大致相当于纸料中纤维平均长度，湍动剪切力可作用于每根纤维，此时，纸料各点的物理量迅速趋于平均，纤维充分分散。图4－8为不同湍流尺度对纤维的作用，图（a）湍流的尺度小于纤维太多，对分散纤维没有作用；图（b）湍流的尺寸是纤维长度的一半，可以分散纤维，也可以纤维絮聚；图（c）湍流的尺寸刚好是纤维的长度，这个时候湍流可以作用于单根纤维，使纤维充分分散。

3. 湍动与絮聚的关系

纸料的上网浓度，长网造纸机为0.3%～0.9%，比临界浓度高得多，使纤维与纤维互相交缠而造成絮聚，纸料浓度越大时，絮聚的可能性就越大，因此要形成均匀的纸页就必须充分的分散絮聚。

湍动与絮聚有密切的关系，湍动的强度较大，湍动的规模较小，越能够充分分散纤维絮聚物。

湍动不仅能够分散纤维，也能够产生纤维絮聚物，因此，在纤维悬浮液中永远会存在絮聚物，絮聚的程度取决于湍动和絮聚的平衡关系。因而必须采取措施向有利于分散絮聚物的方向

发展。

4. 湍动的产生与湍动的寿命

纸料通过一个2mm的缝隙就能够产生微细规模的湍动。但细的缝隙（飘片除外）易被纸料中的纤维堵塞。匀浆辊、隔板等产生的湍动规模都比“纤维规模”大得多，未能取得有效分散的效果。高效率的布浆元件（如管束、阶梯扩散器，飘片等）具有能够产生微湍动，有较好的分散效果。

湍动具有生存期很短，纤维重新絮聚的程度随纸料浓度的增高，纤维长度的增加而迅速提高，也即随着浓度的增高和纤维长度的增加，重新絮聚需要的时间迅速减少，如表4-3所示。

表4-3 纤维重新絮聚的时间与纸料浓度的关系

浓度/%	重新絮聚的时间/s	车速为600m/min时絮凝时间/s
0.5	0.5	5.0
1.0	0.1	1.0
2.0	0.04	0.4
3.0	0.01	0.1
4.0	0.001	0.01

二、流 浆 箱

（一）流浆箱的作用与要求

流浆箱是现代纸机发展最快的部件之一。流浆箱的结构和性能对纸页的成形和纸张的质量具有决定性作用，特别是现代高速纸机，纸机车速上千米，抄宽10m以上，在如此高速及宽幅的纸机上，纸料从流浆箱喷出到定型时间只有十几分之一秒。在这样短暂的时间内，要求纸页的定量沿纸幅全宽均匀分布，抄出匀度良好的纸页，单靠网部是难于实现的，必须要求流浆箱所喷出的纸料沿纸机全宽严格做到稳定均匀全幅一致，纤维分散良好，浆流具有高强微湍动的特性，以防纤维在喷浆过程中出现再絮聚，这就要求具有高技术水平的流浆箱，达到下列的主要作用及基本要求。

1. 沿纸机横向均匀地分布纸料

要求上网的纸料在沿纸机全宽和全高两个方向上的各个点的浆流的速度、压力、浓度和湍动等的分布都均匀一致，以保证纸页横幅定量一致。

2. 能有效地分散纤维

要求上网纸料必须是均匀分散的纤维悬浮物，保持纤维的无定向排列，能产生高强度的微湍动，能防止纤维絮聚，以提高纸页的匀度。

3. 喷浆稳定

要求喷浆的速度、喷射角和着网点稳定一致，能精确地调节和控制保证浆速与网速。

4. 流浆箱的其他要求

流浆箱必须有足够的刚性、不变形、不生锈、流道平滑、没有死角挂浆现象，能及时排出纸料中的空气和泡沫，结构简单，便于清洗、操作和维修等。

（二）流浆箱的类型

根据流浆箱的发展进程和结构基本特点，流浆箱可划分为敞开式、封闭式、敛流式及敛流气垫结合式。

1. 流浆箱的基本结构

一般的流浆都由布浆器、堰板和箱体等三个部分组成，如图4－9所示。

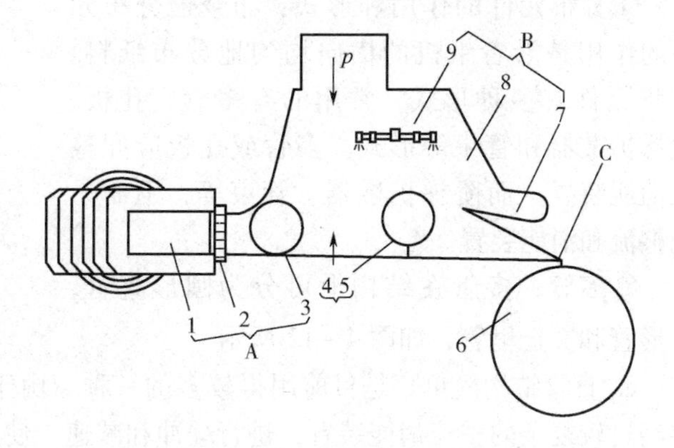

图4－9 流浆箱的基本结构

A—布浆器 B—堰池 C—堰板

1—方锥开总管 2—孔板 3—匀浆辊

4—堰池 5—匀浆辊 6—胸辊

7—溢流槽 8—箱体 9—旋转喷水管

布浆器将纸料均匀地分布到堰池中，使纸料沿纸机全宽均匀一致上网。堰池借助各种整流元件分散纤维、防止絮聚、消除泡沫获得稳定的浆流，使上网纸料分布均匀一致。堰池是封闭式的，借助纸料液面上的空气压力（气垫）和浆位高度，产生使浆速和网速协调的静压头。堰板是流浆箱的上网装置，它的作用是使纸料均匀地、以一定的浆速和角度喷到网面上。

2 布浆器

（1）布浆器的要求

①沿着纸机的全宽压力相等且稳定；

②不使浆流分成大的支流；

③对纸料的不稳定性不很敏感；

④内壁光滑不挂浆；

⑤便于清洗和维修。

（2）布浆器的组成和形式

布浆器一般由总管和布浆元件（包括相应的整流消能装置）组成。目前使用的布浆器有单管布浆器，错流布浆器。

图4－10 圆形锥管示意图

（3）布浆器的总管

①总管的形式：总管的形式有多种，以锥形总管用得最普遍。锥管的截面形状可以是矩形、圆形或弓形。锥管的小端设有回流。圆形锥管结构如图4－10所示。设计和制造比较简单，适应性强，因而是用得最广泛的一种总管。

②圆形锥总管：圆形锥总管是在一个方向上有尺寸变化圆形总管，锥形设计的目的是为了消除在总管内因为液体流动时的阻力损失而导致的压力变化，从而获得在纸机横向全幅每一个点的压力保持恒定。

末端的断面尺寸，由最大的回流量来决定。为使总管压力恒定，防止纤维、尘埃、泡沫、空气等聚集到末端，总管必须有一定的回流量。通常为5%～10%，回浆送回冲浆池。

如图4－11所示为圆锥总管进浆系统，浆流在进入到总管后以垂直方向分布到纸机的全幅，而且每一个点上的 Q 值都要保持相等，A（X）为圆形截面。

（4）布浆器的分布元件

①分布元件的作用和形式：布浆器分布元件的作用是沿着纸机的横向均匀地分布纸料。布浆元件有多种形式，常用的有多管、孔板、阶梯扩散器和管束等形式。多管或孔板应配整流消能装置。而阶梯扩散器、管束等，不需另配整流和消能装置。

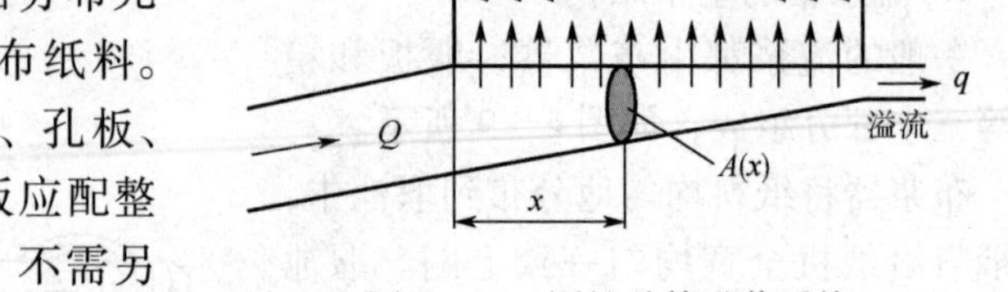

图4－11　圆锥总管进浆系统

②多管：多管在结构上可分为圆形直管，异形管和文丘里管，如图4－12所示。

a. 直管结构简单，是目前用得较多的一种。由于直管喷出的各股浆流的动能较大，因而要经过较复杂的整流消能装置，进行缓冲和减速，使浆流能够混合成为稳定的浆流进入堰池。

b. 异形管结构较复杂，用于某些高速造纸机的流浆箱。

c. 文丘里管结构复杂，但本身已起到整流消能作用，因此不需要再配备整流消能装置。

③孔板：孔板是一块有许多小孔的固定平板，一般用有机玻璃制作。孔板结构如图4－13所示。

a. 孔径的选择：常用孔径为14～18mm。孔眼必须加工得很光滑，以防挂浆。孔板的横断面为锯齿状，使孔口边缘不积浆。

b. 加速比：孔板的流速太低，容易产生挂浆堵孔，流速太高又会造成纸料速度分布不够均匀。孔板的流速一般为3.5～5m/s。

c. 孔板的厚度和孔的直径的比例：孔板厚度和孔的直径的比例以不低于3～4∶1为宜。

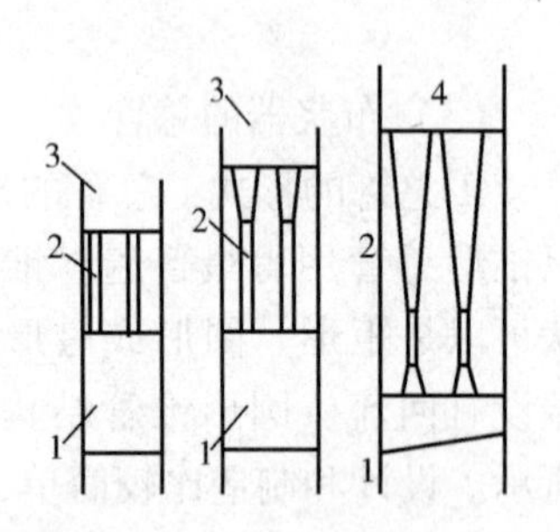

图4－12　各种支管示意图

1—总管　2—支管　3—整流装置　4—流浆箱

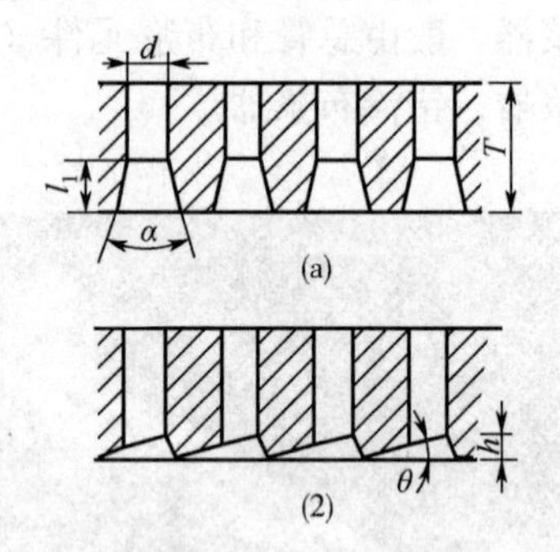

图4－13　孔板结构

（a）锥形孔　（b）齿形截面

（5）布浆器的整流消能装置

所谓整流消能装置，就是一方面使流速降低，起到消能作用，另一方面使流体的速度头再分配，起到均匀化的作用，从而使进入流浆箱堰池中的纸料流动平稳且流速均匀。

①多管进浆器采用的各种整流消能有双冲击式、冲击与漩涡结合式和漩涡式等几种。

②孔板布浆器的整流消能装置在结构上类似多管进浆布浆器使用的冲击式节流扩散的整流消能装置，结构较复杂。

③匀浆辊作为整流消能装置应与导流孔结合起来使用，能够起到较好的分散作用。

④消能棒和导流片作为孔板出口的整流消能装置，具有结构较简单、没有传动部分、不需

要传动装置等优点，而且整流消能效果较好。导流片可以防止横流的产生以及由于横流造成的扰动，消能棒对孔板高速射出的浆流产生拦阻作用，降低孔板出来的浆流速度，其整流效果是较显著的。

（6）阶梯扩散器

①阶梯扩散器是一种分级扩大的、非圆锥形的扩散器，是一种兼有布浆和整流双重功能的元件。它有以下的作用：a. 把从方锥总管横向输进的纸料转变成造纸机的纵向；b. 沿着造纸机的宽度均匀分布纸料；c. 产生可控制的高强度微湍动，以分散纤维的絮聚。

②扩散器的工作原理：由于扩散器分级扩大，从而在浆料中产生高剪切力，形成高强度的微湍动。另外，由于扩散的消能作用，使出口的各股浆流可以迅速地混合均匀，如图4－14所示。

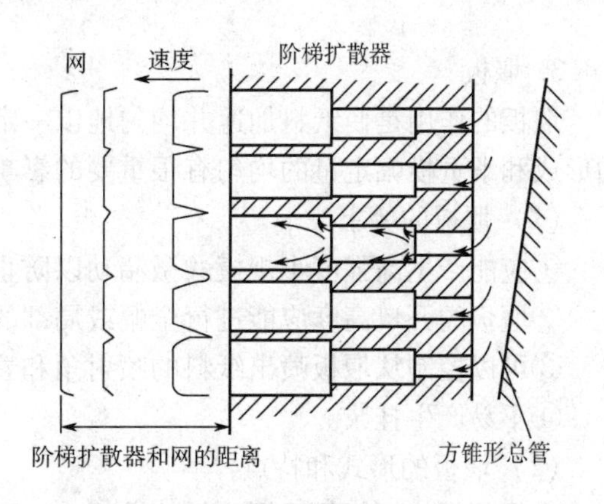

图4－14　阶梯扩散器工作原理

③阶梯扩散器的阶梯的段数、孔位、孔数：阶梯的段数一般为3～4。阶梯扩散器的第一段通常是孔板，孔径一般15mm左右。

对于三段的阶梯扩散器，第二段和第三段的长宽比为4～4.5。最后一段孔的面积与第一段孔的面积之比在5～8的范围之内，孔的面积比为常数值，一般以2～4为宜。第三段的孔形可为正方形或正六边形。为了加工方便，一般取正方形。

（7）导流片

导流片（飘片）是由一组平行的薄片段组合而成，如图4－15所示。设置在喷浆口的前面，使浆流收敛地流过其中。飘片为聚氨酯材料。当浆流冲过孔眼进入飘片间的流道时，则借助于浆流的动压飘浮在浆中，使上网浆流厚度均匀、速度均匀和纤维分布均匀。

飘片产生微湍流是由于飘片把进入层流区的浆流隔开而分成许多相互平行的全幅收敛浆流，然后逐渐缩小厚度，形成浆流的加速度，从而产生了较大的剪切力。由于飘片是柔软的元件，并在浆流中飘动，有效地防止了堵塞现象。

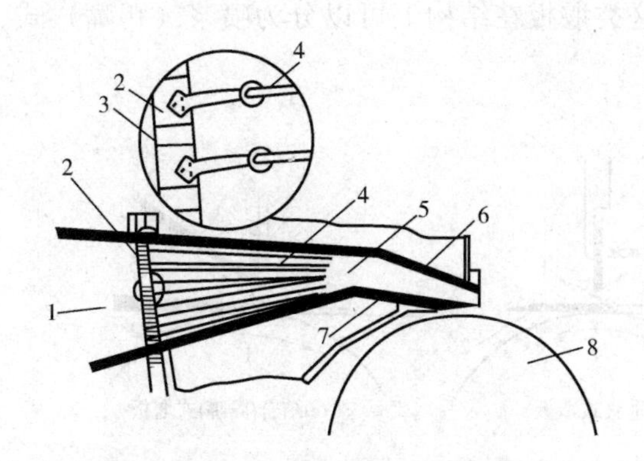

图4－15　敛流式挠性导流片示意图

1—扩散区　2—多孔板　3—孔眼　4—飘片
5—层流区　6—上唇板　7—下唇板　8—胸辊

（8）管束（管栅）

管束是一种由大量的小直径管子组成的整流元件。组成管束的入口端的管径较小，呈圆形的断面，而纸料出口端的管径较大，可以是圆形断面或六角形和五角形的断面。图4－16为管束整流元件结构图。

管束的整流原理　纸料在管束内的流动过程中，由于摩擦作用，在管壁附近形成强烈的湍动。这样的湍动能够有效地分散纤维，防止纤维絮聚并有效地消除浆流中的大涡流和横流，因而整流效果比较显著。

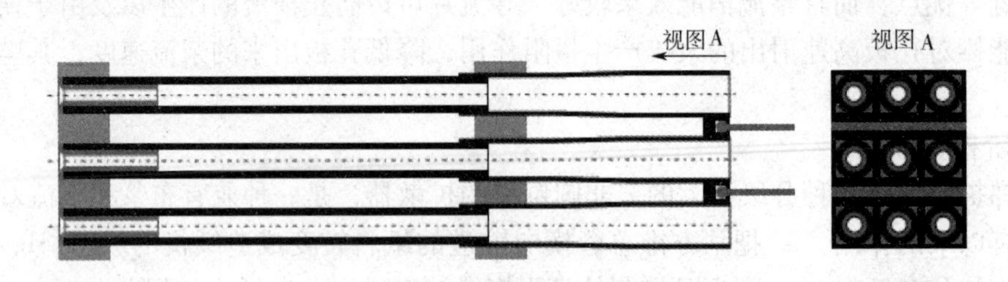

图 4-16　管束整流元件结构图

3. 堰板

堰板的作用是使纸料加速并均匀地以一定角度喷射到网面上形成均匀的湿纸页。对于纸页的形成和纸页横幅定量的均匀有很重要的影响。

（1）堰板的要求

①应能产生高强度小规模的微湍动以防止纤维絮聚；

②堰板的开口高度应能进行全幅或局部的调节，以保证沿纸机整个横幅均匀地分布纸料；

③可以控制从堰板喷出纸料的喷射角和着网点；

④不易产生挂浆。

（2）堰板的形式和特点

直立闸板式堰板只适用于低速造纸机。不能对上网浆流的流量和流速作局部调节。

斜闸板可以沿纸机幅宽调节喷缝开度，使浆流速度较均匀地分布。斜闸板的浆位高度一般不超过200mm，只适于用低速纸机。

目前广泛使用的是各种带喷嘴的堰板。这类堰板在结构上可以分为喷浆（鸭嘴）式、垂直式和结合式等3种，如图4-17所示。

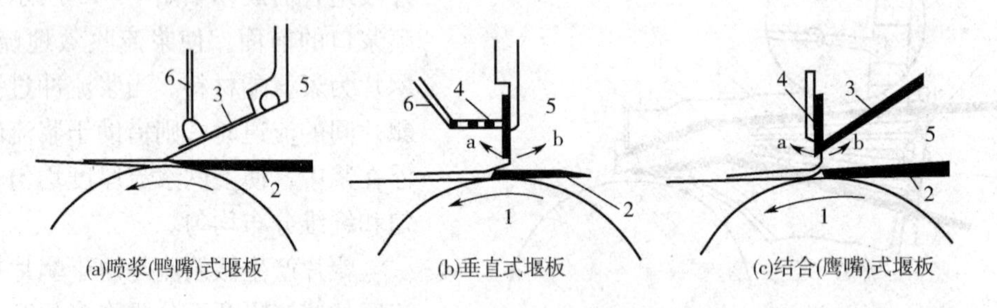

图 4-17　各种喷嘴式堰板

1—胸辊　2—下唇板　3—上唇板　4—垂直堰板　5—堰池　6—上唇板调节机构

①喷浆式堰板：喷浆式堰板下唇板水平放置，上唇板倾斜放置，两唇板间的夹角一般为12°~25°，形成逐渐收敛的喷浆道。喷浆式堰板的特点与缺点：

a. 纸料经渐缩式喷浆流道逐渐加速，流动过程存在速度差而防止纤维絮聚，湍动程度较为温和，速度分布较为均匀；

b. 靠上唇板调节机构来调节喷口上下唇板之间的距离以适合纸页的定量要求；

c. 可通过调节上下唇板的相对位置以及下唇板与网部胸辊的距离来控制上网纸料的喷射角和着网点。

d. 喷浆式堰板的缺点是倾斜上唇板垂直刚度较小，容易产生变形而造成喷出纸料流量的变化及着网点的变化，纸页横幅定量变化较大。

②垂直式堰板：垂直式堰板的下唇板是水平放置，而上唇板为垂直放置并与流浆箱堰池的前壁结合成一体。垂直式堰板的主要特点与缺点是：

a. 纸料经垂直堰板的突然减压喷出，湍动较为强烈，纤维能获得良好的分散，但湍动需扩散才能获得均匀的速度分布，下唇板需有稍长的伸出长度；

b. 垂直上唇板的垂直刚性大，不易产生变形，喷出纸料的流量及着网点较为均匀，纸页横幅定量变化小；

c. 可用调节垂直上唇板与下唇板间的距离来调节喷浆量以适合纸页的定量要求；

d. 用调节垂直上唇板的前后摆动来调节喷射纸料的喷射角和着网点；

e. 垂直堰板的缺点是阻力降大，需要较高的堰池静压头，需要更高的堰池高度；易挂浆且堰板的局部开口高度调节困难，容易产生永久性的变形。

③结合式堰板：结合式堰板是在喷浆式堰板的上唇板上加装垂直板，垂直板的突出长度为5～7mm。是一种喷浆性能较好的堰板。结合式堰板的特点：

a. 结合式堰板既可产生强烈的湍动以分散纤维又不易产生变形；

b. 既可作堰板开度的全幅调节又可作局部调节，以得到均匀分布的上网纸料；

c. 垂直部分还可作前后倾斜角度的摆动以调节喷射角和着网点；

d. 由于垂直伸出距离小又受斜堰部纸料流速冲击，速度快，停留时间短，没有形成挂浆的机会。

④堰板的全宽度：可根据下面公式计算：

$$b_s = (b + 2b_e)/(100 - \varepsilon) + 2b$$

式中　b_s——净纸宽度，mm

b_e——切边宽度，mm

ε——总横缩率，%

b——切边宽度，mm

（三）流浆箱的类型和发展

按其发展的进程和结构的特点，可归纳为敞开式、封闭式、敛流式、敛流气垫结合式四大类型。

1. 敞开式流浆箱

敞开式流浆箱只适于中低速造纸机，其结构特点是用调节箱内浆位的高低来控制上网的浆速。图4－18是一台抄速为25～90m/min电容器纸机的流浆箱示意图。这个敞开式流浆箱特点是使用了较为完善的浆料分布器和用匀浆辊作为浆流匀整元件。这类流浆箱适用于低速纸机，因为喷浆速度取决于箱内浆位的高度。

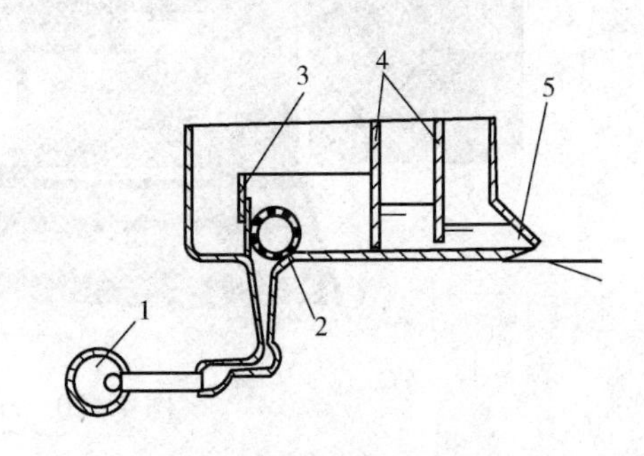

图4－18　敞开式流浆箱

1—布浆总管　2—匀浆辊

3—溢流调节板　4—隔板　5—唇板

2. 气垫式流浆箱

气垫式流浆箱的结构如图4－19，它的特点是流浆箱的堰池是封闭的。在恒定的较薄的浆位上充满空气（气垫），以气垫压力来控制上网浆速，使浆速与网速相适应。

气垫压力与喷浆速度的关系可表示为公式

$$v = \sqrt{2g(h + p/\rho)}$$

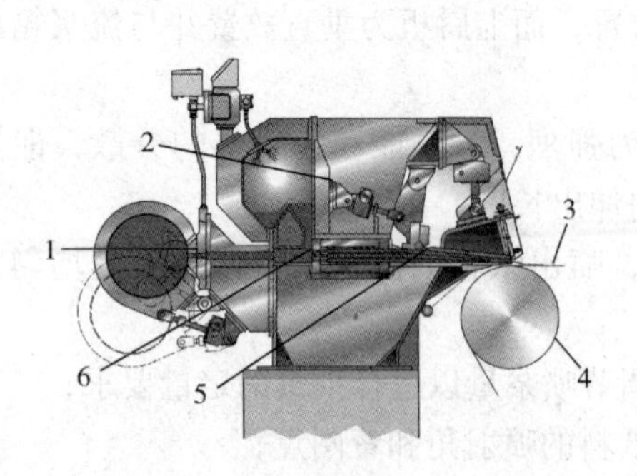

图 4-19 中速长网纸机气垫流浆箱
1—圆锥形进浆总管 2—气垫室 3—堰板
4—胸辊 5—漂片整流元件 6—管束布浆器

式中 v——喷浆速度，m/s

g——重力加速度，m/s^2

h——液位高度，m

p——气垫压力，Pa

ρ——纸料密度，kg/m^3

由式可见，车速低，要求浆速也低，从而导致气垫压力的波动对浆速波动的影响增大。这类流浆箱适应性强、调节方便。这类流浆箱可用于长网纸机也可用于立式夹网纸机。

3. 敛流式流浆箱

敛流式流浆箱广泛用于夹网纸机和长网纸机。

这类流浆箱的特点是：a. 流浆箱的压头由可调节速度的冲浆泵提供；b. 配有产生高强微湍动的整流元件；c. 流浆箱充满浆料；d. 设有溢流装置，浆料进入流浆箱前必须通过消除空气和光洁以及消除压力脉冲的装置。

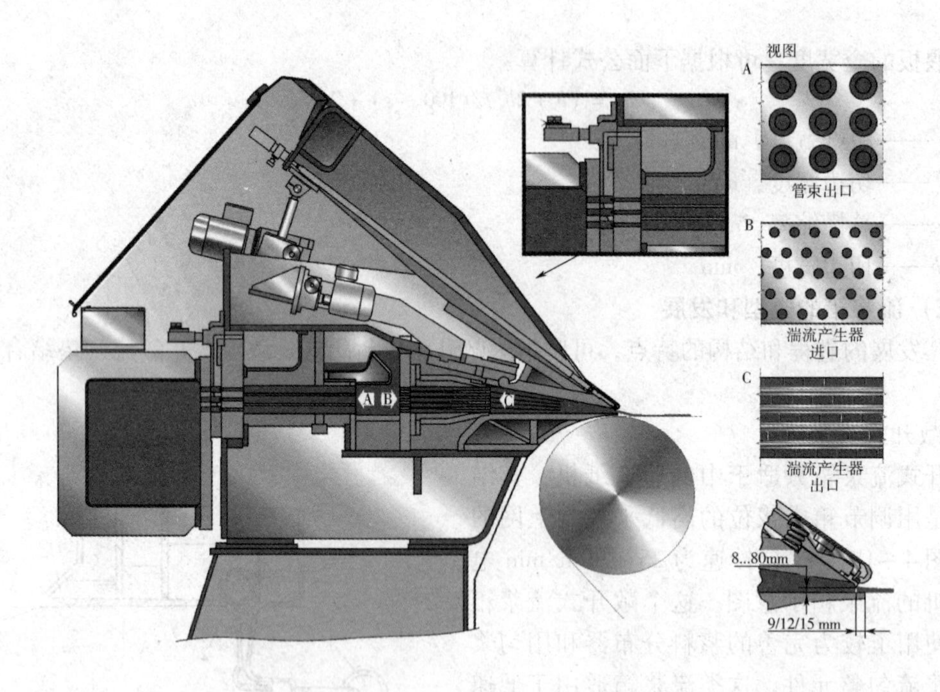

图 4-20 MetsoSymFlo D 流浆箱

图 4-20 MetsoSymFlo D 流浆箱示意图，用于长网造纸机。它使用方锥管和渐扩的管束来布浆。浆流的匀整装置是一组（一般 6~7 片）柔性的塑料薄片（飘片），敛流式的整流片组具有所谓同时收敛的性质，可以得到均匀分散的纤维悬浮液。

图 4-21 为 Mesto OptiFlo 水平夹网流浆箱，图 4-22 为 Mesto OptiFlo 垂直夹网流浆箱

4. 多层流浆箱

多层流浆箱是沿着流浆箱的 Z 向（竖向），将流浆箱的布浆器分成若干个独立的单元（一般为 2~3 个单元），每个单元都有各自的进浆系统。因此各个不同的单元可以各自通过不同种

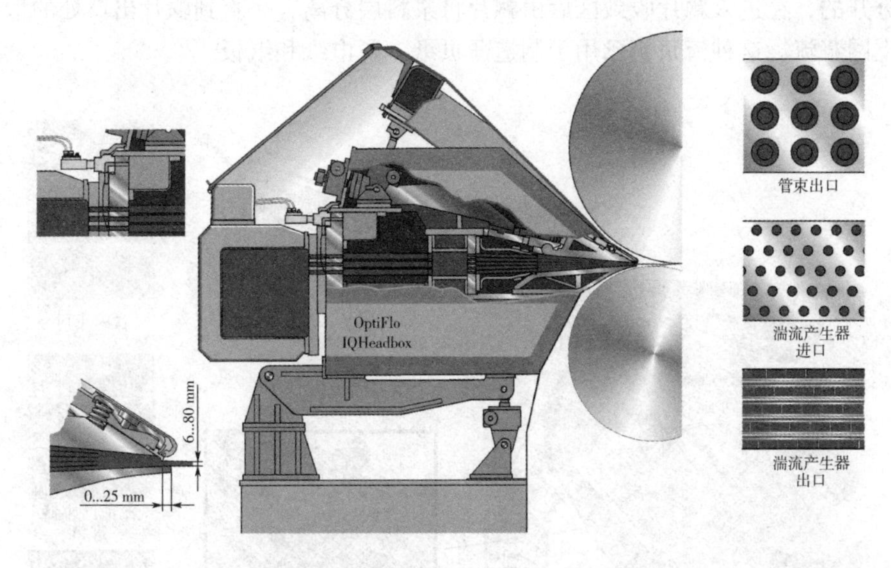

图 4－21　Mesto OptiFlo 水平夹网流浆箱

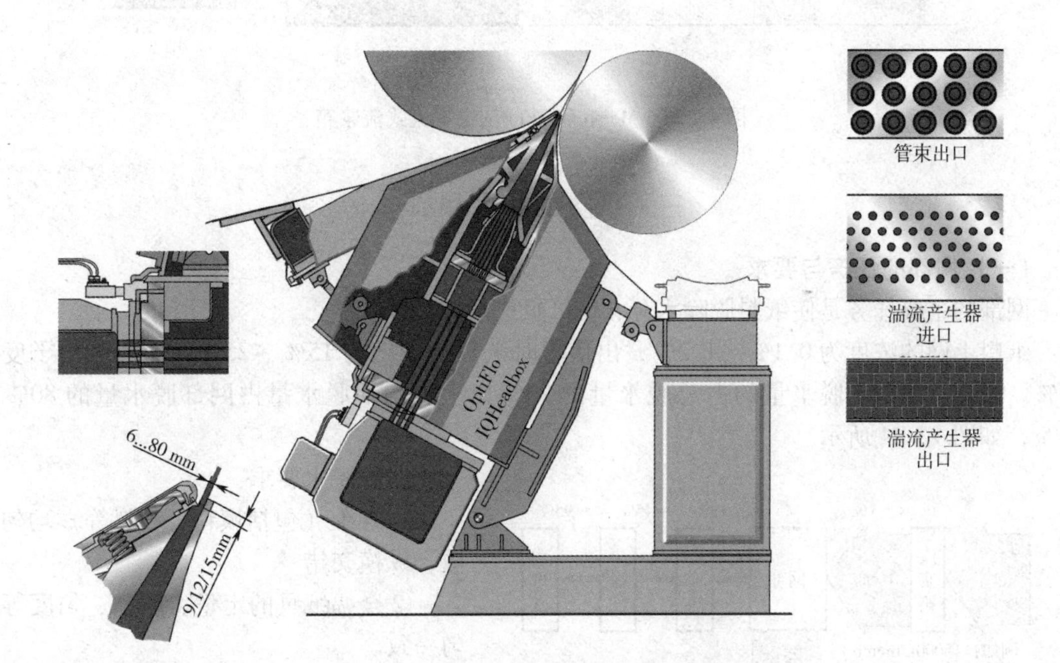

图 4－22　Mesto OptiFlo 垂直夹网流浆箱

类的浆料，几股独立的浆料流层到堰板口附近汇合成一股上网浆料流。

由于浆料流动的速度很高，浆料互相混合的距离和时间都很短，因而上网浆料流沿着 Z 向（竖向）的各层浆料基本上保持原来的组成，使得形成的纸页沿着 Z 向（竖向）的各层浆料组成与流浆箱各层的浆料组成大致相同。

使用一台多层流浆箱就能形成由几层不同的浆料组成的纸页，对于提高纸张质量、节约优质纸浆、简化流送与成形设备均有重要的作用。

图 4－23 为 Metso OptiFlo 三层集流式流浆箱示意图。这种流浆箱结构的特点为沿着流浆箱的 Z 向（竖向）有三个连接在一起的集流式飘片流浆箱单元，各个单元的浆料在进入飘片收

敛区前是分开的，在进入飘片收敛区后由飘片将浆料层分离，一直到飘片出口处的堰板口附近才合成为上网浆流。这种流浆箱已用于制造薄页纸、餐巾纸和纸板。

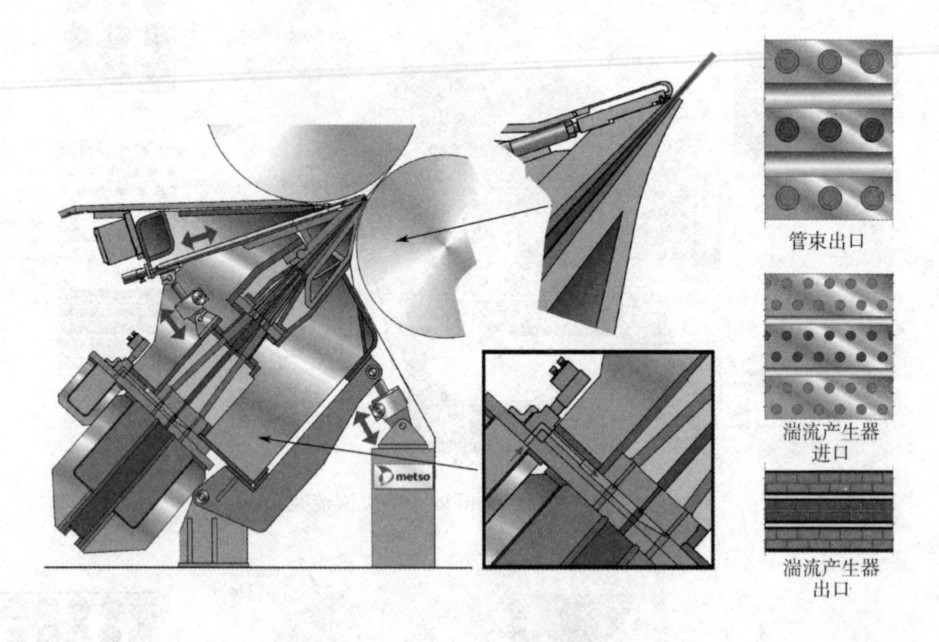

图4－23　Metso OptiFlo三层集流式流浆箱

三、纸页的脱水和成形

（一）网部的任务与要求

网部的主要任务是使纸料脱除水分，使纸页成形。

纸料上网的浓度为0.1%～1.2%，出伏辊时纸页的干度为15%～25%，而成纸的干度为92%～95%。网部的脱水量约占总脱水量的90%以上。初期脱水量占网部脱水量的80%～90%，如图4－24所示。

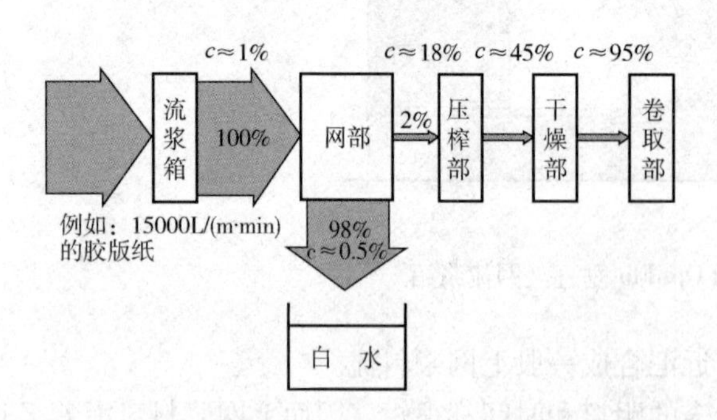

图4－24　纸机各部分脱水量

网部脱水要求：

①纤维（包括填料、胶料等）均匀分散，纵横交错。

②全幅纸页的定量、厚度、匀度等均匀一致。

③网部脱水后湿纸具有一定的湿强度，以便将湿纸引入压榨部。

网部成形要求：

①要求纤维适当扰动，分散均匀，使全幅一致，匀度良好。

②脱水太快、太急，影响纤维的分散和纵横交织，细小纤维流失大，纸的两面性增加。

③脱水太慢又影响了车速的提高，湿纸出伏辊的水分高，湿强度低，造成引纸困难。

（二）纸页脱水、成形的过程

根据纸页在长网网部成形和脱水的特点和要求，可将长网网部上网段、成形脱水段和高压差脱水段。长网纸机的网部结构如图 4－25 所示，长网纸机成形及脱水见图 4－24。

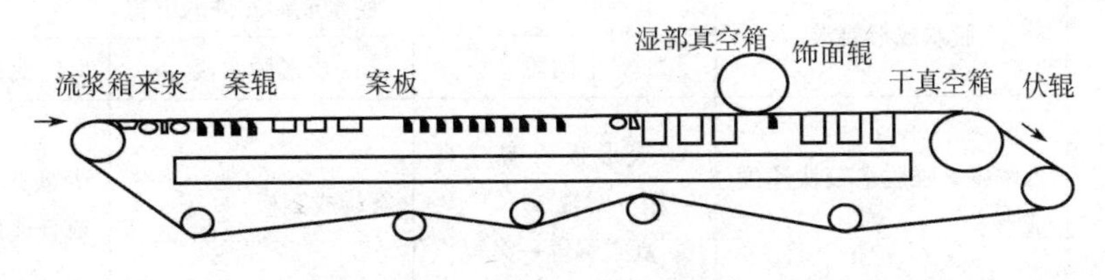

图 4－25　长网纸机的网部结构

上网段：从纸料与网面的接触点至成形板或第一根案辊。成形脱水段：从第一段结束至真空箱以前。包括成形区（A 区）和脱水区（B 区）。成形区应缓和地脱水，以保证纸页成形良好。纸页基本成形进入脱水区（B 区），可适当加速脱水。

高压差脱水区由真空箱和伏辊组成。湿纸已成形，可采用较高的压差脱水。

纸页在网部的成形主要受三种水力过程影响，如图 4－26 所示。

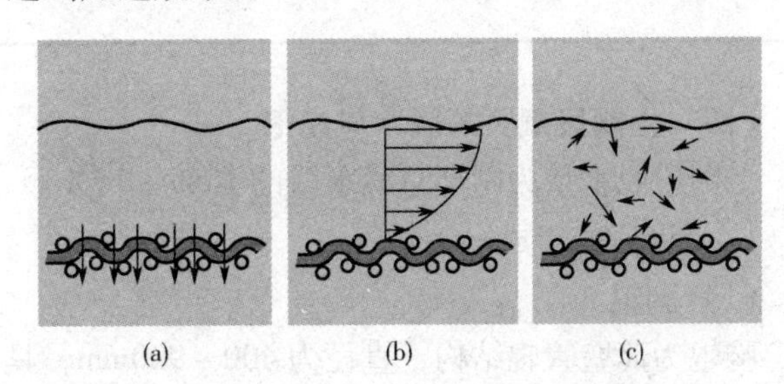

图 4－26　纸页在网部成形的三种主要水力过程
（a）网部过滤脱水　（b）纸机运行方向的剪切
（c）浆料在网部的湍动

（三）脱水元件的配置

1. 一般纸种的脱水要求和控制

一般纸种脱水，如新闻纸、书写纸、印刷纸及牛皮纸等。为获得良好的匀度，在网部前端，要求缓慢均匀脱水，防止脱水过急，纤维流失过大和产生过大的扰动。在中部应逐步加强脱水能力。在纸页定形前的成形过程中，应对纸料施加适当的扰动，促使纤维分散，防止纤维絮聚，以保证纸页良好的脱水与成形。

2. 高游离浆纸种的脱水要求和控制

高游离浆容易脱水，如纸袋纸，或低定量易脱水的薄型纸、餐巾纸等。上网时纸料可采用“低浓度、强脱水”的控制方式。纸料上网浓度低，纤维分散良好。强脱水可使纸页很快成形，防止纤维絮聚，提高成纸的匀度，使纸页成形和脱水良好。

3. 高黏状浆纸种的脱水要求和控制

高黏状浆脱水困难，如电容器纸、防油纸等。纸页在整个脱水成形的过程中应保持适当的扰动，并缓慢的进行脱水和成形，以求提高纸页的匀度。在湿纸定形以前，可以采用成形喷水管以适当的角度向网上悬浮的纸料喷水，对纸料悬浮体进行稀释和扰动，防止纤维絮聚，从而改善纸幅成形的质量。表 4－4 列出对不同纸种脱水元件的配备。

表 4－4　不同纸种脱水元件的配备

纸　种	脱水成形要求	脱水成形元件的配置		
		上网段	成形脱水段	高压差脱水段
一般纸种	缓慢均匀脱水，初期抑制脱水速度，中后期逐步加强并保持适当扰动	A. 成形板—案辊或沟纹案辊—案辊 B. 成形板—案板—案辊（或交替排列）	案辊—真空箱—整饰辊（有振动）	5～8 个真空箱—真空伏辊

续表

纸　种	脱水成形要求	脱水成形元件的配置		
		上网段	成形脱水段	高压差脱水段
离游离浆纸种	低浓度，强脱水较快速度成形	A. 成形板或湿式真空箱—案辊 B. 真空胸辊—案辊	案辊或案板	少量真空箱—真空伏辊或普通伏辊
高黏状浆纸种	缓慢脱水，持续保持扰动，甚至可以采用成形喷水管，稀释上网浆料改善纸页成形	成形板—沟纹案辊—案板—案辊	成形喷水管案板或案辊真空箱—整饰辊	9～12 个真空箱—真空伏辊

（四）上网段纸页的脱水与成形

上网段脱水量为网部总脱水量的 10%～15%。

1. 上网段的组成

（1）胸辊

胸辊为薄壁管辊结构，直径为 400～900mm，具有承托成形网的作用。

胸辊由网子驱动，应有较大的直径和刚度，在网子张力下不挠曲。要求它要轻巧，表面光滑平直，强度高，不弯曲变形，静平衡和动平衡性好。

小直径的胸辊采用无缝钢管镀铜结构，较大的为钢板镀铜结构、铸铜的或钢板包硬胶结构。

胸辊装有木刮刀，以清除黏在胸辊上的浆块。刮刀背面有一块板，网脱除的白水导入白水盘。

在运转中，应经常以清水冲洗胸辊表面。

（2）成形板

成形板设置在胸辊与第一根案辊之间，如图 4－27、图 4－28 所示。成形板的作用是控制网案上网区的脱水量，同时又支承子网，免致凹陷、下垂，消除跳浆现象，改善纸页的匀度。

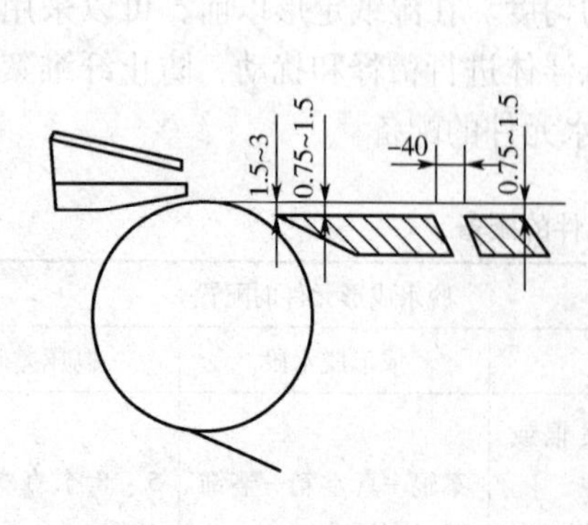

图 4－27　成形板的装置示意图

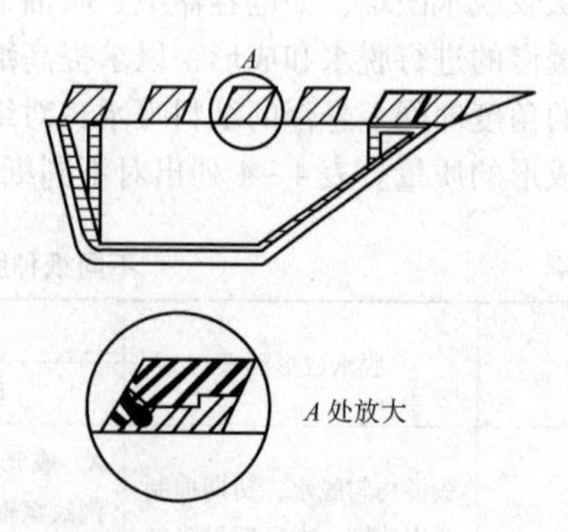

图 4－28　氧化铝烧结陶瓷成形板

一般设置1～3块成形板。成形板宽度为100～500mm，由1～5条板条组成，约有20%～25%的开孔面积。板条的间距不小于40mm。

成形板以高密度聚乙烯或陶瓷（硬度为900肖氏）覆面。成形板要求有足够的刚度，板面耐磨。成形板与胸辊间的距离应是可以调节的。

成形板定位应以胸辊中心线为基准，同时，应使堰板喷浆的着网点在成形板前沿的前面。

L/b大于2时，喷射角很小，对L/b的变化不敏感，但L/b小于1时，喷射角随L/b的减小而迅速增加，L/b的正常操作范围为1～2。图4－29显示了喷射角与L/b的关系。

$L/b<1$时，纸料上网时的压力较高，导致高网印、低留着率、易形成浆道。且随着胸辊的脱水作用而增强。喷射角与L/b之间的关系如图4－30所示。着网点距离与L/b的关系如图4－31所示。

喷浆应平缓地以较小的喷射角喷射到网上的成形上或成形板前，以防止纸料回流及在着网点混入空气。

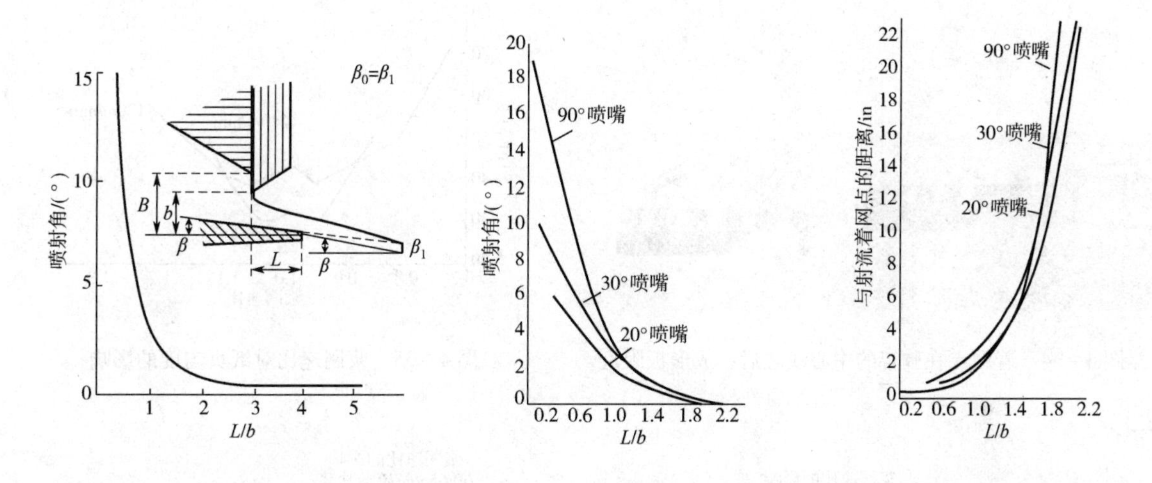

图4－29　喷射角与L/b的关系　　图4－30　喷射角与L/b的关系　　图4－31　着网点距离与L/b的关系

注：1in＝25.4mm。

$L/b>1$时，喷射角几乎与网平行。着网点正好位于成形板前沿。堰板浆流的下部会被成形板前沿扯离开来（如图4－32所示）。成形压力低，有利于提高留着率，减少网印和改进细小颗粒的留着。

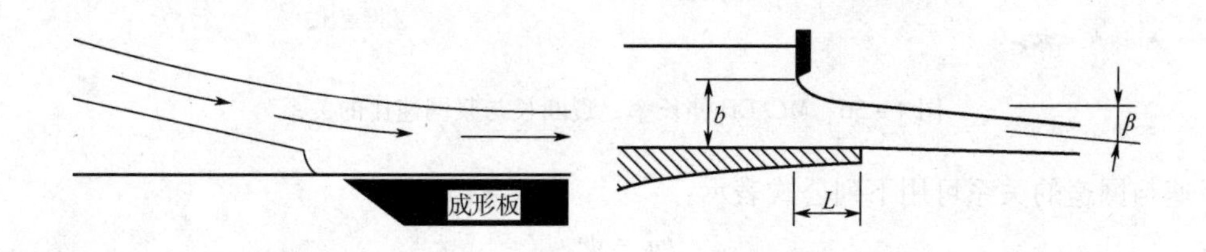

图4－32　成形板处浆流形态（$L/b>1$）

（3）着网点的位置

①在胸辊的中心线之上——浆料直喷射在网上，有较强的脱水能力，有时黏状浆脱水困难

图 4-33 着网点在胸辊中心线上

可选此区，但会发生过急脱水，会导致细小纤维及填料流失，如图 4-33 所示，着网点在胸辊中心线上。

②在胸辊的中心线之后，成形板附近——最佳着网点，细小纤维基本不会流失，也不会造成过急脱水，利于纸页的成形。如图 4-34 所示，是最佳着网点。

2. 浆速与网速

为提高纸页的匀度，浆网速比最好维持在 0.9~1.10 范围内，如图 4-35 所示。图 4-36 显示浆网速比对纵向/横向（MD/CD）纸张的伸长率与裂断长性能的影响。

图 4-34 着网点在胸辊的中心线之后，成形板附近

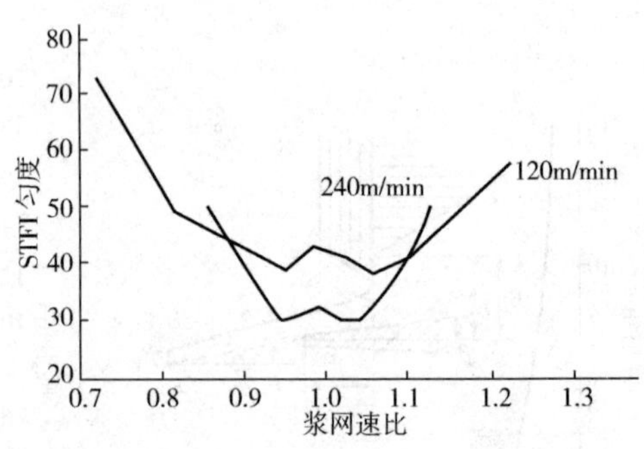

图 4-35 浆网速比对纸页匀度的影响

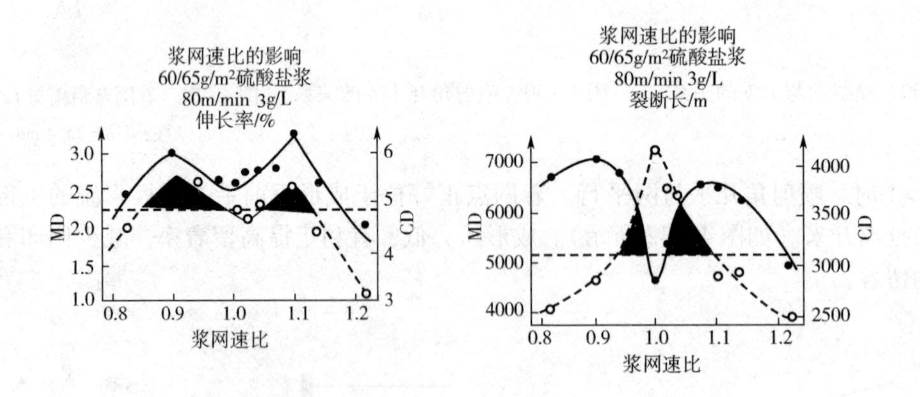

图 4-36 MC/CD 伸长率、裂断长与浆网速比的关系

浆速与网速的关系可用下列公式表示：

$$v_M = \phi v_C$$

式中 v_M——上网纸料的速度，m/min

v_C——造纸机的网速，m/min

ϕ——浆网速比

ϕ 值与纸页脱水成形及成纸质量的关系如表 4-5 所示，不同纸种的 ϕ 值如表 4-6 所示。

表4-5　ϕ值与纸页脱水成形及成纸质量的关系

ϕ值	浆网速关系	脱水、成形特点	成纸质量	备　注
$\phi=1$	$v_M=v_C$	网对纸料无剪切力，扰动小，纤维易发生再絮聚	匀度较差，甚至产生云彩花	高速夹网纸机采用
$\phi>1$	$v_M>v_C$	沿纸料厚度有纵向速度差，能产生剪切力，有利于防止纤维絮聚。若ϕ过大，纸料翻滚，纤维横向排列增多，产生纤维卷曲或垂直于网面的现象	对游离浆会留下浆道子，对黏状浆，有利于匀度提高	适用于黏状浆抄薄纸或伸长率大的纸张
$\phi<1$	$v_M<v_C$	网对纸料的牵引力促进纤维分散，减少纤维絮聚．曲过小，纵向排列的纤维增多	匀度较好，ϕ过小，纵横向强度差，成纸的多孔性和柔软性较差	一般纸张多控制在$\phi<1$

表4-6　不同纸种常用ϕ值

纸种	ϕ值	纸种	ϕ值
印刷纸、书写纸	0.83～0.93	卷烟纸、电容器纸	1.06～1.14
纸袋纸	0.95～0.98	拷贝纸	1.05～1.10
纸绳纸	0.79～0.80	电缆纸	1.08～1.18

3. 上网段的要求

①纸料从流浆箱堰板喷出，喷浆应做到全幅纸料的喷射角、喷射速度（浆速）、喷射距离（以着网点距胸辊轴向中心线的距离来表示）和喷浆的厚度等保持一致。另外喷射方向与纸机中心线应平行。还要求喷浆时纸料中不混入空气，不产生过大的湍动干扰和跳浆。

②在生产中应该做到“五稳”和“两个一致”。“五稳”的要求是：纸料的配比稳、车速稳、堰池的水位稳、送浆泵白水泵的压头稳和进出伏辊时湿纸的水分稳。“两个一致”是指：全幅纸料上网一致和湿纸水线的长短一致。

③纸料上网时，若有任何一点的着网点不一致，先着网处的纸料先脱水，在此处将出现一凹点。附近的纸料会流向此处，产生一厚块，影响纸页的匀度。

④喷射角调节和控制要求纸面上没有条纹、成纸匀度好。黏状浆和草浆脱水困难，喷射角可大一些，以增加胸辊的脱水量。而游离浆脱水容易，喷射角应该调节小一点以减少胸辊端的脱水量。

4. 成形脱水段纸页的脱水与成形

（1）成形脱水段概述

①成形脱水段的脱水和扰动主要靠成形脱水段的各种脱水元件（如案辊、沟纹案辊、案板等）和整饰辊及摇振装置等所产生。

②上网的纸料浓度为0.1%～1.2%，远远大于纸料的临界浓度（0.05%），所以纤维很容易产生絮聚：a. 纸料在定形前不进行适当的扰动会产生再絮聚。b. 扰动太轻，剪切力难以将絮聚的纤维分散开。c. 扰动的规模太大，会产生大涡流，使纸料表面出现条纹状的浆流，甚至产生跳浆和气泡，会造成纸页厚薄不均，匀度不良，甚至破坏纸页的成形。还会产

生脱水太急，细小纤维流失过大，纸页的两面差大等。d. 要求能进行适当的扰动，产生的剪切力要求能使纤维分散，防止纤维絮聚，能提高纸页的匀度和强度；并能恰当地控制脱水量。

③脱水量为网部总脱水量的65% ~85%，湿纸页经过第二段成形和脱水后已基本定形，干度为1.5% ~4%。

（2）案辊

①案辊的结构：

a. 案辊是一种薄壁管辊，外包5mm硬橡胶面层（硬度为肖氏98 ±2），以减少成形网的磨损。结构上要求质轻、平直、转动灵活，有足够的刚度，动态平衡好。

b. 案辊是由成形网拖动的，成形网对案辊的包角很小，牵引力小，所以转速常低于网速。

c. 案辊的直径为65 ~400mm，直径是随车速的提高、纸机宽度的增加而增大，如图4 –37所示。案辊长度越长，直径越大，稳定性越高。随着纸机趋于宽幅高速，案辊的直径越来越大，难以使辊子达到其临界转速，趋于不稳并产生抖动。

d. 案辊的轴承座应有调整装置，可调整案辊与网均匀接触以及调节案辊间的距离。

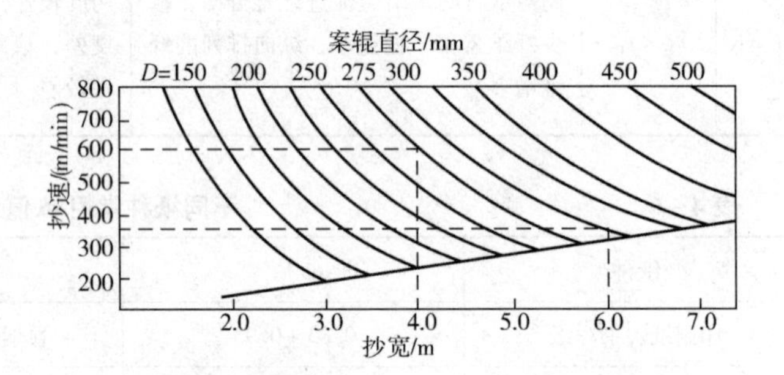

图4 –37 案辊直径与抄速和抄宽的关系

②案辊的脱水机理

a. 案辊的脱水过程：如图4 –38所示。当网到达案辊时，网下的少量水以及案辊表面上的水向上进入已部分成形的湿纸页中，冲刷和松散纸页结构。当网越过案辊的顶点时，便进入网和辊面形成的楔形区。楔形区能产生抽吸作用，使网上的水从浆层中滤下而充满楔形区。大部分被甩到网下白水盆中，一小部分附在网下，余下附在辊面上。抽吸区的真空作用使纸的网面细小物质的流失，增加成纸两面差。车速高时形成网印。在负压作用下，网在抽吸区向下凹陷，过后压力恢复，瞬间产生很大的向上加速度，使纸浆产生跳浆的现象（如图4 –39所示），影响纸页均匀成形。如果流浆箱不稳定，即使车速低至390m/min，也可能发生跳浆现象。

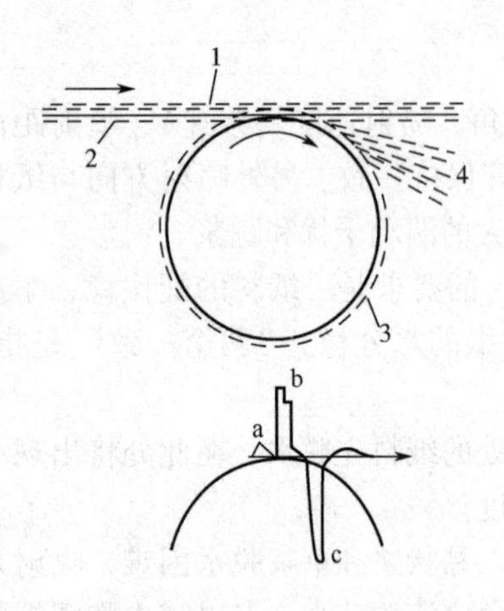

图4 –38 案辊脱水机理

1—网上纸料 2—网下附着水

3—案辊附着水 4—脱水白水

b. 案辊的脱水机理：网速小于60m/min时，网部脱水主要是靠静压力脱水。网速大于60m/min后，图4 –38a处因案辊向网上压水而显正压，b处因辊子对网的反作用而产生压力高峰，以后由于抽吸作用出现负压，使纸页在真空下脱水。案辊最高真空度约为$1/2\rho v^2$，ρ为白水密度，v为网速。图4 –40列出在车速600m/min和750m/min时的压力曲线。真空作用形成的脱水区面积很小，脱水集中。直径为75mm的案辊的脱水宽度12.5mm，直径为225mm的案辊的脱水宽度为25mm。案辊直径对真空抽吸力的影响如图4 –41所示。

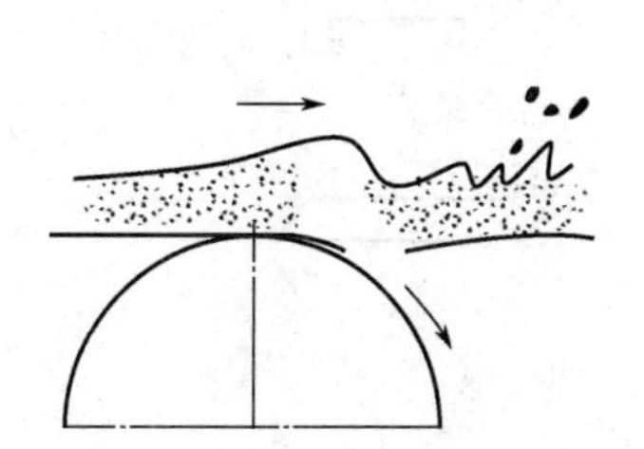

图4－39　案辊后的跳浆现象

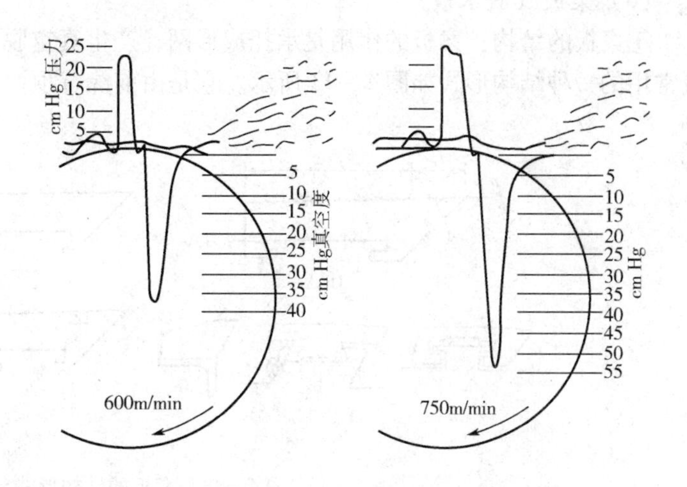

图4－40　案辊正压和负压与车速的关系

注：1cmHg＝1333.22Pa。

③案辊的数量和排列：在使用黏状浆料车速很低的造纸机上，案辊的排列是先密后疏，使浆料上网后较多地脱水，避免再絮聚的发生。在车速较高的纸机上，案辊的排列通常是先疏后密或先疏中密后疏的方式，主要是避免细小纤维和填料等的过大流失。

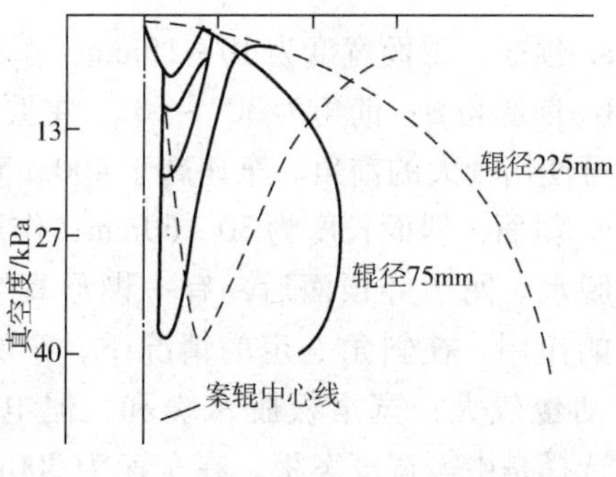

图4－41　案辊直径对真空抽吸作用的影响

④沟纹案辊

a. 沟纹案辊是辊面有平行的沟纹，沟宽3～6mm、深1.5～9.5mm。沟纹案辊与网子的接触面积少，可减少案辊的抽吸作用。

b. 沟纹案辊的脱水量只有普通案辊的1/2～1/10。能缓和纸浆网部的前期脱水。靠近胸辊的沟纹案辊的沟纹要宽些、深些，而以后的沟纹案辊可逐渐减小沟宽和沟深。

c. 沟纹案辊适用于在网上因脱水剧烈而发生严重扰动的地方。

d. 沟纹案辊会使网部的脱水能力降低而要求加长网案。

e. 相邻沟纹案辊的沟纹必须错开，不要排在一条线上，以免产生浆道。

⑤挡水板：车速高时，前一案辊脱除的水还未来得及排走，就会被下一个案辊前端压入纸页。所以，在案辊之间插入挡水板，可以刮去因表面张力附着在网下的水层，并减少与成形网在案辊间的下垂。典型的挡水板例子示于图4－42。挡水板安装要接触网，以刮去附着于网下的白水。有些挡水板的上缘制作成案板，从而增加网案的脱水能力。

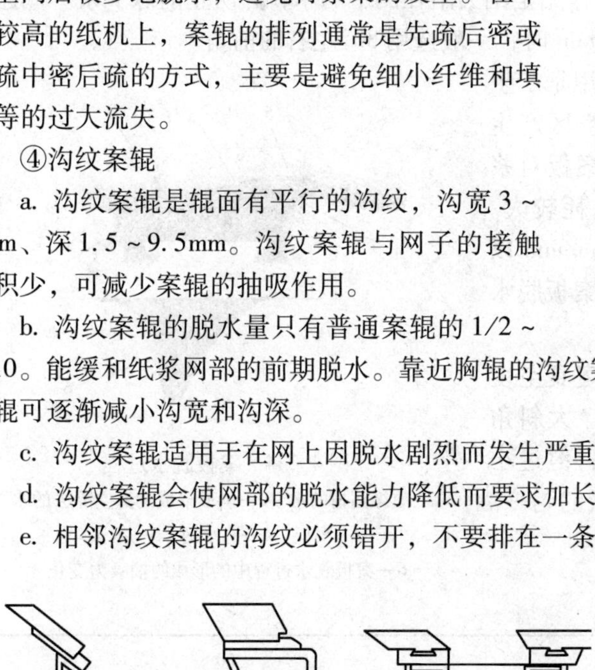

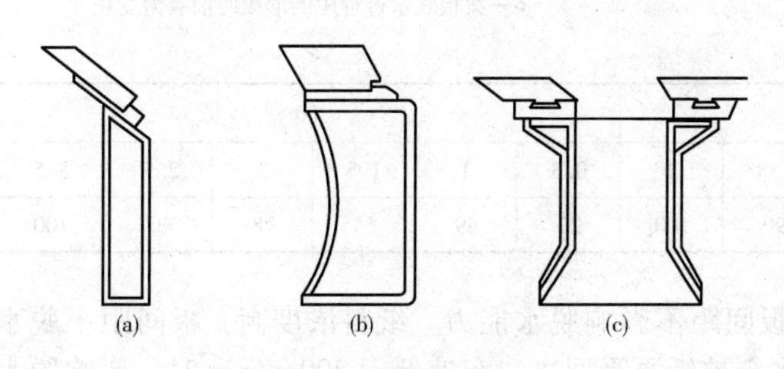

图4－42　导流板和挡水板

（a）导流板　（b）单式挡水板　（c）双式挡水板

（3）案板（脱水板）

①案板的结构：案板的作用是承托成形网，产生真空脱水作用和刮去网下附着的水分。案板常用的一种结构形式如图4－43所示。它是由前缘、顶面和斜面组成。

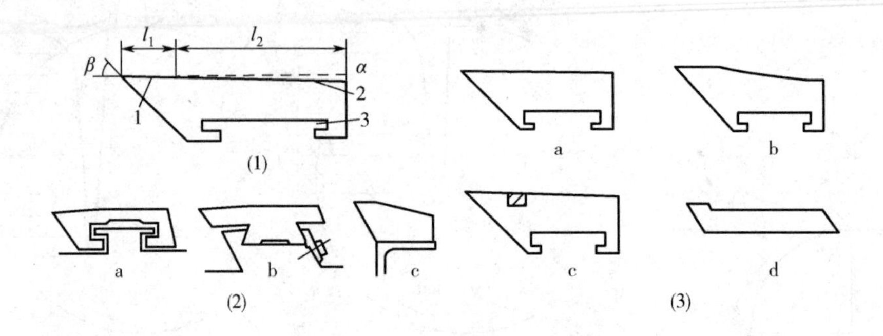

图4－43 案板的结构形式

（1）案板的基本形式 β—前缘角 α—斜角 l_1—前缘平面长度 l_2—斜面长度 1—前缘平面 2—斜面 3—T型槽

（2）案板安装方法 a—滑动法 b—固定法 c—黏接固定法

（3）案板的形式 a—规则型案板 b—S型案板 c—镶碳化钨案板 d—非线性案板

a. 顶面：顶面宽度为10～15mm，作用是支承网面并产生水膜，使斜面产生真空。

b. 前缘角β：前角为30°～60°，主要作用是刮去附在网下的水，并防止前缘卡浆。低速纸机上可使用较大的前角。车速高于400m/min时，一般选用30°左右的前角。

c. 斜面：斜面长度为30～60mm，作用是产生真空脱水。网子经顶面后，有一楔形真空区产生脱水的作用。在斜角一定的情况下，窄案板对浆料扰动也较大；宽案板脱水缓和，但电耗较大。最好选择是中等宽度案板。在车速为300m/min以上的纸机，多数采用斜面宽度为50mm。案板脱水过程如图4－44所示。

d. 斜角α：斜角为1°～5°，斜角决定真空度的大小。增大斜角，脱水能力随着增加。大斜角的案板脱水过分强烈，影响纸幅的成形；但过小斜角的案板对浆料的扰动太弱，影响成纸的匀度。不同斜角案板的脱水量如表4－7所示。

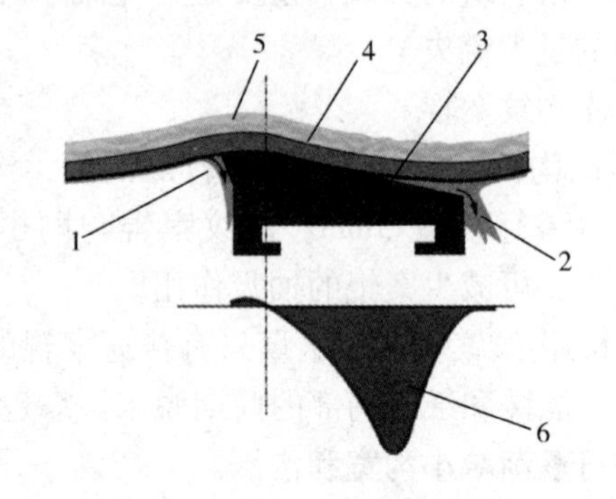

图4－44 案板脱水过程

1—前缘刮掉的水 2—斜面形成的真空除去的水 3—案板 4—滤水网 5—纸页 6—案板脱水过程中的形成的抽吸力变化

表4－7 不同斜角案板的脱水性能

案板斜面宽度/mm	100				50					
斜角/（°）	0.5	1	1.5	2	0.5	1	1.5	2	2.5	3.5
脱水量/%	43	70	90	100	27	49	65	78	90	100

e. 案板间距：纸料浓度低，加大板间距不影响脱水能力。纸料浓度高，板间距小脱水效能高。如果板间距宽，附于网下的水会被纸页吸回去。车速低于200m/min时，影响脱水量的是斜面宽度，其次是斜角。车速高时，案板的脱水量与宽度无关，只是对宽案板选用小斜角。

f. 各种案板与案辊在不同速度下的压力特性曲线比较示于图4－45。从图上可看出，随着车速的增加，案辊抽吸力显著增加。

g. 随着案板角度和案板长度的增加，案板刮刀所产生的最大抽吸力增加。案板的抽吸力随车速平方而成正比地增加。案板抽吸力随浆层滤水阻力的增加而增加。通常位于网案水线以后部分。

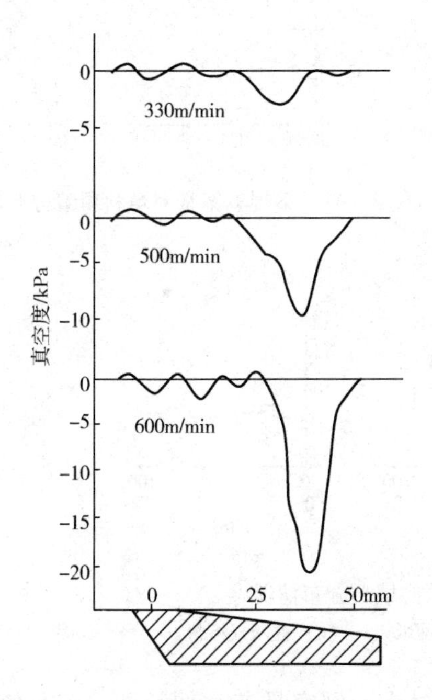

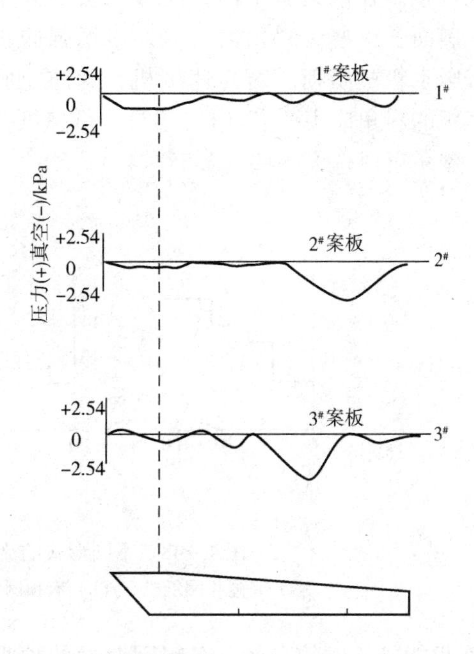

图4－45　车速对案板脉动曲线的影响

②案板脱水与案辊脱水的比较

a. 案板的脱水量大而缓和：案辊脱水时各层水膜的速度差很小并接近于网速，抽吸力强，水分很快脱出。而案板是固定不动的，在楔形区中沿斜面的水膜前进的速度较慢。抽吸力较弱，脱水缓和，如图4－46所示。一块案板的脱水量一般为案辊的1/2～1/3，但四个案辊的位置可以安装12～16块案板，因此案板脱水时抽吸力虽小，但块数多频率高，真空区长，总脱水量大于案辊。

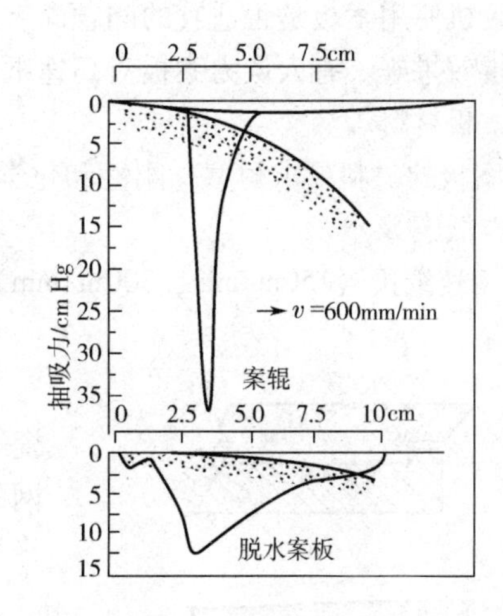

图4－46　案辊与案板的真空抽吸力曲线比较

注：1cmHg = 1333.22Pa。

b. 案板能改善纸页的组织提高成纸的质量：案板脱水主要靠案板的前角将大量的网下吸附水刮除，细小纤维、填料等的保留率高，白水浓度低，纤维流失较少，成纸细密网痕轻、纸页两面差小。案板后夹区各层水膜存在着速度差，水膜内部存在着剪切力，产生的扰动能促使纤维分散改善纸页的成形。案辊、案板对填料留着分布的影响如图4－47所示。图4－48为不同形式的流浆箱，填料分布的情况。从图中看到，从BS网侧到TS面侧，夹网式流浆箱对填料的分布较为均匀，基本没有变化，而普通长网纸机的两面填料的流着变化很大。

c. 案板易于调节：案板可以改变斜面的长度和斜角的大小，能精确控制脱水量和脉动强度。在网案的成形区要求缓慢脱水，可以选用短的斜面，小的斜角，使案板脱水缓和，消除网上纸料的过分扰动和跳浆现象。在网案脱水区，案板的安装间距应近一些，斜面长一些，斜角大一些，以增强脱水能力，减轻吸水箱的负荷。对高速纸机，为防止脱水过猛，案板的斜角应小一点（1°～3°）。低速纸机抽吸力弱，斜角可以选大一些（2.5°～4°）。

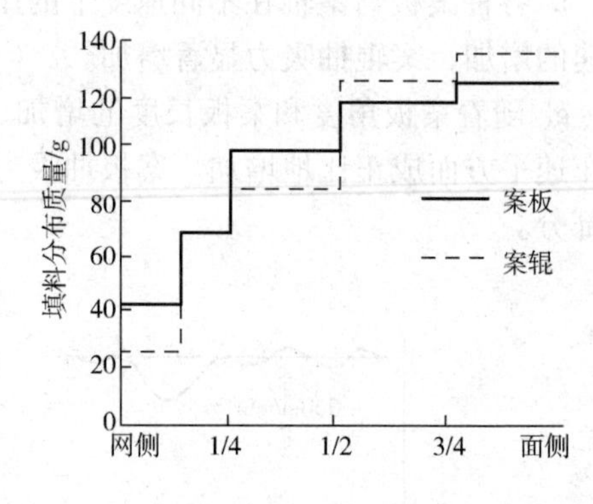

图 4－47　案辊、案板对填料留着分布的影响

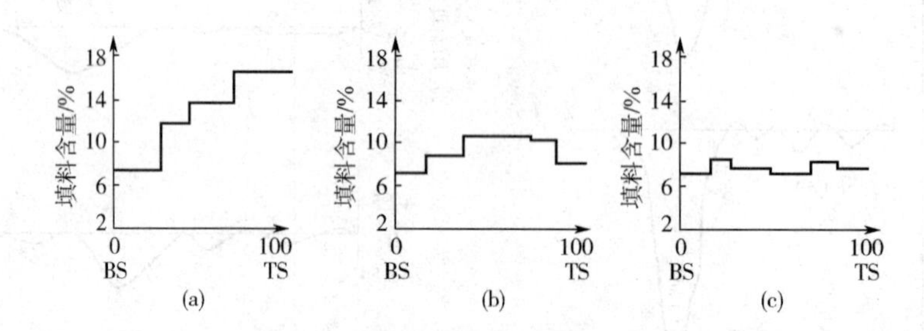

图 4－48　不同形式的流浆箱的填料分布情况

（a）普通长网纸机　（b）有顶网的长网纸机　（c）夹网式纸机

d. 案板能延长网的寿命：案辊因对网的抽吸力过大，网容易产生伸长和下陷，使用聚酯网时更为严重。而用案板能减轻这种作用，故便于推广价廉、耐磨、性能良好的聚酯造纸网。对低速纸机使用案板是否适宜的问题尚有争议。有人认为，低速纸机案板扰动强度太轻，不如使用案辊效果好。有人认为案板对高速纸机、低速纸机均能适用。

③案板材料

a. 案板的材料要求耐磨，刚性和化学稳定性好，摩擦因数低，对网的磨损小，便于加工，制作成本低廉等。

b. 中速纸机（150m/min～500m/min）可选用软质材料，如高密度聚乙烯或含二硫化钼的硬橡胶等。

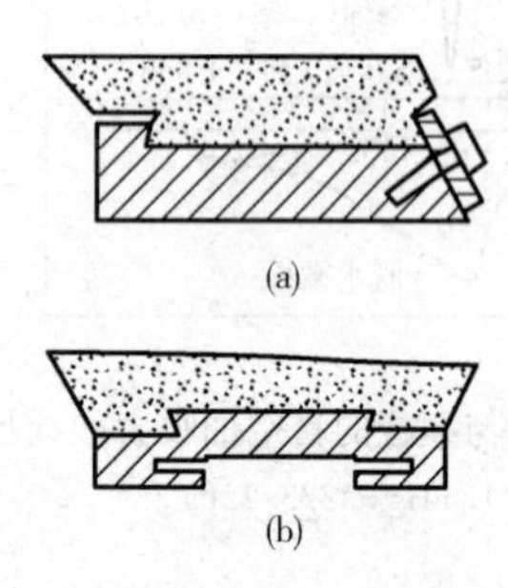

图 4－49　全陶瓷案板

（a）带压板的全陶瓷案板

（b）不带压板的全陶瓷案板

c. 对高速纸机（500m/min 以上），选用高纯度的陶瓷等硬质材料。陶瓷硬度高，表面光滑，极其耐磨，对网的磨损小，运行负荷小，是案板较理想的材料，但价格昂贵。

d. 陶瓷案板：ⓐ内嵌式陶瓷案板：是在聚乙烯案板的基础上开一600 的燕尾槽，将磨削成型的陶瓷条镶入而成。ⓑ外嵌陶瓷案板：这种形式的面板，后面只有一部分是陶瓷材料，后面磨损较快。ⓒ全陶瓷案板：全陶瓷案板如图 4－49 所示。是经磨削加工后的陶瓷块直接装在不锈钢架上用压板压住，陶瓷与钢材膨胀系数相近，不易在纵向产生变形。使用陶瓷案板后，网部脱水性能良好，网张力均匀，运行平稳，能大幅度降低工网部的驱动功率电流，网使用寿命延长。

④案板设计和使用中的几个问题

a. 案板宽度的选用：案板应用在330m/min以上车速的造纸机上时，狭窄的案板灵活性较大，对纸料的扰动也较大；宽度大的案板脱水缓和，有利于提高纸幅中细小组分的留着率，但电耗较大。最好选择中等宽度案板（斜面宽度约50mm）。

b. 案板斜角的选用：在网案的不同部位，应选用不同斜角的案板。越向网案的干端，案板的斜角应增大。在湿端应使用较小斜角的案板，这样才能发挥案板的脱水效能。

c. 案板叶片之间距离的选用：在初期上网成形阶段，应该增大叶片间距使脱水缓慢一些，待初步形成滤层时，要求比较短窄的间距。在网案干端，有时插入案辊加强网上纸页的湍动，加强脱水，200m/min以上车速的纸机在真空吸水箱前段有真空脱水箱，可控制真空度强化脱水。

d. 案板前角的选用：案板的前角为30°左右时，具有良好的刮水性能。前角过小时，容易造成积浆。前角增大至45°左右时，大约有85%的网下水层被叶片的前缘刮除，余下的水分经过网孔重新进入到纸料中，造成一些有利于防止纤维絮聚的扰动，有益于纸幅的成形。

e. 案板的几何形状精度要高：案板的几何形状精度要求较高。如案板的斜面的一端高度相差1mm时，会造成0.25°的斜角误差，从而引起8%的脱水量的变化。案板脱水量变化最敏感的区间是1.5°~2.5°，这就要求案板的维修和安装都应有较高的准确度。

⑤其他形式的案板：弧形案板：结构如图4-50示，其脱水效果更好，如图4-51所示。

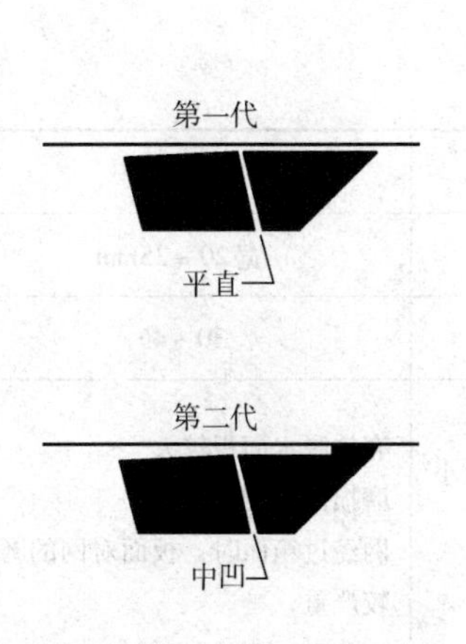

图4-50　平直和弧形案板

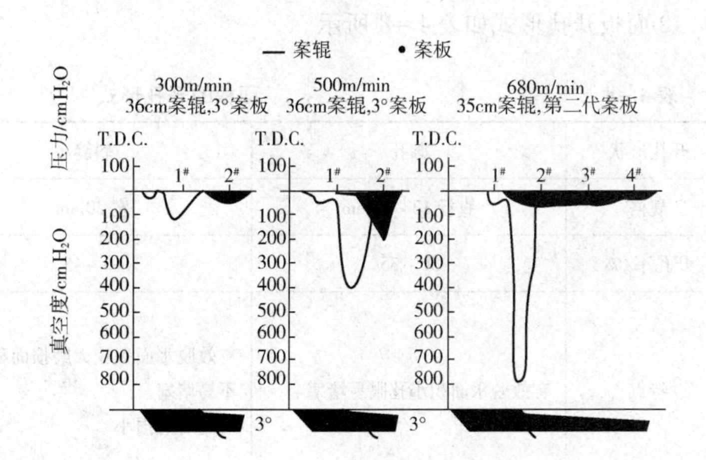

图4-51　案辊、平直和弧形案板抽吸力的比较

注：$1cmH_2O = 98.0665Pa$。

⑥案板组：案板可以单支使用，但一般是2~6支组成一组使用，案板组如图4-52所示。

（五）高压差脱水段纸页的脱水与成形

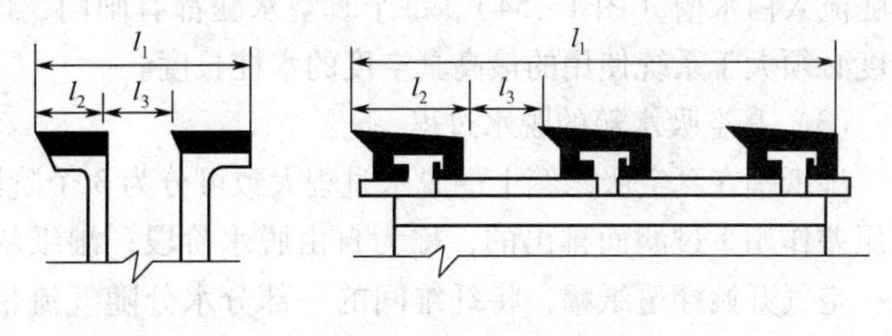

图4-52　案板组示意图

高压差脱水段主要由真空箱和伏辊对纸页进行强制脱水，使出伏辊纸页的干度达到15%~25%，使湿纸页具有一定强度以便引入压榨部。

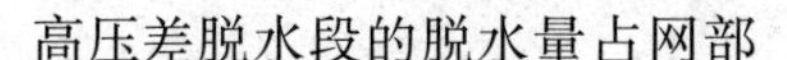

高压差脱水段的脱水量占网部

脱水总量的10%～25%。强化高压差脱水段应尽量提高纸页的干度，从而提高湿纸幅强度，保证纸页顺利传递至压榨。

1. 真空吸水箱

（1）真空吸水箱的作用

随着湿纸幅浓度的提高，脱水阻力增大，必须采用真空吸水箱高压差强制脱水（依靠真空度为10～33kPa的真空吸水箱）来完成。

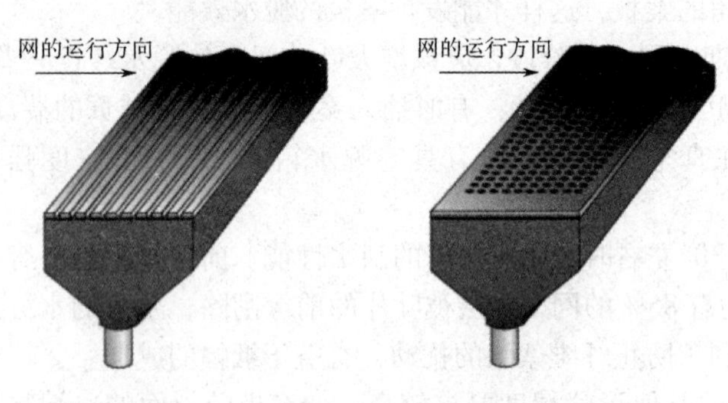

图4-53 真空吸水箱结构示意图

真空吸水箱前干度为2%～3%，真空吸水箱后的干度可达8%～12%。

真空吸水箱开始只是从纸页脱去水分，后来空气和水一起被抽入真空吸水箱。空气穿透浆层的这一点，称为"水线"。一般水线处的浆浓约为7%。

（2）结构

①真空吸水箱是木质、型钢焊接或铸铁结构。现代化纸机多使用硅铝合金或不锈钢焊接的箱体。其表面结构见图4-53所示。

②面板开孔形式如表4-8所示。

表4-8 面板的开孔形式

开孔形状	圆孔	斜缝	条缝
规格	直径13～18mm	宽20mm	宽20～25mm
开孔率/%	30～35	40～45	30～45
特点	有效脱水面积小孔眼易堵塞	有效脱水面积较大磨损面积较小 不易堵塞 对网的磨损小	有效脱水面积较大 磨损面积较小 网经过箱面时，板面对网的磨损较严重

③真空吸水箱的两端装密封挡板。可调节吸水宽度，防止空气从成形网边侵入吸水箱。

④由真空吸水箱吸入的水分和空气，经过分离器后，气体由上端排入真空系统，水分经过水腿流入白水槽（图4-54）。每个真空水腿都有闸门，以控制各真空箱的真空度。水腿管的长度必须大于系统使用的最高真空度的水柱长度。

（3）真空吸水箱的脱水过程

湿纸幅在真空吸水箱上的脱水过程大致可分为3个阶段：最初，湿纸幅水分是在真空造成的压差作用下过滤而排出的，称为自由脱水阶段；湿纸幅在压差作用下被压缩，发生压缩脱水；空气开始穿透纸幅，将纤维间的一部分水分随气流带入吸水箱内，形成所谓空气动力脱水。真空箱上的脱水情况如图4-55所示。曲线有明显的两个转折点，表示真空吸水箱上的脱水过程有上述的3个阶段。

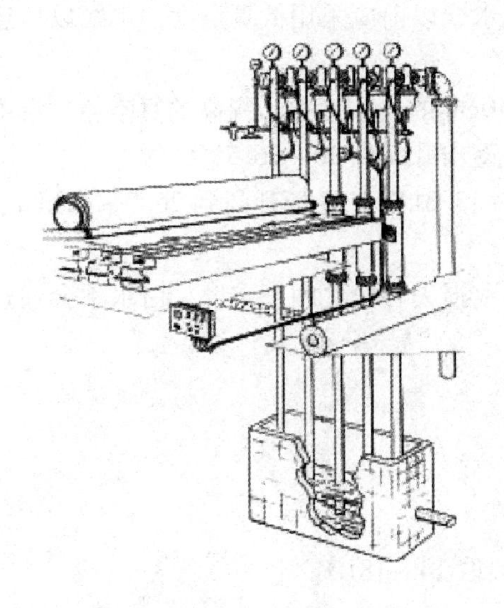

图 4－54　真空吸水箱的真空系统

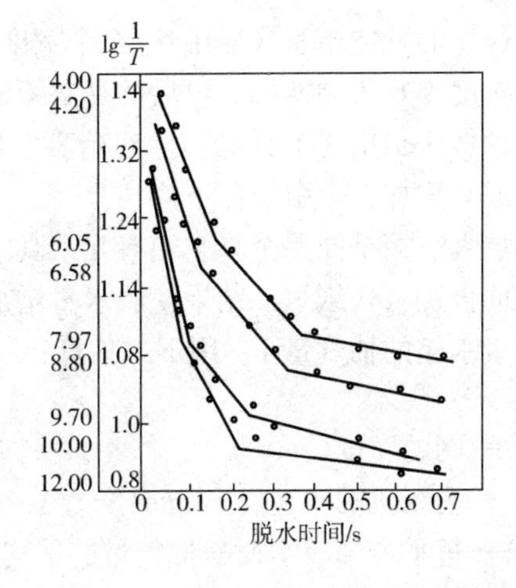

图 4－55　真空脱水纸幅干度与脱水时间的关系

在自由和压缩脱水阶段，当脱水量一定时，真空度的大小与脱水面积的关系可用下式表示：

$$L_1\sqrt{H_1} = L_2\sqrt{H_2}$$

式中　H_1，H_2——真空箱吸水箱的真空度

L_1，L_2——等量长度（真空箱吸水箱的总脱水面积/有效的吸水网宽）

由上式可见，吸水箱宽度增大两倍时，可以达到提高真空度为 4 倍的同样效果。所以在真空吸水箱的自由脱水和压缩脱水阶段，提高真空度对聚酯网的磨损和动力消耗极为不利，应适当的降低真空度和增加真空箱的吸水面积，也就是采用数量多、宽度窄且排列紧密的真空吸水箱。

（4）真空吸水箱的数量

采用数量较多、宽度较窄并且排列紧密的真空吸水箱，是有利于脱水的。

造机所需真空吸水箱的数量和所生产的纸的品种有关（主要决定于纸料脱水性能），通常是使用相类似造纸机的真空吸水箱的单位吸水面积的产纸量来推算。某些纸种的真空吸水箱的产纸量见表 4－9，生产某些纸种的真空箱的数量见表 4－10。

表 4－9　真空吸水箱的单位产量指标

真空吸水箱的单位产量/［kg 成纸/（m^2·h）］	
新闻纸	750～1200
3 号书写纸和印刷纸	600～800
1 号书写纸和印刷纸	250～400
纸袋纸	800～1300
电容器纸	10～40

表 4－10　真空吸水箱的常用数量

真空吸水箱的常用数量/个	
用易脱水浆料生产薄型纸	2
粗浆生产包装纸	3～4
高速纸机生产新闻纸	6～8
电容器纸	7～8
防油纸	9～14

（5）真空吸水箱的排列和真空度的控制

真空吸水箱的真空度是渐次提高的，因初始湿纸水分大，如果真空度过高，白水的流失

大，纸页两面差严重，甚至会破坏纸页的成形。因此水线以前应采用低真空度，水线以后逐渐增大真空度。

常规操作的真空箱系统使用5～6个宽度为15～40cm的真空度逐步提高的真空箱。湿端真空箱的真空度为6.7～10kPa。以后的真空箱的真空度逐步升高到20～26.7kPa。

另一种做法是用4个真空箱，起始真空度为10～13.3kPa。逐步升高到26.7～40kPa。脱水量相等或有增加，牵引负荷下降。

多隔层真空箱是同一个真空箱有几个真空度。不致损失各段之间真空度，白水不会通过各真空段之间再被吸入纸页。结果使脱水量增加。

真空吸水箱的抽气量 V，用下式估算：

$$V = Kbu$$

式中 b——网的宽度，m

u——造纸机的车速，m/min

K——每平方米吸水面积抽气量的平均值（一般取14～18L）

（6）影响脱水的因素

脱水的难易与湿纸页毛细管的直径和长度、水的黏度等因素有关。毛细管越小、越长，脱水就越困难，所需的真空度也就越大。游离浆的纸页结构松，易脱水，需要的真空度较小。黏状浆脱水较困难，需要提高纸料的温度以提高脱水效率。

在自由脱水和压缩脱水阶段应适当降低真空度和增加真空吸水箱的脱水面积。采用数量多、宽度窄且排列紧密的真空吸水箱，有利于脱水。

（7）工艺控制

①真空度对脱水量的影响如图4－56所示。提高真空度能够提高真空吸水箱的脱水量。在纸页干度较低（如3.8%）的情况下，提高真空度能够显著提高脱水效果；而在纸页干度较高（如11.2%）的情况下，提高真空度对提高脱水效果的作用并不大。

②真空度对真空吸水箱白水浓度的影响如图4－57所示。真空度相同，纸页干度越低，白水浓度越高。纸页干度低（3%），提高真空度能降低白水的浓度，但到一定真空度后影响就很小。纸页干度高，真空度对白水浓度没有影响。

③真空度对网拖动力的影响如图4－58所示。提高真空度能够显著地提高网的拖动力，从而提高网的负荷和网的磨损。高真空度（13.3kPa）情况下，纸页干度越大，提高真空度所增加的网拖动力也越显著。

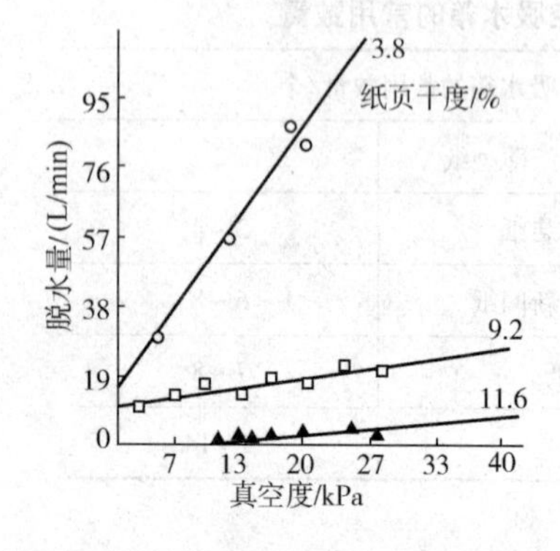

图4－56 真空度与脱水量的关系

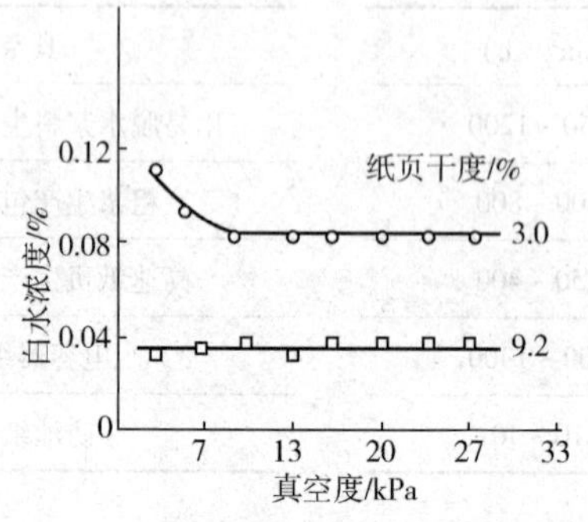

图4－57 真空度与白水浓度的关系

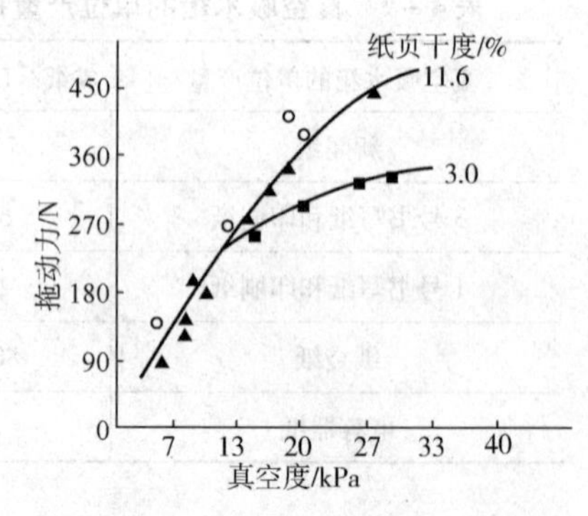

图4－58 真空度与网拖动力的关系

（8）真空吸水箱对网的磨损

真空吸水箱对成形网的磨损十分严重，真空箱磨损则使纸页产生浆道。为降低网的磨损，可采取如下措施：

①改进真空吸水箱的面板材料。低速纸机箱面的材质一般为高密度聚乙烯，工程塑料耐酸、耐碱，强度和耐磨性好，是制作面板的好材料。高速纸机箱面材质为碳化硅或氧化铝等硬质材料。陶瓷的硬度高，表面光滑，没有积浆现象，磨损极微。几种材料对聚酯网的磨损速度如表4-11所示。

表4-11　几种材料对成形网的磨损速度

材　质	成　本	使用寿命	摩擦因数	聚酯网寿命	加工安装	纸机车速
木材	低、易取材	短	大，起毛	小，易划伤	方便	低速
橡胶	低、易加工	易老化变形	大，起毛	一般，网重	方便	低速
低压聚乙烯	低、易加工	稍长	粗糙	易划伤	方便	低速
超高聚乙烯	高	长，性能稳	较小，0.12	不易划伤	方便	中速
陶瓷	高	最长，最稳	最小，0.07	自润滑好	要求高	>400m/min

②采用移动式真空吸水箱。真空吸水箱沿纸机横向设有往复移动机构，振幅5~15mm，振次10~40次/min，可以减轻成形网的局部磨损。相邻的真空吸水箱作反向运动，以免成形网走偏。也可以利用成形网自动校正器使成形网作每分钟10次的横向往复运动，减少成形网局部磨损。

③使用履带式真空吸水箱。履带式吸水箱是在吸水箱面板上设一个随成形网运行的，并绕真空吸水箱回转的橡胶履带。履带用多层合成橡胶制成，履带上有交错排列的椭圆形吸水孔，履带由网牵引，履带式真空吸水箱可提高吸水箱真空度，加强脱水能力，提高纸机的车速，延长成形使用寿命。履带式真空吸水箱安装在伏辊前，代替水线之后的吸水箱。因为水线以后，纸页含水量少而真空度大，成形网磨损大。

2. 伏辊

伏辊在53.2~84.5kPa的真空度下运行，伏辊前纸的干度为12%~18%，普通伏辊能使湿纸幅达到15%~18%干度，真空伏辊可将干度提高到18%~25%。

伏辊也是长网部的一个主要驱动点。有驱网辊时，伏辊为辅助驱动，驱网辊则为主驱动。

（1）普通伏辊

普通伏辊又称伏辊压榨，由上下伏辊组成（如图4-59）。

下伏辊直径400~700mm，表面包覆防腐蚀的胶层或铜层。

上伏辊表面包覆15mm厚软橡胶（肖氏750~800），以防止湿纸页被压溃，且在压力下产生变形，保证全幅纸页有较均匀的压力。

上伏辊与下伏辊偏心距为100~250mm，线压为9.8~24.5kN/m。

上伏辊顶部设有刮刀清洁辊面。刮刀线压为0.2~0.4kN/m。

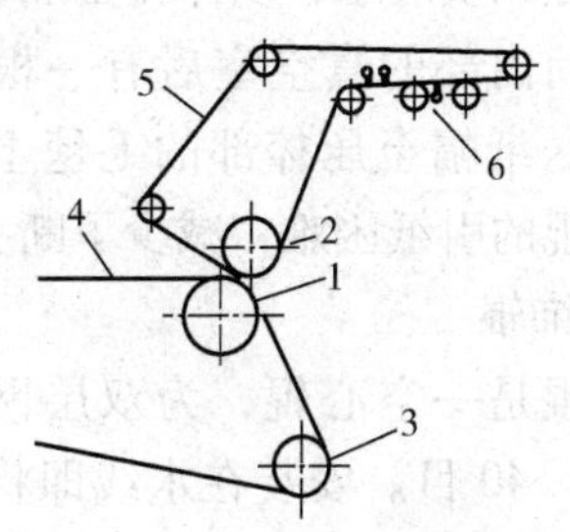

图4-59　伏辊压榨

1—真空伏辊　2—上压榨辊　3—驱网辊
4—网　5—特殊合成纤维毛毯　6—毛毯洗涤装置

（2）真空伏辊

当造纸机车速超过150m/min，抄宽超过3m后，湿纸页通过普通伏辊后的干度不够，向压榨部传递困难。采用真空伏辊，湿纸页横向脱水均匀，干度提高。

真空伏辊的结构如图4-60所示。

它是一个铸铁的空心圆筒，在外表面上沿纵向排列着分开的蜂窝格子，如图4-61所示。辊筒旋转时，蜂窝格与真空头接通，形成真空，真空度为290~580Pa。当离开真空接触区时，蜂窝格恢复常压。真空伏辊可形成不同真空度的抽吸。

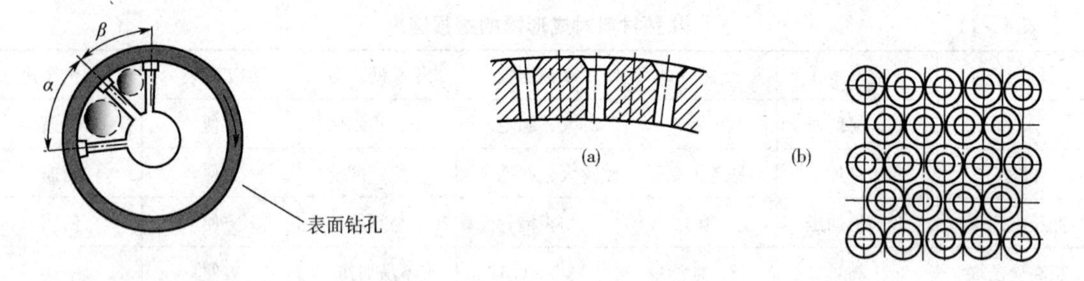

图4-60 双室式真空伏辊

α—低真空室 β—高真空室

图4-61 辊面钻孔的排列

（a）断面图 （b）辊面小孔

真空伏辊的真空度与纸种、纸料性质、车速等有关。游离纸浆或抄造薄纸真空度最低，文化用纸真空度25~40kPa，新闻纸60~70kPa，防油纸达75kPa。双室及三室的真空度渐次增大，以降低功率消耗及提高纸的干度。

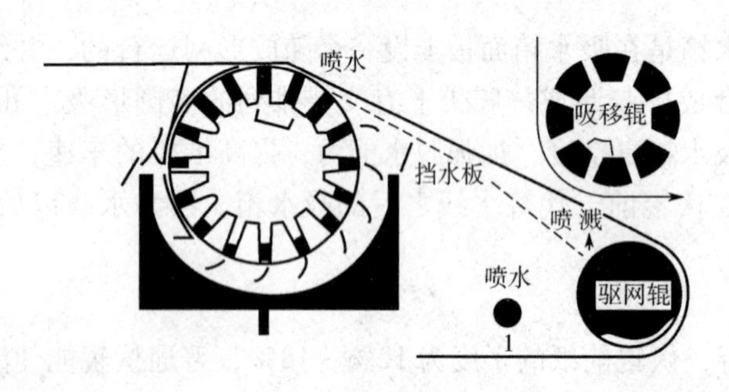

图4-62 高车速时辊面附水被离心力甩出示意图

在车速低时，水和空气进入伏辊真空室，必须使用水气分离器系统来分离空气和水，使白水不致进入真空发生系统。在较高车速时，空气和水被抽入伏辊外壳孔眼，一旦孔眼离开真空区，水就被离心力甩出。所以，必须装设伏辊白水盘和挡水板。如图4-62所示。

在真空伏辊上装设包覆软胶（肖氏硬度300~400）的上伏辊，使干度提高1%~1.5%，减少伏辊上的断头。上伏辊线压力为0.98~1.18kN/m。上伏辊与真空伏辊有一定的偏心距。为防止纤维黏附，可在辊上喷少量雾状喷淋水，以保持湿润和干净。

在辊筒内部的真空室后有一根压缩空气管，吹送纸幅至压榨部的毛毯上，克服了普通伏辊的引纸困难，减少了断头现象。

3. 整饰辊

整饰辊是一空心辊，为双层网，外网网目为35~40目。安装在水线即将消失之前的两组真空箱之间，此处浆层的干度约6%，湿纸上还有一层水膜。如湿纸过干或完全成形，整饰辊的效果差。图4-63水印整饰辊。

图4-63 带水印图案整饰辊

（1）整饰辊的作用

①梳理纤维、整饰纸面。整饰辊使浆层受压后产生纵向剪切力，使纤维分散消除絮聚，使纸页的厚薄一致，减少两面差，提高纸面的结合强度，

②给某些特殊纸种提供需要的水印图案。

③整饰辊是改善纸页匀度的有力措施，成纸细腻，具有均匀透光的感觉。

低速纸机的整饰辊由造纸网拖动，高速纸机的整饰辊设有驱动装置，其线速度与网速几乎一致或在高于网速千分之几时整饰的效果最好。整饰辊的转速大约不超过150r/mim。车速越高，直径越大，如表4－12所示。高速大直径整饰辊逐步流行起来并起到良好的作用。

表4－12　纸机车速与整饰辊直径的关系

纸机车速/（m/mim）	100	300	750	915
整饰辊直径/mm	400～500	800	1630	2130

大直径的整饰辊与网的接触面大，浆层受压平稳而均匀，因辊径大与网的夹角较小，溅水少。

（2）克服黏辊的措施

草浆的纤维短而杂细胞含量多，容易被网面黏起使纸上产生透帘或孔洞，甚至影响纸机正常抄造，车速越高这一问题越严重。为克服黏辊的困难，可采用以下措施。

a. 使用间距为70mm的针形高压喷水管，压力为1.3～1.4MPa。b. 高压水管可横向移动。c. 使用射流元件作为工作信号，驱动高压水管往复移动。d. 拆除辊筒内的蒸汽管，换上接水管。

四、造纸成形网

（一）聚乙烯塑料成形网

1. 网目

成形网的目数是指每厘米宽或每英寸（25.4mm）宽，经线的根数或网眼的个数。网的纬线的根数为经线根数的60%～70%，直径较经线大10%，故网眼呈矩形，网目的数字越大说明网目越细。

2. 规格

低压聚乙烯环织网的品种与规格见表4－13所示。

表4－13　聚乙烯塑料网的规格

网目			纬/经/%	最大长度/mm	塑料牌号		直径/mm		网孔透光面积/mm^2	计算质量/（kg/m^2）
目/in	目/cm	目/cm^2			经	纬	经	纬		
30	12	94	65	4000	聚乙烯单丝	聚乙烯单丝	0.27	0.30	1.58	0.126
40	16	166	65	4000	聚乙烯单丝	聚乙烯单丝	0.25	0.27	0.27	0.140
50	20	240	60	4000	聚乙烯单丝	聚乙烯单丝	0.21	0.25	0.18	0.128
60	24	346	60	4000	聚乙烯单丝	聚乙烯单丝	0.19	0.23	0.11	0.130
65	26	406	60	4000	聚乙烯单丝	聚乙烯单丝	0.17	0.21	0.093	0.114

3. 聚乙烯塑料网的选择与使用

聚乙烯塑料网通常分为造纸工业洗涤过滤网、圆网纸机的里网和外网三种。粗浆选用目数小的网，而细浆选择目数大的网（见表4－14）。

表4－14　塑料网“环型”目数的选择

纸张品种	目/in	45	50	60	65	70	80	90	100	65/195	塑料 环型网			
											40	45	50	60
油毡纸、瓦楞纸、涂料纸		■	■								■	■		
黄纸板			■	■							■	■	■	
包装纸、白纸板			■	■	■							■	■	
书皮纸、凸版纸、书写纸					■	■								■
薄书写纸、单胶纸					■	■	■							■
复写纸、糖果纸							■	■						
食品包装纸、打字纸								■	■					
卫生纸				■	■									■
餐巾纸								■	■	■				

大多数圆网纸板机选用的目数（目/in）为里网8目、10目、12目、14目，外网40目、45目、50目。最大目数为65目/in。

选用环形聚乙烯塑料时，环形塑料网周长应比圆网网笼周长大1.0%～1.5%为宜。

（二）聚酯网

铜网耐疲劳性差，耐腐蚀性低，生产中易发生碰伤、起拱、打褶等，限制了纸机能力的发挥。

塑料网虽在圆网机上取得成效，但在长网纸机上由于塑料网吸水后变形，出现伸长和横缩问题。而且塑料网回弹性差，不能有效控制，因此，不适于长网造纸机用。

聚酯成形网是采用聚酯（聚对苯二甲酸乙二酯，PET，俗称涤纶）单丝为原料编织而成的。它的强度、弹性、耐磨及耐腐蚀都优于铜合金网。它的耐热性能、湿态强度不降低，又优于其他品种的塑料。聚酯成形网经反复弯曲变形后，不发生疲劳断裂现象。它具有更大的抗凹痕、抗机械损伤、耐疲劳、耐腐蚀的能力，使用寿命长。国外已广泛的采用聚酯成形网。

1. 聚酯成形网的种类

（1）按织造方法分

①环织网：又称无端网，网子在织机上织成环形，没有接缝。

②片织网：称有端网，片织网与普通铜网织机织法基本相同。

（2）按织网线材结构分

①单丝网：是单体丝，又称综丝，是由合成材料经过挤塑、牵伸制成的各种不同直径的单丝。

②复丝网：是由合成材料的纤维经过纺纱及合胶而生产的各种规格的线材，再经过树脂处理后用于织网。

③多织网：经线用复丝，纬线用单丝，或经线用单丝，纬线用复丝的网。

（3）按合成网织物层次分

①单层网：单层网一般都采用四综破缎纹的织法。

②双层网：同样是双层网，但编织方法上又各有不同，有等纬的双层网还有差纬的双层网（指网子的上下两层采用不同直径的纬线）。

2. 聚酯成形网的选择

聚酯成形网的使用寿命与纸机成形方式（如长网纸机、夹网纸机）和纸机工艺条件（如脱水元件材质、形状、设计，浆料种类配比，填料的种类、含量，真空度、网速、网的张力、网的清洗和细小纤维留着率等）有关，同时与网子本身的结构（如复丝网、单丝网、单层网、双层网或多层网、网目和厚度、经线、纬线与接触表面情况）的关系更为主要。因此，对造纸成形网的合理选择，要综合考虑各方诸因素，成形网的选择如表 4 - 15 所示。

表 4 - 15　成形网的选择

应用范围（纸种）							
经×纬/cm	9.5×8	16×13.5 16×16	21.5×15 21.5×19	27×18 27×23.5	31×21.5 31×30	35×27.5 35×35	39×37
经×纬/in	24×20	41×34 41×41	55×38 55×48	70×46 70×60	80×55 80×76	90×70 90×90	100×94
级别	粗　级	中　级			细　级		特　细
瓦楞纸	■						
箱纸板	■						
壁　纸	■						
中等挂面板		■	■				
中等瓦楞板		■	■				
食品纸板		■	■				
牛皮纸		■	■	■			
纸袋纸		■	■	■			
证券纸		■	■	■	■		
报告纸		■	■	■	■		
复印纸		■	■	■	■		
新闻纸					■	■	
凸版纸					■	■	
涂布纸					■	■	
卫生纸					■	■	
电气纸							■
卷烟纸							■
高级纸							■

薄页纸要求成形网细密，留着率要高，特别是使用草浆时，脱水性能要好。应选用八综双层网较为理想。

3. 聚酯成形网的主要特性与使用注意事项

（1）聚酯成形网的主要特性

①使用寿命长。一般为铜网的3～5倍，有的高达10～20倍。

②质量较轻，聚酯材料弹性好，不易褶皱、碰撞造成塑性变形。

③纸页成形好，网印轻。采用四综破缎纹织法编织纹理可提高网上细小纤维和填料保留率，纸页组织好，网印轻，提高了纸页匀度。

④抗化学腐蚀。用5%盐酸2h，强度不受影响。丙酮、乙醇等有机溶剂，对聚酯网也无伤害。

⑤耐磨损，抗疲劳强度比磷青铜网高50倍左右。

⑥伸长率大于铜网。磷青铜网的伸长率在0.3%以下，聚酯成形网的伸长率为1.0%～1.1%，在定型后还有0.1%～0.2%的自然回缩。

⑦网损坏后可以黏补。网边稍有裂口，可用热烙铁黏结，并不影响网子的脱水效率。

（2）聚酯成形网的不足之处

①价格较贵：聚酯成形网售价是铜网的3倍，但成本降低的潜力很大。

②伸长率较大：聚酯成形网的伸长率为0.5%～1%，应注意紧网的张力。

③容易变脏：有机物与聚酯成形网的亲和力大，易为外界脏物所粘污。

五、长网装置的新发展

纸机发展的概述

从1820年开始用长网纸机（Fourdrinier）（图4－64），车速小于1200m/min到1970年的顶网成形器（Hybrid－former）（图4－65）发展到今天的夹网成形器（Gap former）（图4－66），最大车速可达2000m/min经历了将近200年。发展的过程是在克服长网机的两面差大、匀度差、车速受限制、脱水能力不足等问题，如今的夹网纸机具有车速高、抄宽大、两面脱水成形，使纸的两面具有接近相同的性能，纸幅的外表面具有较好的纤维交织状态，纸的物理性能稳定、操作灵活。

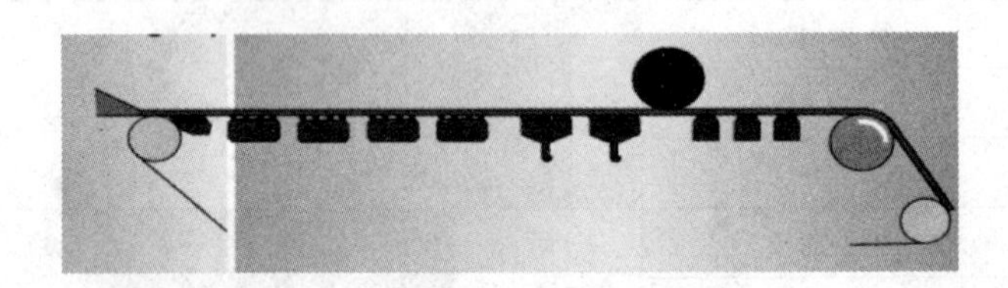

图4－64 长网造纸机网部

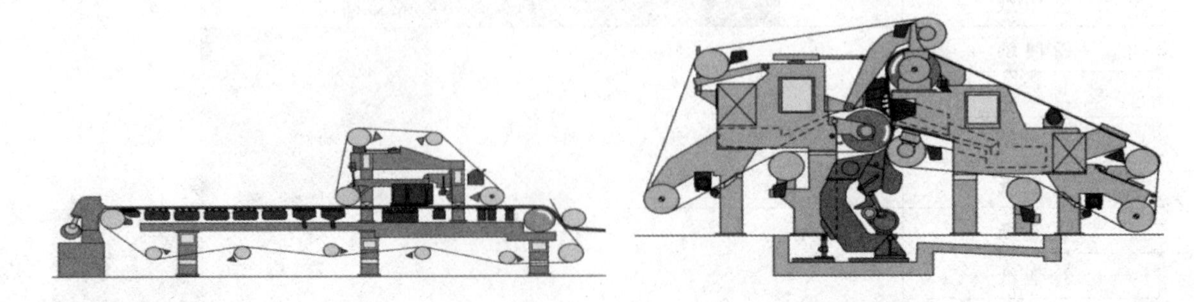

图4－65 顶网成形器

图4－66 夹网成形器

1. 夹网成形的基本特点

夹网成形网是由两网组成，纸料悬浮液喷射到两网之间的夹区同时进行两面脱水，并很快形成纸页，这类型的成形器具有下列的特点。

①对工艺参数（如打浆度）的变动不敏感，操作条件较稳定。

②由于纸页夹在两张网内双面脱水，脱水率高，小纤维和填料留着率高，而且纸页两面填料含量相同。

③纤维组织均匀，纸页匀度好，消除了两面差，印刷适印性好。

④纸张纵横拉力差别小，表面强度好。

⑤由于填料分布均匀，蒸发阻力小，可节约干燥的蒸汽用量。

⑥网部占地面积小。

⑦每吨纸的动力消耗可较长网网案少15%～25%。

⑧清洗容易，换网方便。

2. 夹网成形器的种类

夹网成形器种类繁多，以流浆箱喷浆的方向来划分可分为立式图4－67和水平式图4－68，以成形辊或成形板来分可分为成形辊夹网成形器DouFormerC图4－67（a），成形板夹网成形器BelBaie图4－67（b），成形辊/刮板夹网成形器Speedformer图4－67（c）和成形辊/双成形板夹网成形器DuoFormer TQv图4－67（d）等。

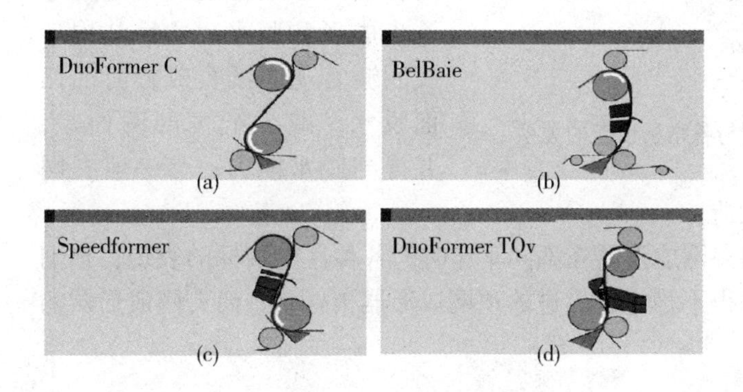

图4－67　立式夹网成形器
（a）DuoFormerC成形辊夹网成形器
（b）BelBaie成形刮板夹网成形器
（c）Speedformer成形辊/刮板夹网成形器
（d）DuoFormer TQv成形辊/多刮板夹网成形器

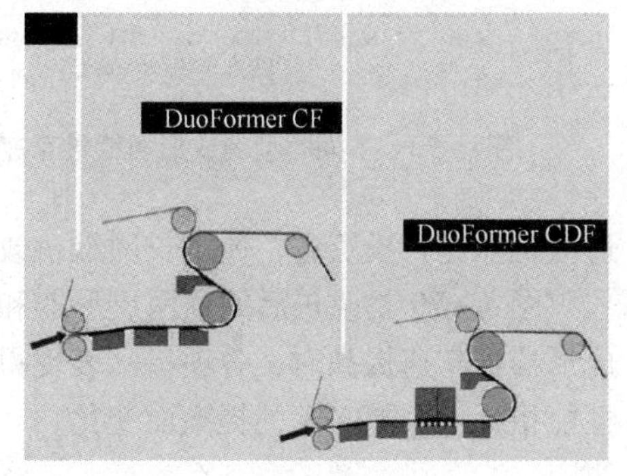

图4－68　水平式夹网成形器

3. 立式夹网成形器

（1）脱水过程

图4－69是立式夹网成形器（DuoFormer TQ Vertical former）的示意图。是使用得最为广泛的一种夹网成形器。

纸料从压力流浆箱内以一定的压力喷到成形辊与胸辊的间隙内，首先利用成形辊开始脱水，随着两网逐渐汇合，对纸料进行挤压脱水。两网的两面用真空刮水板将滤过的水刮走，湿纸幅再经真空伏辊进一步脱水，最后用真空吸引辊送到压榨部去。

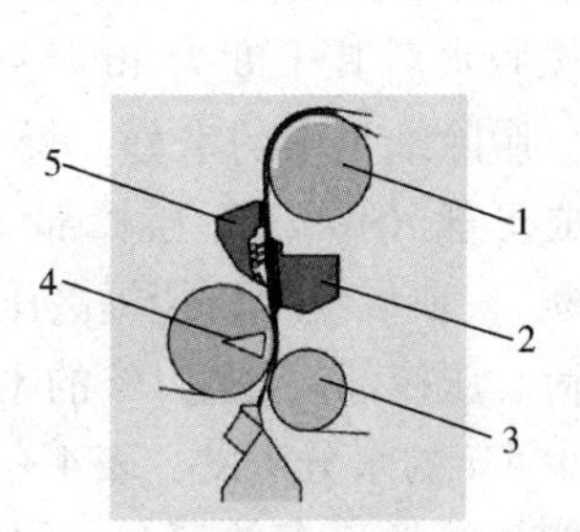

图4－69　立式夹网成形器示意图
1—伏辊　2—成形板　3—胸辊
4—成形辊　5—真空案板

（2）特点

①采用管束式流浆箱，使全幅产生均匀的微湍流。纸料喷入夹网的楔形区进行比较缓和快速的脱水成形，纸页 Z 向组织均匀，形成结合力较好又组织均匀的湿纸页。

②纸料受流浆箱气垫控制，脉冲影响较其他夹网成形器小。

③纸料对空气的敏感性小，纸面没有气泡和针眼问题。

④能够双面脱水，上网浓度可由 0.2% ~1.2%，适应性大，可节约白水系统的动力消耗。

⑤由两网张力对纸料进行挤压脱水，细小纤维和填料留着率高。

立式夹网成形器最高车速可达 2000m/min，生产纸的定量在 26 ~195g/m² 范围，适于生产新闻纸、书写纸、牛皮包装纸，瓦楞原纸和商用高级纸等。

4. 顶网成形器

如图 4 －65 所示，这类成形器的特点是在纸页进入夹网区之前有一类似长网网案的前成形段，纸页最初成形的脱水在这一段进行，然后再在由长网和顶网形成的夹网区进行进一步成形和脱水。这种结构形式能够实现在纸页成形时的两面脱水，减少纸页的两面差，并提高脱水能力；与一般夹网造纸机相比，投资省，便于长网纸机改造。

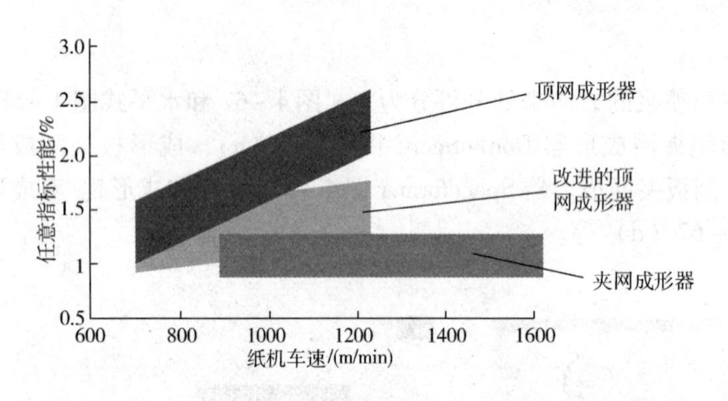

图 4 －70　不同类型的成形网纸机车速与各指标性能的关系

图 4 －70 是改进后的顶网成形器和夹网成形器在不同车速时的各种性能指标的表现；顶网成形器当车速提高时，各项指标表现得很不稳定，改进的顶网成形器稍好一些而夹网成形器的性能指标不会随车速的提高而变化。

第三节　压　榨　部

压榨部是指纸幅通过一个或几个压榨，借一系列毛毯、辊子和开式牵引传送到干燥部。它的主要功能是利用机械方法脱水，改善纸页性能以及提高湿纸幅强度以改善干燥部的抄造性能。图 4 －71 压榨部示意图。

网部成形后湿纸页一般含 80% 左右的水分。通过压榨脱水后其干度为 40% ~55%，（见表 4 －16）。脱除纸页中的水分，每 1t 纸的相对费用为：成形部（10%），压榨部（12%），干燥部（78%）。所以应尽可能提高压榨效率以降低干燥负荷。压榨部每提高 1% 的干度，在干燥部可以减少 4% 的水分蒸发，表 4 －16 可以看到干燥部是能量消耗最多的部分，因此在压榨部尽可能多地脱去水分。近年来纸机生产商多采用复合压榨或靴型压榨提高出压榨的干度。

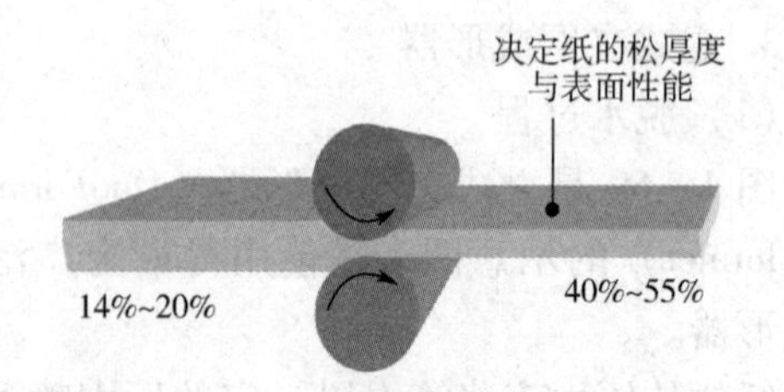

图 4 －71　压榨部示意图

表 4－16　　纸机各部分干度、脱水量及能量消耗

	成形部	压榨部	干燥部
干度	14% ~20%	40% ~55%	90% ~96%
脱水量	86%	12%	2%
能量消耗	1	10	100

一、压榨部的作用

在压榨过程中，纸机横向的脱水应该均匀，使压榨后纸页进入干燥部时有均一的横幅水分。

①借助机械压力尽可能多地脱去湿纸中的水分，降低的蒸汽消耗。

②将网部揭下的湿纸页，传递到烘缸部去干燥。

③使纤维被迫紧密接触（见图 4－72），增加纤维的结合力，使干燥阶段的纸页有更高的强度。

④消除纸的网痕，提高纸的平滑度，减少纸的两面差。

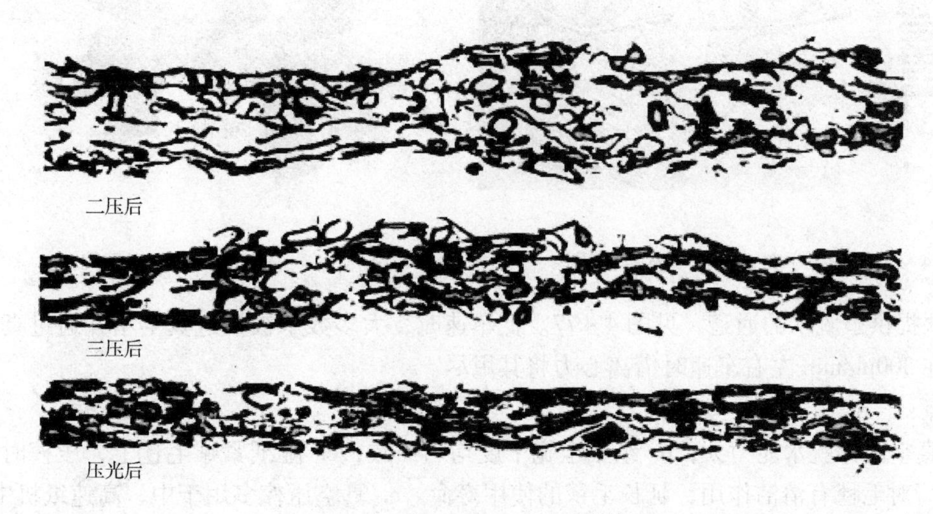

图 4－72　新闻纸横截面的显微镜图片

（一）湿纸页的传递

湿纸页由网部传递到压榨部，没有依托地传递称为开式引纸，而在有依托的情况下传递称为封闭引纸。

网部至压榨部的开式引纸，是纸机断头出现最多的部位。它主要适于中速和低速造纸机，如今，随着纸机车速的不断提高，开式引纸已经基本淘汰，取而代之的是广泛地采用真空封闭式吸引纸。

（二）封闭引纸

封闭引纸是纸页可以在完全无张力的情况下传递到压榨部，减少了开式引纸所带来的断头现象。如图 4－73 所示为封闭引纸示意图。

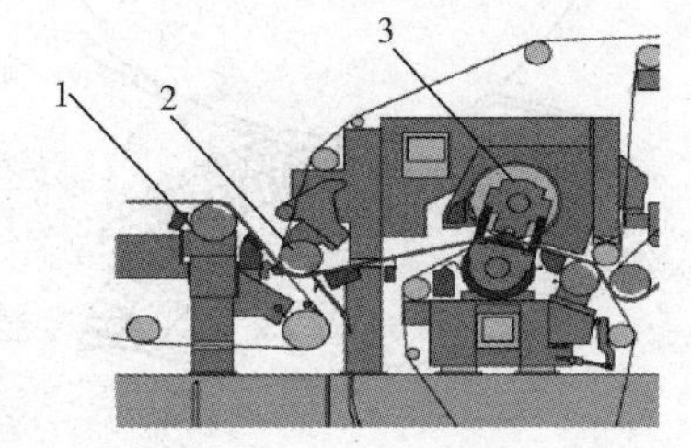

图 4－73　封闭式引纸

1—网部　2—真空引纸辊　3—靴型压榨

二、压榨形式

压榨的类型多种多样，从压榨辊的数目可分为双辊压榨和多辊压榨。从功能上分可分为普通压榨、反压榨、挤水压榨和光泽压榨。从结构划分可分为平辊压榨、真空压榨、沟纹压榨、靴型压榨等。

压榨的发展从1799年的平压和双辊平压到1984年开始使用宽压区压榨，直到今天广泛使用的靴型压榨如图4－74所示。图4－75为靴型压榨示意图。

（一）真空压榨

真空压榨见图4－76所示。上辊为石辊，下压辊为真空辊（图4－77），辊体为铸钢，表面包覆25～40mm厚的胶层，孔径4～4.5mm，真空度为60～70kPa，偏心距为50～60mm。为克服中空壳体限制高线压，可用特种合金钢来作辊体材料。

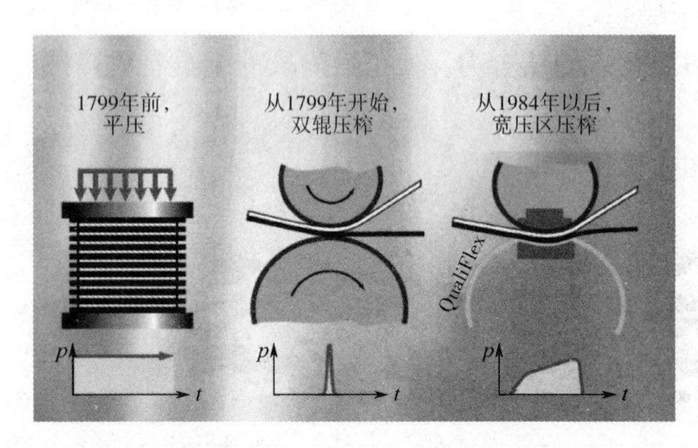

图4－74 平压、双辊压榨、宽压区压榨

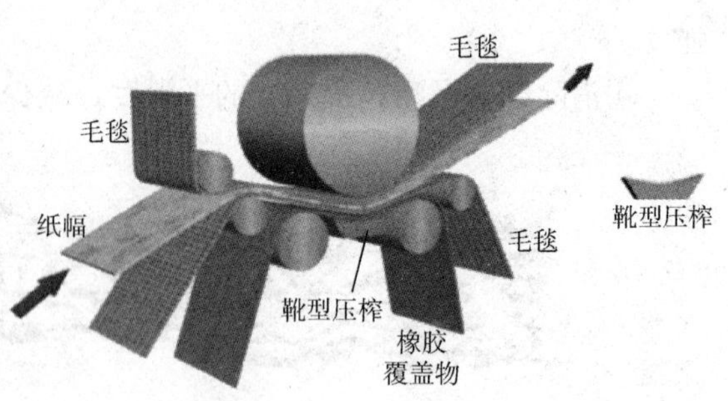

图4－75 靴型压榨

孔眼提供了脱水的通道，见图4－77。低车速时，大多数水被抽进真空箱并通过真空系统排出，在300m/min左右车速时借离心力将其甩尽。

优点：

a. 真空压榨脱水能力大；b. 纸幅全宽干度均匀一致；c. 湿纸紧贴毛毯上，压榨时可减少断头；d. 对毛毯有清洁作用，延长毛毯的使用寿命。e. 真空压榨多用于中、高速纸机中。

图4－78为真空压榨辊的外形。

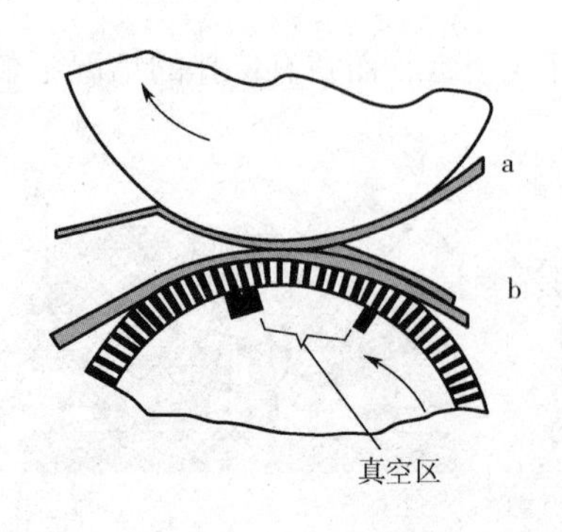

图4－76 真空压榨

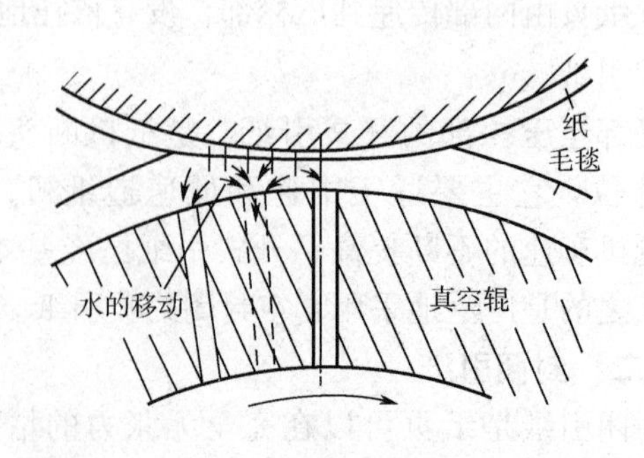

图4－77 真空压榨压区水的流动

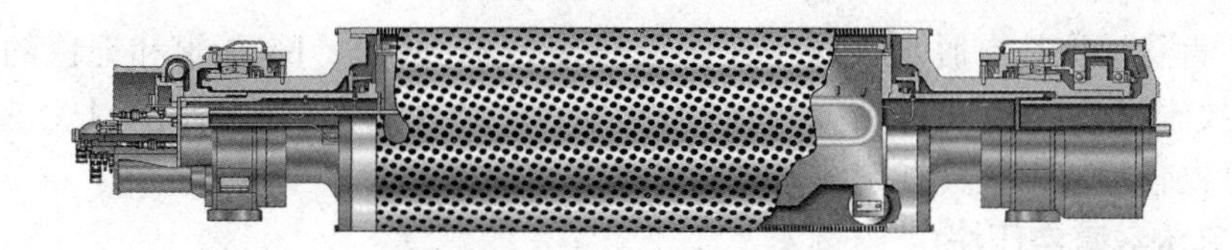

图 4 - 78　真空压榨辊的外形

（二）沟纹压榨

沟纹压榨见图 4 - 79 所示。上辊为石辊，下辊为包胶或不锈钢沟纹辊，切有螺旋形沟纹（宽 0.5mm、深 2.54mm、沟纹间距 3.2mm）。沟纹辊挂面层必须很硬（小于 10P&J），以保持沟纹的完好性。

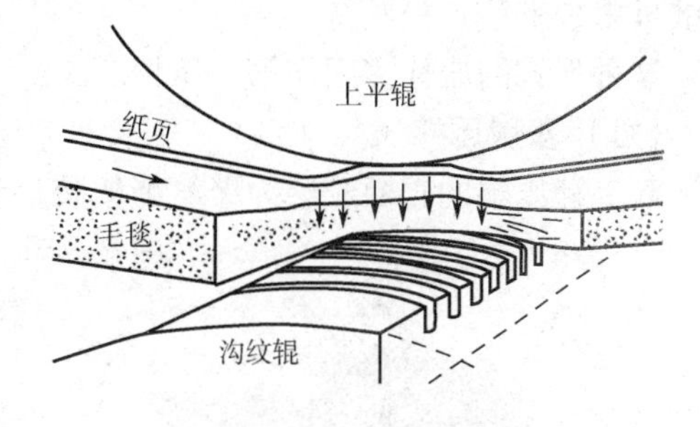

图 4 - 79　沟汶压榨

1. 特点

a. 沟纹压榨上最大横向流动距离为 1.3mm，而真空压榨和普通平压榨则分别为 5.1mm 和 19mm。b. 沟纹辊外壳坚硬，可使用较高线压（纸张为 88kN/m，纸板达 137kN/m）。c. 沟纹中的水在辊子借离心力甩出。在车速 600m/min 以下，沟纹可用喷水器和刮刀保持其洁净。

2. 优点

a. 提高纸页干度 2% ~4%，减少断头次数。b. 代替真空压榨可以降低操作和维修费用，对某些纸种可以减轻或消除印痕。c. 较大的线压也不致引起压花和毯痕。

（三）盲孔压榨

盲孔辊是在包胶压辊的表面钻有很密的小孔（孔径为 2.5mm、深 10 ~ 15mm、开孔率约 20%），如图 4 - 80 所示。

特点：在高速纸机上，盲孔内的水分大部分被离心力甩到辊面，用刮刀可清除，如图 4 - 81 所示。在车速低于 250m/min 时，可以采用气刀，把水分从盲孔内吹出。

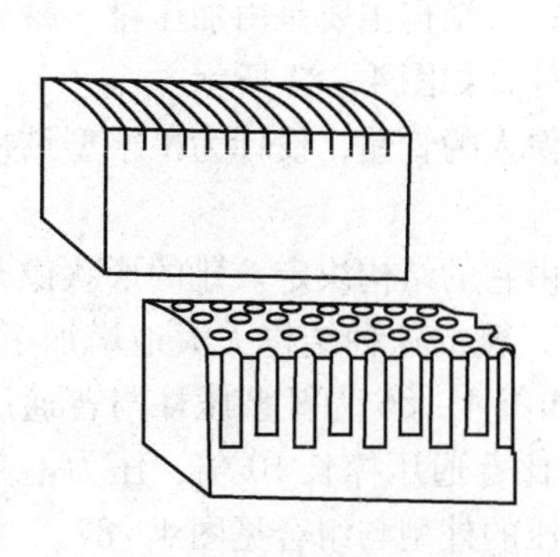

图 4 - 80　盲孔压榨

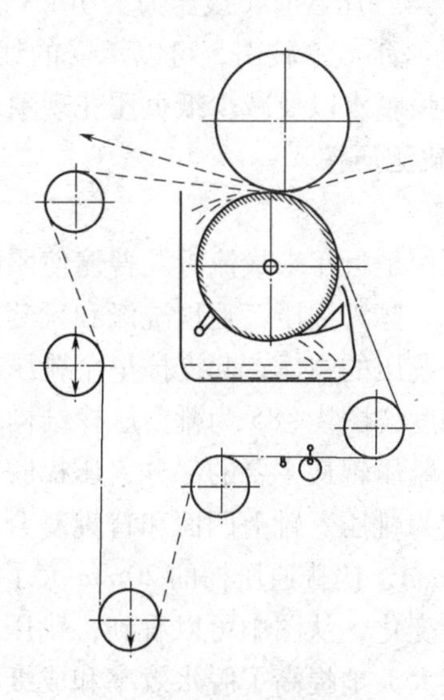

图 4 - 81　盲孔压榨的配置

优点：a. 盲孔压榨具有脱水率高（比沟纹压榨大37.5%）；b. 压辊和毛毯的使用寿命长（均比使用沟纹辊时长0.5～1倍）；c. 出压榨纸页干度高（比沟纹压榨提高1%～2%），纸页出压榨的水分也较均匀，且具有无毯印痕等优点。

（四）盲孔沟纹真空压榨

盲孔沟纹真空压榨是把真空、沟纹和盲孔压辊结合起来的一种新型压辊图4-82所示，盲孔真空辊将盲孔钻穿直通真空辊，代替真空辊面上的孔眼，由此而改善了湿纸脱水效率，生产的纸页更加平整、松厚宽大。

这种形式的压榨多用作第一压榨。

（五）双毯压榨

双毛毯压辊的辊面胶层为聚氨酯塑胶。毛毯为新型的底网植线毛毯（图4-83）。

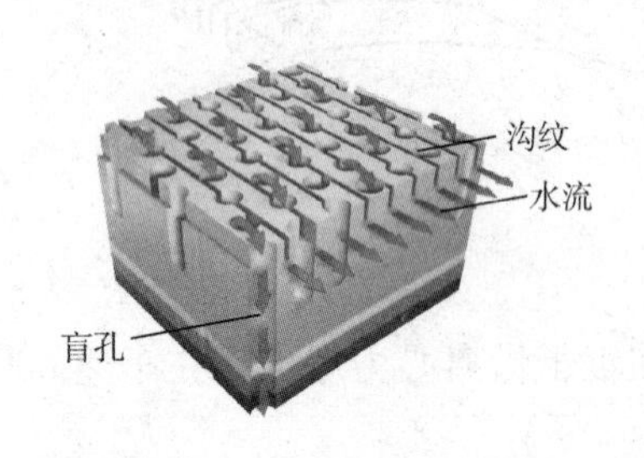

图4-82 盲孔沟纹真空压榨结构

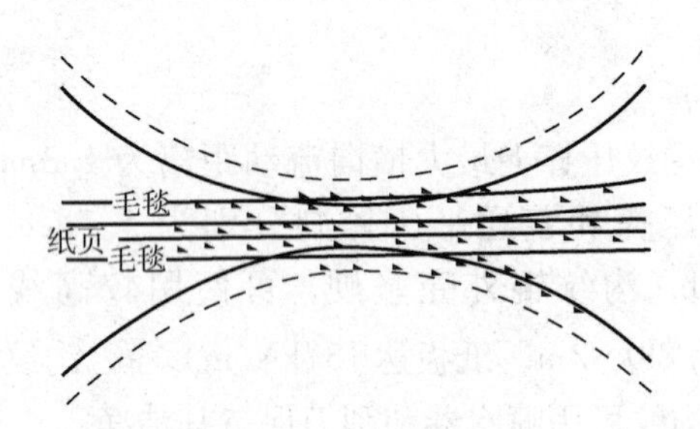

图4-83 双毯压榨

1. 优点

a. 两面脱水，排水距离短，压出的水的横向移动距离减少，脱水效果好；b. 压区宽度大，纸页所受的压榨时间长，可承受较大线压；c. 出纸干度和纸页强度增加，湿纸断头少；d. 纸的两面性和松厚度得到了改善；e. 湿纸的两面均为毛毯，纸页的“回湿”程度要比单毯压榨大一倍。

2. 使用

a. 用于第一压区时，线压力为70kN/m以上，用于第三压区的线压力最大可达180kN/m。b. 双毛毯的脱水效率较高，可以承受的线压力也较大，装置在第三压区为最好。c. 装置在第一压区可加强脱水以及减少纸页压花现象。

（六）靴型压榨

1. 结构

靴型压榨是近年来最流行及普遍使用的压榨形式；其结构主要是由加压靴、靴梁和靴套组成，还附带一些为油压、毛毯洗涤和靴套加强筋等配件，如图4-84所示。

靴梁是靴压的主体，起支撑整个靴压辊的作用，像人的骨骼，设计为工字型结构，可以保证靴压的刚度，图4-85为靴型压榨结构。

靴板是靴压辊最主要的部分，压榨脱水的效率就由它的结构决定。靴的形状像人们所穿的靴，故称它为靴压。靴上凹面和背辊复合形成了压区，靴的这种结构大大地增加了压区宽度，一般是300mm，比普通压榨的20mm大了10多倍。如图4-86为靴型压榨与普通压榨的压榨时间与压力变化，从图中可以看到，靴压的压榨时间比普通压榨长10倍，压力上升也较为均匀，这样就大大地提高了脱水效率和成纸的质量。靴压的外型与组合见图4-87。

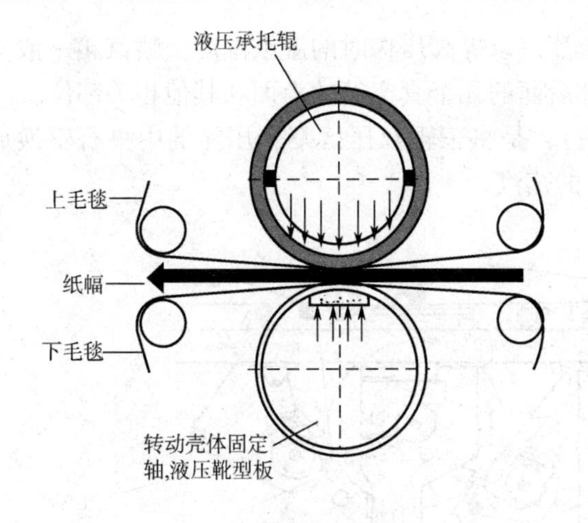

图 4－84　靴型压榨

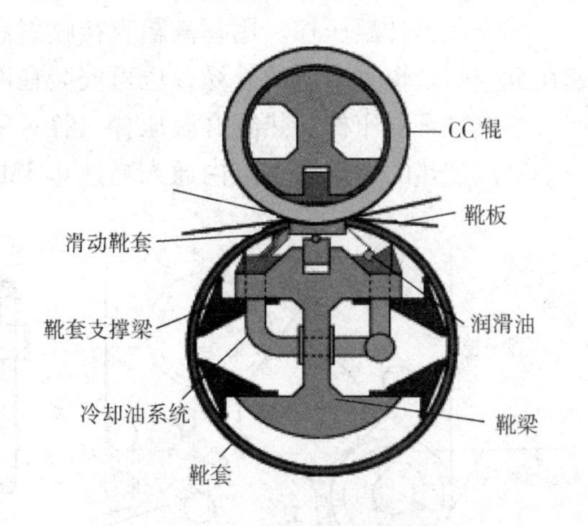

图 4－85　靴型压榨结构

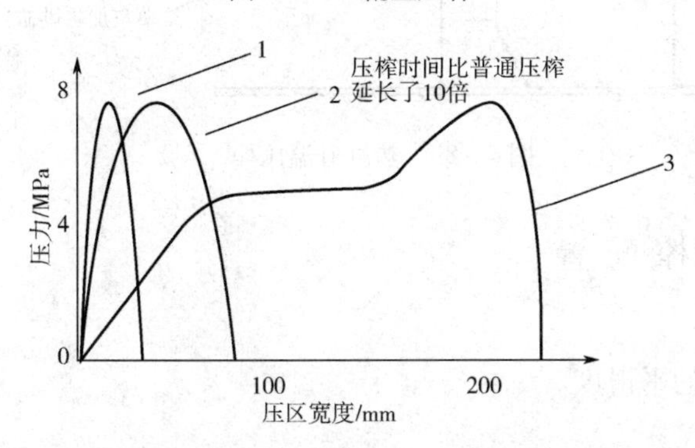

图 4－86　靴压与普通压榨的压榨时间与压力变化

1—普通压辊压榨　2—大辊径压榨　3—靴型压榨

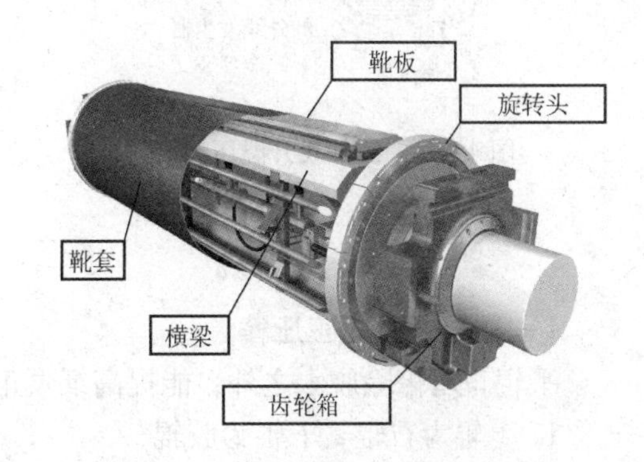

图 4－87　靴压外型与组合

2. 特点

a. 压区宽度大，湿纸在压区内的受压时间长（为传统压辊压榨的 10 倍），压榨线压可加大到 1050kN/m。b. 压区宽度大，减少了纸页压溃的可能性。c. 该压榨更有利于纸幅的固化，使去干燥部的纸页更干更强韧。d. 可节约能源 25% ~30%，出压区后干度可达 48% ~52%，紧度提高约 10%，撕裂度提高约 5%，环压强度和抗拉强度提高 10% ~20%，此外耐破度有较大的提高。

（七）升温压榨

1. 机理

提高湿纸温度，水的黏度下降，水流阻力降低；湿纸温度升高到 60 ~65℃，半纤维素和木素开始软化，湿纸纤维压榨阻力也随之减小，水的温度提高，出压区纸页的回湿减小。

2. 特点

提高湿纸温度可以提高脱水效率。

减小流体流动阻力：流动阻力随着水的黏度下降而降低。

减小纤维压缩阻力：湿纸温度升高到 60 ~65℃，半纤维素和木素开始软化，湿纸纤维层的压缩阻力也随之减小。

减少回湿：温度上升，水表面张力减小，出压区后纸的回湿也会减小。

提高压榨的线压力而无压溃的危险。

3. 形式

①红外线升温压榨，如图 4－88 所示。

②喷汽箱升温压榨。用喷汽箱直接喷射高压蒸汽以提高压榨时的湿纸温度。喷汽箱一般安装在真空引纸辊真空室的外缘，也可安装在网部后面的几个真空箱的上面和其他相关部位。

③热缸升温压榨。热缸升温压榨（图4－89），是将三辊双压区复合压榨的中央石辊换成一个蒸汽加热的大烘缸，缸内通入高达0.3MPa的蒸汽。

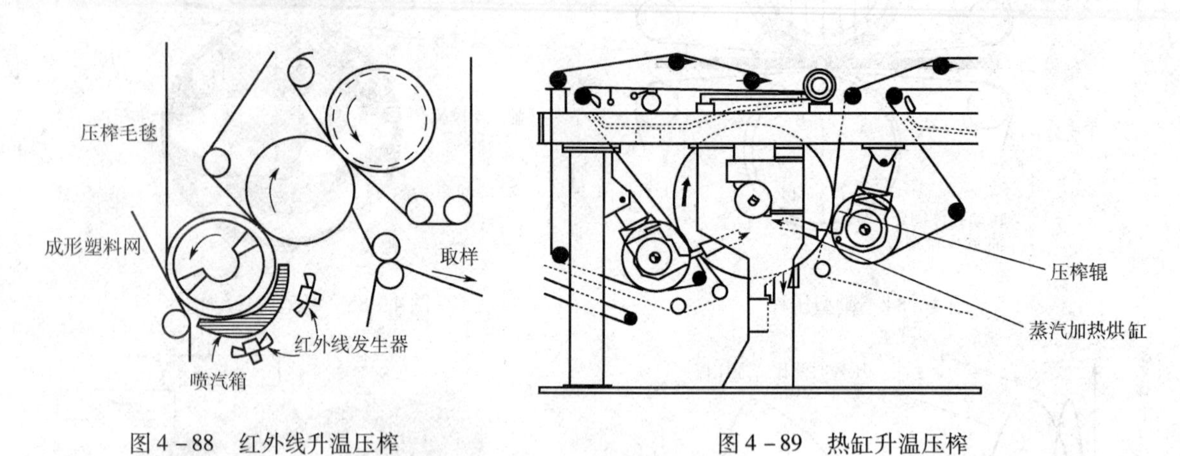

图4－88　红外线升温压榨　　图4－89　热缸升温压榨

三、压榨配置

（一）普通平辊正压榨

平辊正压榨除脱水之外，能提高纸页正面的平滑度。

1. 上辊为石辊，下辊为胶辊

（1）花岗石上辊

优点：表面平滑并具有微小的孔隙，孔中存有空气能减小湿纸的黏附力，使湿纸易剥离。

缺点：成本高、不耐撞击。

（2）人造石上辊

其辊体为空心铸铁辊，辊面包有橡胶与石英砂混合胶层。

（3）下辊为包胶铸铁辊

包胶目的：有弹性，促进湿纸均匀脱水，减少湿纸压溃。

补偿下辊中高误差。胶辊的橡胶硬度为80～90度（肖氏硬度）。

（4）下辊为真空辊

真空下辊的辊体由铸钢制造，表面包覆25～40mm厚的胶层，钻孔孔径4～4.5mm，真空室宽度大致为100～150mm，操作真空度一般为60～70kPa。

2. 偏心距

如图4－90（a）所示，普通平辊压榨的上压辊稍微偏向进纸一边，偏心距是指上下两辊的中垂线之间的距离。

偏心距的目的：湿纸先接触上辊，赶走空气，逐渐增加上辊对湿纸和毛毯的压力，避免引起

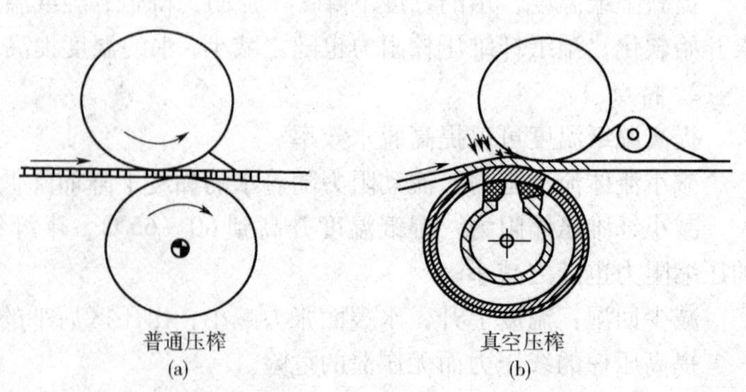

图4－90　压榨辊的偏置

压花断头。

如图4-90（b）所示，真空压榨辊上下辊之间向纸页出口方向有50~60mm的偏心距，湿纸页和毛毯在通过真空压榨时，把真空室封闭，以使真空辊首先起部分脱水作用，再利用压榨与真空结合的方法脱水。

（二）反压榨

①湿纸进入压榨的方向与纸机运行方向相反，如图4-91所示。

②上辊是石辊，下辊是胶辊。

③反压榨能提高纸张反面的平滑度和减少纸的两面差。

（三）光泽压榨

①是压榨部最后一道压榨，上压辊为包胶辊［硬度85~95度（肖氏硬度）］，下压辊是表面光滑的包铜辊，上下辊之间无偏心距，湿纸页不用毛毯传递，直接进入压榨。如图4-92所示。

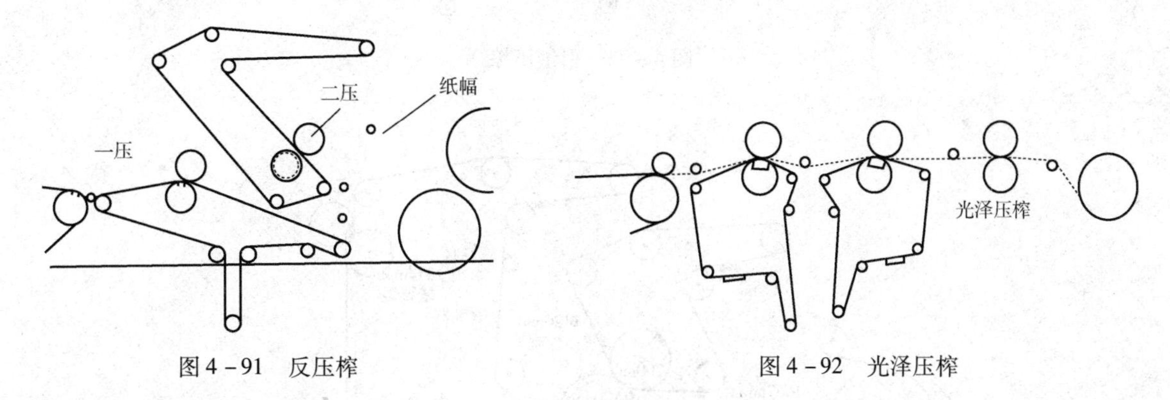

图4-91　反压榨　　　　图4-92　光泽压榨

②光泽压榨没有脱水作用，其设置主要是消除网痕和毯痕，提高纸的平滑度与光泽度；由于纸的平滑度提高，使纸页在干燥部可以紧密贴在烘缸表面，提高干燥效率，节省蒸汽用量及减少烘缸的数目。

（四）挤水压榨（毛毯洗涤压榨）

①必要性：在生产过程中，毛毯易被细小纤维、填料等堵塞。使毛毯吸水和透水能力变差。

②先用喷水管或洗毯器清洗毛毯，再由挤水压榨将毛毯压到一定干度，再去引纸或进入一压脱水。

③挤水压榨多呈水平或倾斜式排列，线压为15~25kN/m。

（五）引纸压榨

又称转移压榨，见图4-93。

①作用：将湿纸页从引纸毛毯转移到压榨毛毯上，减少压榨部的断头。

②上辊为平压辊或沟纹压辊，下辊为真空压辊。

③线压为14.6~24.5kN/m。真空度29.4~39.2kPa。

④适用于真空引纸的中、高速纸机。

（六）斜三辊双压区复合压榨

三辊双压区压榨见图4-94所示。

①第一个为真空辊，第二个为石辊，第三个为沟纹辊，三个压辊呈倾斜排列。

②压榨过程：第一压区真空压榨脱水，第二压区沟纹压榨脱水。

③适用于车速450~900m/min范围内，生产新闻纸、厚纸和牛皮纸的纸机。

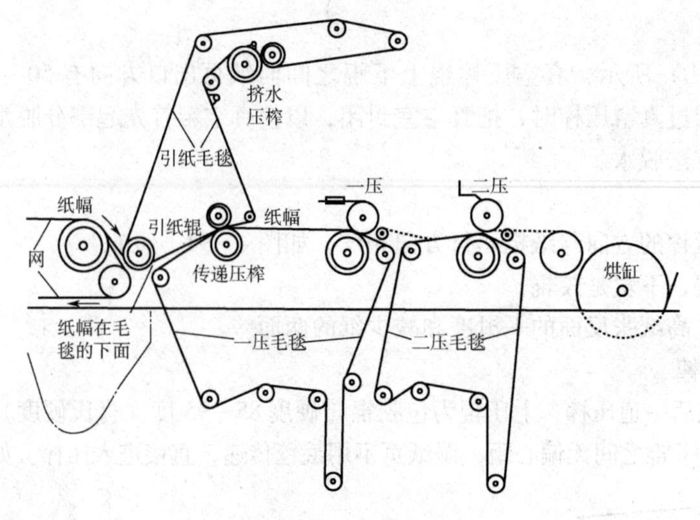

图4-93 引纸压榨

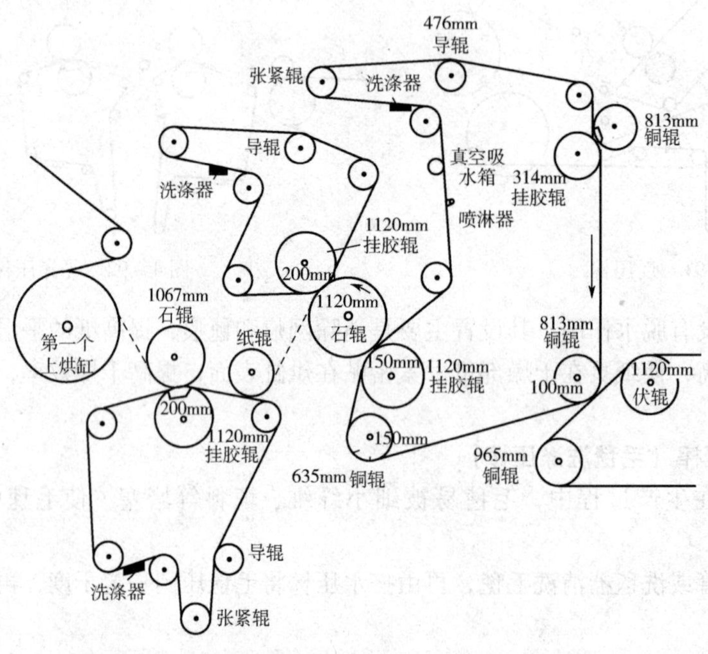

图4-94 三辊双压区压榨

（七）三辊双压区紧凑复合压榨

三辊双压区紧凑复合压榨见图4-95所示。

①真空吸引辊兼做第一压辊的斜列式三辊双压区。

②特点：真空吸引辊内有两个真空室，湿纸页从剥离下来后是贴在毛毯上转入第一压区。

③适用于定量较大的纸张的高速纸机和定量小的纸张的超高速纸机。

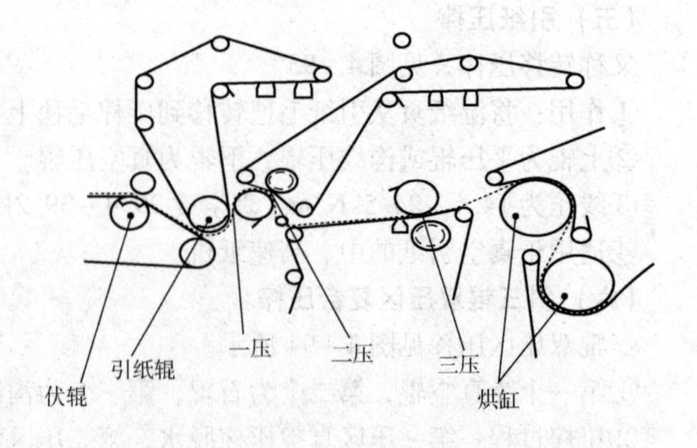

图4-95 三辊双压区紧凑复合压榨

（八）四辊三压区复合压榨

四辊三压区复合压榨见图4－96所示。

①能提高压榨部的脱水效率和进烘缸部纸的干度；

②压榨部的损纸易于处理；

③由于湿纸是对称地脱水，减小了纸的两面差；

④缩短了纸机压榨部的长度；

⑤纸的断头少，车速高；

⑥对定量不同的纸都能在高速下将湿纸幅引到压榨部。

（九）五辊四压区压榨

图4－97为五辊四压区压榨，第三压区为靴型压，是瑞典Braviken新闻纸厂PM53号纸机，生产42～45g/m² 新闻纸，70%脱墨浆、30%TMP，最大车速为1830m/min。

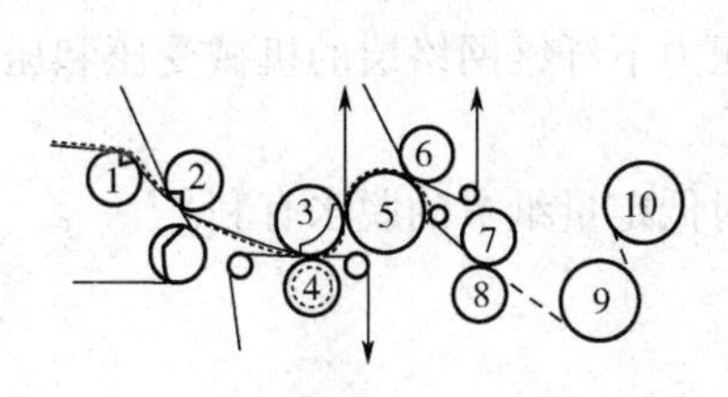

图4－96　四辊三压区复合压榨
1—真空伏辊　2—真空吸引辊　3—真空压辊
4，6—沟纹辊　5—平压辊
7，8—光泽压辊　9，10—烘缸

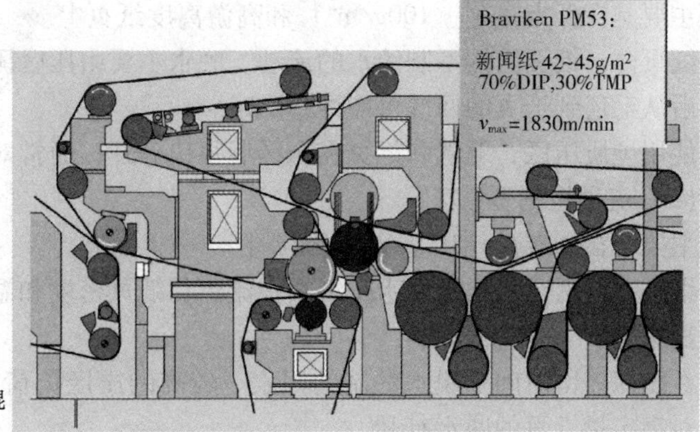

图4－97　五辊四压区压榨

四、压榨脱水机理及影响压榨的因素

（一）压榨脱水机理

压榨的脱水有水平反向脱水和垂直脱水两种方式，普通的压榨脱水就是一种水平反向脱水，是指从纸页中压榨出来的水经过毛毯水平反向运动一段距离之后才被排出；真空压榨是属于一种垂直脱水，是指压榨出的水经与毛毯垂直的方向排出。

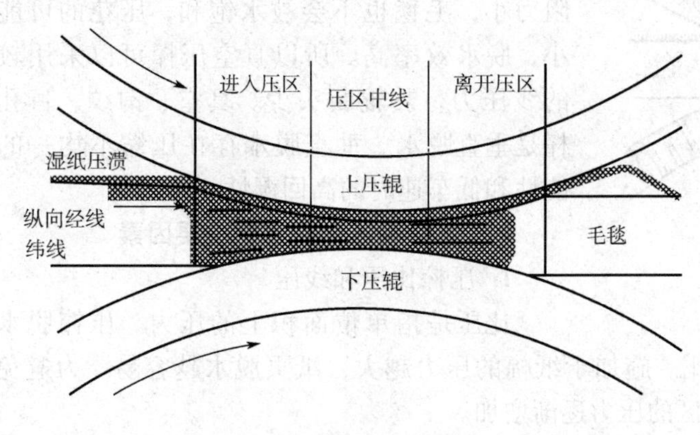

图4－98　脱水过程

压榨压区：一对压辊在自重和外力作用下所形成的接触区域。

压区宽度：从湿纸和毛毯在进压缝一边开始接触到出压缝两者分开的水平距离。

1. 压榨脱水四阶段

见图4－98脱水过程。

第一阶段：压缩作用使纸页和毛毯排出空气，直至湿纸页水分饱和。在该阶段，纸页干度没有什么改变。

第二阶段：纸页中的水压力上升，水从纸页转入毛毯直到毛毯饱和时，水从毛毯排出。第二阶段一直持续到压区中部，此时总压力达到最高。

第三阶段：压区缝开始扩大，直至纸页中液体压力降低到零，此时纸页的干度最大。

第四阶段：纸页和毛毯开始扩张，变成不饱和状态，水又返回到纸页，出现“回湿”现象。

回湿机理：毛细管吸收、物理性吸收和薄膜撕裂。回湿主要是毛细管作用的结果。

回湿水的来源是沟纹、孔隙或网眼，以及过压区中点后的毛毯中的侧流。

回湿的速度取决于最初的回复和界面渗透性以及纸幅和毛毯接触的时间。

车速越高，回湿越少。纸页和毛毯在经过压区后立即分开回湿现象少。

2. 压区类型

（1）压力控制型压区

主要是在低定量（$<100g/m^2$）和高游离度纸页上。

纸页薄，纸页结构不制约水的流动。脱水主要由压区压力下纤维网络层的机械受压和压区中点后从毛毯到纸页的回湿可能性所决定。

使用硬质压区，毛毯和纸页在压区后很快分开，通常对低定量纸页的脱水有利。

（2）流量控制型压区

主要是在高定量（$100g/m^2$）纸页上。

纸页厚，纸页结构制约水从纸页中流出。纸页密度和温度以及毛毯空隙容积均对水流阻力有明显影响。

在压区停留时间是脱水的制约因素。较高的压区负荷，柔软的压辊挂面层以及大直径压辊，对高定量纸页的脱水有利。

3. 脱水方式：

从纸幅挤出来的水可沿三个方向运动：纵向（MD）、横向（CD）、和垂直方向（ZD）。

①水平反向脱水（如图4-98）是从纸页中压榨出的水经过毛毯水平反向运动一段距离之后才被排出。所加的压力越大，压出的水越多。但过高压力易出现压花（压溃）现象。普通平压榨的机理是水平反向脱水，其优点是压缩均一和回湿少，但脱水效率低，由于纸页可能被压溃，负荷不能加得太大。

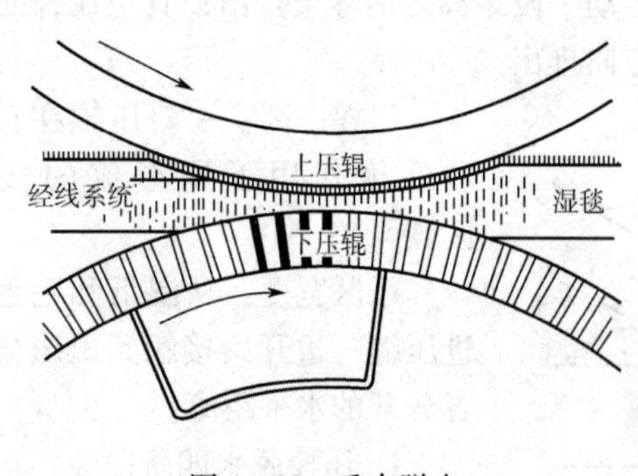

图4-99　垂直脱水

②垂直脱水（如图4-99）是压榨出水经与毛毯垂直的方向排出。压出的水流动距离短，阻力小，毛毯也不会被水饱和，压花的可能性小，脱水效率高。所以真空压榨可以采用较高的线压力，黏辊断头少。真空、沟纹、盲孔压榨是垂直脱水。垂直脱水存在压缩不均一的可能性和低车速时的高回湿性。

（二）影响压榨脱水的主要因素

1. 压榨比压和线压

比压是指单位面积上的压力。压榨脱水的效率在一定范围内与压榨比压成正比。施加于纸幅的压力越大，纸页脱水越容易。为避免压花，通常采用2~5个压区且每个压区的压力逐渐增加。

提高线压和增加胶层硬度有利于脱水；而压辊直径加大，会降低比压，不利于脱水。生产中只用线压而不用比压。

2. 压榨时间

压榨时间 t 与压辊变形宽度 b 成正比，与车速 v 成反比：

$$t = b/(2v)$$

普通压榨的压区宽度中，只有前一半真正起脱水作用，故压榨脱水时间只考虑 $b/2$。如为真空压榨，上压辊位于真空下辊的真空区终点上，真空压榨的脱水时间为 $t=b/v$。下压辊包胶可形成比较宽的触面，增加了压榨脱水时间，有利于脱水。

纸机压榨脱水时间很短。降低车速，增加了压榨脱水时间，脱水效果虽略有改善，但降低车速影响纸机的产量。所以在沿纸页进程方向上的各道压榨的线压力是逐渐增大的。

3. 纸料性质

纸料中含有填料可降低脱水阻力，纸料的打浆度提高，脱水阻力增大。提高纸料的温度，水的黏度降低，可以提高脱水效果。

二、三道压榨之间设置预热烘缸，以提高压榨脱水的效率。

4. 毛毯性质

毛毯的吸水性和滤水性、毛毯进入压区时的湿度及毛毯的清洁程度影响脱水效果。

5. 湿纸和毛毯在进入压区前湿度

湿纸和毛毯进入压区前水分大，易造成湿纸页的压溃。

湿纸和毛毯进入压区前水分大，细小纤维、胶料和填料等就会随着排出的水流出堵塞毛毯。

进入湿纸的干度每提高1%，则出压榨的湿纸干度可提高0.4%。

6. 其他影响因素

对特定纸机在决定最佳压榨结构时要考虑许多因素，如纸张质量要求，抄速，纸页定量，浆料配比，损纸，成形部结构，纸页回湿的可能性，毛毯更换需要，安装喷汽器的可能性，毛毯结构，真空需要量，占地面积，辊子刮刀的要求等。影响压榨部的主要因素列于表4－17，压区压力是最重要的操作参数。压区宽度和停留时间跟纸页定量和抄速有关。一般认为，低定量纸种用硬而窄的压区，高定量纸种用软而宽的压区，可获得最大的脱水量。

表4－17　影响压榨的主要影响因素

参数	作用	主要参数	其他变数
压榨加压荷	脱水、纸页质量	实现系数、单位面积压力、递增负荷	每个线性单位压力、压力脉冲性能、辊子直径、辊子硬度、辊子中高、毛毯结构
纸页回湿	脱水、纸页质量	接触时间、压区出口形状	纸页定量、入口纸页浓度、压榨位置、纸页可压缩性、抄速
压区宽度与停留时间	脱水、纸页质量	辊子硬度、辊子直径、抄速、压榨加压负荷	毛毯结构、辊子挂面材料、辊子中高
辊子挂面结构	脱水	排气模式、辊子硬度	清洗喷淋器、辊子洗涤和维护、毛毯结构、辊挂面材料

续表

参　数	作　用	主　要　参　数	其　他　变　数
毛毯结构	脱水、纸页质量、抄造性能	底布结构及编织、植绒紧数及形状、空隙容积	渗透性、厚度、质量、表面平滑度和针刺情况、挺度和安装情况、可压缩性、合纤含量、毛毯洗涤情况
纸页温度	脱水、纸页质量、横幅水分	蒸汽箱位置、蒸汽箱纵向长度横向控制	空气吹洗、背真空 饱和蒸汽、蒸汽压力、纸页质量要求、纸页质量和密度 白水加热
实现系数	脱水	压榨加压负荷、递增压榨负荷、回湿	压榨效率、毛毯结构
双毛毯	脱水、抄造性能	定量、入口浓度、保水值	纸页出口几何形状、毛毯结构、毛毯洗涤、辊挂面结构
压榨形状	抄造性能 纸页质量 脱水	开式引纸 纸页回湿 压区数量	真空辊和真空箱、毛毯辊与纸页辊位置、毛毯结构、纸页吹送、实心辊替代、刮刀
抄速	脱水 抄造性能	脱水量及单元时间、停留时间、单位面积压力	压榨加压负荷、毛毯结构
纸页质量	纸页质量	毛毯结构、脱水侧、压榨加压负荷、纸页温度、平滑压榨、配比	辊子抽气模式、纸页浓度 、毛毯洗涤
所用真空度	抄造性能 脱水	纸页传送 毛毯洗涤 真空度大小	毛毯结构、真空系统设计、空气容积、分离器、抄速、辊子挂面的开孔面积、辊子洗涤、真空泵类型
毛毯洗涤	抄造性能 脱水	毛毯结构 配比 高压喷淋器 空气容积	缝宽、真空度大小、喷淋器压力、喷淋器摆动、化学品清洗、压榨位置、分离器、挤水辊、低压喷淋器、喷油器、真空吸水箱位置、喷淋器位置、喷淋器喷嘴、水洗涤、真空系统设计、抄速
辊子中高	横幅水分分布	中高补偿辊 研磨	负荷范围、刮光、辊子更换周期、毛毯张力
毛毯水分	抄造性能	毛毯洗涤、毛毯压缩/填充/编织	毛毯结构
干滑压榨	纸页质量、干燥速率	负荷 、挂面硬度、纸页特性	压榨形式、拉力控制

（三）压榨辊的变形与中高

1. 压榨辊的挠度与中高

压辊在本身自重和附加力（毛毯拉力、真空抽吸力）的作用下会发生一定的弯曲，产生中间下垂，称为挠度。挠度的大小与辊筒的材料、质量、直径、纸机的轨距情况有关。

安装在造纸机上时，压榨辊的中间部分出现间隙，上下辊不互相接触。为了弥补这个缺陷，两个辊子或者下压辊必须具有中高，即辊子中部直径较大，沿两端直径逐渐减小。辊子中间的直径 D 和辊子两端的直径 D_o 之差称为中高。如图 4－100 所示。

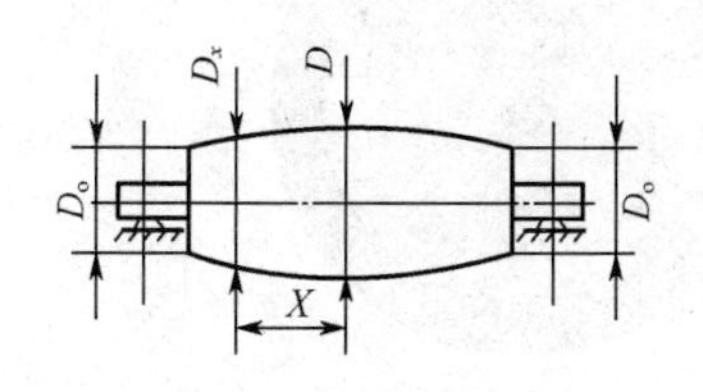

图 4－100　压榨辊的中高

$$K = D - D_o$$

榨辊的中部直径较大，两端直径逐渐减小，距离辊子中心 x 处的任何一点的中高为

$$K_x = D - D_x$$

2. 调节与控制中高的方法

图 4－101（a）～（d）为控制与调节中高方法的进展。

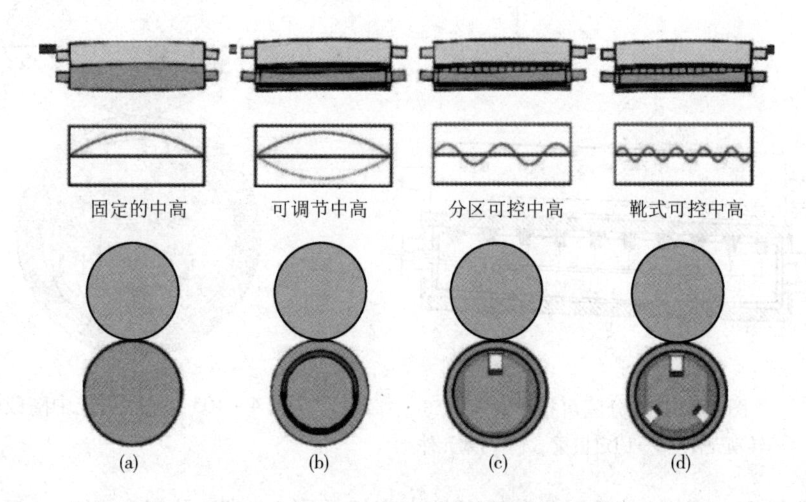

图 4－101　控制与调节中高方法的进展

在纸机运转过程中，往往需要根据生产，压榨辊间的线压力、压榨辊的挠度将随压而改变。图 4－101（a）是最早期的固定中高压榨辊，固定中高的压榨辊很难保持均匀，为了克服这些缺点，在 20 世纪 60 年代出现了可控中高图 4－101（b），到 70 年代末出现了分区可控中高 4－101（c），一直到 90 年代出现的靴型可控中高 4－101（d）。靴型可控中高是一种改良后的分区可控中高，其调节的区间更小更均匀。可控中高可以根据生产操作的需要，随时调整、控制辊子的扰度。

（1）浮游辊

浮游辊有一个由钢材做成的没有中高的筒形辊壳，能围绕辊轴转动，圆筒辊壳是靠端部轴承随着固定辊回转。在辊壳和辊轴间的环隙空间，径向和轴向密封，分为上下两部分和加压室与回油室。高压油由进油管入加压室内，与辊子承受的载荷抗衡，从密封漏出的油流到下部回油室，通过回油管回到泵油站。

图 4－102 为浮游辊内油压抗衡于上压辊施加载荷的作用示意图。图 4－103 浮游辊截面图。

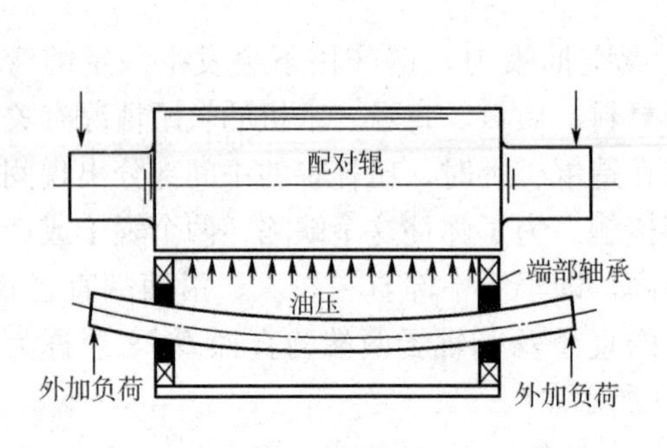

图4－102　浮游辊作用示意图

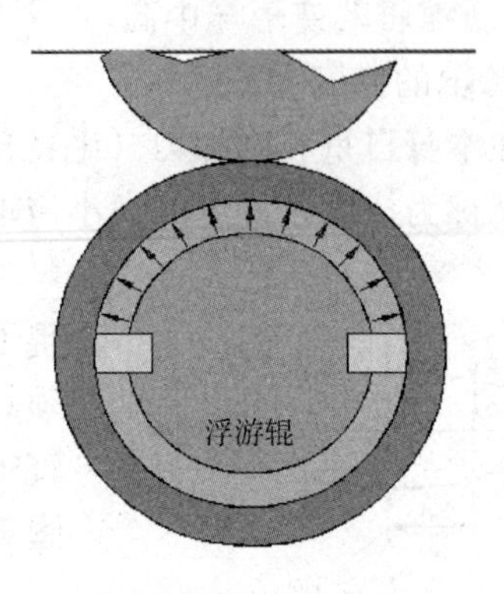

图4－103　浮游辊截面

（2）分区可控中高辊

图4－104为分区可控中高辊，这种可控中高辊具有高的加载能力和良好的横幅特征，利用可靠的液体力学结构，利用分区控制的液压元件，控制作用力的均匀分布，以调节由于辊子的挠度所产生的间隙。图4－105靴型可控中高截面图。

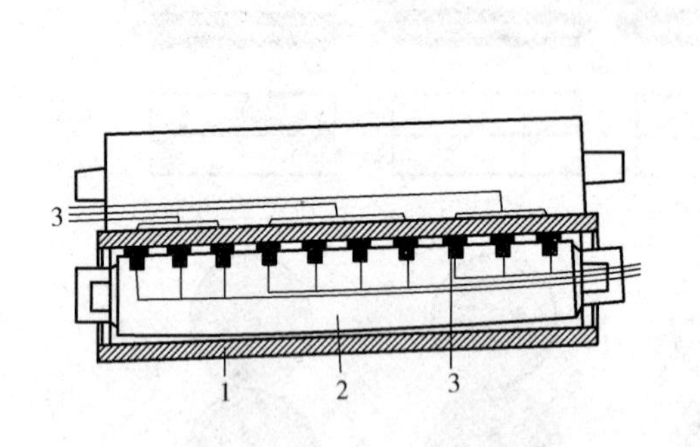

图4－104　分区可控中高辊

1—转动壳体　2—固定横梁　3—活塞元件

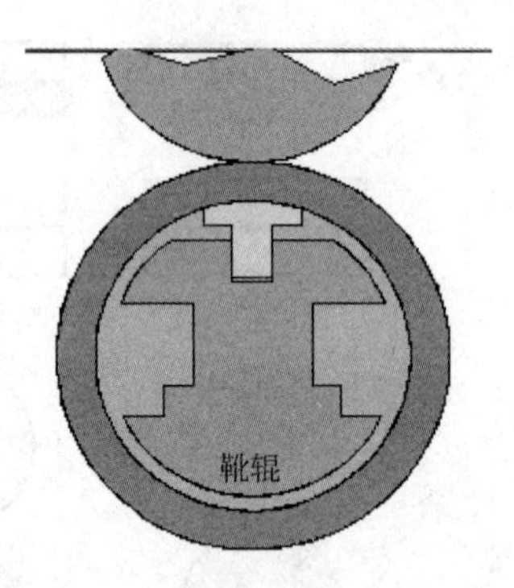

图4－105　靴型可控中高截面

图4－106是Metso的SymZ Roll分区可控中高辊及图4－107是Metso的SymZ Roll辊活塞。

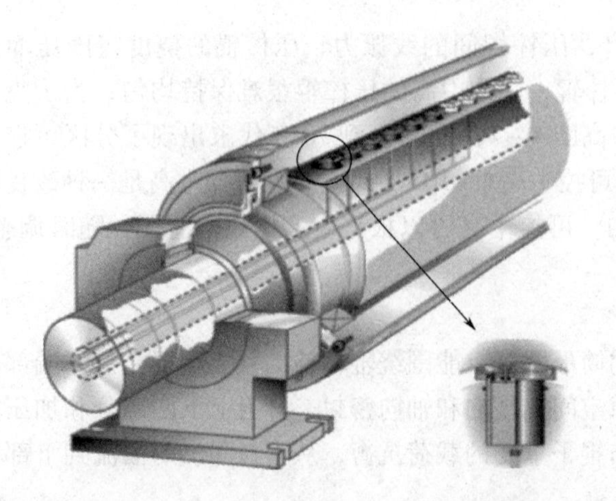

图4－106　Metso的SymZ Roll辊分区可调中高辊

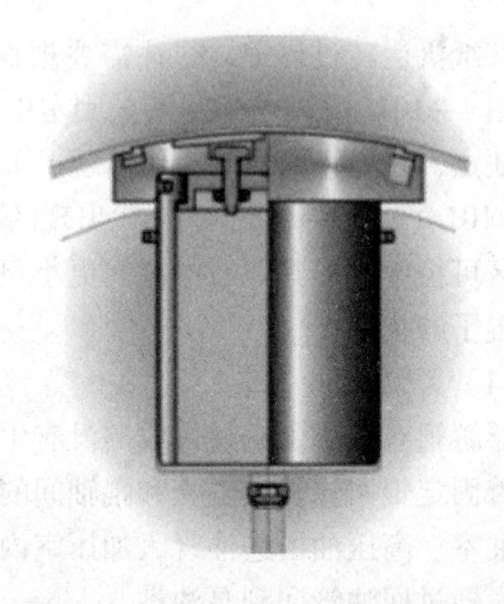

图4－107　Metso的SymZ Roll辊活塞

五、压 榨 毛 毯

（一）概述

造纸毛毯的作用：

①滤水作用：作为脱水媒介，当纸幅在真空箱和压榨区脱水时，造纸毛毯吸收和滤出纸页脱出的水分。

②平整作用：在纸幅传递及脱水过程中，对纸张表面起平整及修饰作用。

③传送带的作用：将纸页由网部通过压榨部再传递到烘干部，并带动被动辊及网笼运转。

毛毯的材料、编织方法影响毛毯的吸水性、滤水性、弹性及其使用性能。羊毛吸水性好，弹性好。但羊毛耐磨性较差、抵抗细菌和化学腐蚀能力较低，伸长率较大，使用寿命短，价格高。合成纤维强度高和滤水性好，但吸水性和弹性差。合成纤维和羊毛混纺毛毯兼有两种纤维的优点。以锦纶纤维为原料，采用现代最新工艺和技术生产的全化纤针刺毛毯，已经获得广泛的应用。

（二）毛毯的特性

定量：每平方米毛毯的质量。

厚度：在一定压力下毛毯的厚度。

透气度：在一定压差下，单位时间穿过毛毯的空气体积。

空隙容积：在一定负荷作用下毛毯的最大含水能力。

流动阻力：是指水流在三个方向（纵向、横向和垂向）穿过毛毯所受的阻力。流动阻力越低，越易在压区接受水分和在真空洗涤器处脱去水分。

可压缩性：是指在一定压力下，压缩毛毯的容易程度。

回弹性：是毛毯从压缩状态回复原状的能力。抗压毛毯是指不可压缩的、或很容易压缩但回弹性很好的毛毯。

压力分布的均一性：从压榨毛毯传递到纸页的压力不均，会导致纸页横幅水分不均。压力分布的均一性要求毛毯的底布纱线较细、表面编织图纹平滑。

其他特性：如稳定性、耐久性、滤水性、外观、洁净度和柔韧性，等等。

其中空隙容积、流动阻力、可压缩性、回弹性、压力分布的均一性和其他特性与纸机条件（诸如速度、压榨负荷、压榨形式、毛毯所用的洗涤设施）和纸张品种有关。

（三）毛毯的结构与性能

造纸行业使用毛毯已经有 1000 多年了，发展到今天经历了编织毛毯、针刺毛毯 BOB（Batt - On - Base）和如今使用最多的底网针刺毛毯 BOM（Batt - On - Mesh），其分类如图 4 - 108 所示。

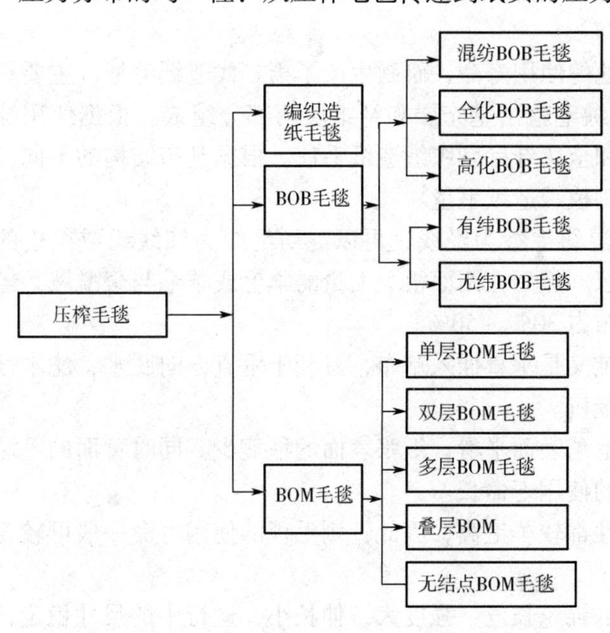

图 4 - 108 压榨毛毯分类

1. 编织毛毯（第一代造纸毛毯）

这是最早使用的造纸专用毛毯，使用的品种为编织毛毯。编织毛毯一般用羊毛纱线或混纺纱线通过织造方法，经纺纱、捻合、整经、织造、缩呢、洗呢、拉毛、烧毛定型整理等传统工艺过程制成。其结构特点是纵向和横向均由细纱通过编织而成，然后再用机械方法缩绒，做成最终状态的成品，纱线纤维含量以羊毛为主，加少量的合成纤维。目前，这类毛毯除部分老纸机生产特殊纸张（如条纹牛皮纸）作上毯使用外，一般很少使用。其主要原因是强力低，使用寿命短。

编织毛毯是用10%～15%的锦纶纤维和羊毛通过混纺、织毯、缩呢、拉毛制成的。

平织是最简单的织法，纬线逐根间隔地与每根经线上下交织。

2/2破斜纹是隔一根纬线像平织一样上下交织，另两根纬线则通过两根经线的上方或下方。

1/3破斜纹：是纬线通过一根经线的下面，再通过三根经线的上面。

2/2斜纹是纬线交替地在两根经线上下通过。

不同的毛毯织法所表现的基本性能如表4－18所示。

表4－18　　不同的毛毯织法所表现的基本性能

编织方法	滤水性	平滑性	强韧性	编织方法	滤水性	平滑性	强韧性
平织	4	4	1	1/3破斜纹	1	1	4
2/2破斜纹	2	2	3	2/2斜纹	3	3	2

普通的编织毛毯对造纸的要求存在着难以解决的矛盾：提高毛毯的平滑性，毛毯应紧密，绒面平整致密，但滤水性差。提高滤水性，毛毯应疏松，但绒面不够致密，平滑性及强韧性降低。

普通编织毛毯在使用上存在着一定的局限性。

2. 针刺毛毯（第二代造纸毛毯BOB）

为了提高造纸毛毯的性能，延长毛毯的使用寿命，研制生产了第二代造纸毛毯，主要是针刺植绒毛毯，也称为BOB毛毯。针刺植绒毛毯由基布层和纤维层两部分组成。根据使用纤维原料的不同，可分为混纺针刺植绒毛毯和全化纤针刺织绒造纸毛毯。根据基布结构的不同，又可分为有纬针刺植绒造纸毛毯和无纬针刺植绒造纸毛毯。

针刺植绒毛毯（BOB）是以锦纶和混纺毛纱为经线，再以混纺毛线为纬线织成很松的底布，底布为单层、双层或三层以上的毛毯。然后在两面植上大量的羊毛或羊毛与聚酰胺，经洗缩、烧毛而成。基布与毛层的比例是基布占30%～50%。

针刺毛毯的基布很疏松，毛绒的纤维又是垂直插入基布，有利于垂直方向脱水，滤水性能好。特别适用于沟纹压榨或真空压榨的纸机。

针刺毛毯的两面都植有厚层绒毛，毛毯表面平滑，纸张表面的毯痕少。同时背面的毛层作为摩擦保护层，使底布不受磨损，毛毯的使用寿命长。

大量使用合成纤维，其强度和耐磨性都较羊毛高，因此针刺毛毯的使用寿命一般可较普通编织毛毯延长1～4倍。

针刺毛毯的经纱为高强度、低拉伸的锦纶长丝，强度大，伸长小，运行中的尺寸稳定，毯面平整挺立，不易打褶起拱，易接纸。

一般造纸压榨都改用针刺毛毯，编织毛毯已逐渐趋于淘汰。

3. 底网针刺毛毯（第三代造纸毛毯 BOM）

目前第三代造纸毛毯应用已经有很多年了，这种毛毯为高线压底网针刺毛毯，也称为 BOM 造纸毛毯。BOM 造纸毛毯是目前普及面最广的一种造纸毛毯，其使用普及率已经达到 95% 以上。高线压底网针刺造纸毛毯由底网层和纤维层两部分组成，其结构特点是，底网层由纵向和横向运用不同织造技术制作的不同组织结构的网，分单层、双层、多层或多层叠合而成，纵向采用复丝化纤材料，横向采用单丝或复丝合股化纤材料，再在底网的两面刺上毛网而制成毛毯，底网和毛网均为 100% 合成纤维。因此，高线压底网针刺造纸毛毯又可分为单层、双层、多层、叠层底网针刺造纸毛毯以及无结点底网针刺造纸毛毯等。

4. 单层 BOM 毛毯

因其底网的组织结构不同，又可分为：1/1 平纹结构、2/2 斜纹结构、1/3 破斜纹结构、1/5 破斜纹结构，等等。如图 4 – 109 所示为单层 BOM 造纸毛毯中的一种结构。

5. 双层 BOM 毛毯

因其底网的组织结构不同，可分为：1 + 1 复合双层、经双层结构造纸毛毯。图 4 – 110 所示为双层 BOM 造纸毛毯中的一种。

图 4 – 109　单层 BOM 造纸毛毯

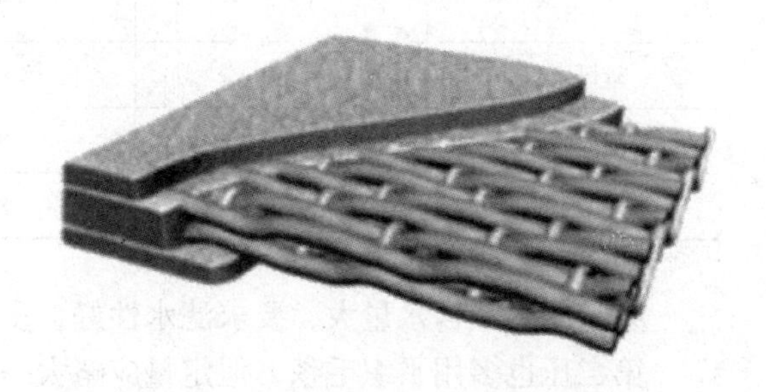

图 4 – 110　双层 BOM 造纸毛毯

6. 多层 BOM 毛毯

根据底网结构不同，可分为：1 + 2 复合三层、1 + 1 + 1 复合三层、2 + 2 复合等多层结构 BOM 造纸毛毯。图 4 – 111 为多层 BOM 造纸毛毯中的其中之一种类型。

7. 无结点 BOM 毛毯

其经线和纬线有交叉但无肘节，采用不织的方式铺设而成，其底网层更加平整，所采用的线径和合股数更加灵活。如图 4 – 112 所示。

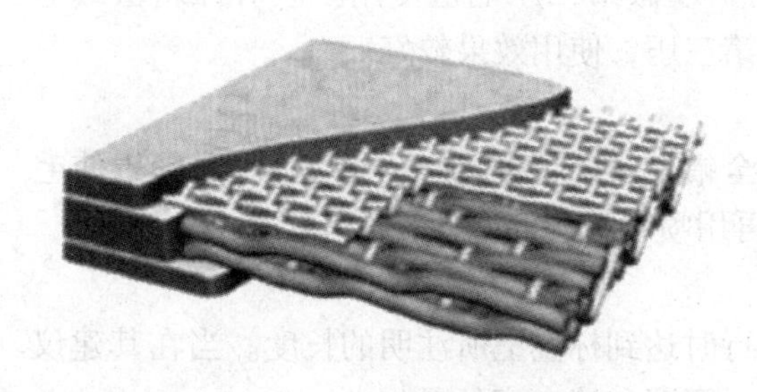

图 4 – 111　为多层 BOM 造纸毛毯

图 4 – 112　无结点 BOM 毛毯

用锦纶综丝合股或复丝为经线，锦纶综丝合股或单丝为纬线，以特定的工艺织成单层、双层、多层、叠层等结构作基网，上铺化纤毛层经针刺而成。它的主要特性来源于底网部分，底网部分的特殊用料和它的特殊结构，保证了毛毯在通过压区时横截面的几何形状保持不变，因此疏水渠道畅通，脱水快，有利于提高车速。构成底网的综丝材料表面光滑，不易黏附杂物，在洗涤条件保证的条件下，使用寿命相对较长。底网毛毯的强力一般都比较大，在大负荷或高线压条件下，仍能保持稳定的使用规格，一般伸长率不超过1%。毯面平整，在纸张上不易留毯痕，适用范围较广。

（四）毛毯的选择

压榨毛毯的选用，还取决于所抄造的纸种、纸张定量与整饰要求、纸机形式以及毛毯所用的洗涤设施。见表4－19所示。

表4－19　毛毯的选择

毛毯种类	压榨压力/Pa			产品种类
	一压	二压	三压	
薄毛毯	4.5	5.0	7.0	高级薄纸
中等厚毛毯	5.0	5.5	8.0	胶版印刷纸
厚毛毯	6.5	7.0	8.0	新闻纸
较厚毛毯	7.0	8.0	9.0	化学浆板
最厚毛毯	8.0	8.0	10～15	化学浆板
粗毛毯	8.0	8.0	12	纸板及油毡纸

第一压湿纸含水量大，要求滤水性好，多采用平织毛毯，定量为600～700g/m^2。

第二压也多用平织毛毯，但定量应略大一些，一般为685～750g/m^2。

第三压要消除第一、二压毛毯纹，要求平滑性好，多采用800～850g/m^{2}的破斜纹毛毯。

高级书写纸和证券纸纸料的滤水较困难。这些纸又要求高的平滑度，因此所用的毛毯有很好的滤水性和一定的平滑性。一般都采用破斜纹毛毯或极细致的平织毛毯。

普通薄纸的毛毯是破斜纹或平织的，孔眼比较细，表面长绒毛很少。

用于新闻纸的毛毯应十分透气而不易堵塞，由于新闻纸的毯痕较少，后面压榨的毛毯的定量可稍低些。应选择与所加线压相应的定量和厚度的多层针刺毛毯。

毛毯长度按纸机压榨部的设计而定。保证有充分的调节余量。毛毯的宽度应较压辊面宽出100～150mm。毛毯纵向张紧以后仍然要比湿纸宽出150～200mm。

对普通编织毛毯，有在第一压使用一段时间后，改做第二压毛毯使用。但对针刺植绒毛毯，可先在第二压使用一段时间，再移到第一压或第三压，使用效果较好。

（五）毛毯的安装和运行

把压榨毛毯放到纸机上，并均匀地铺开，要求全幅上褶子越少越好。然后移动张紧辊使毛毯平整，但不要拉紧。在低速时调直"标准线"，再用喷水管湿润毛毯，使其充分吸饱水分。

1. 操作压力

毛毯湿润后，可用张紧辊进行调节，直至它运行时达到标签上所注明的长度。当在其建议长度运行时，即达到了其设计张力，此时应为长度、宽度和滤水度的最佳点。

2. 绳子捆绑

因为目前所用的大多数压榨毛毯都是合成纤维制成的，它们不应用绳子捆绑；或尽量少捆绑，并应避免过分皱褶。

3. 停机时注意事项

当压榨部较长时间（超过4～6h）停机时，应该用千斤顶将毛毯放松运行长度的3%～4%，以防止张力过分积聚。如果纸机是周末停机，一定要在停机前将毛毯彻底冲洗干净。

（六）压榨毛毯的洗涤

必须将积存在毛毯结构中的污垢物或填塞物清除干净。因为毛毯被填塞或压缩，使其不能使用。抄纸所用的各种原料和助剂都是潜在的污垢物。

1. 填塞压榨毛毯中的最常见物质可分成五大类

碱性可溶物：可借溶解于强碱溶液而从毛毯中脱除的物质均称为碱性可溶物。它们一般都是有机物质，诸如木浆中的木素或配料中的助剂（诸如淀粉和树脂）。

细小纤维：它们不能被对毛毯无损的任何化学品所溶解；最好用高压喷水管和真空吸水管等机械办法消除。

无机物质（灰分）：无机物质是由不活泼的矿物质（诸如二氧化钛、瓷土、砂子与其他矾土、碳酸钙等酸不溶物质）和其他硬水金属络合物组成。一般用酸性溶液清除这类填塞物。

可抽提物：溶解在有机溶剂中的含脂物或聚合物称为可抽提物。松脂、焦油、沥青、乳胶和油墨都是可抽提物。

树脂：用于改进纸张湿强度的合成聚合物，分成酸性和中性两大类，均称为湿强度树脂。可借助于碱洗涤系统将这类树脂清除掉。

填充物和助剂：它们起黏合剂和胶黏剂的作用，易于跟毛毯的毛网纤维黏在一起。加上压榨压区的压缩作用，将毛毯压紧。

2. 洗涤方法

由于目前大量使用再生纤维、填料用量日益增加、实现白水封闭循环等原因，毛毯易堵塞，易脏污，使毛毯变得板结而失去弹性，因此必须经常清洗，保持毛毯的清洁和弹性，保证压榨脱水的效率，延长毛毯的使用寿命。通常用机械和化学洗涤两种方法洗涤毛毯，停机洗涤毛毯时，要除去压力，放松毛毯，把它集成一束，以爬行速度开动压榨部使其空转，往毛毯上浇洗涤剂，并用清水连续洗涤，洗好之后从中间向边缘逐渐展开毛毯。

（1）机械洗涤

所有压榨毛毯，从上机到下机，均应连续地进行机械洗涤，机械洗涤系统是利用高压和低压喷水管的水压力，使毛毯结构中的污垢物松动，然后利用真空吸引管将其除去。真空管也从毛毯脱去水分，在选择真空管结构和开孔面积时，必须考虑毛毯结构、纸机速度和在真空管缝口的停留时间。

（2）化学洗涤

新型压榨毛毯通过良好的机械洗涤系统是可以充分洗涤干净的，但还不能免除使用化学洗涤法。连续的、间歇的或停机进行的化学清洗，对保持压榨毛毯有效运行往往是十分重要的。确定污垢种类后，就可选定相应化学清洗剂与pH条件，并用真空管协助将污垢从毛毯中清除掉。洗涤的时间不应超过20min。对于特别脏的毛毯，必须把毛毯从纸机上卸下来洗涤。

3. 化学清洗剂

这些清洗剂是一种高效洗涤剂，也可加入其他成分和溶剂配制成清洗剂以除去特定的填塞物。还可加入缓蚀剂以最大限度地减少与溶液相接触的机械部件的腐蚀。当前广泛使用的三种主要清洗剂为酸性、中性和具有溶解力的清洗液。

酸性清洗液一般为非离子型洗涤剂，再加上盐酸、硫酸、磷酸或氨基磺酸。

碱性清洗液一般为非离子型洗涤剂，也可以是阳离子型。洗涤增强剂可以是强碱（诸如氢氧化钠、氢氧化钾）或弱碱（诸如碳酸钠、碳酸钾）。它们帮助除去松脂、非固化树脂和碱溶性物质。

具有溶解力的清洗液，含有洗涤剂和用有机溶剂混合的乳化剂。它们主要用于除去高浓度含脂填塞物和其他可用有机溶剂抽提的物质。

必须注意保证清洗液跟纸机配比和 pH 条件的协调一致。清洗液不应使毛毯结构降级。

（七）压榨毛毯的维护与修复

1. 毛毯的维护

润湿毛毯很重要，如不注意会使毛毯的收缩不一，引起压花或缩短寿命。新毯上机后，应在压榨辊的轻压之下使其在松弛状态下空转。使用喷水管均匀地加水润湿，使之充分均匀湿透，然后调整毛毯所必须的张力，以避免新毛毯上机后出现的不正常象（例如新毛毯尺寸收缩达不到正常运行尺寸，新毯受张力不当而使强度下降等）。

在毛毯的运行过程中，还要注意毛毯的松紧。毛毯的滤水性和它的松紧有密切的关系，毛毯在较松的情况下可以降低磨损。但太松会使毛毯的孔眼缩小，影响滤水性，甚至出现打褶。因此，在实际生产中，应在保持适当的滤水能力，在不产生压花的条件下，偏松对运行比较有利。

2. 毛毯的修复

压榨毛毯的成分和强度使它们完全能够不被戳破、撕开和裂边。在许多情况下所产生的损伤都是可以修复的，不必停机去更换毛毯。使用纱线、缝针和黏合剂，即可将小面积的损伤修补好。

（八）存在的问题、原因和解决办法

下面列举出许多常见问题的原因及其解决办法。

1. 掉毛

掉毛是指毛毯纤维黏附到纸页表面。掉毛的原因是毛毯被机器部件擦伤和化学品损伤。如果在整个使用期都掉毛，很可能是机械性或摩擦性磨损太严重了。

2. 毯痕

新型毛毯的毯痕问题明显减轻，但毛毯磨损可造成毯痕。纵向毯痕的外观非常直，平行于纸边，形状似长条形的山脊和山沟。横向毯痕较难发现。

3. 印痕

印痕是由真空、沟纹压榨的孔眼、沟纹所造成。真空、沟纹压榨的压力太大，就造成纸页上的孔痕或沟痕。解决印痕问题的措施：

①更改操作条件，如降低压榨负荷、减小孔眼或沟纹规格、磨制成碟形孔或环形孔或降低压区前的毛毯含水量。

②采用定量较大的多层毛毯，在压区可提供较厚的垫层，使印痕大大减轻。

4. 压溃

压溃的原因：

①由纸机条件所引起，如真空辊孔眼堵塞或喷水管喷嘴不合理造成的条斑。

②进入压榨部的纸页水分过高。

③系统中加入了过量的喷淋水。

④毛毯由以下原因造成的低空隙容积和（或）高流体阻力：毛毯太细、太薄或太密实；毛毯太脏，不能很好地脱除水分；毛毯磨损变薄，不能很好地容纳水分。

5. 鼓破

鼓破是指浆料或毛毯带入的空气局部积聚而在毛毯与纸页之间形成气泡而鼓破纸页。

新毛毯容易发生鼓破。密实、表面平滑的毛毯，可消除鼓破现象。

毛毯运行一段时间后发生鼓破现象，可能是毛毯太脏或太密实了，应改变毛毯设计或改进毛毯的清洗方法。

6. 纸页剥离

纸页一般趋向于最平滑而且水膜均一的辊面或毛毯表面，纸页不按设计预定路线剥离，如在扬克纸机上生产薄型纸时，纸页可能跟着真空压榨压区出口的下毯走。

原因：

①在双毯压榨压区，是受毛毯之间的水的分配和毛毯表面性能影响。解决方法是清洗毛毯和消除毯孔填塞。

②降低毛毯含水量，将真空压榨辊中的真空箱重新定位，降低压榨负荷以及改变压区出口侧的纸页与毛毯的几何形状也有助于减轻这种异常情况。

7. 压榨振动

在高速纸机中，压榨可能产生严重振动。这与纸机状况或毛毯的定量波动有关。

①由纸机状况造成的压榨振动：压榨辊没找好平衡，液力压榨加压装置的气压不正常，挂胶辊上有软点。

②毛毯引起的压榨振动，可通过改变毛毯含水量、压榨负荷和纸机速度来减轻。

8. 垫絮燃烧

垫絮燃烧是由于在压榨压区入口处纸絮堵塞而产生很大的摩擦力，使毛毯表面的合成纱线熔化而起火。

原因是：a. 引纸时断纸堆积；b. 压辊刮刀维护不良，使纸料聚集形成垫絮。

措施：a. 改变压榨的设计不良的结构，在压区断纸的同时偏移纸页，或降低压区线压。b. 利用表面抗高温的纤维和（或）羊毛压榨毛毯，但抗高温纤维或羊毛没有聚酰胺（尼龙）抗磨，使磨损速率加快。

9. 鼓泡

纸页与烘缸之间形成蒸汽而产生鼓泡，使小块纸页脱离于烘缸面，生产有光纸时会产生麻点状外观。

鼓泡问题通常是由于烘缸表面太热或纸幅（毛毯）有湿条纹而产生的。烘缸镀层不均，横向分布问题，引纸毛毯堵塞或有湿条纹都有可能产生鼓泡。

六、压榨部的其他装置

（一）加压提升装置

分类：杠杆重锤式、气动式及液压式。

1. 杠杆重锤式

加压机构是由三道杠杆组成。第二道杠杆装置在第一道杠杆的里面，在第一道杠杆的末端放置重锤。辊子的提升利用转动安装在一条通轴上的伞齿轮，再带动两螺杆来实现。

上压辊的加压要求是非刚性的加压机构。在压辊工作过程中，由于辊子的几何形状不完全正确、胶层的残余变形、毛毯的厚薄不一致等，上压辊会有一定的垂直波动。

加压装置有效作用系数的大小会影响压力的稳定性，系统有灵敏度不高和惯性大的缺点。

适用于低速纸机上。

2. 气动加压提升装置

有活塞式及气膜式两种。因活塞式不易密封，故现在多采用气膜机构。

这种装置中有两个气压室：一个用以提升辊筒，另一个用于对上辊加压。

优点：结构简单，没有滑动密封件、机械效率高、惯性小、柔性。

（二）毛毯洗涤装置

必要性：细小纤维、填料、胶料及水中的杂质降低毛滤水性能，产生压花等纸病。加强毛毯洗涤是保证压榨部压榨脱水效率，延长使用寿命的重要措施之一。

安装位置：普通纸机的第一压榨，高速纸机一、二压榨。这是由于第一道压榨的水量大，毛毯最容易脏。

类型：毛毯挤水辊、管式毛毯器、毛毯吹洗器、吸水辊式毛毯洗涤器、移动式真空毛毯洗涤器及高压喷嘴喷洗装置。

1. 毛毯挤水辊

位置：安装于毛毯的回程。

结构：类似普通压榨辊，上辊为黄铜面辊或人造石辊面，下辊包有肖氏硬度为 75 ~ 85 度的橡胶。辊间的线压力为 14.7 ~ 9.6kN/m，挤水辊前安装有两个喷水管，毛毯的两面被大量清水冲洗和润湿，然后经毛毯挤水压榨脱水。有时采用 45 ~ 50℃的温水作喷洗水。

传动：毛毯挤水辊一般不设传动。为了减轻毛毯的磨损，单独传动。

适于车速为 200 ~ 230m/min 以下的纸机。

2. 管式毛毯洗涤器

结构：类似于吸水箱，吸水管是一条直径为 100 ~ 125m 青铜管，吸水缝宽 15mm，真空度为 29.33kPa。

安装：成对安装在第一压和第二压榨处，洗涤水在洗涤器上方以两根喷水管喷淋，管式真空毛毯洗涤器对毛毯磨损和操作较挤水辊大，但它的洗涤效果较好。

适于生产新闻纸及书写纸的高速纸机上。

3. 毛毯吹洗辊

结构：为直径为 400 ~ 600mm 的多孔辊，辊壳是青铜，以 9.8 ~ 19.6kPa 的压力下向辊内送入空气。吹洗辊装在毛毯内并被毛毯包绕 180°。

原理：毛毯先被喷水管冲洗，在吹洗辊上被空气吹干。与纸页接触的毛毯正面较脏，脏物是从毛毯正面被吹除。

适于毛毯定量较大的纸板机上。

4. 吸水辊式毛毯洗涤器

结构与真空伏辊类似，但直径较小且无单独的传动。毛毯经喷水管之后通过吸水辊。为使毛毯不沿辊面滑过，毛毯与辊面在 90°的范围内接触，真空室宽一些。

优点：沿纸机全宽从毛毯中比较均匀地吸出水分，并且对毛毯磨损较小。

适用于高速纸机的真空引纸毛毯。

5. 真空移动式毛毯洗涤器

结构：由 1 ~ 3 个真空洗涤箱组成，箱宽 100mm，每箱分三个室：一个室通清水；另一个室通蒸汽或水，喷到毛毯中；第三个室连真空管路，吸取毛毯的水及其脏物，使毛毯孔开放。

布置：安装在一个滑台上，真空洗涤箱就在滑台上来回走动。

特点：可使毛毯孔开放，在使用期中无需停机洗涤。

适于中速和高速造纸机上。

6. 高压喷嘴洗涤装置

喷水压力为13.0MPa。喷嘴间距为300mm，整个喷水管作横向往复移动，否则容易割破毛毯。

高压喷洗使水穿过毛毯，并用吸水箱反吸。使用连续洗涤或间歇洗涤，每班30min或每小时喷洗5min，喷嘴之后必须有低压喷水管（水压0.15～0.3MPa）整理毛毯表面，消除高压水条痕。

优点：耗水量低，可延长毛毯使用寿命30%～50%。

适用于针刺植绒毛毯。

（三）毛毯的张紧、校正和舒展装置

1. 张紧装置

必要性：毛毯在运转过程中，有8%～12%的纵向伸长，需要设置毛毯张紧装置。

传动：大型造纸机上均有独立的电动或气动传动。两端可以同步移动，也可以单独地张紧毛毯边。

2. 毛毯校正装置

工作原理和结构：同铜网校正器。

校正装置的布置：毛毯对校正辊要有较大的包角（20°～30°），甚至50°。

传感器的设置：采用自动校正器时，考虑到毛毯在运转过程中有达14%的横向收缩。传感器的设置应补偿这一变化。

3. 舒展辊

结构：同导毯辊，其辊面以铜条和沉头螺钉铆成一些螺线。铜螺线为直径20～30mm的半圆形截面的铜条或用厚10～20mm铜条焊接而成。螺线一半是左旋，一半是右旋，螺距由中央向两端逐渐变大。当使用两根舒展辊时，其中一根通常只在两端600～1000mm长上才有螺线。毛毯的包角取900～1800mm。

为了减少舒展辊对毛毯的磨损，使用由两个短导辊相互倾斜安装的导辊作为毛毯舒展装置。

大型纸机上广泛地采用弧形辊作为毛毯的舒展辊。

（四）导纸辊

特点：导纸辊是管辊，用铜管或铝合金管制造，质轻。

作用：稳定纸幅的运行，减少引纸困难。

安装位置：伏辊和第一压榨之间，各压榨之间，烘干部之前和反压榨上。

传动：低速纸机的导纸辊无传动；高速纸机的导纸辊由相邻的导毯辊通过皮带来带动。

运行速度：导纸辊的速度略低于纸幅的运行速度，以避免湿纸幅黏辊和减少纸幅的振动，在伏辊和压榨之间的导纸辊借气动机构作垂直升降，以便于引纸操作。

（五）刮刀

作用：每道压榨辊都设有刮刀装置，以清除附在辊面的细小纤维，同时在断头时刮去辊面上的湿纸页。

材质：软钢、胶木，胶布板、聚氯乙烯塑料板。

操作条件：刮刀全长紧贴辊面。线压力为0.2～0.3kN/m。

往复运动的刮刀装置：振幅为5～10mm，频率4～5次/min，减轻刀对辊面的磨损。

第四节 干 燥 部

纸机的干燥部是由多个烘缸组成的，烘缸的个数视纸的品种和纸机车速而定。干燥部是纸机最长的部分，占纸机总质量的60%左右，其投入的成本、电能消耗和热能消耗见图4－113。

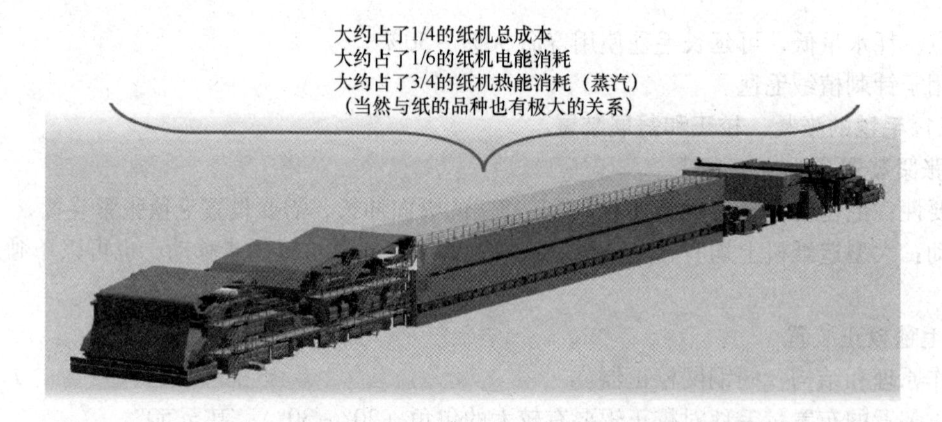

图4－113 干燥部占纸机的成本、电能消耗和热能消耗比例

干燥部对纸的强度、平滑度影响较大，合理的设计纸机干燥部、加强干燥部的操作、管理，对保证产品质量，提高生产能力，降低生产成本，节省建设投资都具有重大意义。

一、干燥部的作用和组成

（一）纸页干燥作用

1. 脱水

①干燥的任务就是用加热蒸发的方法使湿纸幅进一步脱水，达到干度为92%～95%的成纸要求。

②湿纸页中存在着游离水，毛细管水和结合水这三种不同形式的水分。在网部和压榨部脱除了大量的游离水和毛细管水。毛细管水存在于纤维的微孔之中，所以，干燥部的脱水难度比压榨部大得多。

③就脱水量而言，网部脱水量为全部脱水量的97.6%左右，压榨部为1.61%左右，干燥部仅占0.77%左右。就脱水费用而言，干燥部脱水费用占纸机全部脱水费用的80%以上，比压榨部至少高5倍，成本最高。压榨部多脱1%的水，干燥部就可以节约蒸汽5%。所以，在进入干燥部以前，在不致压溃下，应使湿纸幅尽量地多脱水。

2. 完成施胶

施胶的最后完成都是在干燥阶段。松香胶沉淀物必须均匀分布并固着在纤维表面，在适当的干燥温度（≥80℃）下，纸页内的松香胶会发生熔结软化，使其均匀分布于纤维的表面，因为松香胶属极性物质（—COOH），在纸页干燥过程中，处于纤维表面的松香胶沉淀物的极性基重新排列，产生内取向，降低了纸表面的自由能，赋予了纸页憎液性能。

3. 提高纸页的强度

干燥去掉游离水后，水的表面张力开始将纤维拉拢在一起。干度小于40%时，纤维结合并不明显，一旦干度达到某一临界值（约55%），氢键数量迅速增加，纸的强度迅速增大。如

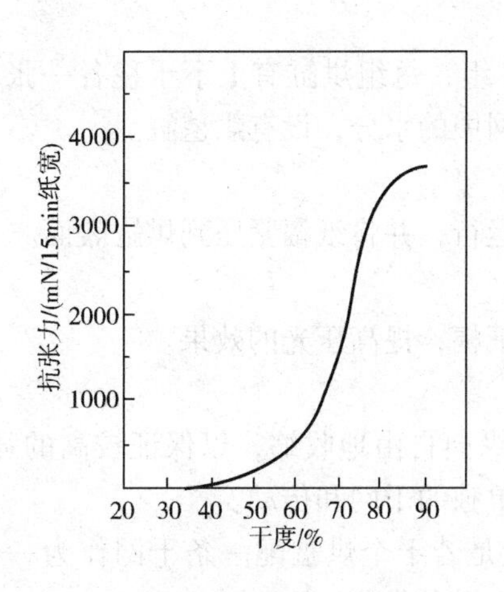

图 4－114　纸的干度与抗张强度的关系

图 4－114 所示。

（二）干燥部的组成

纸机干燥部一般由汽罩包围，并由数个到百个烘缸组成（图 4－115），根据不同的纸种的生产还会设有表面施胶和热风干燥等设施（图 4－116）。干燥部的烘缸有采用双列式排列（图 4－117），单列式排列（图 4－118），烘缸均配置有干毯，干毯引领纸幅绕烘缸运行，并将纸幅紧压到烘缸表面。

1. 干燥部因纸机抄造的纸种不同而有不同的组成

①单缸式（扬克式）：生产能力较低，车速较低。适于生产单面光纸，也可生产卫生纸、包装纸等。

②多缸式：按烘缸排列方式又分为两种形式：a. 双列式：按上、下两层排列。多数纸机为此类，如图 4－117。b. 单列式：烘缸单层排列，下排由真空辊代替原来下排烘缸，如图 4－118。

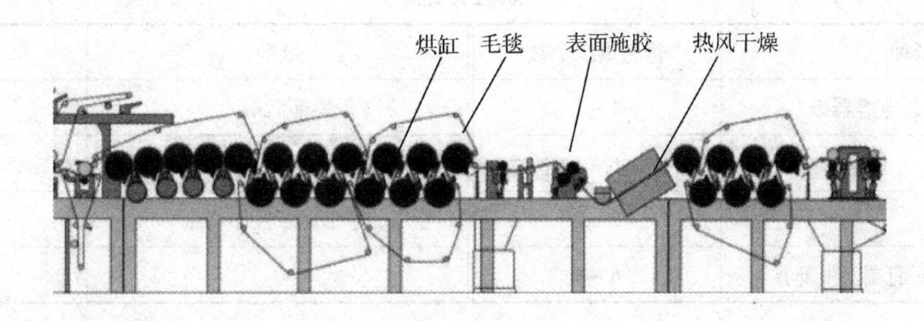

图 4－115　纸机干燥部

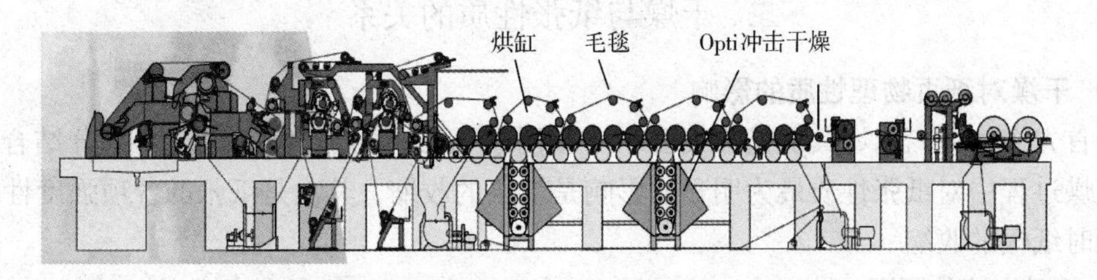

图 4－116　带有 OptiDry 冲击干燥的干燥部组成

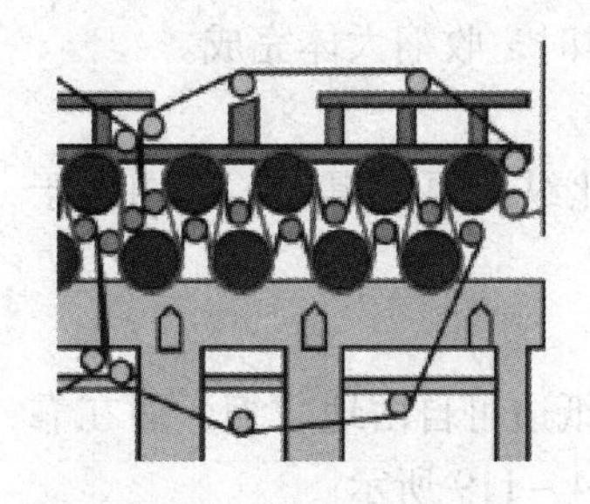

图 4－117　双列式烘缸排列

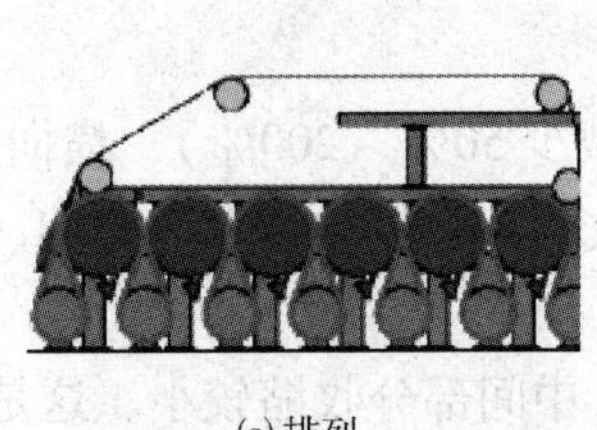

(a) 排列

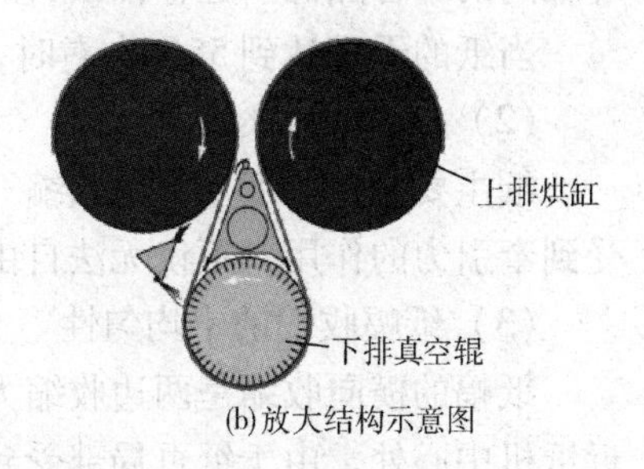

(b) 放大结构示意图

图 4－118　单列式烘缸排列与放大结构图

2. 烘缸分组、导毯辊、校正辊、张紧辊及烘毯缸

由于纸页在干燥过程收缩，干燥部的烘缸分为2~4组，每组烘缸有上下干毯各一张。每张干毯设置相应的导毯辊、校正辊和张紧辊。为降低干网中的水分，设有烘毯缸。

3. 干网

上下两层烘缸均配置有干网。干网引着纸幅绕烘缸运行，并将纸幅紧压到烘缸表面。

4. 冷缸

设置在干燥部的末端。缸内通入流动的冷水，冷却纸幅，提高压光的效果。

5. 烘缸分组传动

①纸在干燥过程中，纵横向都收缩。为使纸页能在纵向自由地收缩，以保证较高的强度，必须相应地减小烘缸的线速度，这就要求每个烘缸配有单独的干网和传动。

②除了薄页纸机（如电容器纸）之外，其他纸机上是若干个烘缸配一条干网作为一个传动组，当烘缸直径相同时，在一个传动组内的纸页不发生纵向收缩。

③为了在一个传动组的范围内使纸幅有一些纵向收缩的可能，烘缸沿纸幅进程按直径递减的顺序排列（相邻烘缸的圆周长度差不应超过0.5mm）。烘缸的分组按纸的品种而定。见表4-20。

表4-20　烘缸分组

纸种	每组烘缸个数	纸种	每组烘缸个数
卷烟纸、复写纸、电容器纸	1~2	（干燥部后端）	3~4
新闻纸	6~9	书写纸及印刷纸	4~5
防油纸	2~3	2号及3号书写纸及印刷纸	5~6
纸袋纸：（干燥部前端及中部）	6~8		

二、干燥与纸张性质的关系

（一）干燥对纸页物理性质的影响

干燥首先去掉游离水，其次是毛细管水（吸附水），最后是纤维细胞壁中部分结合水。因此，在干燥过程中对纸张性质最为明显的影响是纸幅的收缩，其次是纸张的各项强度性能。

干燥时纸幅的收缩

（1）纸幅收缩的原因

干燥开始时，纤维逐渐密集靠拢，产生氢键结合，纸幅开始收缩。单根纤维收缩时，通过纤维间的结合点而引起整幅纸页的收缩。

当纸的干度达到55%左右时，纸的收缩迅速产生，干度为80%时，收缩大体完成。

（2）纸幅收缩的各向异性

纸主要是在厚度上产生收缩（减少50%~200%），横向收缩比纵向要大得多。纵向由于受到牵引力的作用，不仅无法自由收缩，一般伸长0.5%~1.0%。

（3）纸幅收缩的不均匀性

纸幅的横向收缩是两边收缩大，中间部分收缩较小。这是因为纸边可自由地收缩，而在靠近纸机中心处，由于纸页局部受到外界的限制，则收缩小些，如图4-119所示。

这种不均匀的横向收缩导致不均匀的横向纸页性质，尤其是伸长率，抗张强度，弹性模量

和抗张能量吸收，如图 4－119 至图 4－121 所示。

纸边处较大的收缩还加重了纸边产生皱褶、翘曲、条纹的敏感性，纸页吸水后趋向于较大的膨胀。较大的收缩还可以对纤维定向排列产生不利的影响。

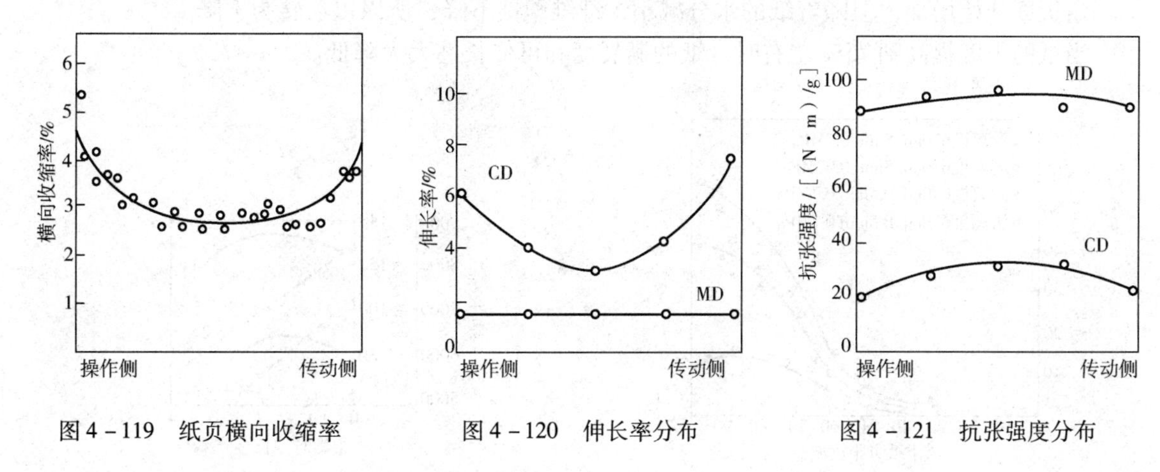

图 4－119　纸页横向收缩率　　图 4－120　伸长率分布　　图 4－121　抗张强度分布

（4）影响纸幅收缩的因素

主要有纸张（或纸板）的品种、浆料种类、浆料性质、打浆程度、填料和化学助剂的使用情况、纸机抄造条件（尤其是速比和干燥条件）以及造纸机的结构等。纸张和纸板的横向收缩率如表 4－21 所示。

表 4－21　几种主要纸张和纸板的总横向收缩率

品　种	总横向收缩率/%	品　种	总横向收缩率/%
新闻纸	3～4	描图纸	10～12
凸版纸、书写纸	3～5	电容器纸	10～12
胶印书刊纸	3～5	草纸板	5
双面胶版纸	2.5	箱纸板	4.3～5.1
图画纸	3.5～4.5	白纸板	6
卷烟纸	4～6	浆 板	2
纸袋纸	4.5～6		

黏状浆抄的纸横向收缩大于游离的浆料抄的纸；草类浆由于半纤维素含量较高，抄的纸横向收缩率也较大；抄速较大，干燥比较强烈时的横向收缩率也较大；多烘缸造纸机抄造的纸张的横向收缩率比单烘缸纸机大。

（二）纸页强度

当纸的干度达到 55% 以上时，随着水分含量的减少，纸的强度迅速增加，当纸的干度达到 80%～90%，强度几乎不再增加，如图 4－122 所示。

1. 抗张强度

纸的纵向受到牵引力的作用受到拉长，牵引力将使纸的本身产生应力，增加了纸的抗张强度。

在牵引力作用下，由于提高了纤维应力分布均衡性，使外力同时分配在更多的结合键上，所以抗张强度增加。

2. 耐破度、撕裂度

干燥时纸纵向拉长，成纸的可伸长性减小，耐破度下降，如图 4-122、图 4-123 所示。

耐折度开始增加，但随着纸的水分减小，纤维塑性下降，所以以后转为下降。

当纸的干度提高到75%左右时，纸的撕裂度和可伸长性大大降低。

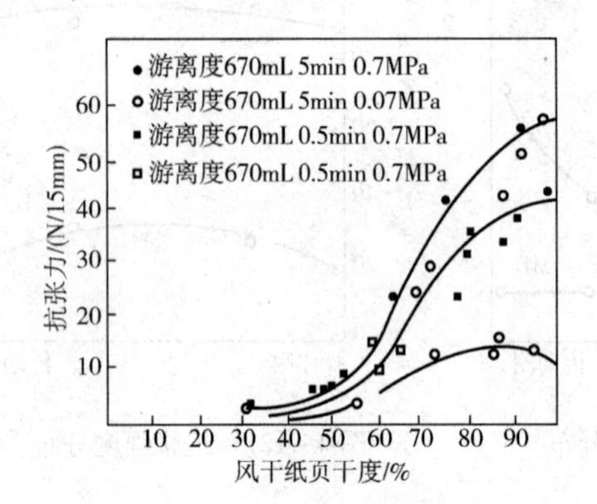

图 4-122 纸页干度与抗张力的关系

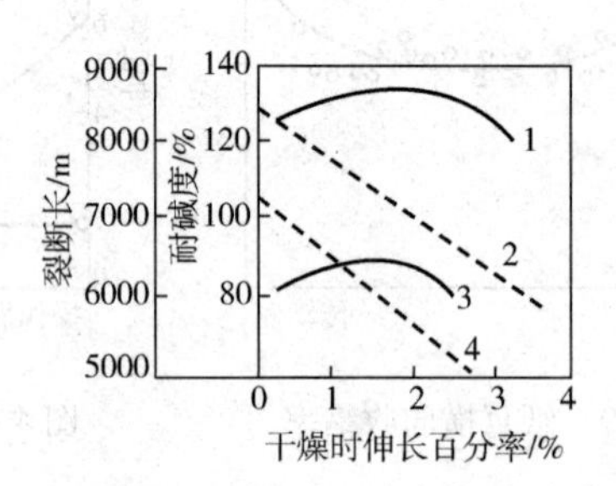

图 4-123 干燥时牵引伸长对裂断长、耐破度的影响
1—裂断长（游离度 225mL） 2—耐破度（游离度 225mL）
3—裂断长（游离度 670mL） 4—耐破度（游离度 670mL）

3. 牵引力大小和干毯（或干网）松紧对纸强度的影响

自由干燥，抗张强度和耐折度均有所提高。但如湿纸受到压榨部牵引力和干燥部牵引力的影响，耐破度下降。

干燥时，纵向牵引力越大，成纸的纵向伸长率越小，但纸的横向伸长率提高。

纸机干燥部的牵引力、干毯（或干网）的松紧和整个干燥部的干燥曲线，可以改变成纸的裂断长、耐破度、伸长率、紧度、吸收性、透气度、吸湿变形和透明度等。

4. 横向与纵向差异

干燥时因为纵向牵引力而引起的纤维纵向定向，加大了成纸纵横向裂断长的差值。

（三）其他性质

1. 韧性

①对要求强韧性大的纸（如纸袋纸），韧性（又称破裂功，即破裂前所作的功）比抗张强度更重要。

②应让湿纸在无约束状态下干燥，使纸的纵、横向充分收缩。收缩越大，成纸的伸长率也越大，纸的韧性也越好。

③提高韧性的措施

a. 在收缩最大的区域减少每组烘缸的个数，从而调节烘缸组间的速度，以适应收缩的要求；

b. 纸的干度在60% ~85%的一组烘缸放松干毯，或不用干毯，容许纸在纵向和横向有一定程度的收缩；

c. 纸的两边横向收缩有较中间收缩要大的特点，可将湿纸切成三条进行干燥，使纸的边部伸展性较大；

d. 用聚四氟乙烯涂烘缸的表面，以降低纸与烘缸的黏附力；

e. 取消干毯，用高温高速热风罩作辅助干燥；用气垫干燥；或者采用专门的弹性处理装置。

2. 透明度

在干燥过程中，纸的收缩小，透明度下降，在生产透明纸时，应当让纸尽量收缩。

3. 紧度、吸收性、透气度、平滑度和施胶度

快速升温的高温强化干燥，将会增加纸的松软性、气孔率、吸收性和透气度，减少纸的紧度、透明度和机械强度。

4. 施胶

①最好的施胶效果条件：水分40% ~50%，温度70 ~80℃。

②在过分润湿，较高的干燥温度条件下，松香颗粒从纸中析出而黏到烘缸上。

5. 过度干燥

使纤维的塑性减少，同时，使纤维素氧化降解。纸的强度受到影响。采用高温热风干燥，干燥过高时也难免会有热降解作用。

三、干燥过程原理

干燥是由于纸与烘缸表面接触，使纸受到加热，纸内水分克服摩擦阻力汽化为蒸汽进入到周围的大气中，再利用自然通风及机械通风将湿空气带走，纸即达到了干燥的目的。要使干燥得以连续进行，烘缸必须保证不断地供给热量，烘缸周围必须不断进行通风换气。

干燥过程可以分成两大部分，即：a. 蒸汽传热给烘缸的同时，传热给纸幅；以及 b. 从纸幅蒸发出来的水分，在上下烘缸之间带纸时进入大气中。

（一）干燥的传热

烘缸传给纸的热量，用总传热方程式来表示：

$$Q = KA\Delta t$$

式中　K——总传热系数，J/（m^2·h·℃）

A——纸与烘缸的接触面积，m^2

Δt——加热蒸汽温度与纸面温度之差，℃

传热方程式中能被控制的两个参数是蒸汽温度与纸面温度之差和总传热系数。提高烘缸内部的蒸汽压力，可使温度增加。总传热系数表示式：

$$K = 1/(1/k_1 + \delta/\lambda + 1/k_2)$$

式中　k_1——加热蒸汽对烘缸内壁的传热系数，J/（m^2·h·K）

δ——烘缸壁厚度，m

λ——烘缸壁的热导率，J/（m·h·K）

k_2——烘缸外壁对纸的传热系数，J/（m^2·h·K）

在传热过程中，热量的传递路径如图4－124所示。

蒸汽冷凝膜 R_1→烘缸内壁垢层 R_2→烘缸壁 R_3→烘缸外壁垢层与空气 R_4→纸 R_5。

以上的热的传递过程中，只有烘缸壁 R_3 的传热系数是已知的，R_1 与 R_2 的传热系数 k_1决定于缸内加热蒸汽的冷凝形式，烘缸内冷凝水的排除情况，烘缸内壁的清洁及缸内是否有不凝气体存在等。但若缸内含有1%的空气，传热系数要降低60%。烘缸内冷凝水环厚度增加或者烘缸内壁产生水锈等污垢，R_1 及 R_2 两层的传热阻力都会增加。R_4 与 R_5 的传热系数 k_2随着纸的温度、紧度、定量及纸料的打浆度而变化。烘缸表面清洁，黏附纸毛、胶料及填料等，也会影响传热系数 k_2。纸与烘缸接触情况对 k_2的影响最大。纸与烘缸接触不良，在纸页和烘缸间有

空气层存在，k_2值显著下降。

（二）干燥的传质

水蒸气扩散到空气中的传质过程如图 4－125 所示。

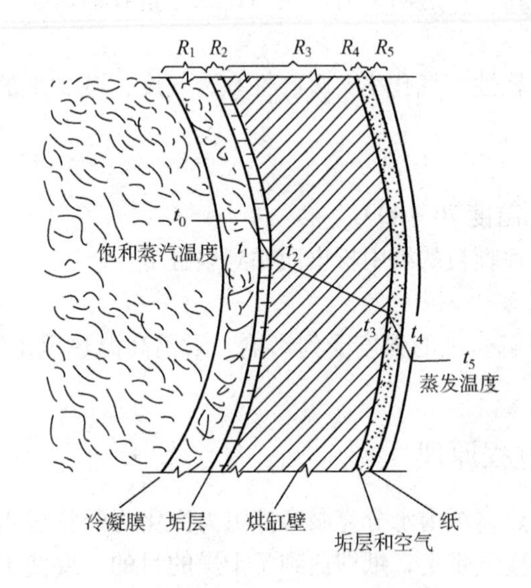

图 4－124 热量的传递过程

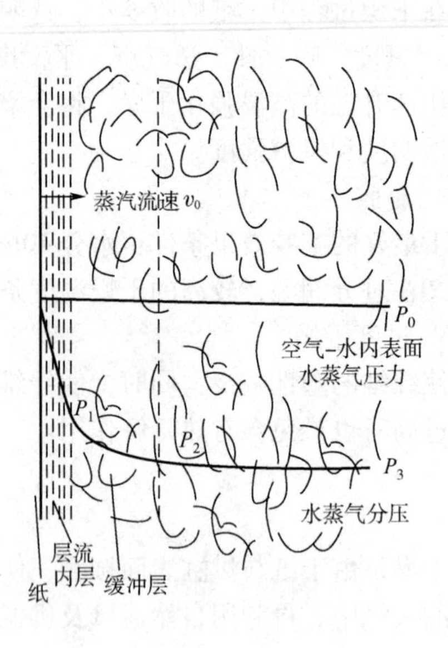

图 4－125 水蒸气的扩散过程

干燥蒸发水分的途径主要是分子扩散和对流扩散。水蒸气是通过内流层和缓冲层才达到湍流区的。

传质的阻力集中在层流内层，内流层的厚度随空气流速的增加而减小。

加强干燥的通风，合理设计抽风罩以提高风速，减少层流内层的厚度是很重要的。

传质方程

$$W = K_m A_c (p_m - p_n)$$

$$K_m = 0.026(273 + t_w)/273u^{1/2}$$

式中 W——被蒸发的水量，kg/L

K_m——传质系数，kg/（m^2·h·Pa）

A_c——干燥面积，m^2

p_m——纸页表面汽化的蒸汽压，Pa

p_n——空气中的水蒸气分压，Pa

t_w——水分汽化温度，℃

u——空气与纸页表面相对运动的速度，m/s

纸页中水分的水汽压力 p_m 与纸页温度有关。纸页中蒸发水分时，纸页温度下降。

纸页周围空气中的水汽分压 p_n 与空气的绝对湿度有关。烘缸袋区的高湿度提高水汽分压和降低蒸发作用。袋通风效率降低或干毯透气度降低，是造成袋区高湿度的主要原因。推荐的袋区湿度见表 4－22。

表 4－22 推荐的袋区湿度 单位：%

纸种	平均	最高
新闻纸、SC、LWC	0.18	0.25
高级纸	0.2～0.22	0.30
挂面纸板和瓦楞芯纸	0.2～0.22	0.30

必须解决好干毯透气度与纸页稳定性之间

的矛盾。高透气度干毯将大量空气吸入袋区，在高抄速下对纸页造成干扰。低透气度干毯可阻滞进入袋区的气流，但使袋区湿度增加，蒸发效率降低。

（三）干燥速度

纸是一种具有毛细管结构的孔物质，纤维本身也存在着很小的孔隙。水分就存在于这些毛细管孔隙之中以及纤维的表面上。

1. 纸页水分的结合形式

一般来说存在于纸中的水分有以下两种形式：

（1）游离水分

存在于粗毛细管（$r>10^{-7}$m）中，与纸的结合力很低，比较容易除去。

（2）结合水分

①纸内含有结合水25%～30%，包括微毛细管（$r<10^{-7}$m）内的水分，纤维吸附的水分以及细胞腔内的水分。

②与纤维的结合较牢固，在干燥过程中产生的蒸汽压低。

③打浆度提高，会使结合水增加。因此，高打浆度时纸的干燥比较困难。

2. 干燥阶段

干燥强度是指单位时间、单位面积纸内水分被蒸发的数量。

图4－126为在干燥过程中，纸的温度t，纸内含水量W及干燥速度v与时间τ之间的关系曲线。整个干燥过程可以分为3个阶段：

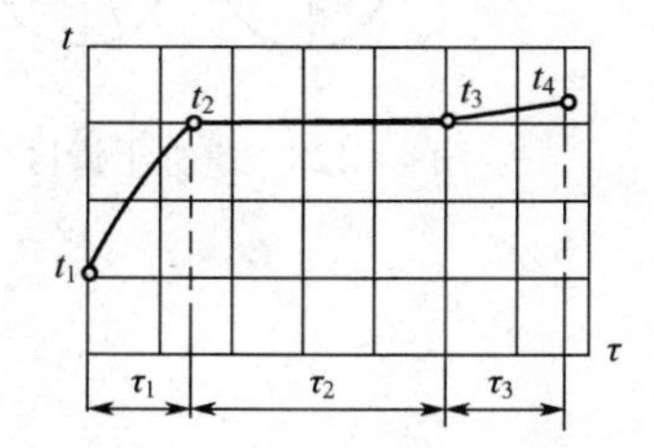

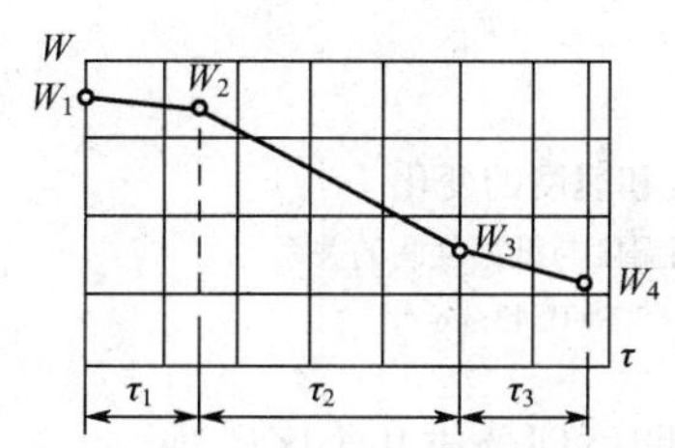

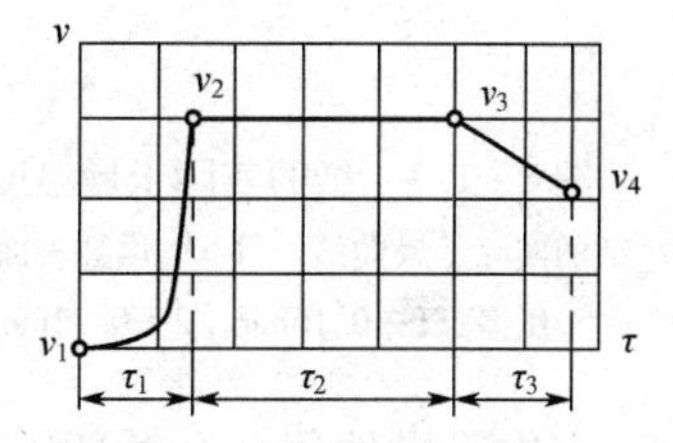

图4－126　温度、湿度和干燥速度随时间的变化图

（1）预热阶段

主要是提高纸页温度，温度从t_1升到t_2，纸的含水量不变，最初干燥速度也几乎不变，仅在最后迅速提高到v_2。纸页预热阶段通常在第一至第四个烘缸，由纸页初温、烘缸蒸汽压力、纸页水分含量和纸页定量而定。

（2）等速阶段

等速阶段的蒸发速率很高，湿纸的温度及干燥速度不变，纸的含水量从W_1降至W_2。

湿纸表面被水饱和，在纸页表面汽化，除去的是游离水分。

干燥速度受表面控制，主要取决于烘缸表面温度以及空气的温度、流速、相对湿度，而与纸的结构、厚度及最初含水量无关。

（3）降速阶段

纸页温度缓慢升高，含水量继续降低，干燥速度逐渐下降。

由于纸页表面的水分减小，内部水分不能及时到达表面，汽化向中心层移动。除去的水分为结合水分。

干燥速度受内部水分扩散控制。扩散速度与纸的性质及厚度有关。

最后一小部分残存水很难除去，蒸发速率极低。如果纸页横幅水分不均，常以纸幅过度干燥来“拉平”横幅水分分布。但这样做将浪费干燥能力和增加能耗。较好的解决办法是找出横幅水分波动的原因。

图 4-127 为纸的实际干燥温度和速度的变化特征。可以看出纸从等速过渡到降速阶段温度下降，然后再升高。干燥速度曲线有两个临界点 K_1 和 K_2。第一临界点后主要除去毛细管中水分。第二临界点后主要除去吸附水分。

实际生产中，纸的汽化温度为 60~80℃。

（四）多缸干燥的特征

在多缸干燥中，纸的两面在上下排烘缸之间交替地与加热表面接触，在烘缸表面表现出不同的蒸发速度。如图 4-128 所示。

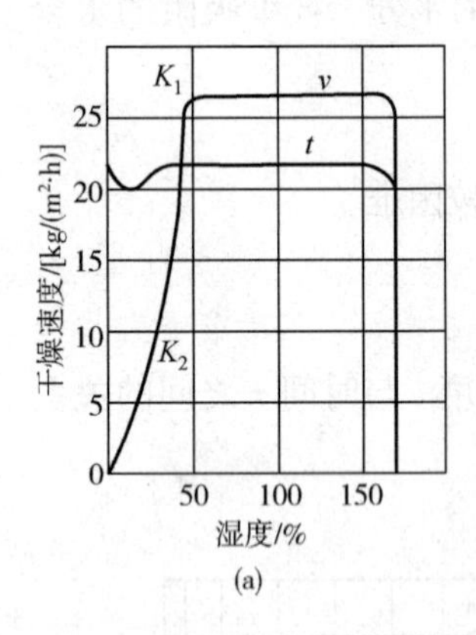

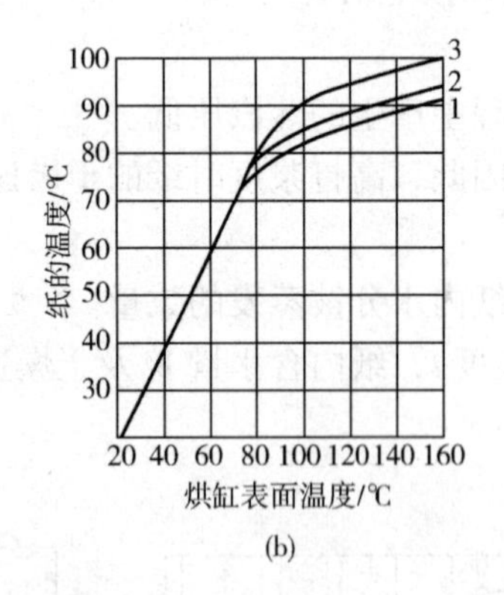

图 4-127 纸的实际干燥温度和速度的变化

（a）纸的实际干燥曲线 （b）烘缸表面温度与纸温度间的关系

纸厚：1—0.16mm 2—0.22mm 3—0.43mm

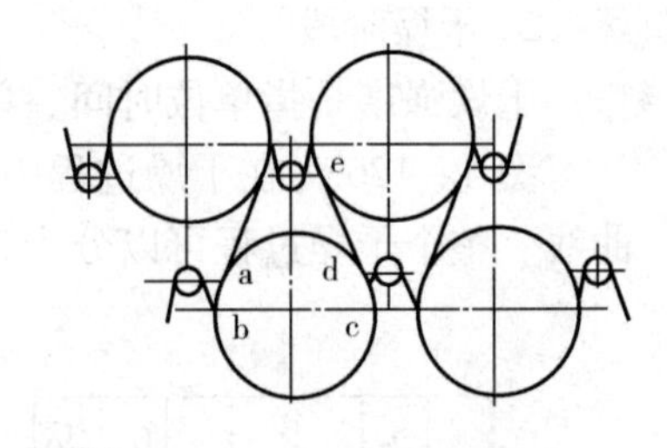

图 4-128 烘缸干燥区

1. 多缸干燥的每一个循环周期可划分成几个区段

（1）ab 段

纸页未被干网包覆，由于纸层和烘缸之间有空气，传热不良，蒸发速率低。但因纸页与先前的烘缸接触，在纸页暴露的一面仍有水分蒸发。

（2）bc 段

干网包覆烘缸，由于干毯的压力，空气被挤出来，传热速度很高。

水分从纸页与烘缸的接触侧蒸发出来，蒸汽进入干毯内。

如果干毯的温度较低，蒸汽会在毯内冷凝。如果干毯温度高，可使部分水蒸发，另一部分通过干毯缸时被蒸发。如果干毯的温度足够高，蒸汽不冷凝，可直接穿过干毯进入周围的空气中。

（3）cd 段

干毯离开烘缸，水分的蒸发速率又突然升高。但传热速率降低，汽化所需热量与烘缸供给热量出现不平衡。

（4）de 段：称为纸页的自由段

纸页离开烘缸，纸面依靠原有的热继续蒸发，加上纸在空气中的散热损失，纸的温度降低，蒸发速度也迅速下降。

当自由段终止后，干燥过程在烘缸上重复出现。但纸页与烘缸的接触面发生交替，纸页从上烘缸出来的时候，就完成了一个干燥周期。

多缸干燥加热面的反复交替和自由段的冷却使多缸造纸机干燥强度低。烘缸之间的距离不宜过大。

2. 无干毯的干燥

水分蒸发不受干毯约束，干燥速度高，同时可采取加热或通风措施，加强蒸发。

由于纸与烘缸的紧贴性差，传热速度低，干燥速度有较大的降低。

（五）干燥能耗

干燥部蒸汽使用在纸页加热、蒸发、空气加热、不凝气体排出和排汽上。

纸页温度提高到蒸发温度的热量决定于白水温度。如果进干燥部前使用喷汽器，则纸页入口温度可以高。

可利用烘缸的辐射热加热空气。烘缸罩和空气系统的状况能耗影响很大。设计不良时，其能耗可高达700kJ/kg蒸发水。

必须从系统中排出少量蒸汽以防止不凝气体的积聚。设计不好时，能耗可高到465kJ/kg蒸发水。影响因素见表4－23。

表4－23　干燥能耗的影响因素　单位：%

因　素	影响率	因　素	影响率
凝结水排除	30	袋区通风	15
配比、品种和纸页特性	25	烘缸罩和烘缸空气系统	5
干毯结构、透气度和抗张力	20	其他	5

四、烘缸及冷凝水的排除

（一）烘缸与烘毯缸

1. 烘缸

普通烘缸的结构如图4－129所示，是由优质铸铁加工而成的薄壁圆筒，表面磨光，有的甚至表面镀铬，像镜面一样光滑。烘缸筒体的两端有两个带轴径的端盖，传动侧的轴是空的，轴头上镶有汽头和排水口。在缸内装有冷凝水排除装置。

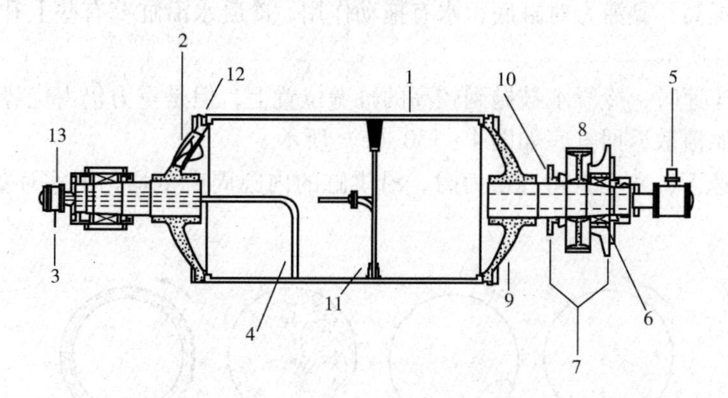

图4－129　普通烘缸

1—缸体　2—工作缸盖　3—冷凝水出口　4—固定虹吸管　5—进汽头　6—轴承
7—烘缸支承座　8—齿轮　9—后罩板　10—法兰　11—旋转虹吸管　12—电线插槽　13—冷凝水出口垫圈

材质：HT20—40 型号铸铁浇铸，筒体材质为含铬和镍的变性铸铁。

要求：烘缸的铸件不能有穿透的砂眼。筒体内外都要加工，缸壁厚度一致，传热均匀。外表面要磨光，保证纸张与缸壁均匀接触。缸面外径公差为 ±0.5mm，粗糙度 R_a 大于 0.16 ~ 0.32μm 以上。形位公差精度等级：缸面椭圆度 8 级，不精度 9 级，径向跳动 8 级。烘缸筒体和缸盖用螺栓紧固。为严格密封，筒体和缸盖的法兰结合面上涂抹铜丹，并铺上石棉板或石棉绳。

常用的直径为 1250mm 和 1500mm，也有用 1800mm 直径的，而单缸造纸机烘缸直径为 2500 ~ 6000mm。烘缸的宽度较纸幅净宽多 10% ~14%。

壁厚决定于烘缸内径、最大工作压力及材料的容许应力。1250mm、1500mm、1800mm 直径的烘缸，壁厚分别为 22mm、25mm、28mm。

2. 烘毯缸

烘毯缸的直径为 800mm、1000mm、1250mm 和 1500mm。干毯与烘缸的包角为 300° ~ 320°。

烘毯缸通常没有传动，由干毯拖动。烘毯缸多装在干毯的回程上，通常在每一组烘缸内上下排烘缸各设一个烘毯缸，其位置在烘缸组的第一个烘缸之前。近年多采用热风加热的烘毯缸。它是一个直径为 1000 ~ 1500mm 的中空烘缸，缸壁上有 20 ~ 25mm 的孔。烘缸有一热风室，在 3.92 ~4.90kPa 的压力下向室内送入 100 ~ 120℃ 的热风，通过孔眼穿透干毯使其干燥。在热风室的下方，设有一块密封弧形板，以挡住圆筒上没有干毯包覆部分的钻孔，使热风只能从包有干毯的部分吹出。

（二）烘缸内冷凝水的排除

烘缸内冷凝水的连续而均匀地排除是造纸机干燥部正常、高效运转的条件之一。当烘缸旋转时，冷凝水在烘缸内受到黏滞力、惯性力、离心力及重力的作用。黏滞力有使冷凝水跟烘缸转动的倾向，惯性力使冷凝水的运动减速，离心力使冷凝水与烘缸内壁紧贴，重力使冷凝水落到烘缸底部。

1. 冷凝水的状态

在车速很低时，重力占优势，在烘缸的内壁仅附着很薄的一层润湿水膜，其余的冷凝水皆聚积在缸底。由于烘缸旋转时缸壁和积水间的摩擦作用，积蓄在缸底的冷凝水略为偏斜于转向的一方，如图 4 – 130（a）所示。

随着车速的提高，黏滞力对缸底积水有拖动作用，冷凝水沿缸壁有些上升，并在缸底翻滚如图 4 – 130（b）所示。

当继续提高车速时，冷凝水被抛到较高的缸壁位置上，但是重力仍占优势，使冷凝水发生突变，从缸壁开始溃散返回缸底如图 4 – 130（c）所示。

在更高的车速下，离心力超过重力时，沿烘缸的内圆周产生均匀的水环如图 4 – 130（d）所示。

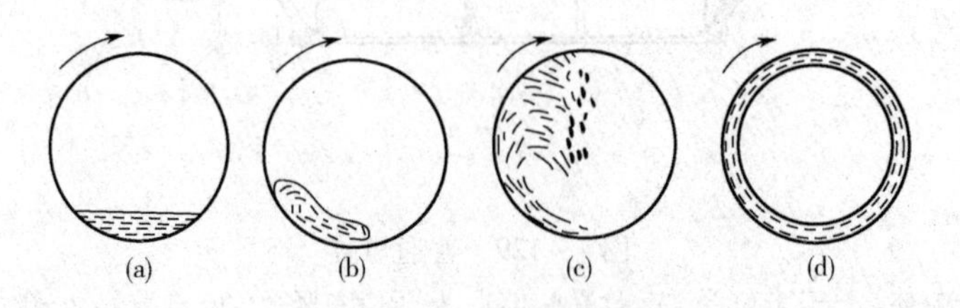

图 4 – 130　烘缸内冷凝水的状态

2. 水环与冷凝水量、车速的关系

烘缸内冷凝水环的形成，还和冷凝水量有关。缸内冷凝水量增加，开始形成水环所要求的车速也相应提高。如果水环开始形成之后，保持车速不变，继续增加烘缸内的冷凝水量，水环厚度会不断增加，当超过了可以保持成环状的水量时，水环达到了临界厚度，此时水环就会发生破坏。如冷凝水量不变，降低车速也有相同的水环破坏现象发生。

3. 水环及崩溃对抄纸的影响

图4－130为车速与冷凝水环形成及崩溃速度的关系。当水环崩溃时，大量的冷凝水崩落在烘缸的下部，并沿烘缸转动方向移动，占去了烘缸的大部分有效面积，特别是下排烘缸毛毯包绕的部分传热不良。

而在相当的车速下还可能有过渡状态，此时冷凝水环的形成和破坏交替发生，这将导致干燥部需用功率发生剧烈波动。如果波动的幅度影响纸机车速的变动，就会引起纸页断头。

因此，保证烘缸连续地排除冷凝水，避免冷凝水在缸内积聚，是防止达到临界水环厚度的必要措施。不同的车速下，烘缸内冷凝水的存在形态是不同的。当车速在400m/min以下时，形成的水环厚度很薄，约在3mm以下（见图4－131），大量的水仍积蓄缸底；当车速在400m/min以上，最初形成的水环厚度及临界厚度都很大，冷凝水基本上成水环状态存在于烘缸中。因此必须根据不同的车速条件采用不同形式的冷凝水排除装置，才能有效地排除缸内的冷凝水。

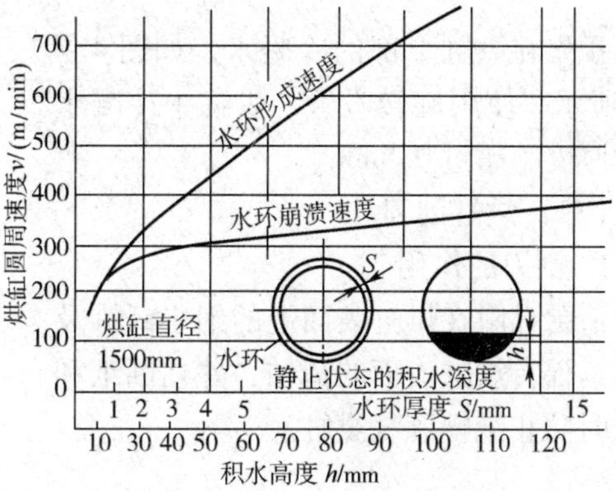

图4－131　冷凝水环的形成及崩溃速度

4. 冷凝水的排除装置

（1）固定吸管式排水装置

固定吸管式排水装置（图4－132）用在车速较高的造纸机上，通常是在车速大于250～300m/min的情况下采用。直径35～60mm的固定吸管安装在传动侧距缸盖约300mm处，吸管的管间距烘缸内壁2～3mm或稍远一些。固定吸管沿烘缸转动方向15°～20°安装。缸内应常保持0.2～0.3MPa的压力，以保证冷凝水能通过吸管不断排除。

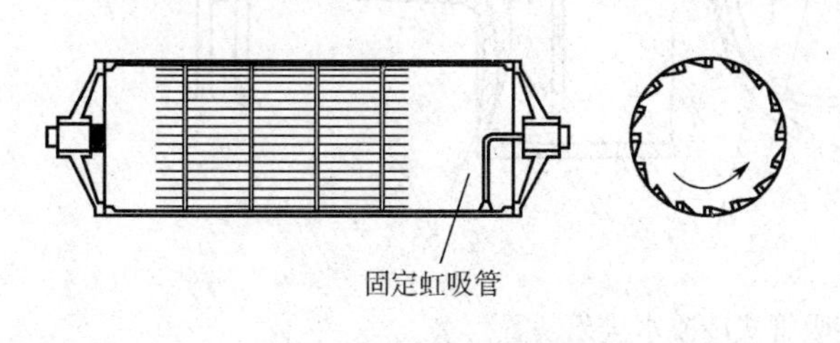

图4－132　固定虹吸装置

冷凝水的吸管悬臂装在进汽壳体上（有时还在轴头内的进汽管端设置辅助支承点），如图4－133所示。固定吸管的末端是经过缸盖上的人孔进入缸内装配的。由于固定吸管的悬臂较长，容易挠曲变形，或是由于缸内冷凝水环破坏时产生的冲击作用，可能引起吸水管头与缸壁发生碰撞，导致固定吸管的损坏，应注意检查。

（2）旋转吸管式排水装置

当造纸机的车速达到400m/min以上，冷凝水环的临界厚度有了很大的增加，固定吸管已不能保证经常排除冷凝水，此时必须采用旋转式吸管（图4－134）。旋转吸管固定在烘缸传动侧缸盖上。每根管端上装有吸水头，吸水头距烘缸内壁只有1.25～2mm。吸水头带有可调节长度的支杆，把吸管稳定在相应的位置上。旋转吸管使用在高速造纸机上，可以排除成水环状的

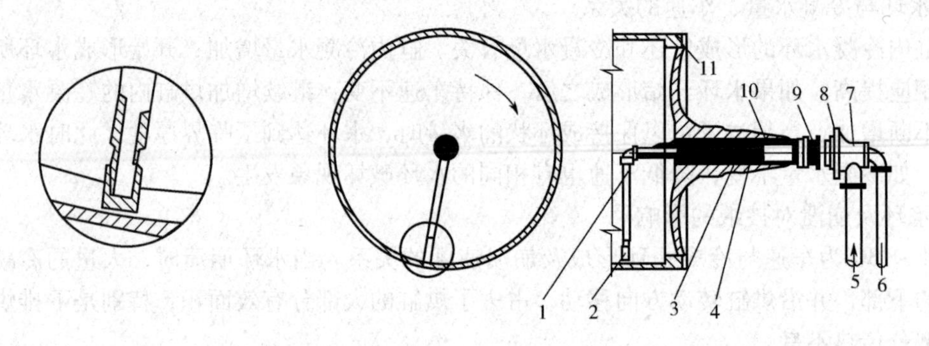

图4-133　固定吸管式冷凝水排出装置

1—固定吸管　2—吸头　3—进气通道　4—凝结水管　5—进汽管　6—凝结水排出管　7—汽头　8—凸缘支架　9—伸缩管　10—烘缸轴头　11—烘缸盖

以及积聚在烘缸下部的冷凝水，如图4-135所示。使用旋转吸管，烘缸中冷凝水层的厚度不超过0.8mm。

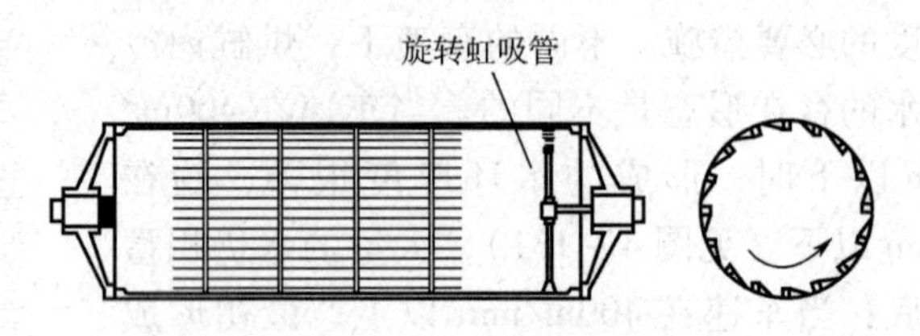

图4-134　旋转虹吸管

（三）烘缸刮刀

1. 刮刀的作用

清除黏附在烘缸表面上的细小纤维及胶料，保持烘缸表面的清洁，并在断纸和引纸时防止纸幅缠绕烘缸。

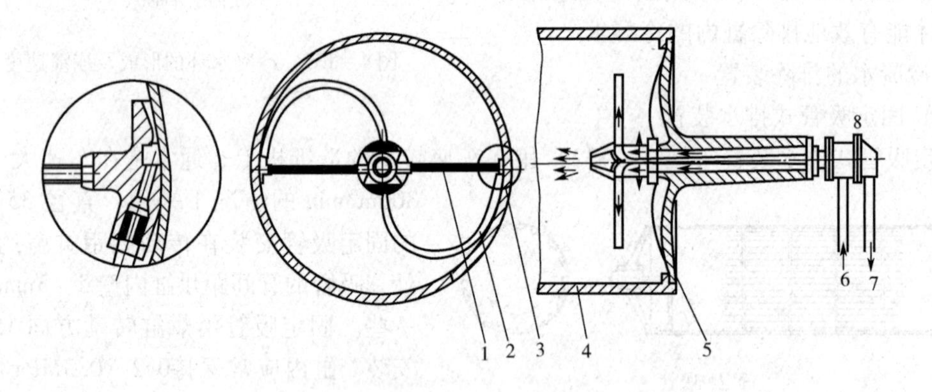

图4-135　旋转吸管式冷凝水排出装置

1—支杆　2—旋转吸管　3—吸头　4—烘缸筒体　5—传动侧端盖　6—蒸汽进入　7—凝结水排出　8—汽头

2. 安装位置

在干燥部第一组烘缸上，施胶压榨后最初两三个烘缸上，其余各组的第一个及最后一个烘缸上装设刮刀。

3. 布置

烘缸刮刀为弹性刮刀。线压力为0.15～0.3kN/m，刮刀片为软钢（布氏硬度1200～1300）。

刮刀平面与烘缸切线之间的角度为20°～25°。

刮刀应该能垂直及水平移动。

有的刮刀处设有抽吸纸尘的装置，不断地吸出刮下来的纸屑。

4. 大直径的烘缸（2500mm 以上）刮刀

有三把刮刀。第一把防止纸幅缠绕烘缸；第二及第三把刮刀清洁缸面。有的在第三把刮刀上装设带有毛毯衬垫的刮刀，或采用回转式的结构，并配有单独的传动以加强对烘缸的清洁效果。

（四）烘缸传动

（1）传动组

烘缸的传组是以两个干毯组（上下烘缸）结合的。

（2）传动方式

传动方式有单缸传动和分组传动。

①单缸传动。a. 每个烘缸装一台电机，通过减速器来驱动烘缸。b. 单缸传动独立地调节各烘缸的速度。c. 传动点过多，构造复杂，造价昂贵。d. 目前仅限于生产电容器纸和某些用黏状纸料抄薄纸的纸机。

②分组传动。有棋盘式和椭轮式两种。

a. 棋盘式传动：在每个烘缸传动侧的轴承装置铸铁齿轮，各齿轮互相啮合，由一个主动轮带动。结构简单，造价低廉。但是不便润滑而易磨损。

b. 椭轮式传动：在烘缸传动侧装置直径较小的齿轮。下排各个烘缸的齿轮利用椭轮彼此啮合，上排烘缸的齿轮由下排椭齿轮和一个中间齿轮啮合传动。齿轮应以铸钢或铸铁制成。齿轮应具有斜齿或“人”字齿，齿轮被封闭在齿轮箱中，以利循环润滑。齿轮润滑较好，传动效率高；损纸利用压缩空气吹送到传动侧去，易清除。

（五）冷缸

1. 作用

①干燥部的末端设冷缸，使纸幅冷却至 50 ~ 55℃，同时空气中的蒸汽凝结在冷缸表面上，使纸幅的湿度增加 1.5% ~2%。

②纸幅具有较大的弹性和柔软性，有利于在压光机上提高纸的平滑度。

③可减小压光时产生的静电，克服纸在印刷中的困难。

2. 布置

①通常装设两个冷缸，一个在上排，另一个在下排。

②有时只在上排装设一个冷缸，润湿平滑度较差的网面，减小纸页平滑度的两面差。

③在现代纸机上，当装设一个冷缸时，纸页的正面就利用弹簧辊来冷却。

3. 传动

①纸页在冷却润湿时伸长。

②生产高级纸时，每个冷缸有单独的干毯及传动机构。

③低速薄页纸机采用没有干毯的上排冷缸。

④在新闻纸、印刷纸机上，冷缸烘缸共用一条干毯，使冷却不良。

⑤有时用喷水管润湿冷缸的干毯，并用双辊压榨干毯的使其水分均匀一致。

4. 结构

①冷缸和烘缸的缸体是相同的，冷却水的装置是冷缸特有的。

②冷却水流入缸内一直径为 35 ~ 40mm 的管中。该管开有喷水小孔。普通冷缸运转中充满半缸水，水是从冷缸的一侧或两侧自流出缸外。

③现代化造纸机上，缸内设有喷头和吸管式排水装置。向冷缸内通入 300 ~ 500kPa 的压缩

空气后，冷却水便连续排出缸外。

五、干　毯

作用：a. 使纸页与烘缸表面接触紧密，提高传热速度，防止纸页的变形及起皱。b. 吸收纸页蒸发出来的蒸汽及液态水分，通过干毯蒸发到大气中。c. 传递纸页通过干燥部，并带动干毯辊。

要求：干毯要有足够的强度，耐久性，尺寸稳定性，透气性，吸水性，平滑性和柔软性。

（一）干毯

（1）干毯种类

羊毛与聚酯纤维混纺毛毯；棉与合成纤维混织帆布；100%合成纤维针刺干毯等。

（2）特点

①毛织干毯细密，拉力大，定量为3000～3500g/m^2。

②毛织干毯是无端的，只有卷烟纸、电容器纸使用。

③100%合成纤维针刺毛毯可织成无端的或用卡子接头。

（3）帆布

①有单层、双层和三层几种，帆布的层数增加，可以提高透气性和平滑性。

②帆布的使用寿命，一般为2～3月。

③干毯透气度较低，降低了水分的蒸发。目前普遍使用干网代替干毯。

（二）干网

干网材料是聚酯、聚酰胺、聚丙烯和聚丙烯酸等，耐磨、耐酸、耐碱性都较好，使用寿命一般是帆布的1.5～2倍。

1. 聚酯干网的品种规格

（1）聚酯干网的种类

按纺织的方法分可分为聚酯螺旋干网、聚酯编织干网。

聚酯螺旋干网主要特点：透气大，易修补，网面平整，使用寿命长，如图4－136所示。

聚酯编织干网主要特点：较高透气性，一般用于造纸机烘缸后半部，生产70g/m^2 以上纸张，如图4－137所示。

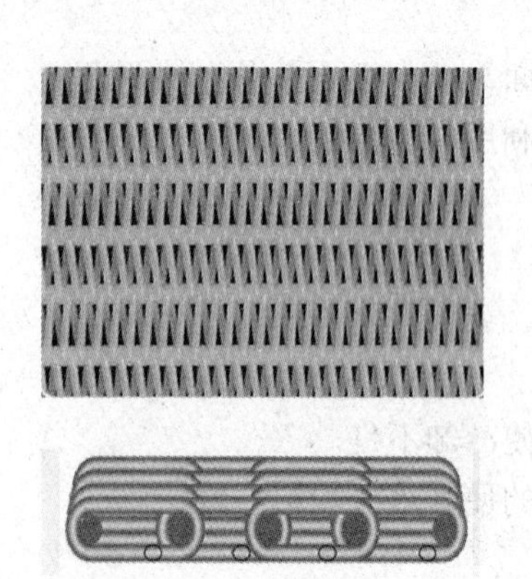

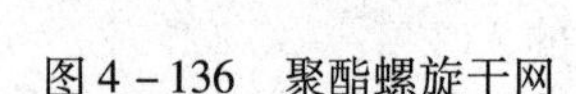

图4－136　聚酯螺旋干网

图4－137　聚酯编织干网

（2）聚酯干网规格

螺旋干网系列的特点是透气度大，网面平整。最适用于施胶度较大、定量较大的包装纸、文化用纸和纸板等产品。聚酯干网规格见表4－24。螺旋干网规格见表4－25。

表4－24　聚酯干网规格表

编织系列及种类	网　号	T值	透气度/［m³/（m²·h）］
三综系列	GW 22503	34～37	7800～9800
	GW 22453	35～38	8500～10500
一层半网	GW－24503	34～37	8700～10700
	GW 24453	36～39	9000～11000
四综系列双层网	GW 24504	36～39	10000～12000
	GW 28454	39～42	12000～14000

表4－25　螺旋干网规格表

种类	单环规格/mm	透气度/［m³/（m²·h）］
大环	4×8	16500～19500
中环	3.8×6.8	16500～19500
小环	3.2×5.2	16500～19500

2. 干网的优点

a. 抗张强度好（＞12MPa）；b. 尺寸稳定性好；c. 耐磨性好；d. 透气性好，改善了传热和蒸汽扩散条件，可提高干燥效率10%～25%；e. 使用寿命长；f. 干网不带水，省去了烘毯缸，节约蒸汽消耗3.7%左右；g. 能提高纸张质量，使纸幅横向水分均匀，控制纸页的烘缸表面上的自由收缩避免纸页的起皱和变形；h. 运行稳定，易清洗；i. 干网回潮性小；j. 单丝干网的密度小。

3. 提高干燥效率的原因

①由于干网开孔度较大，水汽直接排出，避免了冷凝和再蒸发的低热效率过程。

②纸页背面易冷却，降低了纸页的温度，纸页与烘缸间的温差增大，干燥效率高。

③空气有效地在纸机干燥部内部和周围流动，有助于湿空气从干燥部排出。

4. 聚酯干网的选用

（1）干网的使用

一层半聚酯干网透气度在8000～9500m³/（m²·h），透气量小，结构紧密，适合抄造证券纸、复印原纸、双胶纸、涂料原纸、新闻纸、文化用纸、高级包装纸等表面性要求较严的纸种。

双层聚酯干网透气度8000～13000m³/（m²·h），透气度在9000m³/（m²·h）以下可抄造文化用纸；透气度9000m³/（m²·h）以上可抄造瓦楞纸、箱纸板、牛皮纸、纸袋纸等。同一机台干燥部位不同，也要选择不同透气度的干网。

（2）聚酯干网的使用

①干网运行张力大。调好导网辊的水平度和方正度，以免干网跑偏、打褶。清除导网辊面上的黏附脏物，以防加快干网磨损。使用干网时，应去掉原展平干毯或帆布的伸展辊。干网的摩擦因数小于干毯和帆布，导网辊角度一般应在30°～40°为宜。

②干网的安装：无端干网适用于小型纸机，上网时不许碰伤或咯坏网子。插环接口，适于大型纸机或有密闭罩纸机。安装时，将伸网调节辊调到最短位置，干网两端对环后，用销（芯）线连接，销线要徐徐穿入两端。纸机使用干网时，要安装自动紧网装置。

（三）干毯的校正及张紧装置

干毯是依靠各个烘缸和各处干毯辊支持展开的。每个相邻烘缸之间设有一个干毯辊，而在干毯的回程上，则应有足够的干毯辊展开干毯，使其不致起皱。

1. 干毯校正装置

（1）摆式干毯自动校正装置

①由脉冲导毯辊和校正辊组成。

②脉冲导毯辊的一端装有直径和辊径相同的小皮带轮。当干毯跑偏时，通过小皮带拉动一端是摆锤式安装的校正辊，从而达到校正跑偏干毯的目的。

③当干毯经过校正离开小皮带轮时，校正辊在重力作用下摆回到原来的位置。为了避免干毯跑到另一边去，应该再有一套上述的装置安装在干毯的另一侧。

④缺点是占用较大的位置。当一组烘缸的数目不少于5~6个时，才能采用这种装置。

⑤在低速造纸机上，有使用结构简单的。

（2）挡轮式干毯自动校正器

它有两个分别装置在干毯两边的挡轮。当干毯跑偏时，推动其中一个挡轮，并通过杠杆使干毯校正辊的一端发生移动，从而达到处自动校正干毯的目的。

（3）气动式干毯自动校正器

挡板始终与干毯边缘相接触。当干毯跑偏时，挡板被推向一侧，带动压缩空气控制阀，两个空气室的压力平衡被破坏，使校正辊的轴承摆向一边，达到校正跑偏干毯的目的，该校正辊适用于高速造纸机上。

2. 干毯自动张紧装置

①水平布置的。

②张紧辊安装在沿导轨移动的滑车上。干毯的张力是用重锤通过链传动而产生的。

③链轮通过链条与处于中间的张紧辊的轴承相连。干毯与张紧辊的包角为180′。当干毯松弛时，即反应在张紧辊上所受的应力减小，进而促使滑轮的重锤上移或下垂，带动了链轮的回转，使张紧辊轴承向前或向后移动。

④更换新干毯时，张紧辊必须位于其正常位置。为完成此操作，在操作面设有一手轮，利用链条传动装置移动张紧辊。另外，在未套上干毯前，为固定张紧辊的位置，又设有带掣的棘轮。

⑤在较新式的纸机采用液压缸结构形式的干毯张紧器。为了缩短压力缸活塞的行程，设置备有适当传动比的中间齿轮传动。

六、烘缸干燥曲线及通汽方式

（一）烘虹干燥曲线

按各个烘缸表面温度变化的顺序连接起来画成的曲线称为烘缸干燥曲线。

一般干燥温度曲线为开始逐渐上升，然后平直，最后稍有下降。最初1~3个烘缸（有时到第四个烘缸）的温度应逐渐从40~60℃升高到80~100℃。

烘缸表面温度最高为110~115℃。对于高级纸和技术用纸，温度应稍低一些，为80~100℃。干燥部末端2~3个烘缸，温度下降10~20℃。

干燥初期升温过高、过快，纸内产生大量蒸汽，使纸质疏松、皱缩加大，并降低纸的强度和施胶度。

①生产不施胶或轻微施胶而又是用游离浆料的纸，烘缸温度可较快升高。

②对于施胶纸，当纸的干度未达到50%，烘缸温度不宜超过85～90℃，否则施胶效果差，而且易出现黏缸。

③图4－138表示13种纸的干燥曲线。可见游离状未漂硫酸盐木浆纸（如纸袋纸）烘缸温度最高（120～130℃），升温曲线最陡。机械木浆纸和游离化学浆轻微施胶纸温度次之，最低的是高级书写纸、透明纸等，尤其是薄型电容器纸。这类纸的升温速度比较缓慢。

④图4－139和图4－140分别为新闻纸和胶印书刊纸的干燥曲线。

蒸汽压力一般为0.3～0.35MPa。

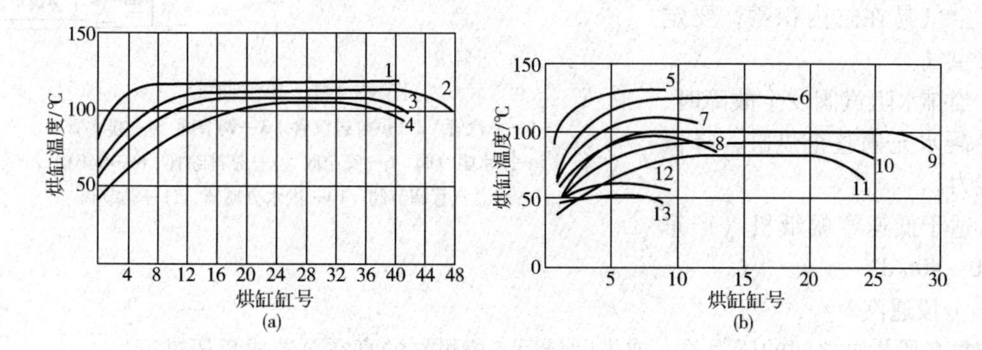

图4－138　各种纸的干燥曲线

1—瓦楞纸　2—新闻纸　3—1号书写纸　4—2号印刷纸　5—纸袋纸　6—烟嘴纸　7—铜版原纸　8—仿羊皮纸　9—胶版印刷纸　10—电缆纸　11—电话线纸　12—12g/m² 电容器纸　13—10g/m² 电容器纸

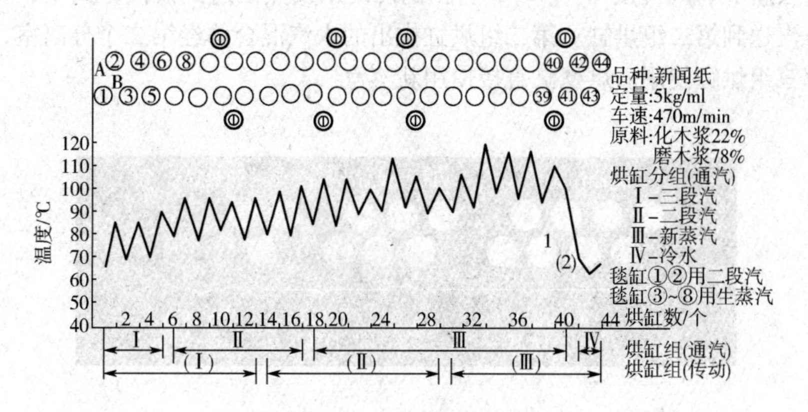

图4－139　新闻纸的干燥曲线

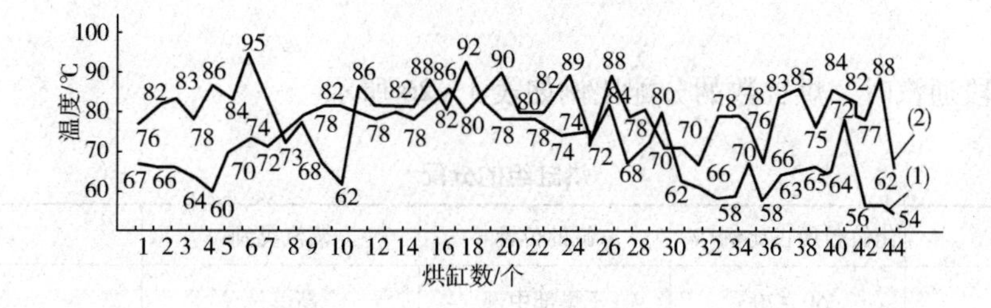

图4－140　胶印书刊纸的干燥曲线

（二）通汽方式

通汽方式分为单独通汽和分段通汽，而生产能力大的纸机多用多段通汽。

1. 单独通汽方式

如图4－141所示，蒸汽由总汽管送入各个烘缸，冷凝水通过排水阻气阀排出，收集在槽内再泵送回锅炉房。这样可利用冷凝水中大量的热能，同时不需净水处理。

单独通汽法有很多缺点：

①空气易在缸内积蓄，要定期排放空气。

②当排水阻汽阀发生故障时，会使冷凝水充满整个烘缸，降低蒸发能力。

③适于低速窄幅纸机（产量低于30～40t/d）。

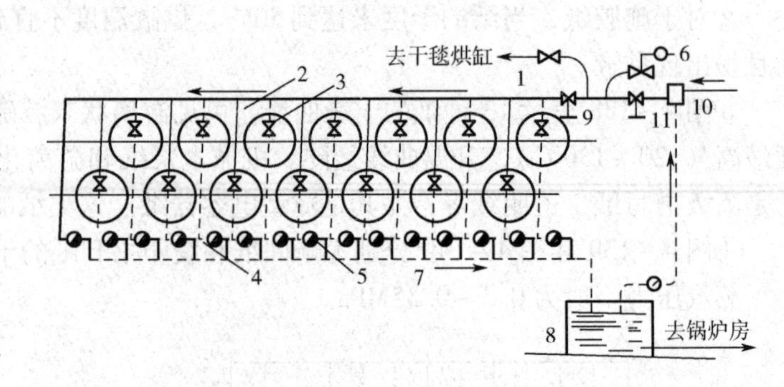

图4－141 单独通气

1—总汽管 2—烘缸进汽管 3—调节阀 4—排水管 5—排水阻汽阀 6—安全阀 7—总排除管 8—收集槽 9—总汽管调节阀 10—汽水分离器 11—调节阀

2. 分段通汽

依靠各段烘缸之间的压力差，或借助最后一段烘缸的真空泵造成负压进行。

各段烘缸的分配为第一组（靠近压光机）占总数60%～75%；第二组占20%～35%；第三组占5%～10%。

第一组通入新鲜蒸汽（图4－142），排出的冷凝水及蒸汽送到蒸汽分离室，将分离出来的蒸汽及二次蒸汽送到第二组烘缸。第二组烘缸排出的水汽混合体经第二个分离室，产生的二次蒸汽被送到第三组烘缸使用。烘毯缸直接使用新蒸汽。

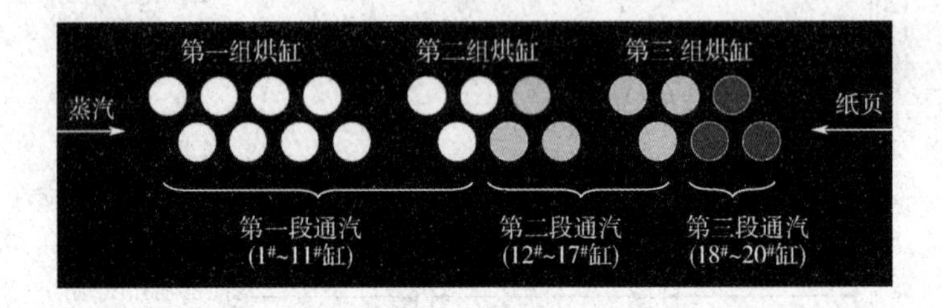

图4－142 三段通汽系统

特点：

①采用三段通汽时，烘缸数的分配比例如表4－26所示。

表4－26 烘缸组的分配

烘缸组数	组缸数所占比例/%	缸的位置	蒸汽类别	备注
1	50～70	干燥部中部	新蒸汽	三段通汽的另一种形式：近压光机为一段汽，中间部分为二段汽，近压榨部为三段汽
2	20～35	近压光机	二段汽	
3	10～15	近压榨部	三段汽	
4 毯缸组			新蒸汽或二段汽	

②各组间蒸汽的压力差不易控制，压差与冷凝水排除方法、车速有关，通常不小于30kPa。

热泵蒸汽循环系统见图4－143。

热泵原理：高压蒸汽经喷嘴减压增速形成一股高速低压气流，带动低压蒸汽进入接受室；在混合室的扩散室，两股同轴蒸汽混合，速度降低，压力提高，得到中压蒸汽。如图4－143至图4－144所示。

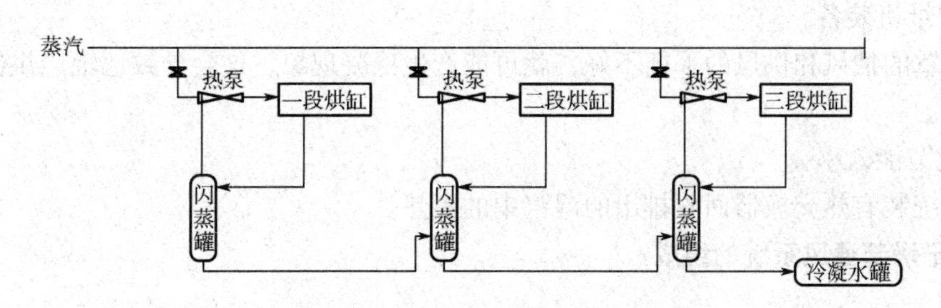

图4－143 热泵蒸汽循环系统

闪蒸缺罐原理：热泵可使闪蒸罐内形成较低的闪蒸汽化压力。冷凝水在塔板上跌落时形成细小的液滴，具有较大的传热传质面积并可形成较长的流动路线和汽化时间。如图4－145所示。

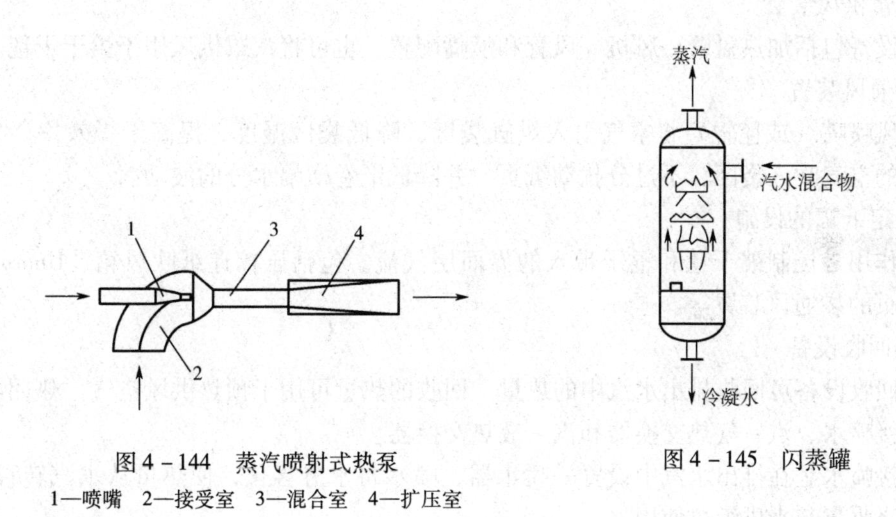

图4－144 蒸汽喷射式热泵

1—喷嘴 2—接受室 3—混合室 4—扩压室

图4－145 闪蒸罐

七、干燥部的通风

（一）通风系统的作用

干燥部的通风影响纸机效率、生产能耗和产品质量。随着纸机车速的不断增加，加强通风对纸机的运行具有十分重要的作用。

1. 从干燥部捕集和除去水汽

汽罩和抽气系统可将干燥部的水汽集中，并将其逐出厂房。否则水蒸气在车间的天棚凝结滴水，滴落在纸面上会形成斑点和破洞。

2. 提高干燥能力和产量

如果蒸发的水分不能有效地从袋区排走，袋区湿度将增加，干燥能力和产量降低。

3. 提供可控的干燥环境

袋区湿度不均一会造成纸机横向干燥能力的变化，使纸卷中横幅水分分布产生波动。导致纸病（如皱纹、烂边和卷曲）。所以袋区湿度必须控制很低，而且很均一。

4. 稳定纸幅，提高纸机效率

如果干燥部的纸页不稳，将产生大量断头，使车速受到限制。所以，必须处理好干燥部内的气流，使纸页能稳定地运行。

5. 保护纸机装备

如果汽罩的抽风和供风的平衡不好，就可能产生冷凝现象，这会导致毯辊、烘缸机架、结构件等锈蚀。

6. 优化节能效率

通风系统装有热交换器回收排出的湿汽中的废热。

（二）干燥部通风系统的组成

1. 汽罩

汽罩的用途是捕集干燥部水汽并将其排出纸机厂房。

2. 汽罩排风机

排风机可使用轴流风机和离心风机。当排出水汽处于饱和状态时，应该用不锈钢风机。如果是不饱和（没有热回收）水汽，则可用低碳钢或铝材结构。

3. 汽罩供风装置

供风设备包括加热盘管、风机、风管和喷嘴配置。也可将汽罩供风用于烘干干毯。

4. 袋通风装置

袋通风喷嘴（或毯辊）将空气引入烘缸袋区，降低袋区湿度，提高干燥效率。袋通风必须将足够的空气吹入袋区，不过分扰动纸页，并降低纸卷横幅水分的波动。

5. 稳定纸幅的设施

主要作用是控制被干毯和辊子带入的界面层气流。包括压榨递纸吹风箱、Unorun 吹风箱和稳定纸页的袋通风装置等。

6. 热回收设备

①热回收设备可回收排出水汽中的热量。回收的热量可用于预热供风空气。热回收设备有三种：直接喷水、汽－气热交换器和汽－液热交换器。

②直接喷水是在排出水汽中设置一喷水器，喷水将水分雾化，使热量从水汽转移到水中。然后将热水收集起来供纸机使用。

③汽－气热交换器是将热量转移到空气，可将汽罩供风从26℃加热到60℃。

④汽－液热交换器是将热量转移到水或水/乙二醇溶液中，水/乙二醇溶液可用于加热建筑物通风的空气。特别在建筑物取暖费用较高的北方地区纸厂。

（三）袋区通风

1. 袋区通风的作用

在纸机的干燥部上下烘缸纸页进出口之间，以及相邻两烘缸间干毯进入和离开干毯辊的区域称为气袋（图4－146）。

①合成干毯与袋通风结合，可提高干燥能力（达20%），使横幅水分分布更为均一。

②图4－147显示袋区内空气流动的状况。干毯表面附着大量空气，在毯辊与干毯汇聚区形成正压区，使气流强制穿过干毯进入袋区。在毯辊的出口侧，随着干毯离开毯辊而形成了一个负压区。抽吸入袋区的空气是汽罩区的湿空气，使袋区的湿度提高。

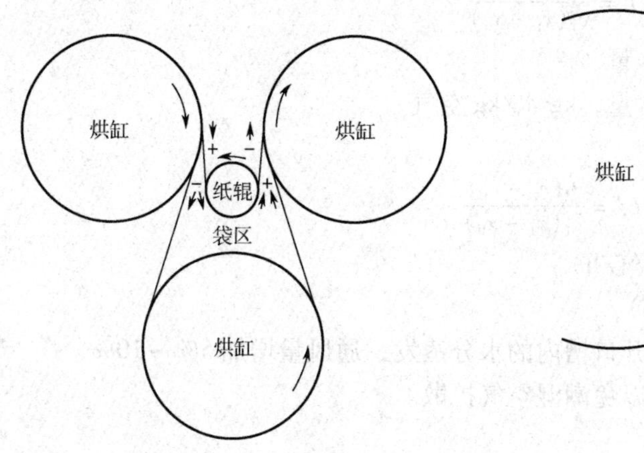

图 4－146　袋区内的空气流动状况

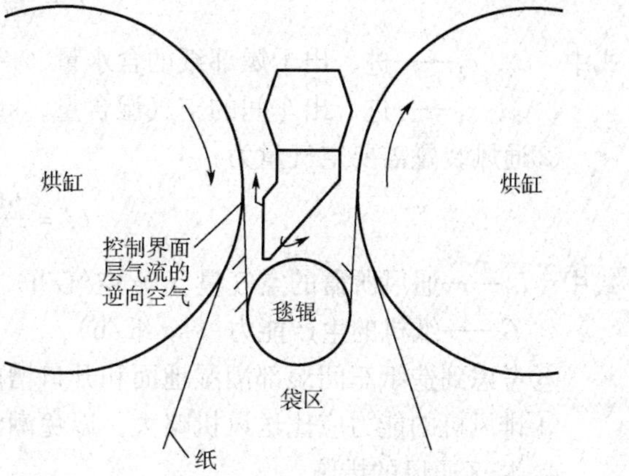

图 4－147　袋通风装置

③自然袋通风条件下，高透气度干毯将过量空气抽吸入袋区，袋区产生“过压”，迫使空气从两端逸出。同时过量空气使纸页产生抖动。低透气度干毯限制空气吸入袋区，但又会造成袋区中心部位湿度高，使纸卷横幅水分分布不均。

④袋通风系统必须控制干毯的自然抽吸作用，并将干空气引入袋区。进入袋区的空气量受纸机车速、干毯透气度和毯辊位置的控制。

⑤因为在高定量和低车速下，没有纸页抖动问题，所以低速高定量纸机可使用高透气的干毯和简单的袋通风装置。但对于高速纸机来说，必须很好地控制空气的流动。干毯透气度要低，自然抽吸效应要少。

2. 袋区通风的要求

（1）平衡和控制进出袋区的空气流量

高速袋通风装置要求使用高透气度干毯而又不使纸页产生过分抖动。如图 4－147 袋通风装置。上面的风嘴能阻挡干毯带来的气流，下面的风嘴可挡住被毯辊吸过来的空气，在风嘴之间形成一个压力区，通过该压力区将干热空气送入袋区。而湿空气则通过自然抽吸而排出。

（2）使袋区的湿度低而均一

袋区通风系统要保持袋区的湿度低而均一。一般在烘缸压力低于 207kPa 时，袋区湿度 0.18kg 水/kg 干空气是最好的。当较高压力时可为 0.2。横向波动最好不要超过 0.02kg 水/kg 干空气。目前大多数纸机所需的空气流量为 $14m^3$/（m·min）左右。

（3）有矫正纸卷横幅水分分布的能力

横幅水分分布受到横向空气流量的影响。影响大小取决于纸种、成品纸卷水分、车速、干毯透气度和袋区平均湿度。当成纸的含水量为 4% 时，可矫正 1% 的横幅水分。

（4）可将热风送到汽罩

汽罩需要有供给热风的来源。良好的袋通风系统可将空气供给到产生水汽的地点。

使用特种结构的毯辊。毯辊设计成可使空气进入辊内，然后通过辊上的一系列孔眼喷出。空气被迫通过干毯进入袋区。图 4－150 列示出袋通风的毯辊。

3. 袋区通风所需空气量

①排风温度为 40～60℃，相对湿度为 50%～70%，车间温度在 20～23℃。排除由 1kg 蒸发的水量所需要的空气量为：

$$L=\frac{c_2-c_1}{c_1(x_1-x_0)}$$

式中　c_1，c_2——进、出干燥部纸的含水量，%

x_0，x_1——进、出车间的空气湿含量，kg 水/kg 空气

②通风装置需要空气量为：

$$L_T=\frac{G(c_2-c_1)}{c_1(x_1-x_0)}$$

式中　L_T——通风所需的空气量（kg 空气/h）

G——纸机的生产能力（kg 纸/h）

③考虑到造纸车间湿部潮湿地面和开口槽内的水分蒸发，通风量增加 5% ~10%。

④排风机的能力应比送风机略大，以免潮湿空气扩散。

4. 袋区通风的措施

（1）对低速窄幅纸机

使用热空气对着气袋横向吹风，或者在气袋中安装热风管，控制风速在 20 ~25m/s 范围内吹送热风。

（2）机械通风装置

①通风箱缝口高速吹风（图 4 –148）。采用高风速低流量吹风。各烘缸（除前、末端 3 ~4 个）气袋中都装有通风箱，可提高干燥能力约 8%。

②通风管缝口低压吹风（图 4 –149），采用低风速高流量的吹风，透过干毯使气袋通风。

③用热风辊代替干毯辊（图 4 –150），热风穿过干毯使气袋通风。因空气穿过干毯可把毯中的水蒸气排出，故可以不用烘毯缸。

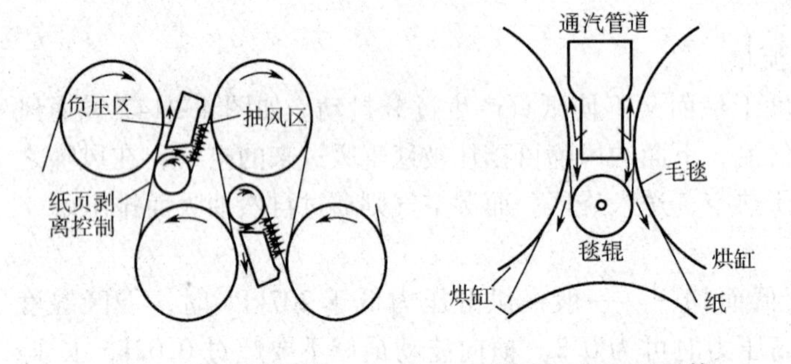

图 4 –148　通风箱　　图 4 –149　通风管

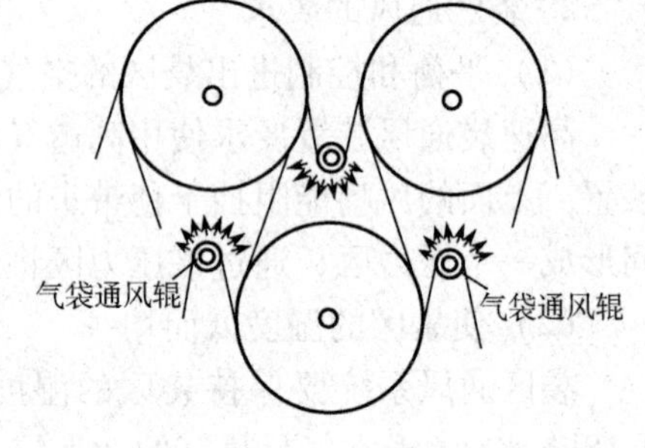

图 4 –150　气袋通风辊

（四）汽罩和汽罩排汽

1. 开放式汽罩

这类汽罩的泄漏是个大问题。只用低绝热的板材制成。要用高排汽量才能防止冷凝。也有采用外加保温护板，以提供较好的绝热性能，其湿度可略为提高。

设计的排汽湿度范围为 0.04 ~0.07kg 蒸发水/kg 干空气。由于高汽流量通过干燥部而使能耗增加。低排汽温度又使热回收费用增加，多数是不可取的。

新型纸机已很少使用开放式汽罩。它们正逐步被高效率的封闭式汽罩所替代。

2. 中湿度封闭式汽罩

①这是操作楼面上的保温密闭罩。前面用升降屏和后面用滑移屏作为干燥部的进出口。干燥部底面为不保温的密闭底板以限制气流量，防止从底板漏汽。否则干燥部内的自然烟囱效应造成封闭汽罩的“升压”作用。

②中湿度汽罩在0.11～0.13kg/kg范围运行，排汽温度为80℃。

③中湿度封闭汽罩回收的热量，常用于预热汽罩供风和加热建筑物补充空气。

3. 高湿度封闭汽罩

①高湿度汽罩排汽湿度约为0.16～0.17kg蒸发水/kg干空气。排汽温度为85℃。

②高湿度汽罩是使用高绝热值的板材，而且密封性好。要注意门的密封和汽罩的渗漏。

③高湿度汽罩可减少能耗，减少经过汽罩的空气流量及空气流量对纸页运行产生的影响。

八、强化干燥的途径和措施

根据传热理论与干燥理论，提高接触干燥速率主要有以下措施。

（一）增加烘缸的有效干燥面积

增加烘缸的有效干燥面积的途径：

a. 增加烘缸个数。b. 增加烘缸直径。c. 增加烘缸与纸的包角。

采用多缸进行干燥时，一般烘缸包角为225°～235°。尽可能提高包角，可提高干燥速率。

（二）提高烘缸表面温度

烘缸表面温度是影响干燥过程的一个基本参数。图4－151表示烘缸表面温度对干燥强度的影响。各种厚度的纸幅，干燥强度均随烘缸表面温度的增加而提高，在一定范围内提高烘缸表面温度是强化干燥的重要措施之一。

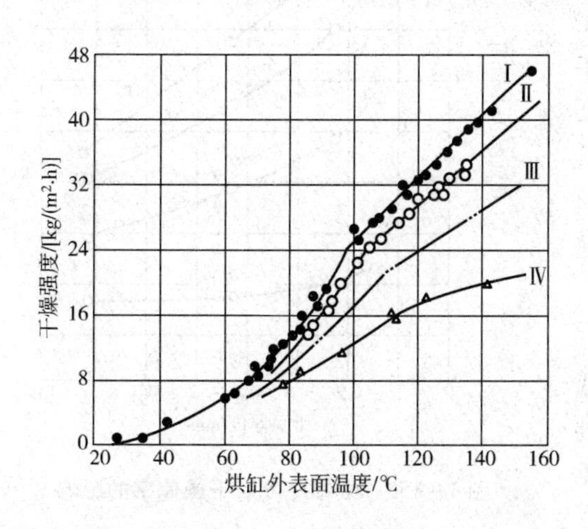

图4－151　干燥强度与烘缸表面温度的关系

纸幅厚度/mm：Ⅰ—0.16　Ⅱ—0.22　Ⅲ—0.43　Ⅳ—0.72

（三）提高总传热系数

由 $K=1/\left(\frac{1}{k_1}+\frac{1}{k_2}+\frac{\delta}{\lambda}\right)$ 可知，提高 k_1、k_2，降低 δ/λ 均可提高总传热系数 K。

1. 蒸汽对烘缸壁的传热系数（k_1）

决定蒸汽向烘缸内壁传热系数的主要因素有蒸汽性质和烘缸内冷凝水层的厚度。如果蒸汽中有1%的空气，k_1会下降60%。因此应尽量排出烘缸内部的空气。

烘缸内的冷凝水在低车速时，大部分集中于烘缸内下半部，这部分冷凝水可通过烘缸内的虹吸管排出，随车速增加到300m/min时，在烘缸内壁形成“水环”。水环厚度随纸机车速的提高而增大，水环越厚，传热系数越小，而且越难破坏。如表4－27所示。当纸机车速高达400m/min以上时，水环问题开始突出，有必要采取措施使之减小。

表4－27　　水环厚度与传热系数

车速/（m/min）	水环厚/mm	k_1/［kW/（m^2·℃）］	车速/（m/min）	水环厚/mm	k_1/［kW/（m^2·℃）］
200	1.2	554	400	18.6	189
300	8.0	281	500	32.4	142

烘缸内壁冷凝水的冷凝方式和缸内壁的清洁状态对 k_1 也有明显影响。滴状冷凝比膜状冷凝传热系数高，采用树脂挂里等方法变膜状冷凝为滴状冷凝。缸内若有水锈或油污等，会大大降

低 k_1。

2. 烘缸壁的热阻（δ/λ）

烘缸壁的热阻（δ/λ）由壁厚和内外表面的洁净度决定。如能采用导热系数更大的材料制造烘缸，就能提高总传热系数，进而增加烘缸的总传热量。

3. 烘缸外壁对纸的传热系数（k_2）

烘缸外壁对纸幅的传热系数（k_2）主要由纸幅的原始干度和纸幅与烘缸的接触情况决定，为减少干燥时的蒸汽消耗量，应尽量在压榨部降低纸幅的水分。纸幅依靠干毯（或干网）紧贴在烘缸外表面上，否则会有空气混入两者间，影响 k_2，并造成纸张的纸病，如砂眼、孔洞、气泡等。

（四）影响干燥速率的其他因素

1. 纸幅的厚度

纸幅的厚度和浆料的打浆度对干燥速率有显著影响，纤维种类、加填与施胶影响不大。干燥速率是随着纸幅厚度的增加而下降的，在恒速干燥阶段，纸幅厚度对干燥速率的影响如图 4 – 152 所示。在较低的烘缸表面温度下，纸幅的厚度增加，干燥速率的变化较小。随着烘缸表面温度的提高，纸幅厚度对干燥速率的影响越来越显著。提高浆料打浆度会降低干燥速率。

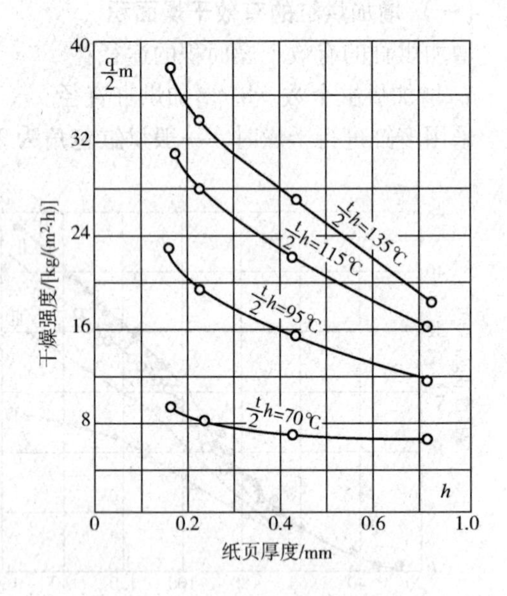

图 4 – 152　纸幅厚度对干燥速率的影响

2. 蒸汽性质

蒸汽中含有过多不凝结气体，会大大降低干燥效率。由于蒸汽中有少量不凝结气体及烘缸内存在着少量冷凝水，烘缸表面温度一般要比蒸汽温度低 15 ~ 17℃。

3. 干毯的种类和张力

干毯的渗透性、温度及湿度会影响干燥速率。干网可加强气袋通风，可提高干燥速率 10% ~ 25%，并改善干燥的均匀性（表 4 – 28）。加大干网张力可降低湿纸与缸面间的空气膜厚度，从而强化从烘缸表面到湿纸的传热过程。

表 4 – 28　　干毯张力对湿纸页干燥效率的影响

干毯张力/N	湿纸页干燥到下列水分所需要的循环周期数		
	水分 42%	水分 25.7%	水分 8%
227.6	13.3	19.3	28.0
490.3	11.5	17.3	26.5
1645.9	9.7	14.9	24.5
3502	8.8	13.6	19.6

4. 通风与排气

纸在干燥部蒸发出来大量的水分，应将这些湿热空气引到车间外，并补给新鲜空气，从传质上讲，通风与排汽能促进水汽扩散，而水汽扩散速度决定纸幅的干燥速率。

九、纸页干燥技术的发展

（一）多烘缸干燥器的改造

尽管采用了袋式通风系统，无接缝高透气干毯以及优良的冷凝水排除系统等，仍存在以下缺点：a. 干燥速率低［10～20kg/（m^2·h）］，设备庞大，占地面积大。b. 纸页在无依托时有飘动，造成断头和纸病；c. 烘缸热惯性大，干燥过程调节不灵敏；d. 纸页横幅水分分布不均。

1. 缸端部绝热

在烘缸端部安装地热器可以减少约90%的热损失。

2. 有肋条的干燥器、阻流棒等

有肋条的干燥器在烘缸的内壁装有一系列的肋条或肋片，凹槽部形成的冷疑水被一系列小虹吸管排走，有肋条的干燥器通常仅用于扬克纸机。

装配有阻流棒的干燥器，其优点基于阻流棒按冷凝水共振频率安排，产生高强度湍动。使用阻流棒可使干燥速率上升30%以上，控制横幅水分分布。

阻流棒安装方法：a. 磁性棒；b. 弹性负荷铁环。

有肋条的干燥器、阻流棒可以不增加总的烘缸数目，保证纸机不受干燥所限。

（二）OptiDry冲击干燥

OptiDry冲击干燥是最新发展起来的一种干燥设备，在干燥部的配置见图4－119，其结构见图4－153，在冲击式气罩内，热风以高速直接吹在纸幅上，热风将水分从纸幅中蒸发出来，这种直接冲击干燥的干燥效率比烘缸干燥高6倍，纸幅获得极高的蒸发效率，最大化地蒸发水分，从而可使干燥部的长度缩短一半以上。与此同时，采用这种冲击干燥，对纸页的横幅提供了均匀、高效的干燥；OptiDry是属于全密闭的干燥方式以及纸页被支撑通过整个干燥部，具有可靠的无绳式引纸以及损纸易处理等特点，从而达到干燥部所要求的运行稳定性、最大化的蒸发率以及最佳的纸质等三方面的要求。

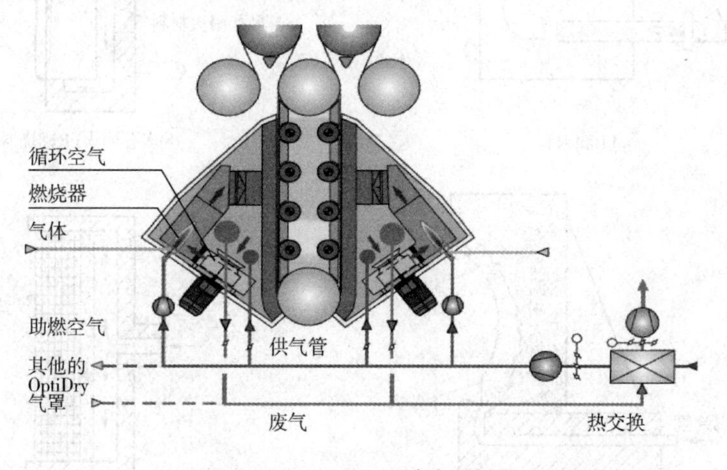

图4－153　OptiDry冲击干燥器

高速空气冲击干燥器的喷嘴是间隔排列的圆孔，孔径5～8mm，开孔部分的面积1.596～2.096，从喷嘴到纸幅的距离是15～18mm。

（三）穿透干燥

穿透干燥是干燥介质穿透湿物料的干燥工艺。水蒸气会被空气立即带走。蒸发每千克水所需要的热量和操作费用都要低得多。使用分段干燥、空气循环和阶梯式布置可使穿透干燥的热效率高达 80%。

利用穿透干燥技术干燥卫生纸、面巾纸等近年已经增加。原因是：a. 夹网成形器的高速成形超过扬克干燥器的容量。b. 消费者喜爱较软、高松厚度纸。c. 单层产品的抄造优点。d. 无压榨脱水的需要。e. 与高热效率伴生的高产量。穿透干燥已成为高孔隙类纸，如卫生纸、面巾纸、滤纸、吸墨纸和无纺布等的主要干燥方式。

（四）冲击－穿透干燥

组合工艺的干燥速率比分别用冲击干燥和穿透干燥所得到的干燥速率总和要高。冲击表面负压使纸页表面的温度和干度（湿度）梯度变得更陡，改善了局部水分不均匀的问题，获得良好的纸页稳定性和高热效率。

（五）红外线干燥

红外干燥器有两个基本类型：电红外和煤气火焰红外。

电红外加热器由电阻构成，电阻通电流达到很高的温度（2200℃），从而辐射出红外射线。使用反射器将辐射导向被加热的物体。

煤气火焰红外加热器最常见由煤气燃烧器构成，燃烧器上预混合的煤气和空气在金属或陶瓷盘或网的表面燃烧，红外热从这个热的表面辐射到纸上。

图 4－154 为 4 种煤气火焰红外加热器。明火辐射燃烧器产生最高强度的辐射流（约 1540℃），而催化氧化燃烧器提供一个无焰、强度很低的辐射流（约 340℃）。辐射管式燃烧能够设计操作在 680～1370℃ 的温度范围。

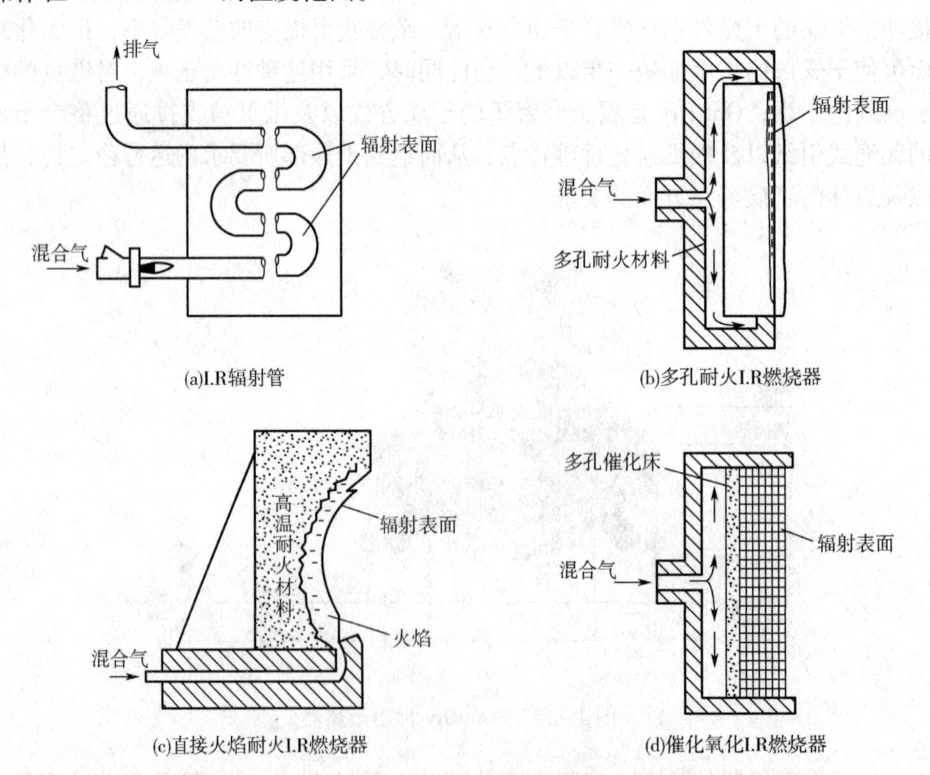

图 4－154　煤气火焰红外加热器

红外干燥方法通常仅限用于特殊的场合。由于极大的曝露表面和极高的操作温度，红外干燥器有严重的火灾危险。

（六）高频干燥

电能能被转化为电磁辐射。高频加热器在纸页中应生热。

高频干燥的一种是包含高频辐射的微波干燥，另一种是包含低频辐射的介电干燥。另一方面介电热量需要双电极供分子振荡。

干燥速率是传统干燥器的10倍，可得到在纵向和横向的均匀的水分。对多层纸板，应使用弱高频场以防脱层。

（七）压力干燥

压力干燥是在纸页温度大于或等于100℃时，施加外部压力到湿纸幅上。纤维柔软，增加了纸的结合强度。同时改进了纸幅和干燥表面的接触，增加了干燥速率。

①湿含量：20%～40%或更少的湿含量对强度是重要的范围。

②温度：纸页在107℃、149℃和232℃下压力干燥时的纸页紧度对弹性模数的曲线落在相同的位置。

③压力：压力干燥时的压力范围在0.1～5.5MPa。增强压力使纸页压实了，裂断长和弹性模数也增加。

④时间：压力干燥的主要作用是改善纸页生产时的压实作用。压力干燥纸的紧度要高于没有Z向限制干燥的纸页紧度。

压力干燥为造纸提供了良好的发展前景：a. 有效利用高得率纤维。b. 较好地使用阔叶木纤维。c. 改善木片磨木浆和热磨机械浆纸产品的特性。d. 改进含废纸的纸产品特性，e. 适当地打浆即可得到要求的纸页特性。f. 改进尺寸稳定性和表面平滑度。g. 提高纸机生产能力。

（八）高强度干燥

高强度接触干燥是指在足够加热强度下的干燥。湿纸页的内部温度超过环境沸点。在高强度概念中，干燥器表面温度可以提高到200℃甚至更高。干燥器表面温度范围是125～170℃。另外，高强度干燥还使用7.0～35.0kPa接触压力。

（九）热真空干燥

热真空干燥器是将纸压在具有毛细孔的带与热金属表面之间，带的背面有一以水冷却的金属板，如图4－155。

干燥时，空气从具有毛细管的带排出，水分蒸发时，蒸汽在冷却的金属表面冷凝。湿纸页在高度真空下被夹在热表面和毛细孔带之间。在真空条件下，水的蒸发速率比传统烘缸高约10倍。热真空干燥的纸页有较高的密度、抗张强度、挺度，平滑度等。

工业化热真空干燥器类似于扬克烘缸。烘缸被一条毛细孔带、一个钢圈和水喷嘴所覆盖，如图4－156。

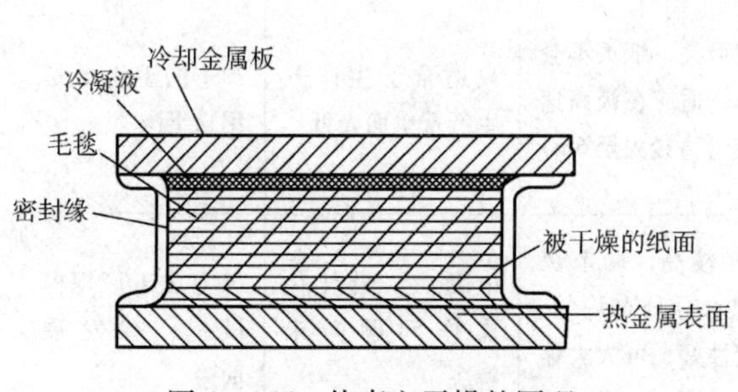

图4－155　热真空干燥的原理

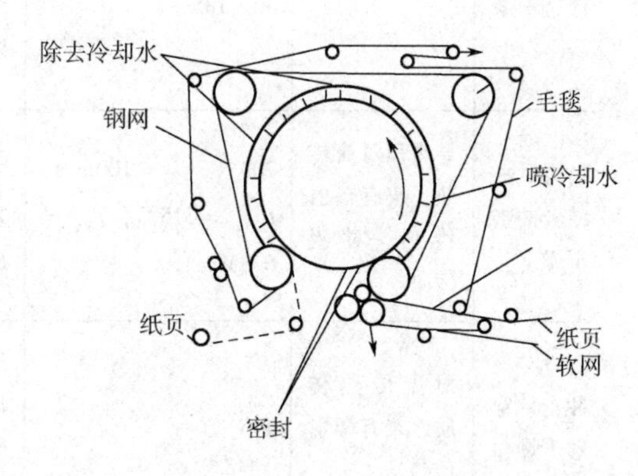

图4－156　工业热真空干燥器

（十）过热蒸汽干燥

由于排气时湿纸中水的蒸发没有损失，过热蒸汽干燥器的热效率极高。过热空气起着传输和干燥介质的双重作用。

使用过热蒸汽热空气冲击和穿透干燥，干燥速率显著增进加。纸张的压缩过热蒸汽冲击和双效蒸发干燥器的组合如图 4－157所示。

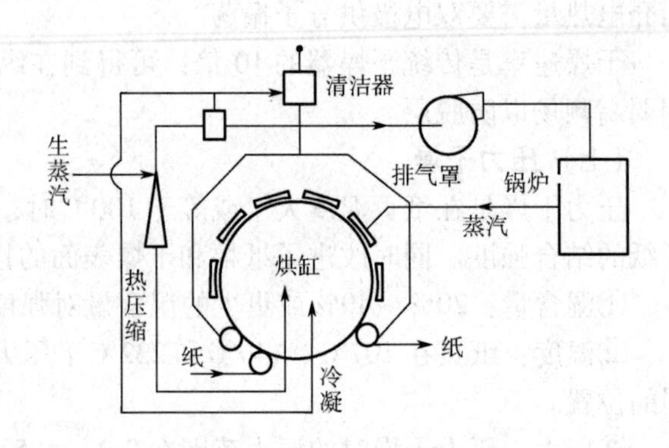

图 4－157 蒸汽喷气和双效蒸发干燥器组合流程

系统中，用过热蒸汽代替热空气作为干燥介质，对包在烘缸上的纸页冲击。大多数排出的蒸汽再循环作为冲击的喷气流。另一部分排出的蒸汽用于加热烘缸。薄型纸干燥时，可以得到超过 260kg/（m^2·h）的干燥速率。

（十一）静电场存在时的干燥

纸在非均匀静电场下干燥，干燥速率可以得到显著改进（5%～18%）。

表 4－29 对各种干燥方法的传热传质方式，干燥速率及优缺点进行了比较。

表 4－29　各种干燥方法的比较

干燥方法	传热传质方式	干燥速度/［kg/（m^2·h）］	优点	缺点	评价
多缸干燥	导热传热，扩散传质	10～20	可按要求调节各烘缸表面温度，以适应各种纸的干燥要求	干燥速度低，调节不够灵敏，纸页水分不均匀，设备庞大	由于纸页飘动、起褶，所以速度受到限制
冲击干燥	对流传热和传质	100（$v_{空气}$ = 100m/s，$t_{空气}$ = 315℃）	干燥速度高，适合于干燥涂布纸、浆板等，调节灵敏	纸面不够平滑，动力消耗大	广泛用于涂布纸、浆板及照相胶片的干燥
穿透干燥	对流传热和传质	30～185	干燥速度较高，最适合生产卫生纸，可得到高松厚度成品	只适合于干燥高透气度纸种。动力消耗大	已成为高透气度纸种的主要干燥方法。有发展前途
扬克烘缸结合冲击干燥	导热和对流传热，兼有辐射传热；对流传质	200（$v_{空气}$ = 100m/s，$t_{空气}$ = 315℃，$p_{汽}$ = 0.8MPa）	干燥速度最高，纸页不会发生断头，适应在极高速度下运转（直径大至 6m）	只适合于生产卫生纸及单面光纸	70% 的卫生纸是用它干燥
冲击－穿透干燥	对流传热传质，兼有辐射传热	145	干燥速度较高，调节灵敏，纸幅水分分布均匀，纸页稳定性好，可大大缩短干燥部长度	电耗大，最佳化操作问题尚未解决	已完成工厂规模试验，有发展前途

续表

干燥方法	传热传质方式	干燥速度/[kg/（m^2·h）]	优点	缺点	评价
挤压干燥	导热传热，扩散传质	80（t = 100℃）120（t = 120℃）	增加纸张的强度，干燥速度高，纸面平滑，可用较次的纸浆，是其主要优点	不能在高速下运转，纸页易黏缸	研究试验仍在继续进行。加压织物必须较强韧且透气
真空接触干燥	导热传热，对流传质	140～200	大大缩短干燥部长度，节省设备投资，纸面光滑	电耗大，汽压力高，纸页易黏缸	有待进一步研究
过热蒸汽干燥	对流传热和传质	干燥速度相当于中等温度的热风冲击干燥速度	可望有较高的干燥速度，全部废汽可以回收利用，热效率高。工业上已应用于纸浆的干燥	设备密封复杂，有些技术问题尚待弄清和解决	有待实验室研究工作的进行

十、干燥过程中主要的操作故障及其排除

（一）干燥部的断头

1. 湿部的原因

①湿纸水分过大。这种情况所造成的断头，纸尾巴非常平直。

②湿纸页有横向裂口、褶子或洞眼（薄纸）时有可能断头。

③抄造薄纸定量变小时，纸页就会由于过干燥，收缩过大，强度降低造成断头。

④可从最后纸表面冒汽及各组烘缸间的张力变化情况来判断定量波动。

2. 烘缸组间张力过大和张力变化

①烘缸组间张力的变化是引起烘缸内断头的一个常见原因。

②烘缸组间的纸页张力不宜过大，不宜频繁的调节。

③纸的定量，打浆度，水分和直流电动机电力拖动都会影响各组烘缸间的张力。

④在调节张力时，最好是调节前组的速度。

3. 烘缸间的损纸和刮刀末子造成的断头

①纸掉进烘缸入口，随着纸页一同转至出口的过程中将纸页破裂而断头，断头时必须用压缩空气将烘缸间的损纸清理干净。

②烘缸刮刀不严会使刮刀末子漏过来沾在纸页上，对最初几只烘缸和最后一只烘缸的刮刀，更应加以注意经常保持严密。

③烘缸部断头和接头时，由于干毯上的静电，干毯吸着纸页，有时会缠在干毯辊上，并在运行中碎成小纸片掉下来附着在干毯上，造成断头。

④由于湿纸页进入烘缸时就有毛病，或者烘缸间张力、温度差等因素，纸页也会在烘缸部中间断头。

4. 烘缸温度过高

①纸页接触烘缸到干毯接触烘缸，纸页抖动引起断头。单网干燥（又称无张力干燥或单挂式烘缸干燥）可有效地控制纸页的抖动，从而减少干燥部断头。

②关于烘缸温度过高造成的断头中，还有因纸页过干，纵向收缩太大引起张力过大这个

原因。

③在断头时必须把烘缸主气门适当关小以保持烘缸温度正常。

④烘缸部使用过热蒸汽时，烘缸内的压力发生变化，从而影响纸页的干燥。

⑤烘缸冷凝水排出不正常，缸内会积存较多的冷凝水，使烘缸温度降低。

⑥在有的纸机上，为了干毯缸的气压比烘纸缸的气压高，因此接有单独的汽管。

5. 烘缸表面状况不好

浆内黏性物质、黏胶纸带和玻璃纸等，会黏附在缸面上造成断头。

6. 烘缸罩内掉损纸片

应在开机前用压缩空气把罩内的尘埃、损纸吹掉。

7. 干毯造成的断头

①干毯打褶。不能使纸页紧贴在烘缸上，使该处纸张不干，引起纸断头。

②干毯边开线。线头上黏有油和水时，甩到纸上引起断头。

③干毯接头不好。缝得不平、松紧不一、线的结头太大会压伤湿纸造成断头。

④干毯上有杂物。杂物如油、树脂都会黏断纸页。

（二）烘缸冷凝水排出不畅

①烘缸冷凝水排出不畅时，烘缸下部积水，传热受到阻碍，使烘缸温度降低。下排烘缸冷凝水排出不畅比上排烘缸冷凝水排出不畅影响更为严重。

②烘缸温度降低造成的主要影响有以下五点：a. 纸不干，用汽量增加。b. 运行负荷增大和负荷不稳定。c. 两端温度较低的烘缸表面“出汗”，刮刀上刮出水来，使纸页上产生锈道子。d. 干燥部入口侧的几个烘缸刮刀由严密变为漏纸末子。e. 烘缸间张力不正常出褶子。

③冷凝水排出不畅的主要原因：

a. 烘缸分组不当：在多段通汽的干燥部中，烘缸分组不合适，把低温烘缸和高温烘缸连接在一组时，通汽少、温度低的烘缸就排水不畅。

b. 烘缸压力和排水系统的压力差不足：打开新鲜蒸汽阀门时应当注意水汽分离器上压力表的压力，使其保持一定的压力差。注意真空泵的运行情况。

c. 虹吸管的故障：Ⅰ. 虹吸管距缸底过高，或者装歪了都会使缸内积水过多。Ⅱ. 虹吸管上出现砂眼，或被磨漏破坏了虹吸作用。Ⅲ. 使虹吸管产生振动，虹吸管甚至可能折断。Ⅳ. 虹吸管堵塞。Ⅴ. 冷凝水阀未打开。Ⅵ. 冷凝水向烘缸的“倒吸”。

④纸页断头时对冷凝水排出的影响：纸页断头时由于烘缸上没有湿纸页，缸内蒸汽很少冷凝，此时除非水汽分离器上排空管开放，否则下一段烘缸压力就会很接近上一段烘缸的压力，压力差很小，这时就会使上一段烘缸内的冷凝水逐渐积存起来。烘缸内如果含有大量积水的话，停机后烘缸温度下降的速度要慢得多。比如说停机 10h 后无积水的烘缸已经冷下来了，可是有大量积水的烘缸还是很热的，用手就可以摸出来。如果停机时间短，可以用烘缸表面温度计在停机 4h 后进行测量并与相邻烘缸比较，如果比邻近烘缸温度高的话，就说明烘缸内含有大量的积水。在正常运行中，有时也可以用辐射温度计甚至用表面温度计测量烘缸堵头或者烘缸表面的温度并与相邻烘缸进行比较来判断。当然，也有烘缸内含有大量积水，但是并不影响纸页的干燥，这时可以观察烘缸的运行负荷，烘缸积水时运行负荷就会不正常。

（三）烘缸内不凝气体排出不良

①烘缸内积存不凝气体影响烘缸的传热，因此要把不凝气体也很好地排出去。

②此外还要特别注意在小于大气压运行的烘缸，不要让空气漏进去。

③在纸机运行中应使烘缸在排冷凝水的同时喷出一定数量的蒸汽，借高速的蒸汽把缸内的

不凝气体清出。

④骤然急剧的温度变化，会使烘缸受到破坏性的机械应力。因此，必须缓慢地通汽。开始通汽时用0.01～0.02MPa，半小时后升到0.05MPa，1h后升到0.08～0.1MPa。

⑤对多段通汽的烘缸部来说，预热烘缸和排出空气时，应将每一段汽水分离器上的排空管打开，使用较高的压力把空气－蒸汽混合物排空。

⑥由于烘缸空运转时缸内很少产生冷凝作用，如果汽水分离器上的排空管不打开，后一段烘缸的压力就要逐渐接近前一段烘缸的压力，两段之间的压力差很小，从而使空气排出不充分和使冷凝水逐渐积存起来。

（四）纸页全幅水分不均

①纸页全幅水分不均，经压光、卷纸或切成平版后，在轮转印刷或者在纸张加工时，易产生频繁的断头。

②纸幅中间湿两边干的主要原因是在使用透气度低的干毯时，由于纸幅两边通风好，潮气易于排出，因此纸边干得快，中间部位的潮气排出困难。

③干毯过紧使干毯辊运行失衡，造成干毯全幅张力不均，影响全幅水分的均一。

（五）冷缸的故障

1. 纸页全幅湿润不均

①纸页全幅湿润不均，压光就不均匀，纸面平滑度不一致，还会出现汽斑，严重时还可能产生卷纸褶子。

②冷水应沿整个烘缸面宽流出，冷缸内的水位则保持一半以上，回水从中心流出。

③冷缸的温度一般在40℃以上，否则就在刮刀上刮出水来，纸边上产生铁锈。

④使靠近冷缸全幅表面的冷凝空气的露点一致。因此要注意干燥部的通风状况。

2. 冷缸入口纸页张力小

①冷缸的温度低，热膨胀小，直径小于烘缸的直径，线速度低于烘缸的线速度，纸幅上就会出褶子。

②在把最后一只烘缸改为冷缸时，应改为单独传动，以便调整线速度，保持纸页张力正常。

3. 纸卷边

①由于接触冷缸的纸面吸湿膨胀，造成卷边。

②注意控制冷缸温度，或采取两只冷缸的办法来解决卷边的问题。

（六）干毯的主要故障

1. 干毯跑偏

①原因：a. 温度的变化使干毯的张力变化；b. 纸全幅水分不均使干毯全幅松紧不一；c. 轴瓦发热会使帆布辊转动发涩。

②调整方法：a. 利用导辊。b. 利用张紧辊。c. 利用角辊调整干毯跑偏。

2. 干毯打褶

（1）原因

a. 设备上的原因：辊子不直；辊面上黏附杂物；湿纸水分连续的局部过湿；烘缸的轴瓦磨损。b. 操作上的原因：干毯严重跑偏；干毯缝合太松；干毯缝的不直；把水弄到干毯上。c. 干毯本身原因：干毯太薄太硬易打褶；松软厚实的毛毯不易打褶。

（2）处理的方法

立即停机，放松干毯，千万不能在褶子的地方喷水。

3. 干毯掉毛、脏污

①干毯接触纸页的一面有时出现掉毛，附于纸页，经压光后造成纸病。为了防止这种纸病，要定期检查干毯的磨损情况。

②干毯被铁锈弄脏，则在纸上造成大面积的锈斑，尘埃。另一种是干毯表面黏附了松香颗粒。松香颗粒转到纸上，经压光后成为棕褐色圆形斑点或孔洞

③有问题干毯可翻过来使用。

4. 干毯烘缸位置不当

如果干毯烘缸由齿轮带动时，张紧器应当放在干毯烘缸的后面。

5. 干毯早期损坏

①第一组烘缸干毯受酸侵蚀，所以第二三组烘缸干毯的寿命比第一组长。而后几组烘缸干毯主要是受热的影响而逐渐损坏；

②干毯的早期损坏是由于干毯两边的油污、水湿和摩擦等所造成的；

③干毯边油污使压光后纸边发暗，这种情况下，可向干毯边上撒滑石粉；

④干毯边裂口、散线或因其他原因而遭受损坏时，应及时把散线或损坏处剪成圆弧形。

6. 干毯的选择

选择干毯要注意以下几点：a. 有足够的抗张强度和良好的尺寸稳定性；b. 必须具有平滑和均一的表面；c. 有良好的透气性和吸水性。见表 4 – 30 所示。

表 4 – 30　　干毯的选择

干毯类别	透气性	干毯类别	透气性
合成纤维 强双层全棉帆布	73	细眼复丝塑料干网	1830
合成纤维 强四层全棉帆布	366	中眼复丝塑料干网	3660
合成纤维 双层棉 – 石棉帆布	73	粗眼复丝塑料干网	10244
合成纤维三层棉 – 石棉帆布	110	细眼单丝塑料干网	13720
合成纤维 四层棉 – 石棉帆布	604		

（七）合成干网的使用

合成干网的寿命长，伸长小，干燥性能很好。但由于它的摩擦系数很小，因此导向较难。

1. 合成干网套入前的准备工作

①帆布辊不平行和不平直，会引起干网接头曲折，蛇行及起皱等现象。

②帆布辊表面应清擦干净，并检查帆布辊转动是否灵活。

③准备好干网支架。

④按干网上的记号将干网套入。标有“纸侧”的面应与纸接触，“ >→”符号是指干网运行的方向。

2. 合成干网的套入步骤

①干网应与烘缸平行架设。

②与旧帆布（或旧干网）接合。

③黏合接头。

④套入时应左右均匀拉伸，以便套入。

⑤合缝后应立即以规定张力转动 2 ~ 3 次。

⑥套入后勿在无张力状态下加热烘缸至较高的温度，因加热会产生部分收缩现象。

3. 合成干网套入后注意的事项

①套入是否笔直。

②接合接头后，应调整到产品使用说明规定的张力。

③应在规定张力下加热烘缸。

4. 网的修补和清洗

①干网破裂的修补：按缝帆布的锯齿缝法把破裂处缝好，并在干网背面把黏合剂涂在缝线上。

②皱纹的整理：起皱程度轻微时，可在烘缸上以加热方式使皱纹伸直。

③边部开线的修理：用电焊器慢慢地将开线处熔合。

④污点清洗法：a. 压缩空气清洗；b. 用高压水清洗；c. 用热水刷洗；d. 用中性洗涤剂；e. 用三氧化乙烯洗涤液洗净；f. 用草酸清洗。

（八）引纸蝇使用中的故障

①选择的引纸绳应是耐磨、耐热、抗张和延伸少的材料。直径 12～15mm 的尼龙绳耐用程度远比同样直径的三股棉织绳好。

②引纸绳的早期磨损是引纸绳使用中的故障之一。在绳子磨损严重的地方将有一股绳被磨断并从绳子表面散开，散开的蝇头容易甩到纸边，造成纸在烘缸内断头。

③掉绳也是易发生的一种故障。有 4 种常见的掉绳情形：a. 绳轮不在水平面内。b. 清理损纸时，损纸把绳子带掉。c. 损纸将绳子挤出绳槽。d. 由于设计缺陷，绳子在转向处无绳轮。

（九）解决纸页黏缸的措施

1. 黏缸的原因

①当烘缸表面温度太低时湿纸页易紧贴于烘缸表面，不易揭下来。

②浆料洗涤不干净。浆中残余木素、果胶等杂质遇热后引起黏缸。

③加入辅料时比例失调而造成浆料偏碱性。

④浆料中的松香乳化不完全而又未过筛直接加至浆中。

2. 解决措施

①浆料必须洗涤干净，把上网 pH 调到 4. 5～5. 5。

②当缸面温度达到一定程度（如 105℃）时方可放浆出纸。

③烘缸表面经常保持洁净，可用稀 Na_2CO_3溶液洗。

④如放浆后出现黏缸，且浆料 pH 偏碱性时，加 $Al_2(SO_4)_3$，使浆料 pH 达到 4. 5～5. 5。

⑤当发现表面温度较低而气压表的压力较高，应检查并修理排水装置，以防止因缸内冷凝水过多而引起烘缸盖打开的烫人事故。

⑥经常加一些机油使纸幅两边的缸面保持光滑，以解决纸页黏边。

第五节　圆网造纸机及其他造纸机

与长网纸机相比，圆网纸机结构简单、产品灵活，占地面积小和投资省。但脱水面积小，受离心力的影响，车速慢，成形质量差。

圆网纸机与长网纸机的压榨部、干燥部、压光及卷取基本与长网机相同，主要区别在网部。

一、圆网造纸机的基本类型及组成

（一）单网单缸单毛毯造纸机

单网单缸单毛毯纸机的组成如图4－158所示。浆料经稀释和净化后，进入网槽内过滤脱水，在网面上形成湿纸层，经伏辊挤压，湿纸被毛毯揭起，由毛毯托附运行。经过吸水箱抽吸，进入烘缸与托辊间压区，使纸与烘缸紧贴，在烘缸上干燥后，由卷纸辊在烘缸上直接卷取。

这种纸机结构简单，车速很低，抄成的纸粗糙、疏松，适于包装纸或游离浆卫生纸。

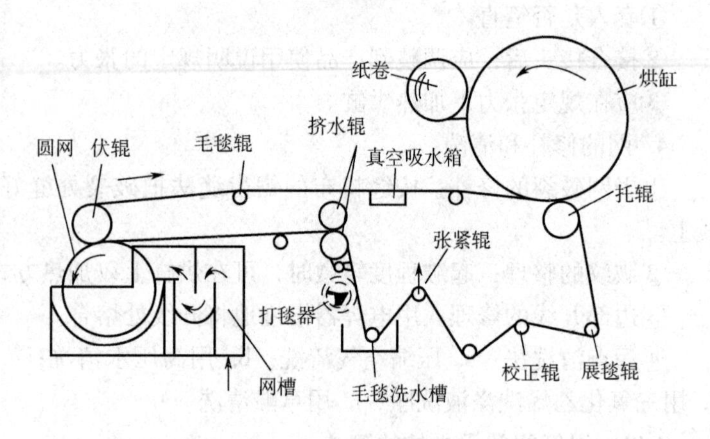

图4－158 单网单缸单毛毯纸机

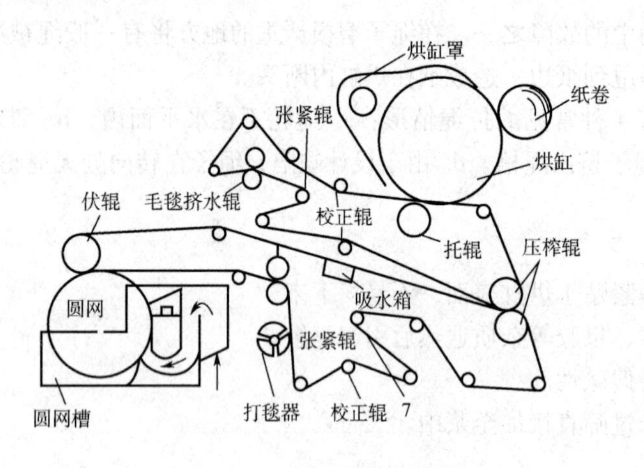

图4－159 单网单缸双毛毯纸机

（二）单网单缸双毛毯造纸机

这种纸机增加了一套压榨棍和一张上毛毯如图4－159。上下毛毯在压榨处会合，湿纸页经压榨，之后，贴于上毛毯，由上毛毯托附到烘缸托辊处，把纸压向烘缸进行干燥。

（三）双网双缸造纸机

双网双缸圆网造纸机如图4－160所示。第一个圆网的湿纸层与第二圆网上的湿纸层会合黏在一起，由下毛毯托附通过压榨辊，经上毛毯引到托辊上，使纸贴上烘缸。引到第二烘缸的光泽压榨辊下，使另一面与第二缸接触，最后由冷缸卷取。为了防止纸的起皱打褶和便于引纸，第二烘缸设有干毯包覆运行。

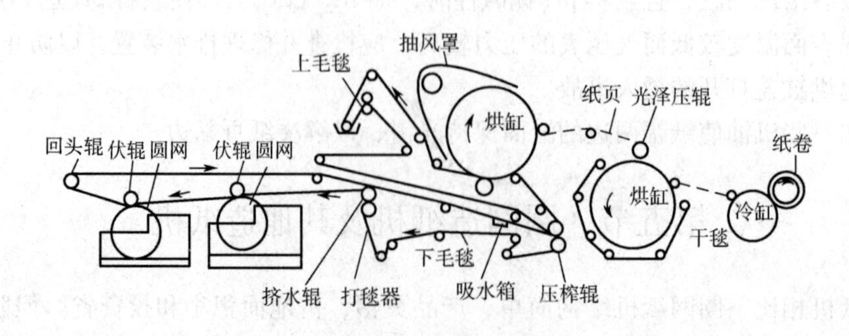

图4－160 双网双缸造纸机

双网双缸圆网造纸机可生产较厚纸张，可改善纸匀度，可生产两面光纸。适于抄制较厚的两面光的中等文化用纸。

圆网造纸机还有多圆网多压榨多烘缸的纸板机和长圆网混合纸机等。

二、纸页成形和成形部

圆网造纸机的网部由圆网笼、网槽和伏辊组成的，是圆网造纸机的一个重要组成部分。

（一）纸页在网部的形成

图4-161是圆网造纸机的网部组成示意图。上网的浆料以一定的浓度进入网槽，依靠网内外的压力差过滤脱水，在网面上形成均匀的湿纸层。湿纸层随转动的圆网经伏辊挤压，贴附于毛毯。圆网内的白水自网槽侧面的开孔连续地排出，以维持网内外水位差。

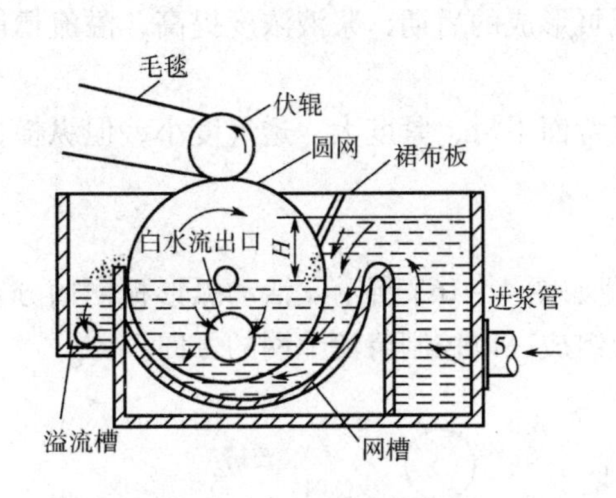

图4-161　圆网部结构示意图

圆网部实质上是一个过滤装置，纸页在过滤脱水中形成。要得到匀度好的纸张，圆网部必须满足如下的要求：

①浆料上网浓度合适（薄纸在0.2%以下，厚纸在0.2%~0.5%），以保证纤维的均匀悬浮分散。

②浆速与网速接近一致，以消除纤维洗刷作用。

③浆料过滤时间充足，过滤时间的长短与浆料接触弧长和转速有关。

（二）圆网

①圆网由圆网笼及铜网或塑料网构成。

②圆网笼是一个外包铜网的中空骨架。圆网笼外面装有两层铜网，里网的网眼较疏（8~16目）；面网的网眼较密。面网的选择影响纸质和纤维的流失。细短纤维生产薄纸采用细目网，粗长纤维生产厚纸用粗目网，一般文化用纸网目为60~80目。

③网笼的要求是要脱水均匀，纸页成形时不产生搅动，以免破坏纸页的成形。

④网笼应坚固、轻巧，脱水面积大，能承受伏辊的力，圆度准确，脱水均匀。

⑤我国的网笼多数为ϕ1000mm、ϕ1250mm、ϕ1500mm。大直径网笼形成弧长，离心力的影响小。因此，纸机的车速越快，网笼的直径越大。

⑥圆网纸机的抄宽是根据成纸宽度，纸的横向收缩而定，抄宽确定后，在网笼中心向两边量出一定宽度，宽度以外的网笼涂油或缝边布。

（三）网槽

1. 网槽结构

①圆网槽由流浆箱和圆网槽组成。流浆箱采用3~5块隔板，浆料经隔板，可获得均匀的流速并防止纤维絮聚。也可在隔板间设匀浆辊或阶梯扩散式流浆箱，以分散纤维，改善纸的均匀度。

②流浆箱和网槽是由木材或塑料板制成的，表面光滑，以防止纤维絮聚，便于清洗。

2. 网槽分类

①顺流式网槽：浆料流向与圆网笼回转方向一致。

②逆流式网槽：浆料流向与圆网笼回转方向相反。

③侧流式网槽：浆料流向与网笼回转方向成90°角。

3. 网槽种类

（1）顺流溢浆式网槽

图4－162为顺流溢浆式网槽。随着圆网的过滤作用，浆液减少，流速降低，浆流道应相应地缩窄以保证浆速与网速适应。

弧形底离网面的距离过大，匀度变差；距离过小，会产生气泡或透明眼。

在浆料入口处有一块胶皮裙布。其作用是避免浆料冲到网上。另外，通过裙布可调节浆料的流速。裙布提高，浆速降低；裙布下降，浆速加快。

溢流槽中间设活动板，以调节浆位的高低。在纸页形成的后期，浆液浓度提高，溢流槽能排出高浓浆料，改善纸的匀度。

顺流溢浆式网槽形成弧较长，上网浓度低，成纸背面平滑，紧度大，透气度小，但纵横拉力比值大，多用于生产普通书写纸或印刷纸。

（2）活动弧形板网槽

活动弧形板式网槽属于顺流式网槽，其结构原理如图4－163所示。活动弧形板网槽分定向和定速两个部分。定向部分由固定弧形板和唇布板组成，以控制浆流上网的方向。

图4－162　顺流式网槽

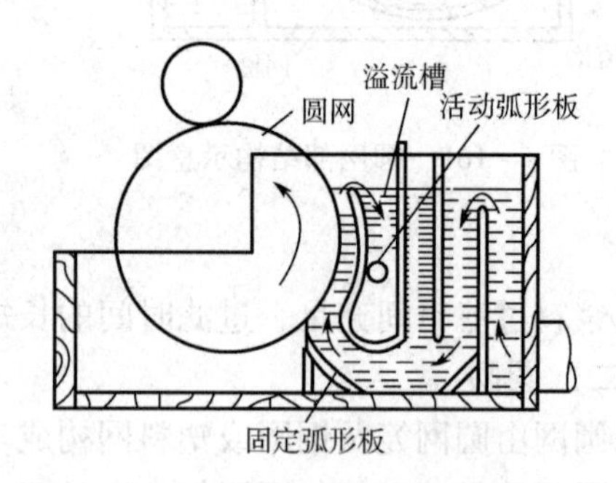

图4－163　活动弧形板网槽

唇布板用以安装与网面接触的胶皮唇布，防止漏浆。

定速部分是由活动弧形板与网面所组成的一个可调的上浆区。活动弧形板的曲面是以圆网中心下移20～40m作圆心画出，活动弧形板网槽的适应性强，但成纸的紧度低，成纸粗糙，纤维的流失大。

（3）喷浆式网槽

图4－164所示是喷浆式网槽。流浆箱的浆料通过堰板和唇板喷到网面。可得到组织均匀的湿纸层。

喷浆式网槽结构简单成纸的纵横张力低。但成形弧很短，浆料与圆网笼接触面积小、滤水能力差、上浆浓度和白水浓度大、纤维流失较多。

成纸页疏松，吸收性强，均匀度不很好，多用于生产吸收性大的纸或纸板，如油毡原纸、卫生纸等。

（4）逆流式网槽

逆流式网槽的结构如图4－165所示。网槽内的浆液有微搅动作用，纤维交织较好。

成纸纵横拉力比小。但纸质疏松，表面常有竖立的小纤维，使纸层与纸层之间易粘叠，适于多圆网纸机的纸板抄造。

（5）侧流式网槽

侧流式网槽（图4－166）浆液的流动方向与圆网的回转方向成90°，从另一侧溢出。纤维在纸中的排列与网笼回转方向成一定角度，成纸的纵横向拉力比值减小。适于抄造长纤维的高级特殊纸种或多层纸板。但圆网的形成弧短，车速低。

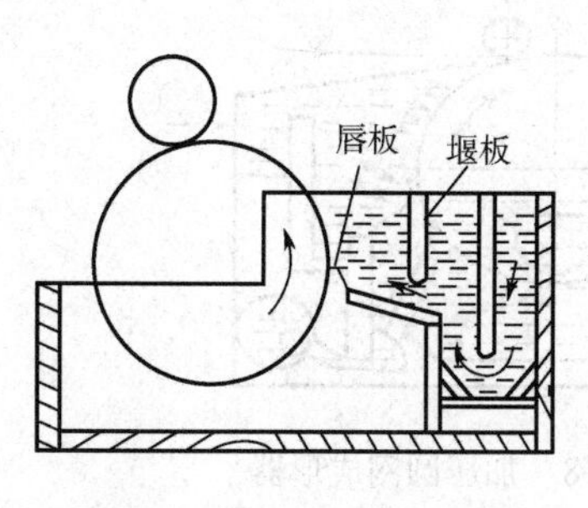

图4－164　喷浆式网槽

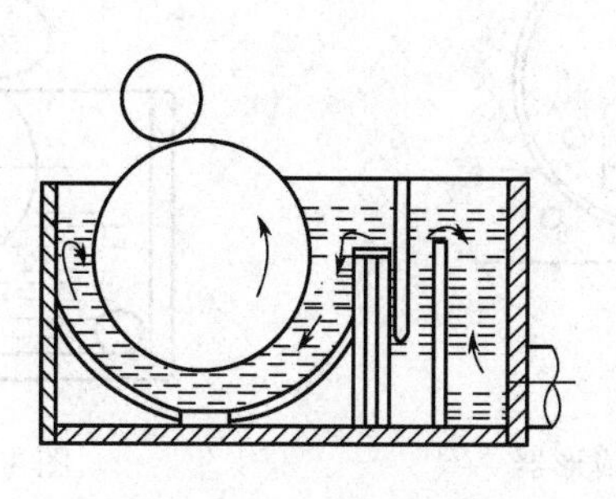

图4－165　逆流式网槽

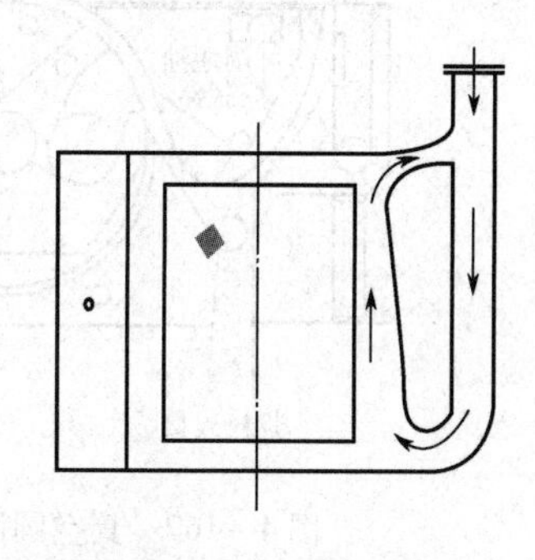

图4－166　侧流式网槽

三、伏　　辊

圆网造纸机的伏辊的作用是挤压湿纸页，使纸页干度从1%～2%提高到5%，把纸页从网笼表面转移到毛毯上，见图4－161。

伏辊要有良好的弹性及圆度，直径为250～500mm，宽度较网面宽100mm。伏辊有软胶辊及毛毯辊两种。软胶辊是用空心铸铁辊包胶而成，胶层厚度为25～40mm。

伏辊必须与网笼轴线平行。伏辊与网笼的偏心角为15°～0°。使湿纸先产生预压作用，避免进入压区产生压花。

注意及时起落伏辊。停机时必须把伏辊抬起来，以免网笼变形。开机时落下伏辊。

四、新型的圆网成形器

要提高圆网成形的产量和质量，必须提高脱水能力、协调浆速和网速、消除离心力影响；尽可能缩短成形区的长度，减轻冲刷作用；提高浆速，降低成纸的纵横张力比；消除纤维絮聚，提高纸页的匀度。

近年来国内外发展了多种形式的圆网，如真空圆网、加压圆网、超成形圆网、快速成形圆网、离心脱水型圆网等。

（一）真空圆网成形器

真空圆网使用高效率的阶梯扩散器流浆箱，如图4－167。由于在浆料流送以及形成过程中，能够控制浆料的微湍动，使纤维悬浮液能够分散，防止絮聚，提高了造纸机的车速改善了纸页的匀度。

真空圆网也具有设备加工制作要求精细、操作要求严格、造价高和成纸平滑度的两面差较大的问题。

（二）加压圆网成形器

图4－168为加压圆网工作原示意图。网槽内的液面、网槽两边侧板和后板及毛毯形成一封闭小室，用鼓风机送入压缩空气使小室内的压力保持在405～507Pa左右。普通圆网易改成压力圆网。

加压圆网能克服圆网旋转所产生的离心力，提高纸机的车速和纸页的匀度。

上网浆料浓度可以降低到0.1%～0.15%，利于减小纤维絮聚，改善纸页的成形。

利用加压式圆网抄造定量为40g/m^2 的纸张，最高车速可以达到350m/min。

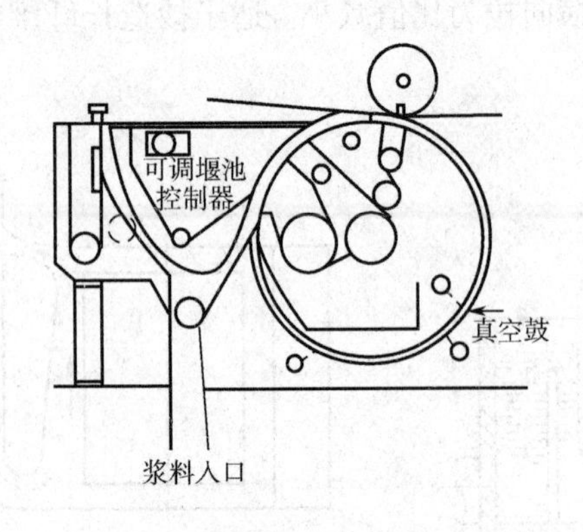

图 4 – 167　真空圆网成形器

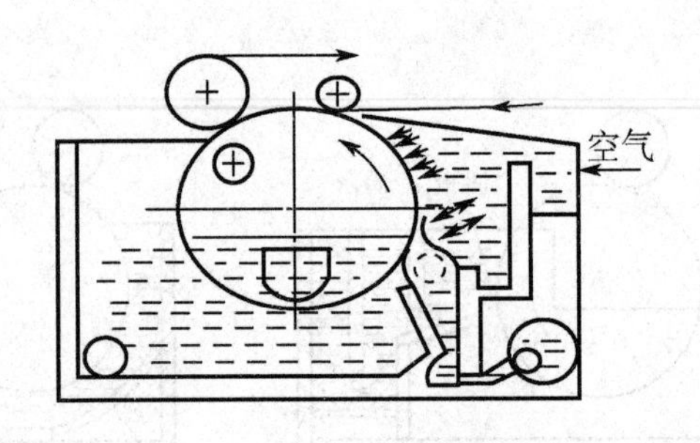

图 4 – 168　加压圆网成形器

（三）超成形圆网成形器

该成形器是由进浆部分、圆网和短网组成的脱水部分及支承脱水和输送湿纸页的无端毛毯等三个部分组成，如图 4 – 169 所示。

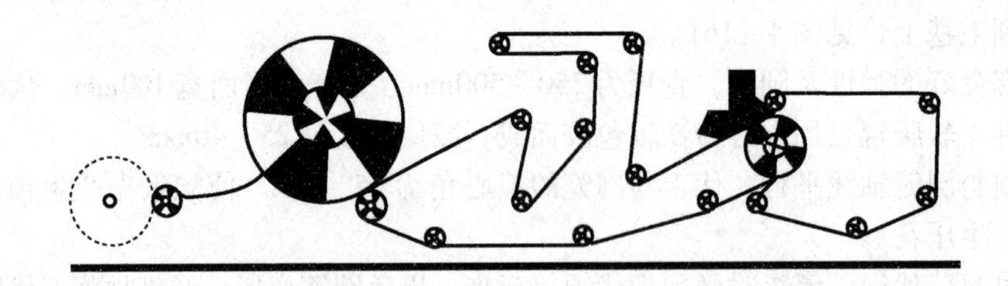

图 4 – 169　一种超成形圆网成形器——新月形薄页纸机

纸页在网部是依靠网内外水位差脱水，挤压作用和抽吸作用是用这种成形器成形和脱水的，在抄造定量 $20g/m^2$ 的湿纸时，最高车速可达 500m/min，最适用于抄造 $10 \sim 40g/m^2$ 的纸张。

各种 FloatLip former 新型圆网成形器，见图 4 – 170 所示。

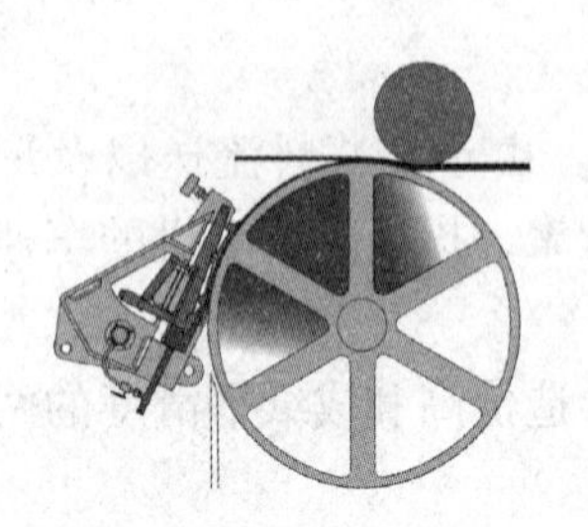

(a)圆网成形器不带真空

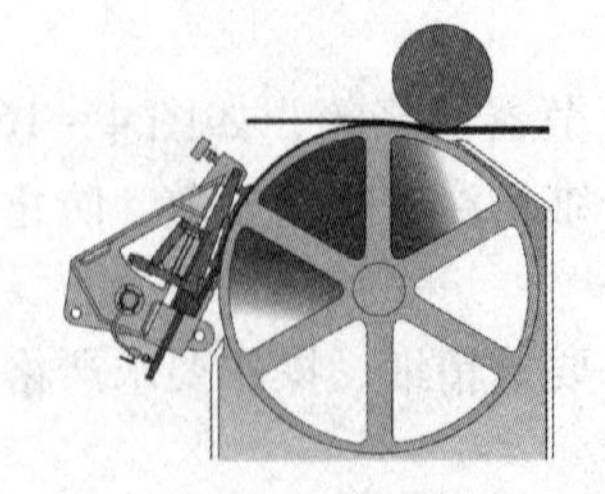

(b)圆网成形器附有顶部抽气系统

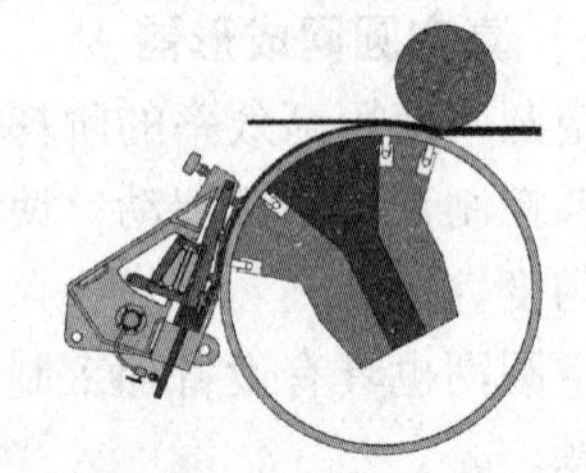

(c)圆网成形器有3个真空区

图 4 – 170　FloatLip former 新型圆网成形器

（四）多圆网造纸机

多圆网造纸机通常用于生产纸板或定量较大的纸。其结构图见图 4 – 171，外观见图 4 – 172。

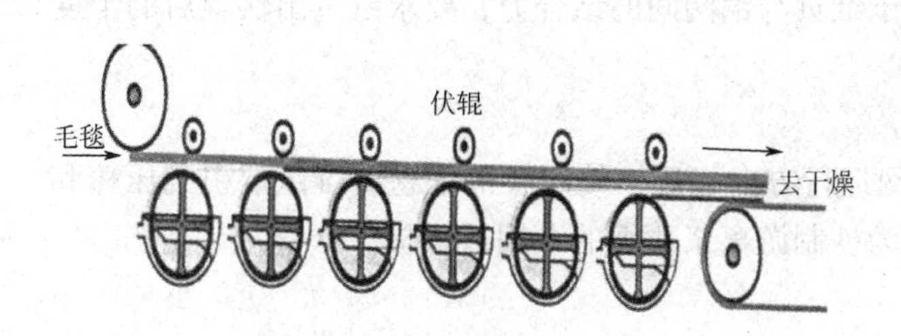

图 4－171　多圆网造纸机网部

图 4－172　多圆网造纸网部外观图

五、圆网造纸机的压榨部和干燥部

压榨部通常由一组压榨及一个与烘缸接触的托辊组成。图 4－173 为圆网造纸机的压榨部及干燥部的组成示意图。

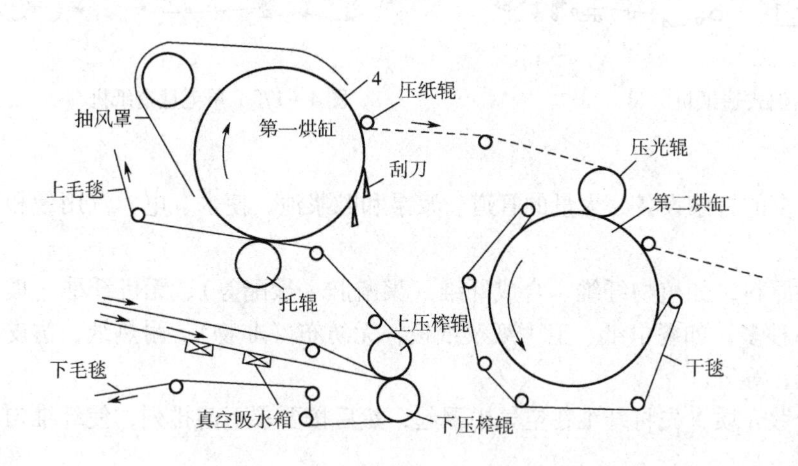

图 4－173　圆网纸机的压榨部和干燥部

湿纸页由下毛毯送至压榨，在上下毛毯间受到挤压脱水，并在压榨过程中，将湿纸面由下毛毯转到上毛毯，再由上毛毯带至托辊和烘缸之间，湿纸页便贴于烘缸表面进行干燥。

圆网造纸机的托辊除了能使纸页进一步压榨脱水外，还有将湿纸页压到烘缸表面的作用。

圆网造纸机的压榨下辊为主动辊，它带动上压榨辊及下毛毯运转，并通过下毛毯带动其它的转动部件。为了避免压花，通常在下毛毯进入压榨辊之前装设一个或两个真空吸水箱，使用的真空度为 26.66～33.33kPa。

一般圆网纸机的干燥部由单烘缸或双烘缸组成。单缸圆网造纸机，纸页过一个烘缸之后就达到干燥要求，直接在烘缸上进行卷取。双缸纸机是为了生产双面光纸而设计的：纸经第一烘缸之后，使另一面与第二烘缸接触，以达到两面光的目的。

圆网造纸机的干燥部还在第一缸上设有抽风罩，以加强干燥的通风。第二缸设有压光辊，并有干毯包绕运行。压光辊用来提高纸页反面的平滑度。干毯用来压紧纸页进行干燥，同时兼有引纸的作用。

六、特种纸机

（一）特种纸机

1. 自接纸造纸机

卫生纸类薄纸吸收性高、柔软性及延伸性好，定量低（$<40g/m^2$）。原料是游离浆，从压

榨部向干燥部引纸困难。为克服引纸困难，采用毛毯自动从造纸网上把纸剥下。用自动接纸工作的纸机为自接纸造纸机。

自动接纸机理是水与毛毯的黏附力大于纸页与铜网间的结合力，要求纸页出伏辊后的干度低于12%～14%。扬克式机就是其中一种。

2. 哈伯式造纸机

哈伯式造纸机如图4－174所示。长网运行方向相反，使用长的毛毯将湿纸层引到压榨和烘缸上。要求能准确调节伏辊压力。这是为抄制游离浆薄纸的专用造纸机。

3. 单毛毯纸机

单毛毯造纸机如图4－175所示。从网部到干燥部之间只有一张毛毯。干燥部的大烘缸配合高温高速热风罩。车速可达610～1220m/min。能提高薄纸的生产能力。

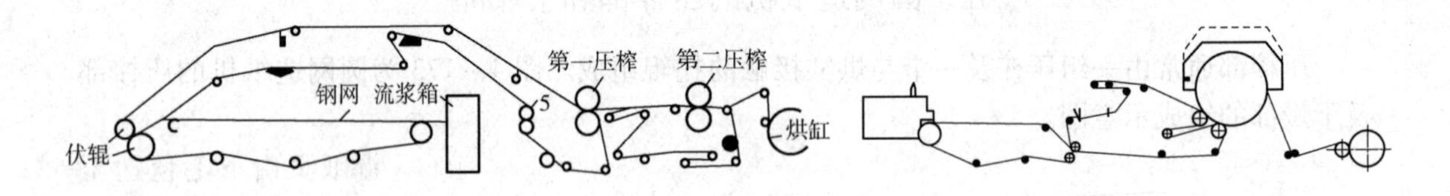

图4－174 哈伯式造纸机

图4－175 单毛毯造纸机

(二) 干法造纸机

干法造纸可省耗电量较多的打浆设备、大量的管道、浆泵和贮浆池，使水、电、汽用量和废液排放量大幅度降低。

干法造纸可以利用各种原料，如植物纤维、合成纤维（聚酰胺、聚酯等）、无机纤维（玻璃、石棉）等。它的产品品种多，如餐巾纸、卫生纸及纸板，无纺布（非物）、耐热纸、仿皮革纸、电绝缘纸、云母厚纸，等等。

干法造纸利用空气为分散介质，先将纤维在空气中飘起，然后按要求下落排列，使纤维匀称地交错在一起，形成纸页。

干法纸机车速可达300m/min。可以采用多台（达12台以上）梳解装置，以提高纸机的生产能力。

(三) 其他特种造纸机

1. 高浓成形造纸机

高浓成形是指纸料浓度在3%～6%的条件下形成纸页。高浓成形是在流浆箱中形成纸页。

高浓成形缩减设备、节省投资、减少动力消耗和干燥部的蒸汽消耗。高浓成形纸页的纤维排列混乱，Z方向的强度较高，成纸的可压缩强度（环压强度）高。

高浓成形适于对内部结合和可压缩强度高、但纵向不高的某些纸板。

2. 泡沫成形造纸机

泡沫成形的特点是将纸料分散在非常小的泡沫中，得到分布非常均匀的纤维悬浮液。有利于克服纤维的絮聚问题。能够用长纤维抄造均匀的纸张。

七、纸 板 机

一般把定量在225g/m^{2}以上的纸称为纸板。纸板分成包装纸板和工业纸板。纸板的分类见表4－31和表4－32。

表 4-31　包装纸板产品名称与用途

名称	定量/（g/m²）	主用原料	用途简介
黄纸板	(360) 420~860	稻麦草	制作纸盒、文具与部分用于工业等
牛皮箱纸板	126~420	KP 木浆、废纸浆、草浆	制包装纸箱、盒等容器，可供内外贸商品包装，并可满足超大型包装需要，系高档包装材料，用途极为广泛
瓦楞原纸	105~180	全麦草或机木浆	一般专门用做与箱板等面纸复合制做瓦楞纸板
茶板纸	310~530	草浆、废纸浆	适用于小型的瓦楞纸板及包装容器
纱管原纸	310~370	木浆、废纸浆、草浆	适用于纺织器材，制造粗纱管、化纤纱管及宝塔纱管
筒管纸	320~560	优质废纸、草浆等	适用于制作纸筒，用来卷取织物、纸
厚纸板	560~2100	硬木浆等	适用于制作特种纸箱及纸箱内隔栅张或其他卷取物品
油毡原纸	200~560	废鞋、废布棉等	适于浸渍石油沥青，加工成油毡和油纸
火柴盒纸	280~320	废纸浆、草浆等	适用于制火柴盒，“书式”火柴盒
轻载箱板	250	草浆等	可用于做各种用途的衬垫等

表 4-32　工业纸板分类示例

纸板类别	产品示例
绝缘纸板	薄绝缘纸板、冷压厚绝缘纸板、热压厚绝缘纸板、钢纸板
过滤纸板	滤芯纸板
建筑纸板	石膏纸板、油毡纸板、墙壁纸板、装饰纸板、隔音纸板
冲压纸板	标准纸板、提花纸板、扬声器纸板
衬垫纸板	未浸渍衬垫纸板、浸渍衬垫纸板、密封衬垫纸板
印刷纸板	字型纸板、封套纸板、封面纸板
其他工业纸板	钢纸板、防水纸板、制鞋纸板、纸塑骨夹纸板等

纸板机由成形、压榨、干燥等部分组成。

纸板分单层纸板、多层平板纸板、多层卷筒纸板及胶合板等四种。

单层纸板利用长网或圆网纸机生产，多层纸板用平板纸板机或卷筒纸板机生产。

纸板机分为圆网型、长网型、长圆网型联合纸板机、叠网及夹网型纸板机。

（一）纸板机

纸板机有圆网纸板机、长网纸板机、联合纸板机及夹网纸板机等。

1. 圆网纸板机

圆网纸板机一般由一个或多个网槽组成，将各个圆网抄出来的纸层贴合而成纸板（图 4-176）。

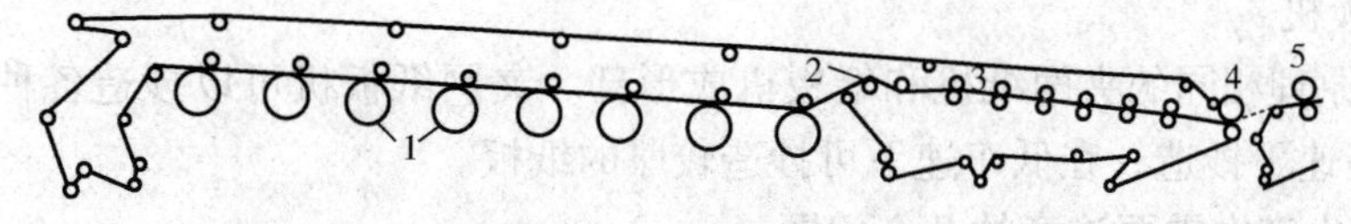

图 4-176　多圆网纸板机

1—圆网笼　2—吸水辊　3—预压榨　4—伏辊　5—第一压辊

多圆网纸板机有5～8个圆网，纸板定量为400g/m^2，甚至1200g/m^2，紧度可达1000kg/m^{3}以上。抄的层数多，抄幅宽，能保持一定的生产能力。

各种纸板的质量要求不同，一般采用多种网槽（逆流式，喷浆式，顺流溢浆式，侧流式等）配合生产。在多层纸板生产中，每个网的挂浆量应在90g/m^{2}以下为好。面层的挂浆量应在60g/m^{2}以下。芯层的挂浆量可大些。

纸板脱水先要经数组预压榨，以防将湿纸压坏。预压榨可为1～2组真空压榨。由三道压榨组成。

纸板机的干燥部可不用干毯，对烘缸数目较多的纸板机，采用三层或多层排列。

也可使用红外线作为补充干燥。

2. 长网纸板机

长网纸板机分单长网和多长网两种。单长网为一次上浆，适合抄造定量在500g/m^{2}以下的单层纸板，成纸紧度低（400kg/m^3）、厚薄均一、表面匀整、纵横向强度比值较小。

多长网纸板机（双长网、三长网和四长网）的结构如图4－2所示。多长网纸板机纸板紧度高（600～800kg/m^3），采用气垫压力流浆箱，使纸料在各个方向的流速及分布均匀，能解决纸板横向定量差及纸板匀度等问题。

多长网纸板机的结构复杂，增加了厂房建筑高度，基本建设投资大，维护费用高。

3. 联合纸板机

联合纸板机由长网和圆网组成，如图4－177所示。生产纸板时，由长网抄造面层，车速在150m/min以下，抄宽也不超过3500mm。

用于生产收缩性要求较小的纸板，如扑克牌纸板、衬垫纸板、装订纸板等。

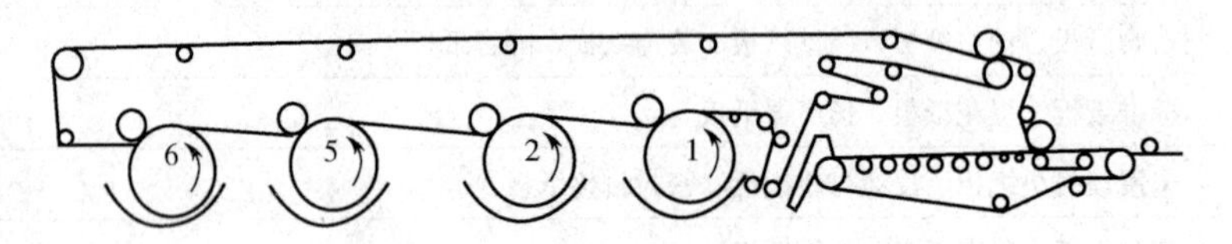

图4－177　联合纸板机

1，2，5，6—圆网

4. 叠网纸板机

叠网纸板机的成形部结构如图4－178所示，下网为长网，上部有若干组环形短网。纸料经流浆箱喷于长网上形成纸页的底层，再由叠网装置来成形纸板其他各层。

真空吸水刮刀　顶网　真空箱　真空吸水刮刀　成形辊　流浆箱　胸辊　辊式真空箱　真空箱　真空伏辊　底网

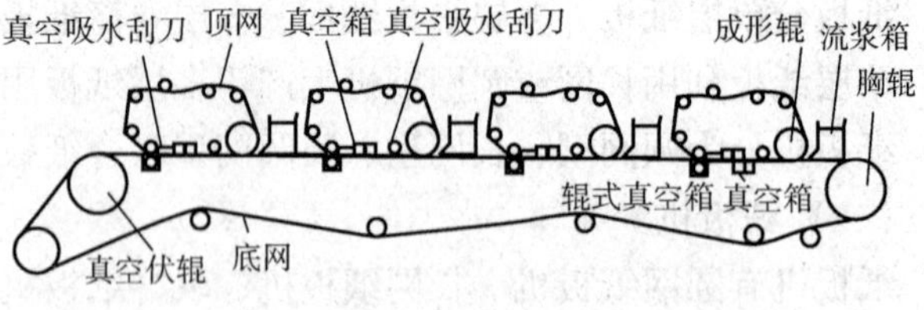

图4－178　叠网纸板机成形部

这种成形器能低浓度下运行，成形匀度好；抄速高，脱水缓和，从而使细小纤维和填料保留率高，网痕轻。

5. 夹网纸板机

图4－5为原理相同的夹网纸机和纸板机成形部。夹网纸板机可以抄造各种纸板，可以在（700m/min）高速下抄造；在低车速下可抄造较厚的纸板。

（二）纸板生产中需要注意的几个问题

纸板必须具有一定的物理性能，主要是紧度、挺度、抗张强度、耐破度、耐折度、抗压强度、环压强度、撕裂度、耐磨强度等。某些纸板又要求具有吸收性、可压缩性、绝缘性、适印性、尺寸稳定性，等等。

1. 纸板的成形

(1) 浆料的配用

全部或大部分采用长纤维（例如针叶木浆、破布浆），多限于抄制特殊品种（例如电绝缘纸板）；一般的多层纸板，纸板面层一般要求强度高，多采用木浆。芯层起填充作用，采用成本较低的草浆、高得率浆、机浆或废纸浆。底层可用木浆、草浆、草木混合浆或废纸浆。

(2) 纸料的流送

纸料在流送系统的流速在1.5m/s以上，使纤维能得到充分分散，防止絮聚。纸料混入空气会削弱纸板的层间结合，要注意排除混入纸料中的空气。

(3) 上网浆料的浓度

长网纸板机的上网浆浓可稍高些，圆网纸板机应稍低些。逆流式网槽的上网浆浓（多采用0.2%～0.35%）高于顺流式网槽的上网浆浓（多采用0.1%～0.25%）。抄制多层纸板时，芯层用浆浓度可以高一些（在0.5%左右），面层和底层可以适当低一些。

(4) 网笼和伏辊的圆度和表面的平整

要保证网笼和伏辊的圆度和表面的平整，否则两者接触不良易使空气进入纸层之间或湿纸页与毛毯之间，降低纸层之间的结合力或毛毯与湿浆的黏合力，产生纸板的“脱层”现象或掉浆“滚包”现象。

(5) 网槽高度

网槽高度的排列也应从第一个开始，逐渐降低，以保证毯布稍微向下倾斜运行。有利于防止纸与毛毯分离，减少空气的混入。在两个网笼之间加设反真空吸水箱，使纸幅与毛毯更紧密地贴合在一起。

(6) 纸板各层打浆度的差值

打浆度差值不超过3～5°SR，干度差值不应超过3%～4%。

(7) 与网笼的偏心距、线压力

也要根据纸层厚度及浆纸料的滤水情况进行调节，加强对铜网及毛毯的洗涤。

2. 纸板的压榨脱水

湿纸板定量大、水分高，为避免在压榨部压溃，要先经过预压榨，使湿纸板缓和脱水和层间结合，然后再利用较大压力，提高纸板的干度和紧度。

纸板机设三道压榨。如纸板的两面都要平整，最后一道可以是反压榨。在纸板进入烘缸前加设一对光泽辊，可提高纸板的平滑度

纸板的压榨形式有普通压榨、沟纹压榨、真空压榨、盲孔压榨和复合压榨等。

3. 纸板的干燥

纸板采用多烘缸干燥。纸板干燥不宜骤然升温。否则纸幅中的水蒸气来不及从纸板逸出，会产生“起泡”、“脱层”等现象。要特别注意控制干燥温度曲线。

从压榨部来的湿纸板多带有40%～55%水分，初始烘缸表面温度不应超过90～95℃。然后，逐步提高干燥温度，直到120～125℃。最后通过1～2个冷缸后进入压光机。

第六节　压光机与卷纸机

压光机用以提高纸的光泽度、平滑度及紧度，使纸幅具有均匀一致的厚度。纸经过压光之

后，裂断长增加而耐折度降低。压光前后纸张的变化如图 4 – 179 所示。

一、压　光　机

（一）概述

压光机由 3 ~ 10 根辊筒组成。底辊是主动辊，借辊间的摩擦带动其他辊。压光辊的数目由所生产的纸张品种决定。在低、中速纸机上，多采用 3 ~ 6 辊，图 4 – 180。新闻纸机的压光辊多至 8 ~ 10 辊。

图 4 – 179　压光前后纸张的变化

图 4 – 181 的六辊压光机具有加热辊和可变中高辊。在高温下纸张变得比较柔韧，使得可以在较低的压力下碾压，而获得理想的效果。压光机头两个包绕的压辊是加热的，底辊（主辊）必须是有可变中高，也可以是某中间辊有可变中高，以便改变压区负荷，底辊上面的一个辊，主后辊通常作传动辊。

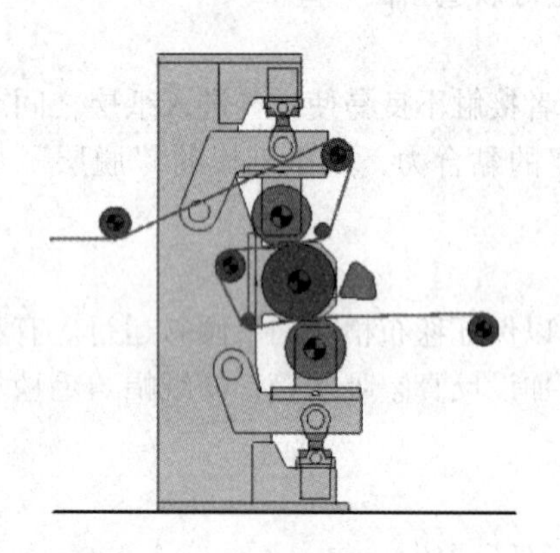

图 4 – 180　三辊两压区软压光机

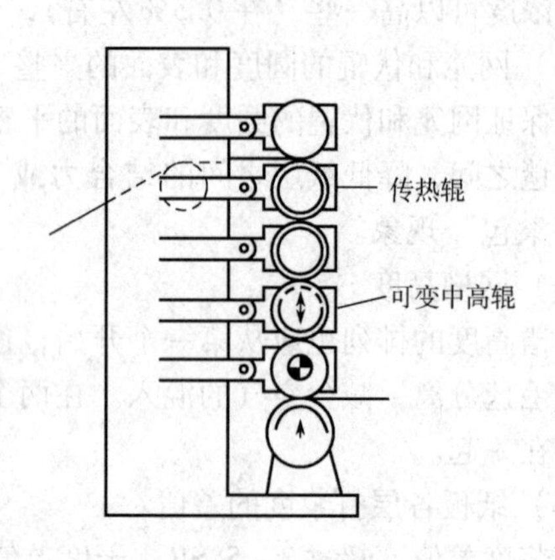

图 4 – 181　六辊压光机

压光辊是实心铸铁辊。有时有供加热或冷却用的直径 40 ~ 60mm 的孔。

压光机辊筒间的压力是由辊筒自重形成的，很少采用附加的加压机构。六辊压光机下辊与第二辊之间的线压力为 49 ~ 58.8kN/m；八辊压光机为 8.6 ~ 784kN/m；十辊压光机则达 98kN/m。

在干燥部和压光机之间设有弹簧引纸辊。使纸页的拉力大致保持稳定。

所有辊筒都装有刮刀。刮刀可与辊筒一起移动。刮刀压向辊筒的压力应该均匀一致，以免辊筒局部受损伤。压光机运行时，除下辊以外的刮刀全部抬起，而在断纸时自动地把刮刀全部压下。

压光机停机时，辊筒（除底辊）必须提升起来，否则辊筒会在接触面上产生残余变形。

图 4 – 182 是一台在线压光机的示意图，在压光前加设加湿装置，使纸页在压光时能有更好的可塑性。

（二）压光对纸页性质的影响

1. 压光对纸页厚度和平滑度的影响

压光对纸页厚度的影响见图 4 – 183，随着压光辊数的增加，纸的厚度减少。对平滑度的影响是线压力增加，平滑度提高，具有浮游辊（变型中高）的压光机，平滑度增加较快，图 4 – 184 中的曲线 2，有两道变型中高辊，其平滑度提高是最快的。

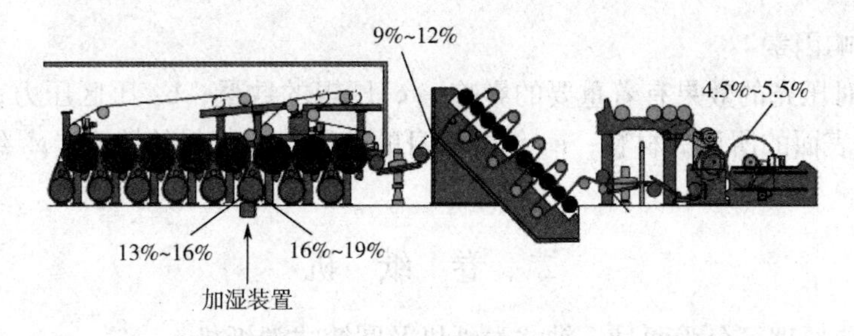

图4-182　加湿后进行压光的10辊压光机

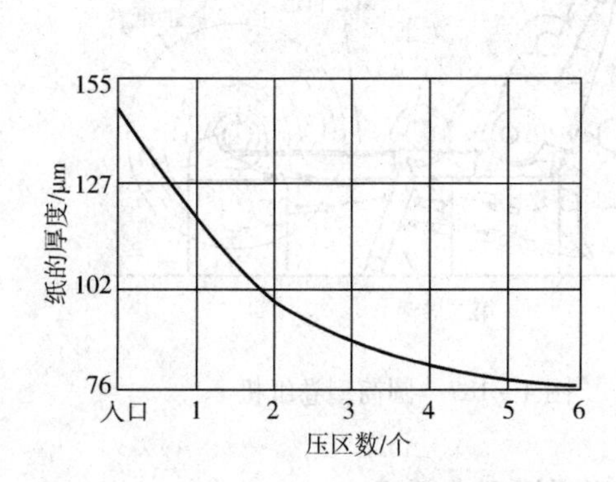

图4-183　压光对纸页厚度的影响

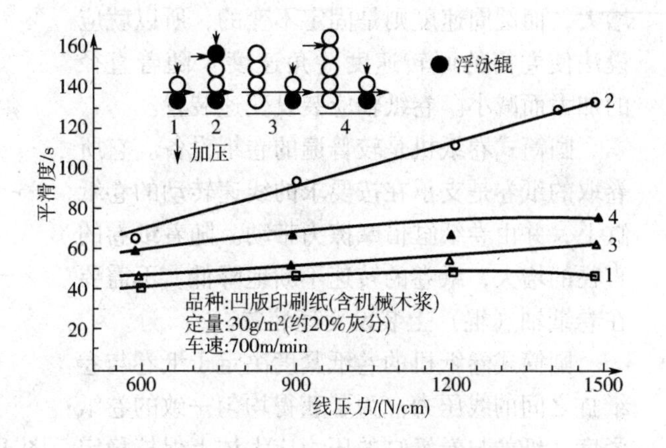

图4-184　压光对纸页平滑度的影响

1——道变形中高辊双辊压光　2—两道变形中高辊四辊压光

3—四辊压光加一道变形中高辊　4—五辊压光加二道变形中高辊

2. 压光对纸页网痕和纸页光泽度的影响

压光对纸页网痕及纸页光泽度的影响，也是随着压区的数量增加，网痕减少，光泽度提高。图4-185和图4-186所示。

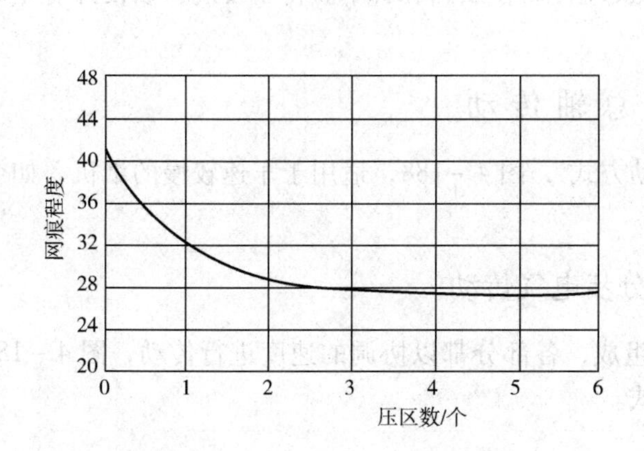

图4-185　压光对纸页网痕的影响

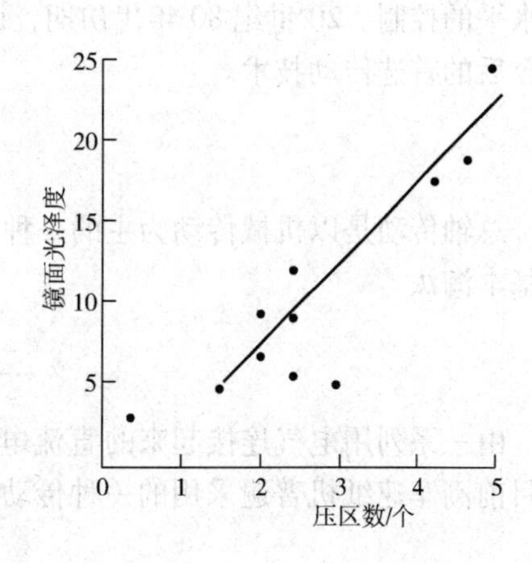

图4-186　压光对纸张光泽度的影响

3. 压光的影响因素

以下方面均对压光的效果有着重要的影响：a. 压辊的数量；b. 压区压力；c. 压光的表面温度；d. 压光辊表面的所用的材料；e. 纸的本身的性质；f. 浆料的性质；g. 纸的湿度；h. 填料的种类。

二、卷　纸　机

卷纸机按卷取原理可分为两种：轴式卷纸机及圆筒式卷纸机。

轴式卷纸机只限于150m/min以下的纸机使用。除卷烟纸机和电容器纸机外，已不常用。当纸张在卷成圆筒的过程中，纸卷直径不断地增大，而圆周速度则是固定不变的，所以就应设法使卷筒的回转速度（角速度）随着直径的加大而减小。卷纸轴应装设变速装置。

圆筒式卷纸机是较普遍的卷纸设备。它所卷取的纸卷是支承在按要求的线速转动的卷纸缸上，并由卷纸缸借摩擦力带动。随着纸卷的直径的增大，纸卷的转速不断地降低，不需要在卷纸轴（辊）上装设变速装置。

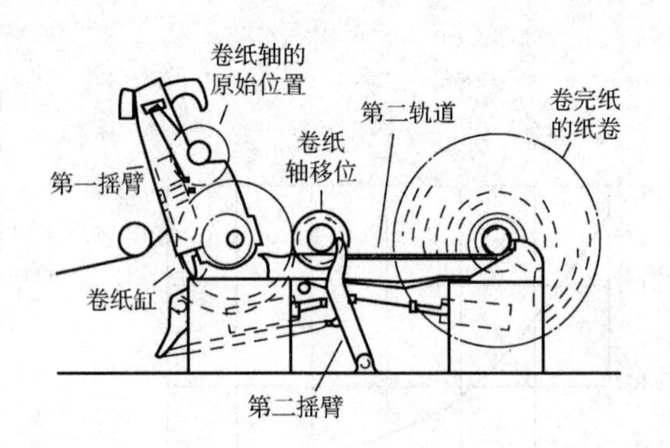

图4－187　圆筒型卷纸机

圆筒式卷纸机的卷纸紧度决定于纸卷与卷纸缸之间的线压力。为了获得均匀一致的卷纸紧度，纸卷与卷纸缸的压力应大体上保持稳定。图4－187圆筒型卷纸机。

第七节　纸机的传动

纸机传动系统必须具有在很大范围内精确地单独控制每个分部速度的能力。当纸幅在纸机的分部间传送时，必须拉紧纸页以便施加控制纸幅所必须的张力。各部分速度的协调非常重要。

传动方式的发展：20世纪60年代以前的机械传动，随后是可调的、直流分部电气传动。1982年出现了模拟速度调节器的直流电机，将数字调节应用到纸机电气传动，体现了最新科技水平的控制。20世纪80年代初期，调频交流传动在欧洲和日本获得了发展，该设计有望成为今后的首选传动技术。

一、总 轴 传 动

总轴传动是以机械传动为主的一种传动方式，图4－188，适用于车速较慢的纸机，如今已基本淘汰。

二、分步电气传动

由一系列用电气连接起来的直流电机组成，各部分都以协调的速度进行传动，图4－189是目前高车速纸机普遍采用的一种传动方式。

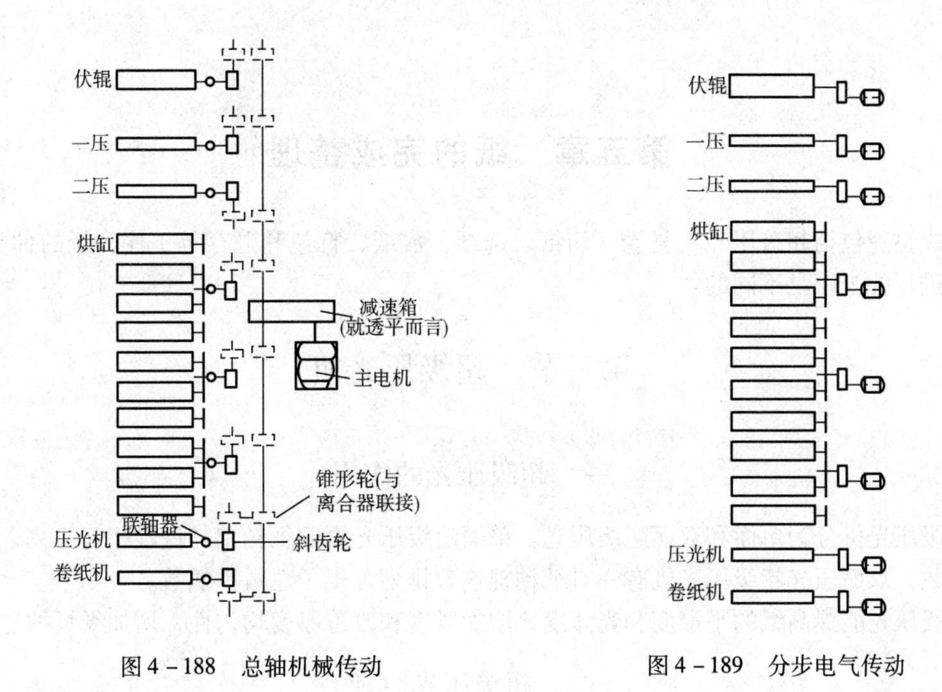

图 4－188　总轴机械传动　　图 4－189　分步电气传动

第五章　纸的完成整理

完成整理包括超级压光、复卷、切纸、选纸、数纸、打包和贮存等工序。纸的种类不同，则所要进行的工序是不同的。

第一节　超级压光机

一、超级压光的作用

超级压光机分为单面和双面超级压光。单面超级压光机的纸粕辊与铁辊相间排列，辊子总数为奇数，双面压光超级压光机有一对纸粕辊连着排列，辊子总数为偶数。

超级压光能提高纸的平滑度和光泽度，增加紧度和改善厚度均匀性，增加纸页的透明度。

二、超级压光原理

典型超级压光机布置如图 5－1。超纸压光原理如图 5－2 所示。

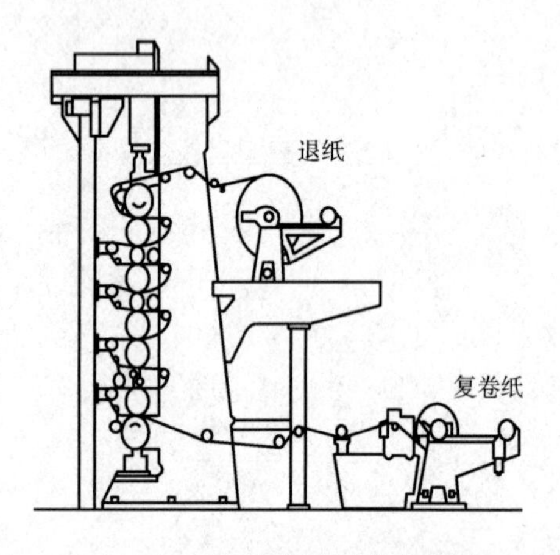

图 5－1　典型超级压光机布置图

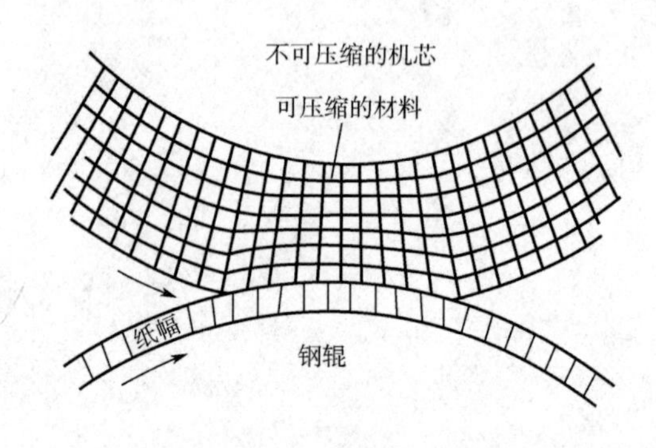

图 5－2　压光机原理图

图 5－2 中上辊为纸粕辊，下辊为钢辊，加压后，纸粕辊变形，形成压区。当纸粕辊恢复变形的瞬间，产生摩擦使纸面光泽，另一方面由于线压力较大，使含水分的纤维压溃，把纤维间的空气挤出，使纸页紧密细致，提高了平滑性和紧度，如不是涂布纸或无填料纸，便更加透明。

超级压光能产生压力和摩擦两种作用。压力可增加纸的紧度和平滑度，摩擦作用可提高光泽度。

纸辊在压光时，纸辊发生径向变形，产生不同的线速度，导致辊筒间的滑动，提高纸页的平滑度及光泽度。辊筒间的相对滑动取决于纸辊径向变形及其直径。超级压光机用羊毛纸辊时，相对滑动为 0.03%～0.08%，并随辊筒间线压的增加而增大，最大滑动发生在变形面积的边缘及中心。

超级压光能使纸的裂断长和耐折度略有提高，施胶度有所下降。纸经超压以后，纵向伸长0.5% ~1.5%。

三、超级压光对纸页性质的影响

①磨木浆的纸或含大量磨木浆的纸，使用超级压光时，强度几乎不变（纸的定量50 ~ 60g/m^{2}时）。

②100%化学木浆的纸，经过超压，其裂断长可提高9% ~11%，薄纸（50 ~60g/m^2）可提高5% ~6%。

③耐折度可提高20% ~30%。

④厚度可降低25% ~30%，或更多。

⑤平滑度可提高，见表5 -1。

表5 -1　不同原料超级压光对平滑度的影响

纤维原料	平滑度/s		平滑度增加率（超压前/超压后 ×100%）
	超级压光前	超级压光后	
磨木浆	2.5	320	128%
棉浆	3	460	154%
硫酸盐松木浆	8	430	54%
白杨化木浆	9	1080	120%
硫酸盐枞木浆	9	850	95%
草浆	1S	840	56%

四、超级压光机辊数的选择

超级压光机有10辊、12辊、14辊、16辊、18辊、20辊或以上。根据纸质要求，一般为：a. 凸版纸或胶印书刊纸10 ~12辊；b. 胶版纸10 ~12辊；c. 薄层涂布纸10 ~12辊；d. 铜版纸12 ~14辊；e. 半透明玻璃纸14 ~20辊；f. 电容器纸16 ~20辊或以上。

1. 超级压光机中间加热钢辊（表5 -2）

表5 -2　超级压光机中间加热钢辊特征

组合筒式加热辊	内螺旋管式辊	内多孔式加热辊
1. 辊筒和轴分成二体 2. 辊筒材质为冷铸铸铁，轴都一般用945C钢 3. 筒体中空容积大、传热效果较好，使用最普遍 4. 加热介质为温水、热水或油 5. 辊筒内外温差 <20℃ 6. 辊筒表面温度 ±2℃	1. 在组合式加热辊筒的内部装上螺旋管，热介质在管子表面沿壁流动，加热效果好 2. 辊筒表面温差 ±1℃以内 3. 由于筒体内有螺旋管在高速运转时会引起动不平衡，发生机器振动	1. 通常为整体浇铸的铸辊，接近白口层处沿圆周方向钻通孔，孔数是3的倍数，再在筒体上钻孔，使相互贯通。热介质在端面和筒体的通孔内循环流通，辊筒表面温度均匀分布，对幅宽大的辊筒效果尤为显著 2. 辊筒内外温差 <10℃ 3. 辊筒表面温差 ±1℃以内 4. 由于钻孔精度关系会发生动不平衡，不适合高速运转 5. 造价高

2. 超级压光机辊数及弹性辊（纸粕辊）（表5-3）

表5-3　超级压光机辊数及弹性辊（纸粕辊）的选择

纸张品种	辊　数	线压力/（N/cm）	车速/（m/min）	弹性辊材质
新闻纸	8~10	1800	1000	羊毛纸
书写纸、不涂布纸	10~12	2100~2300	800	羊毛纸和蓝斜纹粗布
气刀或气刷涂布印刷纸	10~12	1800~2700	650	厚棉、羊毛纸
普通刮刀、涂布印刷纸	10~14	2500~3900	800	NP棉、羊毛纸 Filnlat
电容器纸、高紧度纸	9~12	3600~6400	100~300	石棉、斜纹粗棉布
半透明玻璃纸及高光泽性仿羊皮纸	16~20	3600~7100	150~600	石棉、斜纹粗棉布

3. 纸粕辊的使用与维护

①纸粕辊装箱出厂时，两轴头要放在瓦架上采用防潮和抗压木箱包装。

②不得露天存放。防雨、防油、防化学药品、防挤压、防冻。

③由于纸粕辊轴较细，为防止长时间存放产生挠度，每放置一周后，要把辊轴倒置180°再放置。

④纸粕辊运进车间后，至少要在车间存放3d，使它适应车间的湿度温度环境。

⑤上机后，要检查纸粕辊端的箭头，是否与旋转方向一致。

⑥新纸粕辊上机后，要进行空车预压滚合操作，以便进一步提高辊面硬度；新辊上机后滚合时间至少为1~6d，研磨后的旧辊滚合时间至少为8~24h，车速要逐渐增加。

⑦超压纸幅的宽度要固定，压区位置也要固定，防止忽宽忽窄，忽左忽右。

⑧停机前，应将辊间压力除去，辊间距离不得小于5mm。

⑨使用羊毛辊超压电容器纸、半透明玻璃纸时，辊端富裕长度不得超过60mm，要注意观察纸辊两边，切勿过热，防止羊毛纤维碳化。

⑩纸粕辊每天至少有0.5~2h的清洗、滚合、回苏时间。

纸粕辊的擦拭与愈合：纸粕辊的表面容易黏附由纸页带来的少量填料、涂料、松香以及胶黏剂等的粒子，必须定期清洗除去。办法是，用少量温水（30~35℃）或15g/L钾肥皂水或洗涤剂，在低速不加压的情况下用木棉或不掉毛的尼龙，沿全幅擦拭辊面。辊面的擦拭对纸粕辊表面轻微的伤痕也有愈合和复原的作用。但有时辊划有较大的伤痕，如果是羊毛辊，用普通擦拭方法就难以复原，最好用木棉或棉布浸39%浓度的醋酸液，覆盖在辊面伤痕处，放置于4h，取下拭布；用温水擦拭，吸干，一般都可复原愈合。

纸辊擦拭后，不得立即停车，待辊面干燥后，方可停车。

辊面发生严重凹痕，不能擦拭愈合时，要将辊面车削至凹痕以下，重新研磨。

对每一个使用的纸粕辊，都要严格填写使用卡片。

4. 超级压光机的加热介质比较表（表5-4）

表5－4　加热介质的种类及特征表

蒸　汽	温　水	热　水	油
用于高温加热方式，由于容易发生排水故障，传热效率因而降低，引起温度误差大，容易产生机器振动	辊筒表面温度在80℃以内的使用条件，用100℃左右的循环水最为合适。此时泵的排水量约为辊筒内腔容量的3倍，传热效果最佳	辊筒表面温度在800℃以上的使用条件下，用热水循环最为合适。热水循环系统完全密闭，同时向管道系统内输入蒸汽使混合成为100～200℃的加压热水，一般选用的循环水泵排水量较大	由于高温使用，产生油的量化作用，需经常更换新油，而且旋转密封处容易漏油，用油加热，温度调整方便

五、影响超级压光的因素

纸在超级压光机上的压光效果取决于浆料的配比、打浆度、填料含量、厚度均匀性及纸页水分、比压、车速和辊筒数目等。

1. 比压

随着辊间压力的增加，纸辊径向变形加大，辊间滑动较大，有利于超级压光作用。

2. 纸的水分

（1）影响纸页含水量的因素

①从表5－5可见，提高外界空气的相对湿度，纸的水分增加。

②含磨木浆和硫酸盐浆的纸，由于半纤维素较多，纸的平衡水分最高，亚硫酸盐浆生产的纸次之，破布浆的纸最低。

③填料含量越多，纸的平衡水分越低。松香胶料施胶使纸的水分含量稍有下降。

④影响程度最大的是纸料的打浆度。

表5－5　纸的平衡水分与相对湿度的关系

纸　种		定量/（g/m²）	灰分/%	施胶度/mm	打浆度/°SR	相对湿度下纸的水分/%				
						40	55	65	75	85
含破布浆的纸	滤纸	75	原有	—	26	5.90	6.8	7.8	8.4	11.0
	字典纸	45	21	0.25	50	4.6	5.3	6.0	6.5	8.6
硫酸盐浆的纸	打孔纸板	75	50	原有	24	6.8	7.5	8.3	9.3	11.3
	一号书写纸	70	6.5	1.75	40	6.0	6.8	7.7	8.3	10.7
	石印纸	120	10	1.50	35	6.1	6.8	7.5	8.3	9.9
	凸版印刷纸	90	20	0.25	40	4.9	5.75	6.25	6.7	8.5
浆生产的纸	电缆纸	100	原有	—	35	7.0	8.2	9.4	9.9	12.8
	电容器	10	原有	—	97	8.2	9.3	10.2	11.0	14.3
含磨木浆纸	二号书写纸	65	6.0	1.5	50	6.6	7.4	8.3	9.0	10.8
	新闻纸	50	5.0	—	60	7.8	8.6	9.1	10.4	12.8

（2）增加纸的水分含量

可提高纤维柔性和塑性，能增进超级压光的效果。但纸的水分过多，使纸的色泽暗和产生透明点。各种纸在超级压光时最适宜的水分含量列于表5-6。

表5-6　各种纸在超级压光时的含水量

纸　种	定量/（g/m²）	压光适宜含水量/%
石印纸和凸版印刷纸	90~160	6.8~8.0
含破布浆的高级纸	80~120	5.0~6.5
三号印刷纸和书写纸	60~65	6.8~8.0
香烟包装纸、纱管纸和含磨木浆的其他纸	90~200	7.0~10.0
卷烟纸	14~16	10~12
电容器纸	7~20	15~25

如纸页的含水量太低，应将纸增湿，增湿机械有：a. 毛刷增湿机，是将辊子上的水洒到纸面上。b. 气动增湿机，借扇形喷雾器喷水于纸面。c. 辊式增湿机，下压辊将水带到纸上，增湿程度可用辊间线压和下压辊给水量调节。

3. 压光辊数

增加压光辊数，纸的平滑度和光泽度提高。图5-3表示，纸与金属辊接触一面的平滑度随着辊数和线压的增加有着显著的提高，但辊数超过5时，平滑度增加不多。

接触纸辊的纸面，随着线压增加，开始平滑度上升，等到线压超过392~588kN/m以后，反而下降。

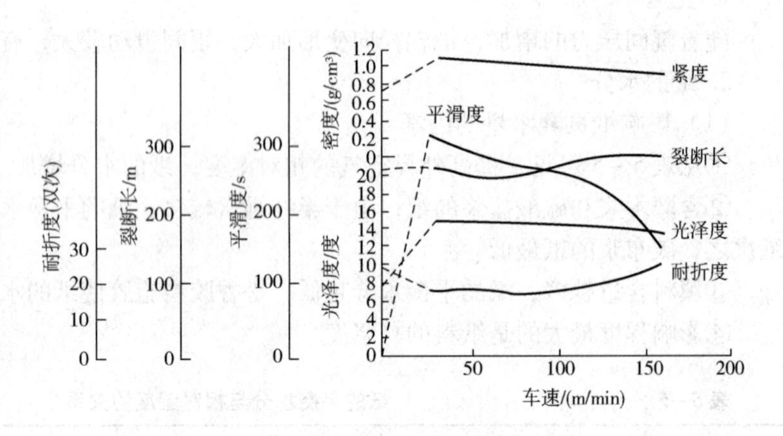

图5-3　压光速度对纸性质的影响

4. 压光车速

增加超级压光机的车速，使辊子发热，可以提高纸的平滑度和光泽度。进一步提高压光车速，由于压光作用时间减少，会使纸的压光效果降低。

5. 辊子温度

①经超级压光机后，纸张的水分应控制在7%以下。

②干燥所需温度可来自于纸粕辊变形转化成的热能，也可在铁辊内通压力为490~686kPa的蒸汽对辊筒加热。

③纸页在上部的辊筒之间通过时干度不能太低，否则会使压光效果降低。辊筒与纸页的温度越高，纸的光泽度、平滑度及透明度越高。

6. 超级压光机卷纸辊的张力对卷纸辊的影响

经过超级压光的纸辊，还要经切纸或分切后，才能成为成品，所以卷纸辊的好坏对下一道工序有很大影响。卷纸辊张力调整技术是压光机操作的最高技术，如操作不当，会出现3种情况。如表5-7所示。

表 5-7 卷纸辊的张力对卷纸辊的影响

图号	产生原因	处理方法
图 5-4	张力先小后大，开始卷纸对张力太松，提速后加大张力，造成里松外紧	开车初卷时，就要调好张力
图 5-5	卷纸对纸幅张力过小，为怕卷纸时张力过大而断头，不敢提高张力，结果卷纸辊松弛，堆放时变形	稍降车速，提高张力，增加卷纸前的导纸辊，防止纸幅抖动
图 5-6	张力过大情况，多发生在纸幅抗张强度高的纸页，由于纸幅不断头，忽略了对张力的调整	随时检查纸辊硬度，用手拍击，听其声音，不必过硬

上述毛病也可能来源于造纸机，由于网部拉沟或堰板喷嘴局部堵塞，造成纸幅局部太薄，也可能产生此种毛病。

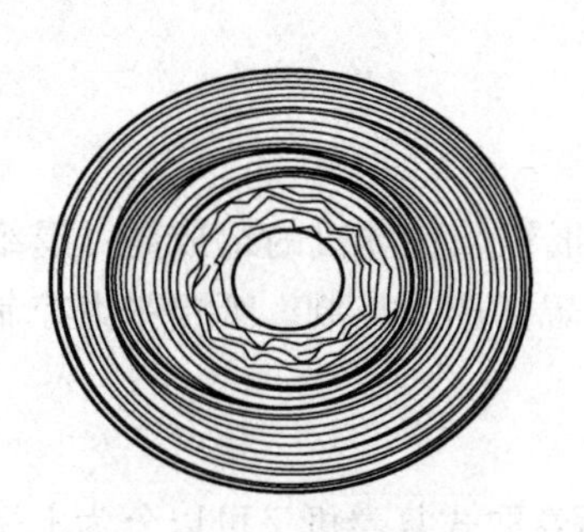

图 5-4 张力先小后大

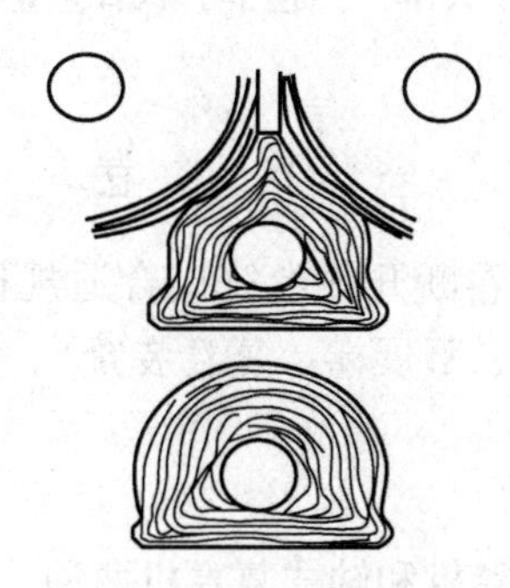

图 5-5 张力太小情况

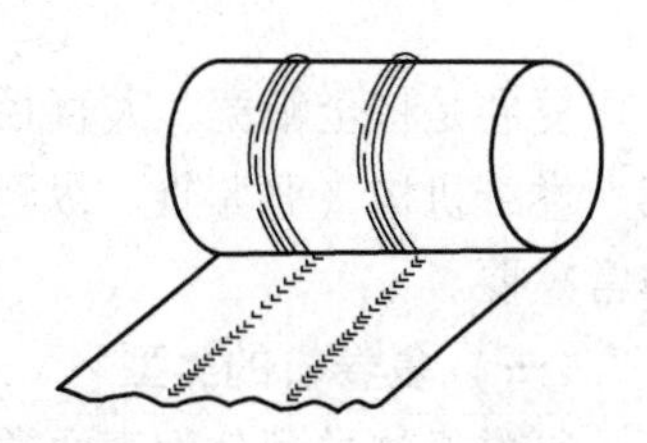

图 5-6 张力太大情况

六、超级压光机的维护

（一）导纸辊

①各部导纸辊均要求校正动平衡，严防在不平衡情况下运转，更不能将其固定，使之不转代替平纸杆使用，以防止辊面磨偏或磨掉镀层。

②经常检查各部导纸辊的表面镀铬层是否脱落，发现时及时更换，防止产生锈点。非镀铬钢辊，在开车前要将两边锈点用砂纸擦去。

（二）舒展辊

舒展辊要经常注油，使之灵活，并注意橡胶皮的老化或硬化，硬化时必须更换。经常用吸尘器清除表面纸粉。注油时要小心，防止机油滴落在胶层上。

（三）冷风系统

冷风系统的风车吸入口、风道每周用吸尘器清扫一次。

（四）加压系统

①每月至少检查一次乳液贮存缸的乳液量，保持一定的液面，不足时要添加。

②检查乳液（油与水）是否分离，如果分离要及时更换。这个工作与①同时进行。

③贮压器的充氮量每月至少检查一次，氮不足时有破坏整个压力系统的危险。

④经常检查油泵是否漏油，防止加压不灵。

⑤加压罐（活塞）填料一定要封严，防止纸页断头震动时漏油。

（五）刹车系统

①经常检查离合器是否变形，摩擦片失效时应予更换。

②经常检查卷纸辊的刹车是否灵活，好用。

③经常检查退纸辊的刹车是否灵活，好用。

④差动减速机要保持给油状态。

（六）刮刀

钢辊刮刀一般为尿素树脂板，要注意对钢辊的角度，即以正切线方向，在低速下运转检查，确认良好后再高速使用。

（七）升降台

只能载人、作引纸、检查辊子用，不能作其他运载如运载维修部件用。钢丝绳或齿条机构要经常检查，要牢固，不能失灵。栏杆要牢，防止压光机挤手时，因忙于抽手、身体失去平衡，栏杆不牢由升降台上掉下。

第二节　卷筒纸的整理

一、复　卷

复卷是将全幅宽、大直径的纸卷断开并卷绕成合适规格的纸辊。复卷机的组成是：退纸架、卷纸机构（张紧辊、纵切装置、舒展棒、复卷装置）。支撑辊的压力控制、纸幅张力控制非常重要。

（一）复卷机的类型

复卷机的类型分为表面卷取复卷机和轴式复卷机两种，表面卷取式复卷机又可以分为上引纸式表面卷取式复卷机（图5-7）和下引纸表面卷取式复卷机（图5-8）。上下引纸式比较见表5-8。

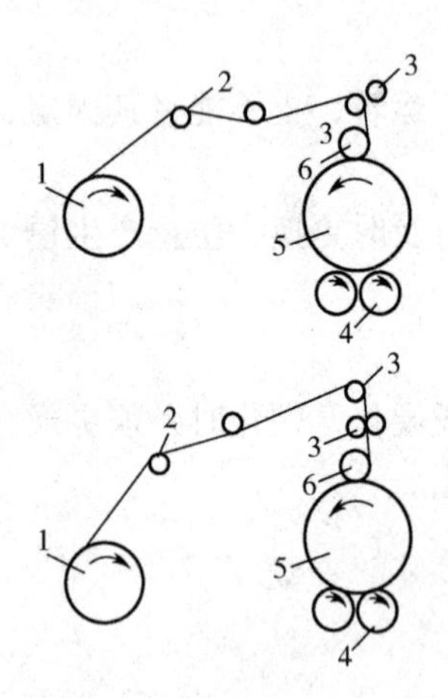

图5-7　上引纸表面卷取式复卷机

1—退纸辊　2—导纸辊　3—纵切机构　4—托辊　5—卷纸辊　6—压辊

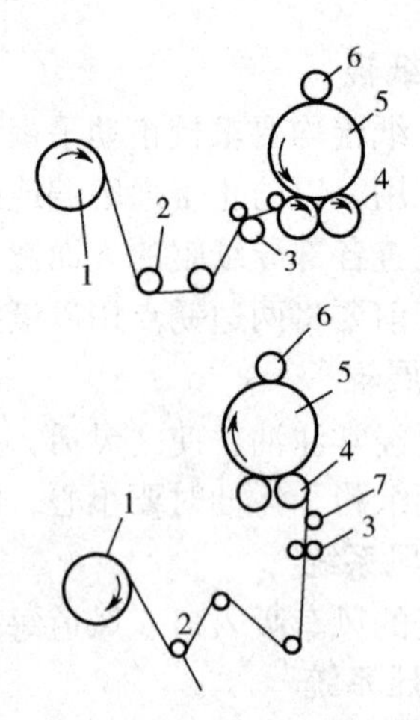

图5-8　下引纸表面卷取式复卷机

1—退纸辊　2—导纸辊　3—纵切机构　4—托辊　5—卷纸辊　6—压辊　7—分纸器

复卷机的领纸速度为20~25m/min，领纸后即可提高到工作速度。

（二）复卷机的切纸方式

复卷机的纵切机构有剪切法和压切法。如表5-9所示。

表 5－8　上引纸式与下引纸式比较表

方式	优　点	缺　点
上引纸式	人工引纸方便，安装方便	卷取开始时或卷辊直径尚小时，不能对下边托保持一定的线压力，如调整不及时或速度太快，卷辊和压辊均会产生跳动，使纸边咬合，卷辊直径超过 1～1.2m 时，引纸产生困难；辊的松紧靠刹车调整张力，所以复卷低强度纸时，速度不能太高
下引纸式	可高速大型，可卷大直径纸辊，分卷后纸边不咬合，卸辊方便，纸辊松紧用两托辊速差来调节	

表 5－9　复卷机的切纸方式

切纸方式	特征及切纸原理	优　点	缺　点	适应品种
剪切方式	利用上下圆刀的剪切力，把纸切开	切纸操作方便，切口无纸粉	切纸规格有误差，端面易咬合，有时切边起毛或裂口	普通纸及纸板
压切方式	没有下圆刀，利用上圆刀直接压在表面坚硬的钢辊上，把纸切开	切纸规格精确，纸边整齐，无裂口，切后纸边无咬合，纸辊端面平整不起毛	切纸时纸粉较多，切口易脏	$80g/m^2$以下的纸张
截切方式	利用长型薄刀片（如像剃刀那样）代替普通圆刀切开纸面			用于截切薄型的狭幅纸条

某些纸类（如电容器纸、卷烟纸、钞票纸、打孔电报纸等）要求切成宽度 10～200mm 盘纸，一般采用 1000～2000mm 的盘纸切纸机，车速 200～250m/min。

（三）复卷机速度的选择

卷纸机上的纸卷两侧边缘并不整齐，或纸幅过宽，或内有破损断头。为适应纸张加工或印刷的需要，必须纵切纸卷而成卷筒纸。

复卷机工作车速 1200～1500m/min，复卷机的最高车速比纸机车速快 60%～80%。复卷直径 800～1400mm，纸芯必须坚固，有准确的规格。

（四）表面卷取式复卷机

1. 复卷质量的控制

①要控制纸卷的松紧程度。如纸辊卷得过松，贮存时容易变形，在复卷时容易冒辊，且在复卷机上转动不均匀，造成纸页断头。纸页卷得过紧，会引起纸页受到较大的拉伸，造成变形，也会增加纸页的断头率。

②卷取的紧度取决于线压力及纸页拉力。

③因周围空气中的水分发生变化，使纸卷外表面出现皱纹。

2. 卷纸辊内部应力对产品质量的影响

卷筒纸的质量对印刷机的操作影响很大，如纸辊中的皱纹、褶子、楞子、裂口、接头个数过多、纸辊里外松紧不一、两边松紧不一、纸芯与纸贴合不牢，等等，都会给印刷机的生产带来不良影响，给印刷厂带来大量的印刷损纸。

最影响产品质量的操作就是张力调整。一定要保持整幅张力一致，防止卷取后在卷纸辊内残存偏斜张力；随着卷辊直径的增大，还要把纸的局部伸长控制在最小限度，特别是当卷纸辊快要达到要求的直径时更应如此。

检查纸辊的内部压力和残存强力，一般利用经验，用手拍击纸辊或用木棒敲击纸辊，听其声音。图5－9为复卷机控制系统。

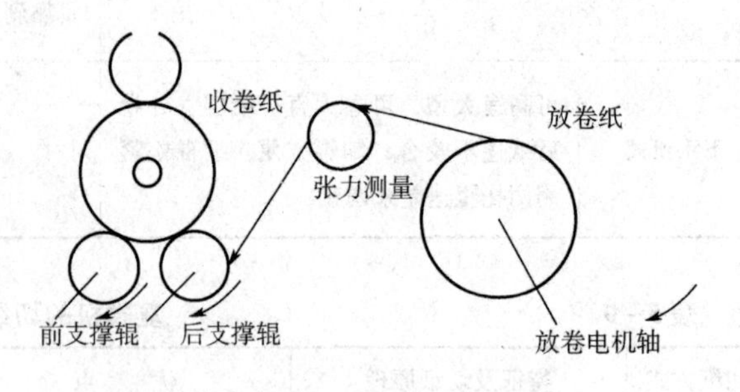

图5－9　复卷机控制系统

①由于纸辊表层附近处于高张力状态，所以卷取到最后如果不放松张力时，则卷纸辊在运输和搬运时碰撞，表层就会产生裂口。

②如果纸辊表面层张力不及时下降，纸辊内层便产生负张力，在端面观察，内层有波纹，即所谓星形卷筒，见图5－10。或存放一个时期以后，或在运输时遇到撞击也会出现星形卷筒。

③由于纸辊表面层附近有较大的残留张力，纸幅表面要与大气水分平衡，纸幅表面层附近的层内产生横向负张力，由于表面卷的很紧，纸层间不能滑，所以在纸辊表面便产生了纵向楞纹。印刷前，必将此楞纹纸层剥掉。所以造纸工作者在复卷时必须严加注意控制纸辊最外附近的纸幅张力。

3. 影响卷纸辊松紧的因素

卷纸辊的松密程度，一般称为硬度或松紧度。在复卷过程中卷纸辊的硬度一般都是随直径的增大而增大。为使卷纸辊里外松紧一致，就必须保持适当的硬度，其理想的硬度如图5－11所示。影响卷纸辊硬度的因素如下：

（1）卷纸辊和托辊之间的线压

从图5－12可知线压对纸辊的影响，显然不是主要的，但仍有一定的影响。在复卷开始，卷纸辊尚小时，线压很小，以后随着纸辊的增大而线压增大，因此，为保证纸辊里外紧松一致，开始时必须使用压辊，以保证线压力。

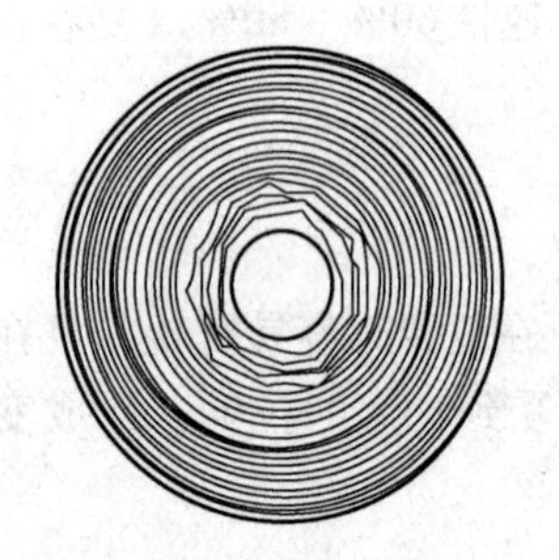

图5－10　卷筒纸端面的星形

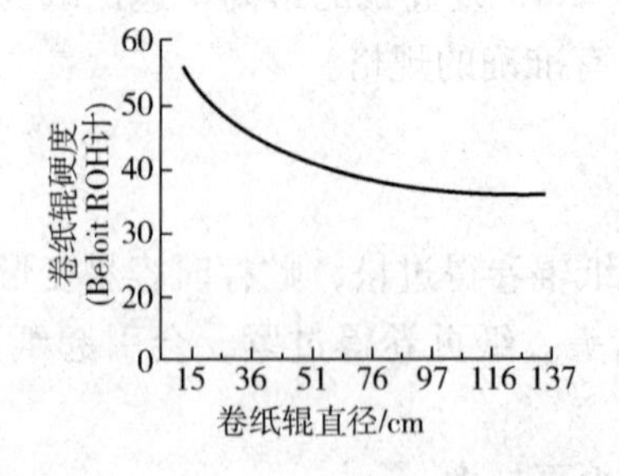

图5－11　理想的卷纸硬度图

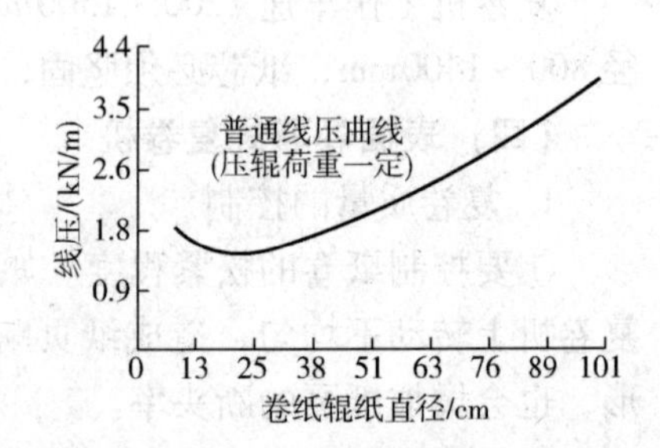

图5－12　卷纸直径与线压曲线

（2）托辊间的转动力矩差

托辊间的转动力矩差越大，纸辊卷得越紧，转动力矩差一般调整到0.1%范围。但随卷纸辊直径的增大效果不明显。

（3）纸幅张力

复卷时纸幅的张力，是卷纸辊的硬度的主要影响因素。纸幅的张力越大，则纸辊卷得越紧即硬度越大。但纸幅张力过大时也会产生褶子、皱纹等，关键是按张力曲线进行操作。

4. 复卷纸辊的缺陷及其影响因素（表5－10）

表5－10　复卷纸辊的缺陷及其影响因素

复卷纸辊的缺陷	现象及产生的原因
星形卷纸辊	纸辊靠近中心部的位置呈波纹状或菊花形，里松外紧。主要原因是复卷开始或复卷过程中张力调整得不协调，或者复卷到最外层时，没有放松张力
纸辊内部纸幅破裂	一般多发生在纸辊外层或贴近外层的部位；该现象与纸幅强度有关，在卷筒纸内部，纵向张力最高只能允许为裂断长的80%，超过时由于纸幅存在偏斜张力，在纸幅某一部分的张力会出现超过纸的断裂张力的情况，引起破裂
纸辊表面凸起楞纹（起楞）	纸辊复卷后，表面尚很平整，过30min以后，便开始起楞；如将起楞数层撕去后，过30min又起楞，主要原因是纸幅水分过小，或卷取终了前没有放松纸幅张力
纸辊两端直径大小不一	其实是两端松紧不一，除纸的厚薄不一影响外，主要是在复卷时两边张力调节不当
纸辊层间串动或层间断裂	有两种形式，一种是串动呈锥形，纸幅在辊内呈螺旋形，一种是串动呈塔形；纸幅在辊内已经断裂，主要原因是：①纸幅张力太小，纸辊卷得太松；②纸幅两边松紧不一，部分卷纸层之间产生滑动，使纸幅串动，当串动力大于纸幅横向抗剪力时，则纸幅受横向抗剪力作用而断裂；③由于速度快，空气容易带入纸层之间，这部分空气在纸层间起润滑作用，特别是透气度低的纸，卷纸速度过快，纸辊过松时，最易发生这种毛病
纸芯串动或纸芯压扁	主要原因：①复卷最初接头时粘接不牢；②纸芯表面不圆；③最初卷的不紧；④紧贴纸芯部分带有大量褶子，夹有大量空气；⑤纸芯强度低
纸辊端面不齐	主要原因：①复卷时纸辊振动，压辊压力波动，纸辊经常左右跑偏；②纸芯固定不牢；③纸页张力变动；④接头次数多，停开车次数多；⑤退纸辊的固定螺丝松动或轴芯振动

（五）轴式复卷机

轴式复卷机的特点是纸辊卷得较松软，表面层的内张力小，多用于复卷特殊用途的纸张，如皱纹纸。

（六）分切机

分切机是复卷机的一种，一般称加式复卷机，分切窄幅的称为盘纸分切机，用于分切电容器纸、复写原纸、卷烟纸等。

1. 分切机的速度

分切机的速度：卷烟纸250～300m/mim，普通电容器纸100～120m/mim，电缆纸350m/mim。

2. 分切机的形式和特点（表5－11）

表5－11　分切机的型式及切纸特点

型　式	优　点	缺　点	适应品种
轴式（立式）分切机	适于分切狭幅，纸盘不易松脱，可以高速	速度太高时有跳动，易使纸边咬合	卷烟纸、电容器纸、电报条纸、铝箔衬纸等

续表

型　式	优　点	缺　点	适应品种
表面卷取（卧）式分切机	适于切宽幅，卷盘紧密，纸边无咬合	速度不能太快，切窄幅时纸盘容易松脱，对原纸要求严格，要求全幅厚度均一，强度均一	复写原纸、食品防潮纸、胶封纸等

二、卷筒纸的包装

①图 5－13 表示一种卷筒纸包装机。120g/m² 的包装纸卷到卷筒纸上。移动的涂胶辊用于粘贴包装纸。包装新闻纸、印刷纸、地图纸等包装层数不少于 4 层，其他卷筒纸不少于 2 层。

②当卷筒纸包装妥当后，贴上标签纸，送封头机上封头。封头机 70～80℃温度，促使胶液干燥。封头机如图 5－14 所示。

③图 5－15 是某一纸厂的纸辊运送及完成系统。

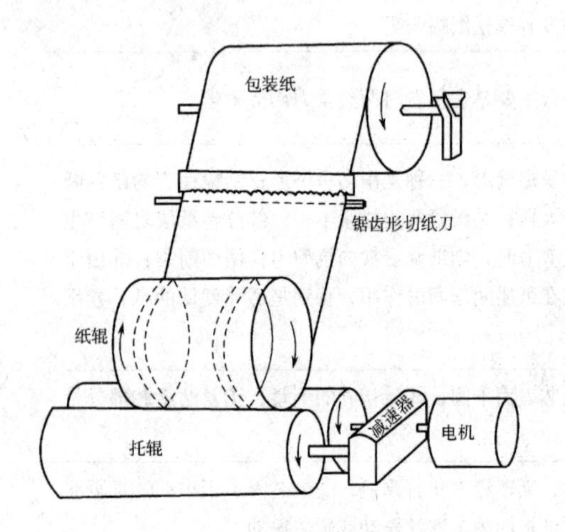

图 5－13　卷筒包装机示意图

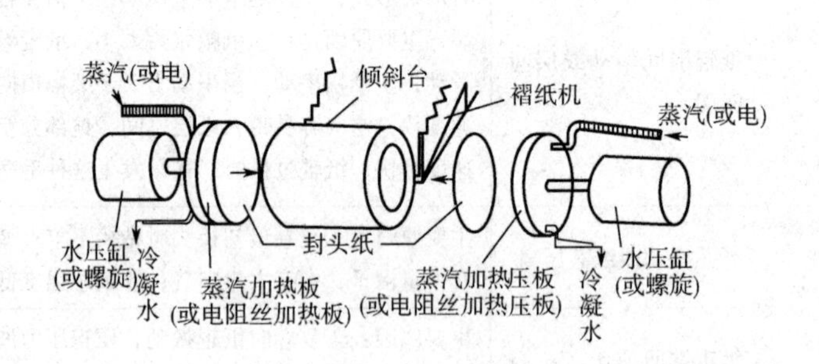

图 5－14　封头机示意图

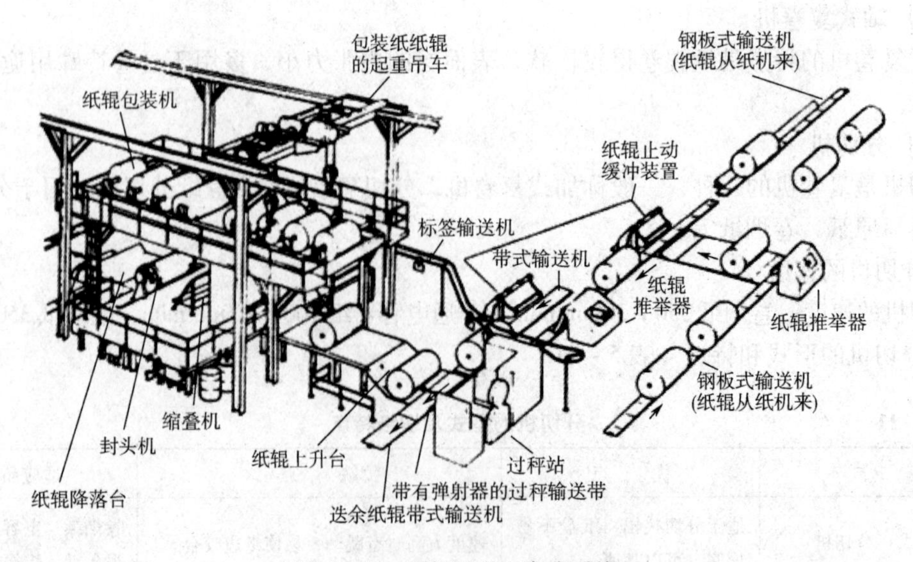

图 5－15　纸辊运送和完成系统

第三节　平板纸的整理

一、切　　纸

切纸是连续地将纸机生产的卷筒纸切成平板纸，或是把平板纸再切为特殊规格平板纸。其中为纸板配套的切纸机，称为纸机切纸机；单独安装，并把造纸机生产的卷筒纸切为平板纸者称单独切纸机；把平板纸切为小规格平板纸的称为闸刀式切纸机、小裁纸机、精裁切纸机等。

（一）切纸机的种类及特点

表5－12所示为切纸机的种类及特点。

表5－12　切纸机的种类及其特点

切　纸　机	切　纸　特　点	适应品种
单刀切纸机	一次只能裁切一种规格，或相同长度的平板纸	普通纸及纸板
双刀切纸机	一次可裁切两种或两种以上规格的平板纸	普通纸及低定量纸板
同步转刀切纸机	两只回转长刀相对方向旋转，每转一周，双刃接触一次切纸一次，裁切纸页，方正度准确	普通纸
分选切纸机	机身装有光电检纸装置，在切后纸叠中夹有不合格纸页者进入另一接纸台，分别堆积，选纸时只选不合格纸叠	普通纸
闸刀切纸机	适用于平板纸再切用，或特殊规格用	普通纸及纸板

（二）纸幅定量与切纸机切纸层数

纸幅定量与切纸机的切纸层数的关系以及每令张数，见表5－13。

表5－13　纸幅定量与切纸层数关系表

标准定量/（g/m^2）	切纸层数/层	每令张数（1092mm×787mm）	标准定量/（g/m^2）	切纸层数/层	每令张数（1092mm×787mm）
20	15	500	100	5	125
30	12	500	110	4	125
40	10	600	120	4	125
50	9	250	130	3	126
60	9	250	140	3	125
70	8	250	150	2	125
80	7	260	160	2	100
90	6	250	170	1	100

（三）令标志

纸张每令张数没有固定规定，一般的实际令重以不超过20kg为好。根据纸的定量不同每令张数为1000，500，250，125，100，50等数值，也有特殊的472、480、504、516张或其他数值的纸令。

为使每令纸之间能够区分，用人工在每令之间插一标签。在新式大型高速切纸机上有专门插标签的装置，已列入切纸机不可缺少的附属装置。

二、选　纸

1. 选纸

是除去有破损、皱褶、孔洞、切边歪斜、厚薄不等、色泽不均，以及尘埃点超过质量指标规定的纸张，按500张为一令数纸。

2. 选纸可分为人工选纸和自动化选纸

（1）人工选纸

选纸工占工人总数的10%~20%，解决自动化选纸问题，是造纸工业的突出问题。

①单张翻两面选纸法：单张选纸方法是一张一张地翻选，用肉眼观察纸的两面，选出不合格纸页。

②双张翻单面选纸法：此法每次翻选两张，只能检查纸的一面，对纸病率较低的纸页适用。

③打花选纸法：也称扇形选纸法。分为两边打花选纸法和四边打花选纸法，只能选出切边不齐、裂口、缺边、缺角或边部能见到的褶子、尘埃等纸病。

（2）机械自动化选纸

①图5-16表示一种自动选纸和切纸的装置，与自动计数和自动码纸结合，可做到选纸、切纸、数纸和码纸全部机械化、自动化。

②激光扫描选纸器（图5-17）：当纸速为300m/min时，1mm的纸病都被检查出。适用于照相纸和纸板。

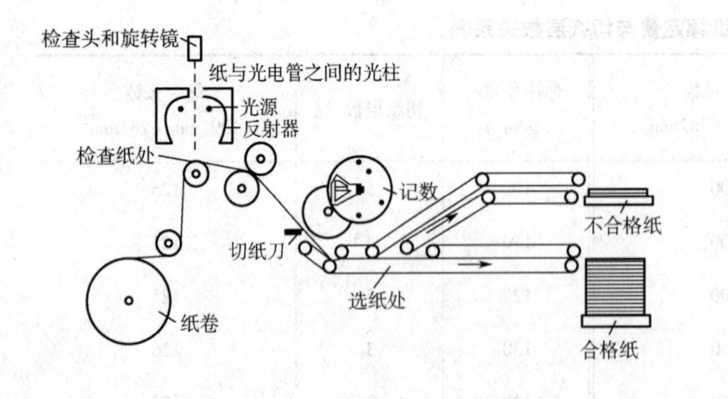

图5-16　自动化选纸机

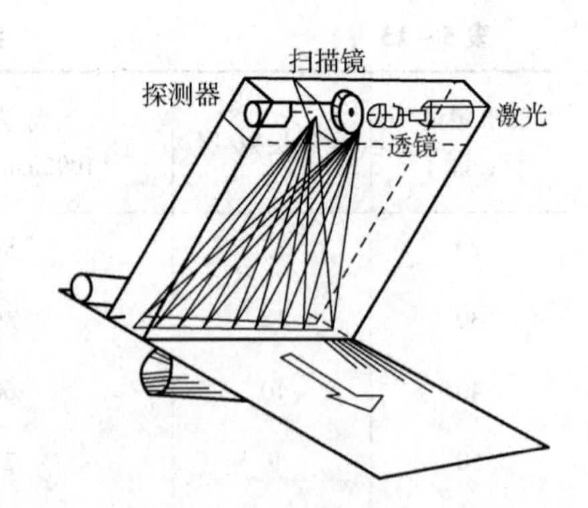

图5-17　激光自动选纸器

三、平板纸的包装

1. 平板纸自动包装机

经选纸和数纸后的平板纸，用包装纸包成小包，每包张数为500张、250张或125张。每

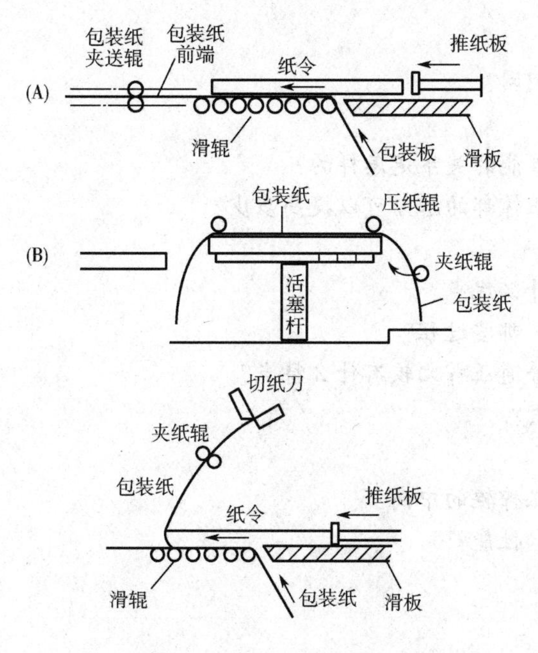

图5－18　平板纸自动包装机示意图

小包上贴商标纸。将若干小包重叠成为一件，附产品合格证，用木夹板和铁皮在油压或水压打包机上打件。定量50g/m²下的纸，每件质量不超过125kg；定量在50g/m²以上，每件不超过175kg。

平板纸自动包装，有两种方式。一种是把包装纸由夹送辊拉至一定长度，纸令在上面推进的方法，如图5－18（A）；另一种方法是在升降平台上，把纸令的上面盖上包装纸，然后，用夹纸辊夹紧，再把纸令（件）翻过来，如图5－18（B）。使用包装机时，要选择强度较好的纸。

2. 平板纸打件包装机

有电动打包机和液压打包机两种。

最后用胶皮印上企业名称、产品名称、号码、质量和等级、纸张尺寸、净重、毛重等，再贮存或运送出厂。

思考题

1. 纸料或纸幅在长网造纸机各个位置上的浓度（干度）为多少？
2. 长网纸机的类型通常有哪些？用方框图画出白纸板机的生产流程。
3. 纸机的抄宽、净纸宽的定义及其关系。
4. 纸机车速的定义，造纸车间的“三率”定义。
5. 网部有哪些部分的组成？通常有哪些形式的网部？
6. 什么是湍动？什么是湍流？什么是高强微湍流？
7. 流浆箱的作用和性能，流浆箱的构造，各部分的作用。
8. 布浆器的种类和特点，各类布浆器是如何产生高强微湍流的？
9. 流浆箱的发展过程中有哪些形式的流浆箱？各种流浆箱适合抄造什么纸种？
10. 纸页在网部成形时主要受到哪三种水力过程的影响？
11. 不同种类的纸种如何配置脱水元件？
12. 什么是着网点？哪里是最佳的着网点？
13. 浆速与网速的关系是怎样的？对纸页脱水成形有何影响？
14. 网部有哪些脱水元件？各有何特点？
15. 案辊与案板的脱水原理是什么？脱水板和案辊比较，有哪些优点？各适合什么形式的纸机？
16. 减少纤维在网上絮聚的方法有哪些？
17. 改进纸料滤水性能的方法有哪些？
18. 湿吸箱和真空吸水箱有何区别？
19. 真空吸水箱的脱水过程。
20. 网案部应如何合理配置脱水元件？

21. 整饰辊有哪些作用？
22. 铜网的编织结构有哪几种？如何选用铜网？
23. 有哪些新发展的成形器？各有何特点？
24. 各种不同的成形网纸机车速与各指标性能的关系是怎样的？
25. 压榨部的作用是什么？通常纸页通过压榨部的水分可以提高多少？
26. 纸页传递方式有哪些？适应性怎样？
27. 什么是复合压榨？与普通压榨相比有什么优点？
28. 有哪些结构不同的压榨？其发展经历了哪些过程？
29. 靴型压榨的组成与结构是怎样的？与普通压榨比较有什么特点？
30. 压榨脱水机理是什么？有哪些脱水方式？
31. 影响压榨脱水的主要因素有哪些？
32. 什么是压榨辊的中高？为什么要设置压榨辊的中高？
33. 压榨毛毯有何作用？有哪些不同的结构性能？
34. 干燥部的组成、作用及其特点是什么？
35. 干燥对纸张物理性质有哪些影响？
36. 干燥的传热与传质原理，传热过程的热量传递经过了什么路径？
37. 干燥分为哪几个阶段？各阶段纸张的水分含量如何变化？
38. 多缸干燥的特征是什么？多缸干燥的循环周期是如何划分的？
39. 什么叫干燥温度曲线？干燥温度曲线是怎样变化的？
40. 干燥部通汽方式有哪些方式？各有什么特点？
41. 强化干燥的主要措施有哪些？
42. 纸页干燥技术有哪些新发展？
43. 冷缸的作用和类型。
44. 压光机的作用及结构。
45. 卷纸机的作用及类型。
46. 造纸机的主要传动点有哪些？对传动有何要求？
47. 造纸机有哪些传动形式？各有什么特点？
48. 影响烘缸干燥的传热速度因素有哪些？如何影响？
49. 影响烘缸干燥的传质速度因素有哪些？如何影响？
50. 单缸干燥过程中的三个典型阶段。
51. 多缸干燥的特征。
52. 干燥部通汽方式有哪些？各有什么特点？
53. 对纸机传动有何要求？传动方式有哪些？
54. 强化干燥的主要措施有哪些？
55. 画出烘缸的结构示意图，并指出烘毯缸与烘纸缸主要不同点在哪里？为什么？
56. 缸内冷凝水的形态是怎样的？冷凝水排除装置有哪些？各有何适应性？
57. 干毯校正装置的形式有哪些？
58. 烘缸刮刀有何作用？刮刀的形式和结构有哪些？
59. 冷缸的作用和类型。
60. 压光机的作用及结构。
61. 卷纸机的作用及类型。

62. 造纸机的主要传动点有哪些？对传动有何要求？
63. 造纸机有哪些传动形式？各有什么特点？
64. 纸的完成整理包括哪些工序？各工序有何作用？
65. 超级压光机的构造。
66. 超级压光机的压光原理，为什么能提高纸的平滑度和光泽度？
67. 影响超级压光的因素有哪些？它们是如何影响的？

参考文献

[1] 沈一丁. 中性松香施胶剂的制备、应用及作用机理 [D]. 大连: 大连理工大学, 2000.

[2] 顾民, 吕静兰, 刘江丽 编. 造纸化学品 [M]. 北京: 中国石化出版社, 2006.

[3] 刘一山 主编. 制浆造纸助剂及其应用技术 [M]. 北京: 中国轻工业出版社, 2010.

[4] 何北海 主编. 造纸原理与工程 (第三版) [M]. 北京: 中国轻工业出版社, 2011.

[5] 吴葆敦 主编. 造纸工艺及设备 [M]. 北京: 中国轻工业出版社, 2000.

[6] 隆言泉 主编. 造纸原理与工程 [M]. 北京: 中国轻工业出版社, 1994.

[7] 中华人民共和国国家标准《GBT 8145 - 2003 脂松香》.

[8] 赵振东, 李冬梅, 刘先章.《脂松香》和《松香试验方法》国家标准2003修订版的变化及特点 [J]. 林产化工通讯, 2004, 38 (6): 10 - 15.

[9] Cornel Hagiopol, and James W. Johnston. Chemistry of Modern Papermaking [M]. Boca Raton: CRC Press, 2012.

[10] Herbert Holik Edited. Handbook of Paper and Board [M]. Weinheim: Wiley - VCH Verlag GmbH & Co. KGaA, 2006.

[11] 傅瑞芳. 荧光增白剂在造纸中的应用 [J]. 上海造纸, 2007, 38 (3): 52 - 55.

[12] 李少清, 黄奇然. 聚丙烯酰胺 - 乙二醛造纸湿强剂的合成与应用研究 [J]. 广东化工, 2011, 38 (7): 1 - 2 + 5.

[13] Christopher J. Biermann. Handbook of Pulping and Papermaking (second edition) [M]. California: Academic Press, 1996.

[14] G. A. 斯穆克著, 曹邦威译. 制浆造纸工程大全 (第二版) [M]. 北京: 中国轻工业出版社, 2001.

[15] B. A. Thorp 著, 曹邦威译. 最新纸机抄造工艺 [M]. 北京: 中国轻工业出版社, 1999.

[16] Herbert Holik Edited. Handbook of Paper and Board [M]. Weinheim: Wiley - VCH Verlag GmbH & Co. KGaA, 2006.

[17] Hannu Paulapuro. Papermaking Science and Technology, Book 8: Papermaking Part1, Stock Preparation and Wet End [M]. Finnish Paper Engineers´Association and TAPPI, 2000.

[18] 陈克复 主编. 制浆造纸机械与设备 (上) (第三版) [M]. 北京: 中国轻工业出版社, 2011.

[19] 陈克复 主编. 制浆造纸机械与设备 (下) (第三版) [M]. 北京: 中国轻工业出版社, 2011.

[20] 杨光誉, 陈克复. 新型压力筛的结构 [J]. 中国造纸, 1997, (1): 58 - 63.

[21] 林思球. 新型压力筛在纸浆筛选中的应用 [J]. 中国造纸, 1998, 17 (3): 9 - 13.

[22] 张金美, 左华芳. 浅谈白水塔的设计和应用 [J]. 浙江造纸, 2001, (1): 26 - 28.

[23] 汤日朗. 纸机机外白水塔的应用 [J]. 中华纸业, 1999, (2): 52 - 54.

[24] 苗林, 李洪菊. 单泵机外白水池流送系统的设计探讨 [J]. 中国造纸, 2005, 24 (9): 71 - 73.

[25] 林治宪 译. 新型白水回收设备——Poseidon 加压气浮机 [J]. 国际造纸, 1998, 17 (4): 11 - 12.

[26] 2015年中国造纸2015年造纸行业现状及发展趋势分析.

[27] Voith 公司资料.

[28] Metso 公司资料.

[29] Andrize 公司资料.